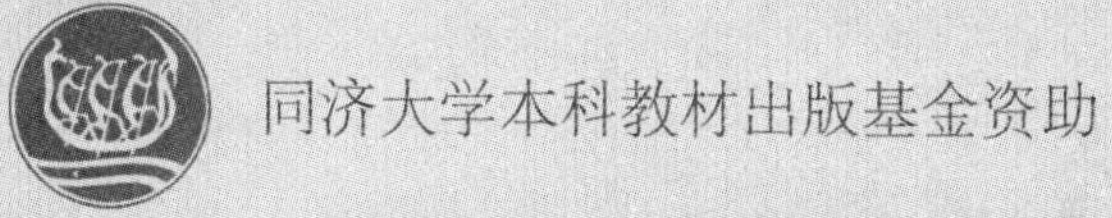
同济大学本科教材出版基金资助

材料科学与工程专业实践教学指导书

（金属与无机非金属材料分册）

同济大学材料科学与工程学院　主编

同济大学出版社
TONGJI UNIVERSITY PRESS

内 容 提 要

本书配合学生实习及专业课程的学习，主要介绍了金属与无机非金属材料的生产工艺和规模、主要加工和生产设备，以及相关企业管理等方面的知识，为实习和即将开始的专业课程学习打下基础。全书共10章，分别为概论、玻璃企业生产实习、陶瓷企业生产实习、粉末冶金企业生产实习、铸造企业生产实习、机械加工生产实习、电子陶瓷企业生产实习、半导体材料与器件企业生产实习、新材料技术领域实践训练和认识实习。本书可作为材料科学与工程类各专业的实习指导书，还可供相关行业技术人员作为参考用书。

图书在版编目(CIP)数据

材料科学与工程专业实践教学指导书. 金属与无机非金属材料分册/同济大学材料科学与工程学院主编. -- 上海：同济大学出版社，2017.12

ISBN 978-7-5608-7415-9

Ⅰ. ①材… Ⅱ. ①同… Ⅲ. ①高分子材料—高等学校—教学参考资料 Ⅳ. ①TB3

中国版本图书馆 CIP 数据核字(2017)第 224862 号

材料科学与工程专业实践教学指导书(金属与无机非金属材料分册)

同济大学材料科学与工程学院 主编

责任编辑 武 钢 **助理编辑** 蔡梦茜 **责任校对** 徐逢乔 **封面设计** 陈益平

出版发行 同济大学出版社 www.tongjipress.com.cn

(地址：上海市四平路 1239 号 邮编：200092 电话：021-65985622)

经 销 全国各地新华书店

排 版 南京月叶图文制作有限公司

印 刷 大丰科星印刷有限责任公司

开 本 787 mm×1092 mm 1/16

印 张 17

字 数 424 000

版 次 2017 年 12 月第 1 版 2017 年 12 月第 1 次印刷

书 号 ISBN 978-7-5608-7415-9

定 价 48.00 元

前　言

材料、能源和信息已被公认为现代文明的三大支柱。为了使学生学好材料科学的专业知识，较为详细地了解材料工程技术专业概况，熟悉材料科学与工程专业的知识结构和教学模式，掌握学习的主动权，配合学生在材料方面的实习，编写了该无机材料专业实习指导书。

实习是材料科学与工程专业教学计划中十分重要的教学环节，也是理论结合实际、进行社会锻炼的重要环节，对促进学生德、智、体全面发展起到重要的作用。实习又是锻炼和培养学生的业务能力和素质的重要途径，也是学生接触社会，了解企业和专业动态的一个重要渠道。同时，实习又可实现由学生到社会人的转变，培养大学生初步担任技术工作的能力，了解企业管理的方法和技能，体验企业工作的内容和方法。

本书配合学生的实习以及专业课程的学习，主要介绍了玻璃、陶瓷、粉末冶金、铸造、机械加工、电子陶瓷、半导体材料与器件、新材料技术等领域的主要的生产工艺、生产规模、主要加工和生产设备以及企业管理等内容，为实习和即将开始的专业课程学习打下基础。

本书第 1 章由刘晓山和叶松编写，第 2 章由姚爱华编写，第 3 章由景镇子编写，第 4、第 5 章由王军编写，第 6 章由曲寿江编写，第 7、第 8 章由李艳霞编写，第 9 章由叶松和王军编写，第 10 章由刘晓山编写。

本书在编写和出版的过程中得到了同济大学材料科学与工程学院的领导和同仁的无私帮助，同时得到了株洲旗滨集团股份有限公司、上海汽车粉末冶金有限公司、上海圣德曼铸造有限公司、昆山长丰电子材料有限公司、昆山万丰电子有限公司、昆山微容电子企业有限公司、上海华虹宏力半导体制造有限公司、中国科学院上海光学精密机械研究所、中国科学院上海硅酸盐研究所等单位的大力支持，在此一并表示感谢。

鉴于编者的水平有限，书中难免有错误和不当之处，恳请广大读者给予批评和指正。

编　者

2017 年 6 月于同济大学

目　录

第1章 概论

1.1 实习目的

(1) 培养学生掌握理论与实践相结合的能力,使其得以全方面发展。通过生产实习,学生应学会全面、辩证地看待问题,善于发现和分析问题,并能掌握抓住事物主要矛盾、总结归纳学习方法。通过实习,能进一步巩固和深化所学的专业理论知识,弥补理论教学的不足,提高教学质量。

(2) 通过生产实习,学生应初步了解企业文化、企业组织结构、车间布置概况、设备名称和用途、工艺技术特点、新技术的应用、人员使用、厂区规划等情况,进一步提高对材料生产和加工行业的认识,加深对材料的内在结构、加工工艺以及最终使用性能的理解。通过生产实习,接触和认识社会,提高社会交往能力,学习工厂工人和工程技术人员的优秀品质和敬业精神,了解材料工程师的工作特点和应具备的素质,培养专业素质和社会责任感,以适应市场经济建设的需求。

(3) 通过对材料生产和加工企业的参观、考察和询问,以及对所收集资料的分析,学生可以学习成熟的生产实践经验,开阔视野,了解材料生产和加工设备及技术资料,熟悉材料产品的检测和测试方法,考察先进的材料制造技术在实际生产中的应用情况,掌握本专业的发展动态,为后续专业课学习和毕业设计打好基础。

1.2 实习要求

1.2.1 实习工厂的选择

(1) 生产实习单位应具有中、大型规模和现代化的技术水平,拥有较多材料生产和加工类型的设备,生产技术较先进,工艺路线清晰。接纳实习的单位和部门应有一定的接纳能力和培训经验,有进行实习指导的工程技术人员,同时应能提供较详细的材料成型及加工图样、资料等技术文件。

（2）优先选择具有一定知名度的材料产品制造和加工企业，特别是制造过程完整，工艺生产流水线可以清晰识别并能暴露在视线观察范围内，或者材料生产加工类型齐全、加工工艺在业内较先进的企业作为实习场所。

（3）为扩大学生的知识面，可同时选择相关的多个大、中型企业进行参观学习，在比较中加深实习体会。

1.2.2 对指导教师的要求

（1）指导实习的教师应勤奋认真、责任心强、身心健康。实习中要强调立德树人、以德育人，加强对学生的思想教育工作。

（2）实习指导教师应具有一定的专业理论知识和较好的工程实践能力。能认真组织实习活动，现场讲解技术问题，并与企业相互配合，完成实习全部过程，指导学生记录实习日记，撰写实习报告等。实习结束后，对学生实习成绩给出实事求是的评定。对于企业带教人员，应由实习单位组织具有实际生产和实践经验的工程技术人员担当，实习指导教师应与企业带教人员相互配合，相互尊重，协同合作完成实习带教任务。

（3）实习教师的选择应能合理搭配，具备一定的社交能力和组织能力。实习指导教师应坚持原则，大公无私，关心学生，爱护学生，做学生的良师益友。

（4）实习结束后，实习教师应及时向教务部门提交学生实习成绩单，并妥善完成实习费用的财务报销工作。

1.2.3 对学生的要求

（1）明确实习目的，认真学习实习大纲，在思想上提高认识，做好各项准备工作。

（2）认真完成实习内容，按实记录实习日记，收集相关学习资料，撰写实习报告。

（3）应完成材料科学与工程专业以及无机材料类专业基础课程的学习，掌握了材料学的基本原理及材料成型和加工的基础知识。

（4）虚心向工程技术人员学习，尊重知识，敬重他人。及时整理实习日记、报告等，学会并提高分析问题、解决问题的能力。

（5）自觉遵守学校、实习单位的有关规章制度，服从指导教师的要求和安排，培养良好的学风学气。

（6）实习结束后，应在规定时间内提交实习日记、实习报告等。

1.2.4 毕业要求

（1）参加生产实习的学生在完成全部实习任务并按规定如期提交相关学习资料，经指导教师评定获得合格以上的成绩后，才可获取该门课程的学分，不同成绩结果的学生获得不同的课程绩点，具体根据学校教务部门的相关文件执行。

（2）生产实习是材料科学与工程专业学生必须学习的实践类必修课，只有通过该课程考核并获得合格以上成绩的学生才能获取毕业证书，未学习该门课程或考核成绩不及格的学生不能获取毕业证书。

1.3 实习内容

实习内容主要有以下10项：

(1) 了解实习企业的组织结构和生产组织及管理模式；
(2) 了解具体材料产品的生产原理和生产工艺流程；
(3) 了解无机材料生产和加工过程中使用到的设备详细信息和工作原理；
(4) 了解无机材料生产和加工车间的布置、规划和管理特点；
(5) 了解无机材料产品生产结束后的检测项目和具体的测试手段；
(6) 掌握无机材料的成型特点，分析材料生产工艺中的难点和重点；
(7) 掌握无机材料的加工方式，分析特定材料的加工工艺特点；
(8) 掌握无机材料的分析和测试方法，学会如何辨别材料产品中的优品与劣品；
(9) 参观企业的先进材料生产线、加工线和装配线等；
(10) 了解技术文档资料的编写和管理规范。

以下简要介绍无机材料专业生产实习内容的要求。

1. 玻璃的生产

(1) 掌握玻璃的生产原料及生产和加工设备；
(2) 了解玻璃的熔制工艺；
(3) 了解玻璃的成型工艺；
(4) 了解玻璃的退火工艺；
(5) 了解平板玻璃的深加工。

2. 陶瓷的生产

(1) 掌握陶瓷的生产原料及生产加工设备；
(2) 了解陶瓷的成型方法及特点；
(3) 了解陶瓷的烧成过程及窑炉特点；
(4) 了解陶瓷产品的检验方式和设备。

3. 金属的粉末冶金生产

(1) 掌握粉末冶金产品的制粉和预处理工艺；
(2) 了解粉末冶金产品的成型工艺和设备；
(3) 了解粉末冶金产品的烧结工艺和设备；
(4) 了解粉末冶金产品的检测方法。

4. 金属的铸造生产

(1) 了解金属铸造的类型和铸造模具的设计；
(2) 了解金属的浇铸方案和设计；
(3) 了解金属铸造的种类和特点；
(4) 了解金属铸件的质量检测方法。

5. 金属的机械加工

(1) 掌握金属切削加工的特点和原理；

(2) 了解金属车削加工的工艺过程和设备;
(3) 了解金属铣削加工的特点和设备;
(4) 了解金属磨削加工的特点和设备;
(5) 了解金属电火花加工的特点和设备。

6. 电子陶瓷生产

(1) 掌握电子陶瓷生产的常用方法和设备;
(2) 了解电子陶瓷粉体的成型方法和设备;
(3) 了解电子陶瓷的烧结方法和设备;
(4) 了解电子陶瓷的烧结后处理工艺;
(5) 了解电子元器件的封装和性能测试。

7. 半导体材料和器件生产

(1) 了解洁净室的概念;
(2) 了解晶圆的制造过程和设备;
(3) 了解芯片制造——前半制程;
(4) 了解封装测试——后半制程。

8. 新材料生产技术

(1) 掌握材料的测试分析方法与仪器设备;
(2) 了解新材料的制备方法和设备;
(3) 了解金属非晶的制备与应用;
(4) 了解纳米材料的制备与应用;
(5) 了解薄膜材料的制备与应用。

1.4 实习方式、管理及考核

1.4.1 实习方式

实习方式可灵活多样,学生可以通过参加专题报告、观看视频资料、参观车间、体验现场操作、阅读技术文件、与技术人员交流、向带教人员及指导教师提问、同学之间相互讨论等多种形式进行。

1. 专题报告

结合实习企业的实际情况,聘请企业技术人员做典型材料产品的生产和加工工艺专题技术讲座。专题报告可包括以下内容:

(1) 企业生产现状及发展前景;
(2) 入厂安全教育;
(3) 企业产品的性能特点及生产过程;
(4) 具体材料产品的生产方式和加工工艺过程特点;
(5) 典型的材料生产和加工设备介绍;

（6）生产组织和质量管理模式。

2. 观看视频资料、阅读技术文件

充分发挥视频资料信息量大、技术内容更新快、学习条件不受时空限制的特点，通过观看材料制备和加工有关影片，了解更多无机材料的先进制造工艺和加工方法。为保证观看质量，教师应针对视频内容进行适当讲解，引导学生理解视频内容，切实提高学习效果。

现场的技术文件主要有产品原料检验验收标准、生产过程技术参数表、热处理工艺图、产品加工零件图、产品性能检验标准、产品质量控制书等。实习过程要结合生产实际，阅读、分析这些文件，了解其内容和作用，并适当进行记录。

3. 生产部门实习

车间实习是整个实习环节的重点。学生要带着问题到车间的生产一线，详细了解材料产品的生产流程、加工工艺及检测方法，通过观察、记录、查阅资料、现场请教等使问题得到解决。

为避免学生在实习车间过于拥挤影响实习质量并导致安全隐患，应对实习学生进行分组管理，每组选出组长一到两名，协助带队指导教师，共同负责实习工作。实习日记应是在实习过程中记录的每天实际实习内容、心得体会和发现的问题，包括材料原料、生产流程、生产设备、加工设备、检测方法、性能指标等各项内容。

在有条件的情况下，学生可跟随现场工人师傅进行实际操作，掌握原料检验、成分配比、产品质量及性能检验的具体方法，仔细了解材料的生产和成型过程，熟悉材料的加工和处理流程。

4. 讨论分析

根据实习内容，对看到的现象勤思考多提问，并进行讨论、分析和总结。讨论分析可从以下4个方面进行：

（1）材料产品生产过程的关键环节在哪里？

（2）材料生产设备的工作原理、结构特点有哪些？

（3）材料的加工工艺如何影响材料的使用性能？

（4）材料产品的质量检测应包括哪几方面？有哪些关键性能指标需要重点检测？

1.4.2 实习安全管理

生产实习时应注意以下安全事宜：

（1）参与实习的所有学生要明确实习的任务、目的，在实习时，要按照企业工作人员的要求规范，安全地进行实习工作。

（2）学生应学会自我管理，服从企业培训部门、安全技术人员及指导教师的共同管理，严格遵守工厂和企业的各项规章制度，遵守实习单位的保密制度。

（3）进入实习现场要穿着工作服或劳动服，衣服形式尽量统一，进入车间不允许穿凉鞋、拖鞋等暴露脚部皮肤的鞋，男生不穿背心、短裤，女生不穿裙子，长头发同学要佩带帽子将头发固定住。

（4）观看实习生产加工过程，要站在机器设备的侧方，注意起重吊装设备，防止碰伤、砸伤，避免围观而影响生产。

（5）在观察生产过程时，未经允许不得触碰设备上的任何按钮、触摸屏、把手、开关等，不得随意搬动生产现场的手持工具和器具。出现问题时，必须保护现场，并立即请示报告指导教师和企业带教人员。

(6) 在实习中途休息时，应至固定的休息区，不得在车间内部随地休息。

(7) 在车间内部实习时，应遵守车间的规章制度和安全要求，不得在车间内部抽烟，禁止大声喧哗和吵闹。

1.4.3 实习管理与指导

(1) 在实习期间，学生应每天认真记录实习日记，保存必要的技术资料和图样，以此作为实习结束后撰写实习报告的依据。

(2) 严格遵守学校的各项规章制度，做到以下5点：

① 学生往返实习场所应在指导教师安排下集体行动；

② 学生实习期间一般不得请假，坚持考勤制度，严格遵守作息时间，不迟到，不早退；

③ 生产实习期间的食宿应在指导教师的安排下统一进行；

④ 严格遵守工厂企业的规章制度和操作规程；

⑤ 爱护公共财物，节约水电。

(3) 企业的参观学习活动以企业工程技术人员的安排为主，实习指导教师配合企业工程技术人员共同完成实习带教任务。

(4) 实习期间，指导教师要针对学生实习中出现的困惑和疑问，及时讲解与实习相关的专业内容，需要工厂企业配合讲解的内容，由指导教师协调企业相关工程技术人员，为学生集中讲解答疑。

(5) 在实习开始前，指导教师应向学校教务部门申请，及时给全体参加生产实习的师生购买覆盖整个实习时间范围的人身意外保险。实习过程中一旦出现任何意外情况，要及时报备学校主管部门，做好应急预案，妥善处理相关问题。

1.4.4 实习成绩考核

实习结束后，由实习指导教师根据整个实习过程中不定期考察到的学生在实习中的表现，如出勤情况、实习态度、行为举止等，以及记录的实习日记内容，结合撰写的实习报告质量进行综合评定。另外，成绩评定可参考企业带教人员对实习学生的评语和评分，但成绩评定以学校的实习指导教师为主。

学生实习成绩按优、良、中、及格、不及格五级制评定。对实习中严重违反纪律的学生，视情节降低成绩等次。

1.5 实习日记与实习报告撰写

1. 实习日记

实习日记主要记录实习过程中在现场所观察到的内容和学习到的知识。它反映了学生在生产实习中的收获和体会深度，直接反应了生产实习的学习效果。因此，要求学生每天必须认真如实记录，建议在实习现场实地记录，现场不具备记录条件的应尽量于当天结束实习任务后及时补记，以免遗忘和疏漏。记录内容可参考实习基本要求和现场观察的具体内容。实习日记应尽量用图示和表格。例如：进入车间可通过展板了解厂房和设备布置情况；用示意图画出材料的生产工艺；以表格的形式表达原料的组成和配比；以流程图的形式表达材料的加工工艺；以流程图的形式对产品的检验过程予以记录。

2. 实习报告

每位学生应根据实习日记和收集的技术资料等整理出一份实习报告。实习报告作为生产实习的总结性文件，应既有内容总结又有理论分析，一般不限制具体内容和形式。报告要体现学生在实习阶段的学习能力及独立工作能力，反映学生实习的收获大小和体会深度，所写内容应做到文字精炼、重点突出、层次分明，要与实习要求内容相符，按照实际情况如实撰写，不能写成流水账式或教材式报告。必要时可采用简图、曲线、表格或图片等方式说明。如采用手工撰写时，字迹要工整，图形要清晰；可参考别人的资料，但不得完全抄袭，如有引用或从别处摘录的内容必须要标明出处。

实习报告须采用学校统一要求设计的封面，用A4纸按规定格式撰写，建议先用电脑撰写出电子文档，然后再打印出纸质文件。其内容应包含以下7部分：

(1) 实习名称、地点、时间；

(2) 实习目的及要求；

(3) 实习单位概况；

(4) 实习单位的产品介绍；

(5) 具体的材料生产及加工内容，如车间设备布置概况，产品原料选择及配置，材料的生产及成型工艺和特点，材料的加工和后处理工艺过程，产品的质量检测过程和方法，产品的主要性能指标等；

(6) 分析材料制备和加工过程中的原理和技术特点，提出自己对改善制备和加工过程的合理化建议；

(7) 总结本次实习的感想与体会，感悟学习的收获成果。

3. 实习报告的装订

实习报告的装订顺序：封面、目录、正文、参考文献、封底。要求采用A4纸竖装。

封面内容包括学校、院系、专业、年级、学生姓名、学号、实习报告题目等，由学生本人填写。

实习报告的装订建议集中装订，以便保持装订成册后的统一性和美观，并便于留档保存。

思考题

(1) 生产实习过程中需要了解无机材料专业哪些方面的内容?

(2) 实习日记如何记录?

(3) 实习成绩由哪几方面评定?

第2章 玻璃企业生产实习

2.1 实习目的与要求

2.1.1 实习目的

生产实习是专业课教学的重要环节，是理论联系实际的有力手段。通过生产实习，增加学生对玻璃厂概况及玻璃生产过程的感性认识，扩大知识面，为学习相关专业知识及毕业后从事相关领域的工作奠定基础。

2.1.2 实习要求

通过玻璃厂生产实习，使学生了解玻璃厂的生产规模、生产方法、产品品种及其应用；了解玻璃的生产工艺过程、工艺条件、控制因素和产品质量的检测方法；了解生产设备的结构性能、工作原理、操作条件等。

2.1.3 实习内容

1. 工厂概况

包括工厂的发展史、厂区地理位置、交通状况、生产规模、产品种类、主要生产车间及辅助车间。

2. 原料车间

(1) 原料车间生产工艺流程；

(2) 各种原料的化学及矿物组成，企业制定的原料质量要求；

(3) 实习厂生产玻璃的化学组成及配料配方，初步了解各种氧化物在玻璃中的作用，以及对玻璃制品主要理化性能的要求；

(4) 配合料计算方法；

(5) 原料称量及集料带的给料顺序、配合料水分要求、混合质量要求；

(6) 原料称量、混合设备及原料车间中物料的运输提升、储存等设备的名称、型式及规格；

(7) 防尘除尘设施及设备名称、型式及规格。

3. 熔制车间(熔制、成型、退火三工段):

(1) 生产工艺流程;

(2) 玻璃熔制过程中的温度、气氛压力及液面制度及控制方法;

(3) 窑炉的种类、结构;

(4) 窑炉各部位耐火材料种类、对耐火材料要求及耐火材料的外观体貌;

(5) 烟道、烟道闸板、烟囱等功能及工作原理;

(6) 玻璃体常见缺陷及产生原因;

(7) 玻璃成型的工艺过程;

(8) 成型设备的结构及操作;

(9) 成型中的主要缺陷及控制方法;

(10) 制品退火的目的及要求;

(11) 退火炉型式、结构及退火曲线;

(12) 制品后加工及主要设备。

4. 燃料的制备与供应

(1) 玻璃厂对重油、煤的质量要求;

(2) 重油的储存、输送方式及设备;

(3) 热煤气、冷煤气的生产方法、工艺流程及煤气站的主要设备、煤气净化设备等。

2.2 玻璃生产工艺概述

玻璃是熔融时形成连续网络结构,冷却过程中黏度逐渐增大并硬化而不结晶的硅酸盐类非金属材料。玻璃具有很多优良的性能,如良好的透明性和化学稳定性,硬度大、不易磨损,在一定的温度下具有良好的加工性能,优良的电学、光学性质,且原料来源广泛、价格低廉,产品可大量推广,在国民经济和人们日常生产、生活中起着重要的作用。

玻璃生产的基本流程如图2.1所示。

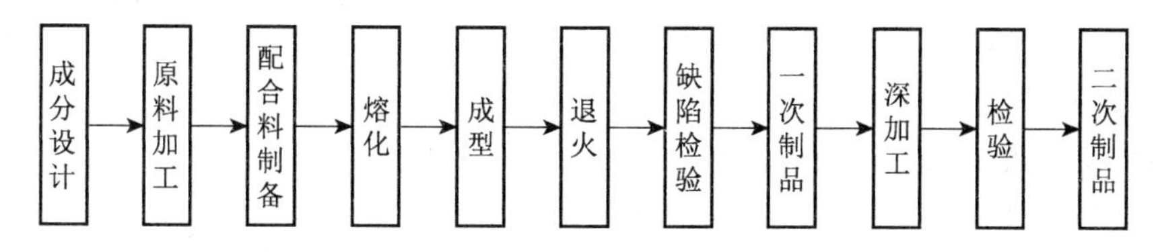

图2.1 玻璃生产的基本流程

2.3 玻璃原料及加工工艺

2.3.1 玻璃生产用原料的种类、作用及质量要求

1. 玻璃的化学组成和作用

玻璃化学成分的选择,是由玻璃制品的用途和成型方法来决定的。平板玻璃属于钠钙

硅酸盐玻璃，采用的玻璃成分以二氧化硅(SiO_2)、氧化钙(CaO)和氧化钠(Na_2O)为主。其成分相对含量分别为：SiO_2 69%～75%，CaO 5%～10%，Na_2O 13%～15%。为了防止析晶和改善化学稳定性，在该系统组成中引入了氧化铝(Al_2O_3)、氧化镁(MgO)，其中，Al_2O_3 0～2.5%、MgO 1%～4.5%。Al_2O_3 主要是替代 SiO_2，而 MgO 则是替代 CaO，有时引入少量 B_2O_3 以便于改善热稳定性，引入 BaO 和 PbO 等以改善光学性能。几种不同生产工艺的平板玻璃成分(质量百分比)见表 2.1。

表 2.1 平板玻璃化学组成

生产工艺方法	SiO_2	Al_2O_3	Fe_2O_3	CaO	MgO	Na_2O	K_2O	SO_3
垂直引上法	72.0%～73.0%	0.5%～2.3%	<0.1%	6.5%～8.0%	3.0%～4.2%	14.5%～15.5%		<0.3%
平拉法	72.0%	0.6%	<0.1%	8.0%～10.0%	4.2%	13.0%		<0.3%
压延法	70.8%～72.5%	0.94%～1.1%	<0.1%	8.0%～10.5%	3.34%～4.2%	13.6%	0.6%	<0.3%
浮法	72.0%～72.2%	1.3%～1.5%	<0.1%	8.2%～8.9%	2.9%～4.0%	13.4%～14.6%		<0.3%

这些氧化物在玻璃熔制和成型过程中的作用及对玻璃性能的影响如下：

(1) 二氧化硅(SiO_2)

SiO_2是制造平板玻璃最主要的成分，是玻璃的"骨架"，能增加玻璃液的黏度，降低玻璃的结晶倾向，提高化学稳定性和热稳定性，在玻璃中含量不低于 70%。

(2) 三氧化二铝(Al_2O_3)

Al_2O_3对增加玻璃液黏度的影响程度比 SiO_2 大。因此，玻璃中 Al_2O_3 含量的增加，不仅会使熔化速度减慢、澄清时间拖长，而且对玻璃液在锡槽中摊平、展薄、抛光也不利。但Al_2O_3能降低玻璃的结晶倾向和结晶速度，降低玻璃的膨胀系数，从而提高玻璃的热稳定性、化学稳定性和机械强度。Al_2O_3 一般含量小于 2%。

(3) 氧化钙(CaO)

CaO 是玻璃的主要成分之一，它能加速玻璃的熔化和澄清过程，并提高玻璃的化学稳定性；但 CaO 会使玻璃产生结晶的倾向；CaO 含量增加，玻璃料性变短，为高速度拉引玻璃创造有利条件。但玻璃中 CaO 的含量也不宜太大，如大于 10%则会增加玻璃的脆性。

(4) 氧化镁(MgO)

MgO 能提高玻璃的化学稳定性和机械强度，降低玻璃的结晶倾向和结晶速度。MgO 对玻璃黏度的影响较为复杂，当温度高于 1 200℃时，会使玻璃液的黏度降低；而由 1 200℃降至900℃的过程中，又有使玻璃液的黏度增加的倾向；低于 900℃，反而使玻璃的黏度下降。因此，玻璃中的 MgO 含量也不宜太大，一般控制在 4%以内。

(5) 氧化钠(Na_2O)

Na_2O 能大大降低玻璃液的黏度，是制造玻璃的助熔剂，对玻璃的形成和玻璃液的澄清过程有很大的影响。但 Na_2O 含量过多，则会使玻璃的化学稳定性、热稳定性以及机械强度降低，而且使玻璃容易发霉，增加玻璃生产成本。Na_2O 在玻璃中含量应小于 14%。

(6) 氧化钾(K_2O)

K_2O 和 Na_2O 一样，是制造玻璃的助熔剂，也能降低玻璃的黏度，但其作用稍差些。

K_2O能降低玻璃的结晶倾向，改善玻璃的光泽。在 R_2O 含量一定时，适当增加 K_2O 会提高玻璃的化学稳定性。但 K_2O 价格昂贵，一般不单独引入。

（7） 氧化铁（Fe_2O_3）和氧化亚铁（FeO）

Fe_2O_3，FeO 和 Fe_3O_4 均属于杂质，会使玻璃着色，Fe_2O_3使玻璃呈黄绿色，FeO 使玻璃呈青绿色，而Fe_3O_4使玻璃呈绿色。玻璃中通常以 Fe_2O_3和 FeO 存在，且 FeO 对玻璃的着色程度比Fe_2O_3严重得多。不管是高价铁，还是低价铁都会降低玻璃的透明度，所以二者都是制造平板玻璃所不希望引入的杂质，必须严格控制。目前高档浮法玻璃制品中 $Fe_2O_3 \leqslant 0.08\%$。

浮法玻璃和普通平板玻璃一样，都是 Na_2O-CaO-SiO_2 系统玻璃，其化学成分与普通平板玻璃相似，主要氧化物仍然是 SiO_2，Na_2O 和 CaO。此外，还有 Al_2O_3，MgO 和微量的 K_2O。

根据浮法玻璃成型工艺方法的特点和使用要求，浮法玻璃中的 Al_2O_3含量要适当减少，一般应小于 1.8%；而 CaO 和 MgO 的总含量可以比普通平板玻璃适当增加，等于或略大于 12%；一般 Na_2O+K_2O 可以控制在 14%左右。国外 Fe_2O_3+FeO 的含量都控制在 0.1%以下，根据我国目前的具体情况，可以适当放宽些，但对于浮法玻璃也不应大于 0.15%。

综上所述，根据我国的情况，浮法玻璃的化学成分的范围如表 2.2 所示。

表 2.2　浮法玻璃的化学成分

氧化物	SiO_2	Al_2O_3	CaO	MgO	Na_2O+K_2O	Fe_2O_3	SO_3
质量百分比	71.5%～72.5%	1.0%～1.8%	8.0%～9.0%	3.5%～4.0%	13.5%～14.0%	0.1%～0.15%	<0.3%

2. 玻璃原料的质量要求

原料制备及加工工艺是玻璃生产的基础，对熔化工艺和成型工艺影响重大。玻璃成品上的缺陷，如砂粒、气泡、条纹等，在很大程度上是由原料及其加工过程中引入的。

平板玻璃生产的原料可分为主要原料和辅助原料两类。主要原料包括引入 SiO_2，Al_2O_3，CaO，MgO 和 Na_2O(K_2O)的原料。辅助原料包括澄清剂、氧化剂与还原剂、着色剂和脱色剂等。在平板玻璃生产中，一般由砂岩和硅砂引入 SiO_2，由长石引入 Al_2O_3，由白云石、石灰石和菱镁石引入 CaO 和 MgO，由纯碱引入 Na_2O；辅助原料中，采用芒硝作为澄清剂。

（1） 玻璃对原料化学组成的要求

玻璃在熔化成型的整个生产过程中，化学成分都应处于稳定状态。因此，要求同一批料的化学组成波动要小，在相邻的两批料间的化学组成波动不能太大。否则，就会影响玻璃的均匀性，即使玻璃液的温度相同，也会使玻璃的密度、黏度及颜色等发生变化。所以，必须对原料中各种氧化物的化学组成波动范围提出要求，并加以严格控制。

① 硅砂和砂岩

硅砂和砂岩统称为硅质原料，硅质原料是生产玻璃最主要的原料。硅质原料的化学组成与它们的形成条件、伴生矿物的种类和含量有很大关系，如果硅质原料中 SiO_2含量低，其杂质含量就高。因此要求：$SiO_2 \geqslant 98.5\% \pm 0.1\%$，$Al_2O_3 \leqslant 0.2\% \pm 0.04$，$Fe_2O_3 \leqslant 0.05\% \pm 0.001\%$，$TiO_2 \leqslant 0.01\%$，$Cr_2O_3 < 0.0002\%$。相邻两批料之间的成分波动范围不得超过上述波动范围的 40%。

② 长石

平板玻璃中一般采用钠长石（$Na_2O \cdot Al_2O_3 \cdot 6SiO_2$）。钠长石可以引入一定量的

Na_2O，对减少用碱量、降低成本有一定意义，其缺点是成分波动较大，应注意严格控制。对长石化学组成的要求：SiO_2＜70％±0.1％，Al_2O_3＞19％±0.2％，Fe_2O_3＜0.2％±0.1％，Na_2O+K_2O＜10％±0.5％。

③ 白云石

白云石（$CaCO_3 \cdot MgCO_3$），呈蓝白色、浅灰色、黑灰色。常伴生的矿物有石英、方解石、黄铁矿等。对白云石的化学组成要求：CaO＞30.5％±0.3％，MgO＞20％±0.3％，Al_2O_3＜0.3％±0.1％，Fe_2O_3＜0.1％±0.05％。

④ 石灰石

石灰石多呈灰色、淡黄色和淡红色，其颜色与 Fe_2O_3 含量有关。当玻璃成分对 Fe_2O_3 含量要求极严格时，可用方解石代替，它比石灰石纯度高得多，但价格也贵得多。对石灰石的化学组成要求：CaO＞54％±0.3％，MgO＜0.5％±0.3％，Al_2O_3＜0.3％±0.1％，Fe_2O_3＜0.1％±0.05％。

⑤ 纯碱

纯碱分为重质碱和轻质碱，平板玻璃应采用重质碱（密度为 1.1～1.3g/cm^3）。对重质碱的化学组成要求：Na_2CO_3＞99％，NaCl＜0.1％。

⑥ 芒硝

芒硝分为天然的、无水的、含水的等多种，平板玻璃生产采用无水芒硝。无水芒硝呈白色或浅绿色结晶粉末。芒硝的熔点为 884℃，沸点 1 430℃，分解温度较高（1 120℃～1 220℃），若有还原剂存在，其分解温度可以降到 500℃～700℃。因此采用芒硝作澄清剂时应选择碳粉作为还原剂，碳粉的理论用量为芒硝用量的 4％。在浮法玻璃生产过程中，芒硝的用量不宜超过 5％，主要是为了防止玻璃中硫含量过多，在锡槽中形成硫化锡污染玻璃。对无水芒硝的化学组成要求：Na_2SO_3＞95％，NaCl＜0.3％，$CaSO_3$＜1％。

⑦ 碳粉

不宜采用烟道灰。碳含量＞84％，灰分量小于 12％。

（2）平板玻璃对原料粒度组成的要求

玻璃原料的粒度组成与玻璃均化的关系极其密切，如果各种原料粒度组成和相互间的粒度级配合理，将显示出许多优点。

① 可使原料化学成分波动降低到最低限度

要求原料粒度组成合理，仅控制粒级的上限是远远不够的，还要控制细级别（－120 目）含量。细级别含量高，其表面能增大，表面吸附和凝聚效应增大。当原料混合时，易发生成团现象。另外，细级别多，在储存、运输过程中，受振动作用的影响，与粗级别间产生强烈的离析。这种离析的结果，使得进入熔窑的原料化学成分处于极不稳定状态。

② 配合料均匀度可达最佳状态

玻璃各种原料，除各自的粒度分布要合理外，它们相互间的粒度分布要合理匹配，才能使配合料分层降低到最小程度，配合料均匀度处于最佳状态。

实践证明，纯碱和硅砂两种物料混合时，在平均粒径比为 0.8 时，可获得混合物料最小程度的分层。当纯碱与硅砂平均粒径比大于或小于 0.8 时，标准偏差随之增大，粒径比偏离 0.8 越远，分层越严重。

③ 可提高玻璃熔化速率

实验证明，硅砂的熔化时间与其粒径成正比。粒度粗，熔化时间长，粒度细，熔化时间短，熔化0.4mm粒径硅砂所需的时间，要比熔化0.8mm粒径的硅砂所需的时间少3/4左右。若配合料中各种原料粒级组成合理、互相匹配，其熔化速率与粒径大小之间的关系几乎呈直线关系。

目前，采用较大粒级的白云石、石灰石作为玻璃配合料原料是一种趋势。在配合料熔化的低温阶段，大粒径白云石、石灰石能阻滞碳酸盐分解和碳酸复盐的生成，而且对初生液相偏硅酸钠——$NaO \cdot SiO_2$和$NaO \cdot 2SiO_2$润湿性差。所以初生液相能顺利通过大颗粒白云石、石灰石之间的缝隙，对硅砂进行均匀润湿包围，进一步加大硅酸盐反应速率。相反，如果白云石、石灰石粒度细，会阻滞初生液相对硅砂颗粒的润湿包围，降低硅酸反应速率。在熔化高温阶段，粗粒白云石、石灰石急剧分解，放出大量CO_2气体，有利于玻璃液的均化和澄清。

在原料粒度分布上，一般要求分散性越小越好，这是主要的趋势，但还要考虑工厂的经济性，所以不对原料粒度作硬性规定，只提出大致的要求。硅砂：大于0.6mm 0%，0.4～0.5mm<5%，0.1～0.4mm>90%，0.075～0.1mm<5%，小于0.075mm 0%。长石：大于0.6mm 0%，0.42～0.6mm<5%，0.075～0.42mm>90%，小于0.075mm 0%。白云石、石灰石：大于3mm 0%，0.25～0.6mm 50%～70%，小于0.1mm<5%，小于0.075mm 0%。纯碱：0.1～1.0mm>90%，小于0.1mm<5%，小于0.075mm 0%。

(3) 平板玻璃对原料中难熔矿物含量的要求

硅质原料、白云石、石灰石、长石等属于天然矿物，这些天然矿物中含有危害玻璃质量的杂质，有些属于难熔重矿物，如硅砂中常含有硅线石、尖晶石、锆英石，石灰石中含有刚玉、尖晶石等。由于重矿物在玻璃融化过程中，难以完全熔化而被残留在玻璃制品上，形成固体夹杂物，通常称为“结石”。

熔化研究证明，重矿物最小粒度若大于40目(0.34mm)，形成结石的可能性最大，小于70目(0.21mm)，在标准玻璃熔化条件下，其熔化的可能性极大。在40～70目之间，随熔化条件不同而变化。

2.3.2 原料加工工艺

1. *原料粉碎*

用外力克服固体物料的内聚力而将其分裂的操作，称为粉碎。将大块物料破成小块，一般称为破碎；将小块物料碎成细粉，一般称为粉磨。破碎和粉磨统称为粉碎。粉碎的分类分级如下：

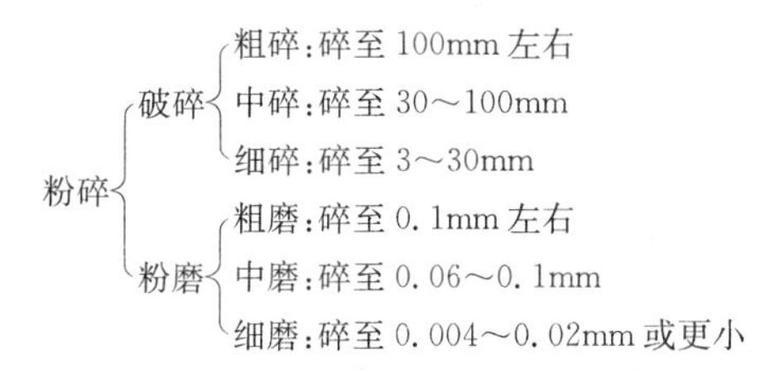

生产玻璃制品使用的各种原料，首先必须粉碎成一定的粒度才能进一步加工使用。玻璃工业中采用的粉碎方法，主要是靠机械力的作用。最常见的粉碎方法有压碎、劈碎、剪碎、击碎和磨碎。目前使用的粉碎机械，往往同时具有多种粉碎方法的联合作用。

（1）粉碎流程

在粉碎操作中，有间歇粉碎、开路粉碎和闭路粉碎三种流程。

① 间歇粉碎：如图 2.2(a)所示，将一定量的破碎料加入粉碎机内，关闭排料口，粉碎机不断运转，直至全部被碎物达到要求的粒度为止。

② 开路粉碎：如图 2.2(b)所示，被碎料不断加入，碎成料连续排出。被碎料一次通过粉碎机，碎成料被控制在一定粒度。开路粉碎操作简单，适用于破碎机作用。

③ 闭路粉碎：如图 2.2(c)所示，被碎料在经粉碎机一次粉碎后，除粗粒子留下继续粉碎外，其他粒子立即被运载流体夹带而强行离机。再由机械分离进行处理，取出其粒度合乎要求的部分。闭路粉碎是一种循环连续作用，与开路粉碎相比较，生产力可增加 50%～100%。

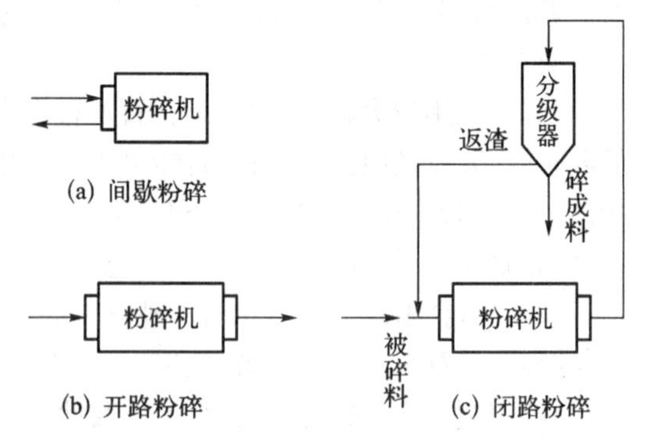

图 2.2　常用粉碎流程

（2）粉碎方式

① 干式粉碎：粉碎物料的含水量在 4%以下称为干式粉碎。其特点是：处理的物料及其产品是干燥的；进行粉碎时，需设置吸尘设备，以免粉尘飞扬；在细磨时磨碎的效率低；当含水量超过一定量时，颗粒黏结，粉碎效率降低；较细颗粒自粉碎机中排除出来较为困难（一般常用空气吹吸排除）。

② 湿式粉碎：被碎料的含水量在 50%以上，而具有流动性的称为湿式粉碎。其特点是：湿的物料不经干燥而直接处理；粉碎后的物料排除便利，粉碎效率高，输送方便；操作场所无粉尘产生；颗粒分级较为简单；禁止浸湿或易溶于水的物质不能用此方式。

以上两种粉碎方式各有优缺点，须按物料的性质及产品的用途，根据上述特点进行比较来选择。一般干式常用于物料破碎，湿式常用于物料的粉磨。

2. 原料筛分

将固体颗粒混合物通过具有一定大小孔径的筛面而分成不同粒度级别的过程称为筛分。筛分一般适用于较粗的物料，即粒度大于 0.05mm 的物料分级。

在筛分的过程中，大于筛孔尺寸的物料颗粒被留在筛面上，这部分物料称为筛上物，小于筛孔尺寸的物料颗粒则通过筛孔分出，这些物料称为筛下物。进入筛分过程的物料称为筛分物料。而筛下物的最大粒度和筛上物的最小粒度 d，通常可以假定都等于所用筛面的筛孔尺寸 D。于是，可用下列符号表示物料粒度：筛下物——$-D$ 或 $-d$，筛上物——$+D$ 或 $+d$。例如，通过筛孔为 2.5mm 的筛面，而留在筛孔为 1.25mm 筛面上的物料粒级，可表示为 $-2.5+1.25$mm 或 1.25～2.5mm。

（1）筛分流程

工业上粉碎和筛分通常组成一个联合系统。由于粉碎机的粉碎比限制，往往不可能在一次粉碎中达到所要求的物料粒度，因此常把几台粉碎机串联起来使用，而每一台只实现整个粉碎过程的一部分，这样的部分称为流程的段。只带一段粉碎的为一段粉碎筛分流程，两段以上的为多段粉碎筛分流程。多段粉碎筛分流程可以由几个一段流程组合而成。

(2) 筛分机的分类

筛分机的品种很多,一般可分为4类。格筛:又可分为固定格筛和滚轴筛等;桶形筛:有圆筒筛、圆锥筛、角柱筛等;摇动筛:有单筛框和双筛框等;振动筛:目前应用最广的筛分机,按其传动方式可分为机械振动筛和电力振动筛两种。

2.3.3 配合料化学组成的制备工艺及预处理

1. *原料存储和输送*

每个工厂都可根据其生产的特殊性和厂房条件设计建造适合于本厂特点的配料车间。虽各厂的配料车间布置不同,但总的配料工艺是类同的,都是从原料贮存—输送—称量—混合—输送—炉前料仓。除特殊需要的手工配料外,一般工厂贮存原料的料仓都由钢板或钢筋混凝土制成的。料仓设计一般都因地制宜,高而窄的料仓较容易卸料。为了避免卸料时的起拱和分层,可在料仓锥形部分装置振荡器或空气吹风器,利用低压空气吹风。

料仓的排布形式主要有塔仓[图2.3(a)]和排仓[图2.3(b)]两种类型。塔仓的优点是占地少,将几个料仓紧凑地布置在一起,合用一套称量系统、除尘系统和输送系统,可以减少设备,节约投资。由于塔台的每台设备都得到充分的利用,效率高,故塔仓的布局设计特别适宜于当前我国中小型工厂的配料车间。不足之处是对设备维修保养要求很高,任何一台设备发生故障,整个配料系统的运转就要停止,因而要求管理严格,设备的可靠性要高。

排仓基本是每个料仓都设置有一套独立的称量系统和输送系统,生产能力较大,维修方便。不足之处是占地面积多,投资高,设备利用率不足,解决集中治理粉尘有困难。

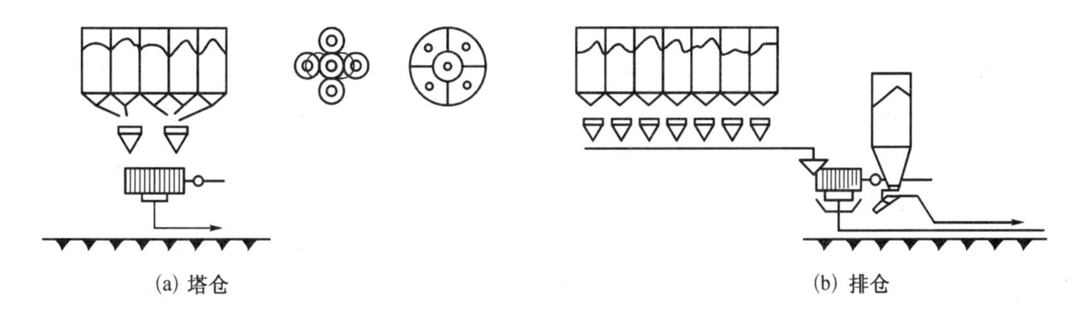

(a) 塔仓　　(b) 排仓

图2.3 塔仓和排仓的布置图

有些工厂的配料车间借鉴两者的优点,采用塔仓和排仓联合布置的设计,将3～4个料仓组成一组小塔仓,再将几个小塔仓组联合组成一个排仓。

原料与配合料的输送大都依靠传送带和提升机相互配合来完成,但上述方法在使用过程中往往会产生粉料和损失,同时还容易混入铁质,影响制品质量,因而有条件的工厂都采用气力输送。气力输送按其管道内空气的状态不同可以分为吸送式和压送式两种。吸送式是在负压下操作,按其负压大小来分,又分为低负压(－13 330～－5 065Pa)和高负压(－53 320～－26 660Pa)两种,该方式适用于从吸入口汇集送到一处,由于受负压的限制,输送距离较短。压送式即在高于大气压的条件下操作,按其正压大小可分为低压压送(压力小于 196 133Pa)，输送距离小于 300m；高压压送(压力在 196 133～490 333Pa)，输送距离最长可达 2 000m。

2. 称量与混合

配合料在化学成分上的准确性对玻璃的产量和质量起着决定性的作用，而化学成分的准确性又与各种原料的比例有关，因而称量的准确性是制取合格配合料的先决条件，超过了允许范围的误差，轻则会酿成整批配合料报废，重则导致产品报废。

影响混合均匀度的因素包括：①原料性质。颗粒度大和相对密度大的原料往往容易在混合过程中发生分层。②原料含水率。含水率过高将会使原料易结块或和其他原料黏结在一起，影响混合均匀性。但加入少量的水分(如 2%～4%)，可以降低混合时的分层现象。③混合速度。混合机过快的运转速度会使原料的粒子来不及达到均匀分散，而过低的运转速度又易造成已混合均匀的配合料发生分层，过快或过慢都不能保证混合的均匀性。④混合时间。混合时间过长或过短都不利于混合物的均匀性。

3. 配合料质量要求

在配合料制备过程中，称量准确、混合均匀是衡量配合料质量的两个主要标准。但要使配合料经熔融后获得满意的制品质量，还必须注意下列 5 个要求。

(1) 适度的润湿性

对配合料进行适度的润湿，可增加原料颗粒表面吸附性，易于混合均匀，并减少在传送过程中的分层和料粉飞扬，有利于改善操作环境和延长熔窑的使用寿命。同时，适量的水分可在熔制过程中加速物料间的固相反应，有利于加速玻璃的熔融过程。润湿程度以含 2%～4%的水分为宜。由于原料批量大、水分波动也大，容易导致称量不准，造成组成波动，故应尽量采用干基原料，然后在混料过程中注入定量的水分。

(2) 适量的气体率

为使玻璃易于澄清和均化，配合料中必须含有适量的受热分解后能释放出气体的原料，如碳酸盐、硝酸盐、硫酸盐，硼酸等。一般在配方计算时，都要对配合料的气体率事先进行计算。气体率过高，会造成玻璃液翻腾过于剧烈，延长澄清和均化时间；气体率过低，又使玻璃液澄清和均化不完全。对 Na_2O-CaO-SiO_2 系统玻璃，气体率一般控制在 15%～20%。一些硬质耐热玻璃的配合料气体率都较低，故应想方设法多用可以增加气体率的原料，有条件的工厂可在熔窑底部安装鼓泡装置，以弥补配合料气体率不足的缺点。

(3) 较高的均匀度

混合不均匀的配合料容易在熔制过程中造成部分富含易熔氧化物的区域先熔化，而使富含难熔物质的区域熔化困难，从而导致制品产生条纹、气泡、结石等缺陷。

(4) 避免金属和其他杂质的混入

在整个配合料的制备过程中可能会混入各种金属杂质，如机器设备的磨损或部件中螺栓、螺母、垫圈等的掉落，原料拆卸过程中的包装材料及其他不应有的氧化物原料混入等。这些都会影响配合料磨制质量，造成熔融玻璃澄清困难或制品色泽的改变。

(5) 选择适当的碎玻璃比率

碎玻璃配比合适、质量符合使用要求是保证配合料质量的重要环节。

2.3.4　粉料输送和储存的常用设备

1. 称量设备

玻璃工厂中采用的称量设备，大致有三种：台秤、机电自动秤和电子自动秤。台秤是种机械式的杠杆秤，最大允许误差为全量程的1/1 000。机电自动秤是在台秤的基础上加设电子装置，能够实现自动称量，玻璃厂中应用较广。电子自动秤是用传感器作为测量元件，以电子装置自动完成称量，是一种新型的称量设备。

2. 混料机械

混料机械按照工作方式分类，可分为间歇式和连续式；按工作原理可分为重力式和强制受力式两种。重力式是物料在重力作用下产生复杂运动相互混合，强制受力式是物料在桨叶等的强制推动下或在气流的作用下产生复杂运动而相互混合。

3. 运输机械

皮带运输机在玻璃工厂中应用广泛，主要用来输送散状物料，同时也可运输成件货物。皮带运输机主要可分为固定式和移动式，二者都可以水平安装或者倾斜安装。图2.4为典型的固定式皮带运输机示意图。

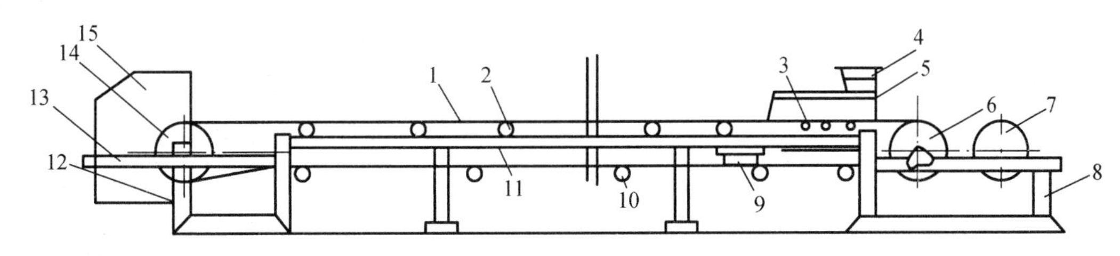

图2.4　固定式皮带运输机

1—输送带；2—上托辊；3—缓冲托辊；4—漏斗；5—导料拦板；6—改向滚筒；7—螺旋拉紧装置；8—尾架；9—空段清扫器；10—下托辊；11—中间架；12—弹簧清扫器；13—头架；14—传动滚筒；15—头罩

气力输送装置也是一种运输机械，它不仅用来作为单纯的输送，也可作为生产工艺中的环节，在输送过程中同时进行粉碎、分级、干燥、加热、冷却等操作。对于粉粒状物料，气力输送往往是最适用的输送方式。

2.4　玻璃熔融工艺

2.4.1　玻璃熔窑的类型、结构及特点

按照熔窑的生产能力可分为坩埚窑和池窑。

1. 坩埚窑

坩埚窑是指在坩埚中熔化玻璃的一种间歇式作业的玻璃熔窑。其结构主要包括作业室、喷火筒（小炉）、燃烧室、漏料坑、蓄热室等部分。在作业室内安放8～12只坩埚（要求特殊的玻璃也有仅置放一只坩埚进行熔制）。配合料可分3～5批加入到各坩埚中。当配合料

在坩埚中完成熔制、澄清和冷却过程后即可进行成型。在成型结束后，又再重新分批加入配合料，进行下一循环的熔制周期。坩埚窑的熔制周期从第一次加料开始到此坩埚料成型结束，一般为一昼夜。对难熔的玻璃也可适当地延长熔制时间，但这样会对其他坩埚的熔制、澄清和成型带来影响。坩埚窑占地、投资少，同一窑内可熔制多种不同组成或不同颜色的玻璃，生产灵活性大，适用于生产品种多、产量少、质量要求较高或有特殊工艺要求的玻璃。对要求高温熔制、低温成型的硒硫化镉类着色的玻璃，或低价铁着色类的玻璃尤为合适。但坩埚窑的生产能力低、燃料消耗大，难以实现机械化和自动化生产。

坩埚窑按废气余热回收设备分为蓄热室和换热器两种；按火焰在窑内的流动方向分为倒焰式、平焰式、联合火焰式；按坩蜗数量分为单坩埚窑、双坩埚窑和多坩埚窑；按燃料品种区分有全煤气、半煤气和燃油坩埚窑等。以下选取 4 种坩埚窑进行介绍。

(1) 蓄热室坩埚窑

采用蓄热室作为废气余热回收设备的坩埚窑。

(2) 换热室坩埚窑

采用换热器作为废气余热回收设备的坩埚窑。

(3) 倒焰式坩埚窑

窑内火焰呈倒转流动的坩埚窑。火焰由位于窑底的喷火口向上喷出，然后沿着坩埚自上向下经窑底吸火孔排出。其特点是温度沿整个坩埚高度分布比较均匀，上下温差小，由于火焰自窑底排出，窑底部温度较高，因而使窑底和坩埚都容易损坏，限制了窑内温度的提高。图 2.5(a)为倒焰式坩埚窑示意图。倒焰式坩埚窑可以配置换热器，也可配置蓄热室。

(4) 平焰式坩埚窑

图 2.5(b)所示为窑内火焰呈水平方向流动的坩埚窑。火焰在坩埚上部流动，可以提高火焰温度，加强传热过程，有利于提高熔化率。但因沿坩埚纵向温差大，容易造成近坩埚底部玻璃液成型困难，甚至影响玻璃质量，故仅适用于生产熔化温度要求高、成型时间短的玻璃制品。

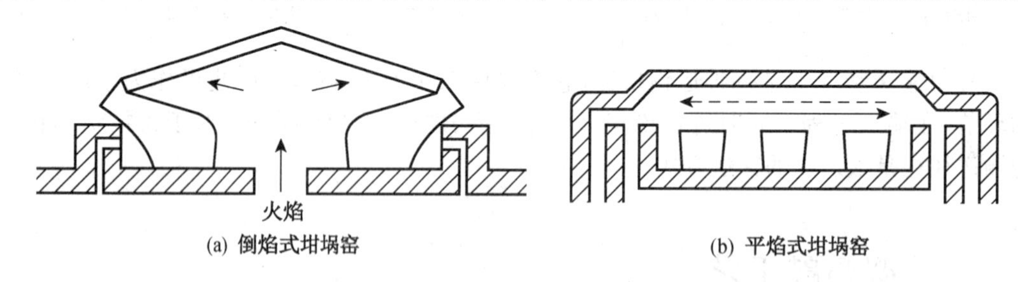

图 2.5　倒焰式坩埚窑和平焰式坩埚窑示意图

2. 池窑

池窑是可以连续作业的玻璃熔窑(个别小型池窑也有间歇生产)。其结构主要包括加料池、熔化池、工作池、通道和蓄热室(或换热器)等部分。与坩埚窑相比，池窑具有下列特点：有明显的热点与泡界线位置；加料和出料过程都是连续作业；整个玻璃熔制过程中的五个阶段(见 2.4.2 目)在池窑中有较明显的分布区域；占地面积较大；厂房设施和动力配套要求较高；投资规模大；适用于生产单一品种和批量较大的产品；热效率较高；有利于机械化和自动化生产；有利于池窑的燃烧；温度、窑压、料液面、加料等实现自动控制。

按照窑内火焰流向，可将池窑分为横火焰熔窑、马蹄形熔窑和纵火焰熔窑。

（1）横火焰熔窑

横火焰熔窑火焰流动方向与池窑纵轴互成垂直方向，小炉分设在窑池的左右两侧。与马蹄焰池窑相比，窑内火焰分布合理，火焰对玻璃液的覆盖面积大，热点位置容易控制，能有效地提高玻璃的熔化质量和熔窑的熔化率。熔化面积较大的蓄热室横火焰池窑常用来生产平板玻璃、瓶罐玻璃、器皿玻璃和显像管玻璃等，是当前国内大型池窑中普遍采用的一种熔窑。图 2.6(a)为横火焰熔窑示意图。

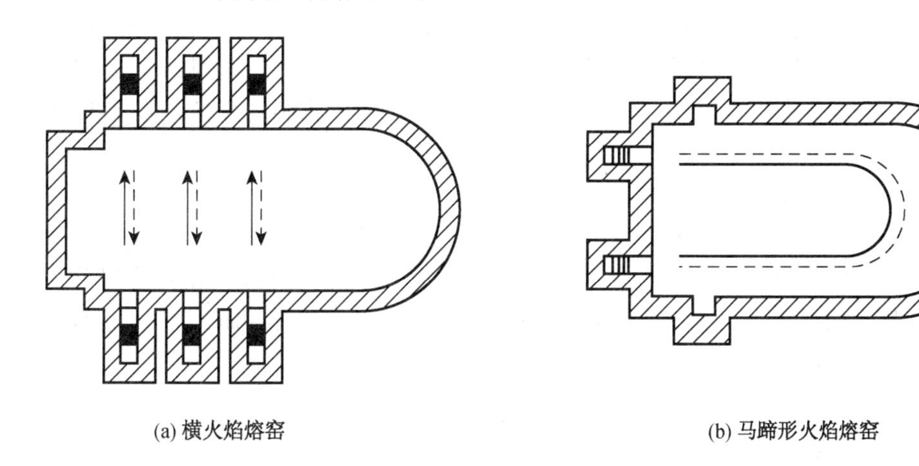

(a) 横火焰熔窑　　(b) 马蹄形火焰熔窑

图 2.6　横火焰熔窑和马蹄形火焰熔窑的示意图

（2）马蹄形火焰熔窑

图 2.6(b)为马蹄形火焰熔窑的示意图。窑内火焰形状呈马蹄形，仅在熔化部的端头设置一对小炉，可配置蓄热室也可配置换热器。火焰在窑内的行程较长，有利于燃料充分燃烧。窑两侧宽敞，便于维护和检修。缺点是温度沿窑长方向较难控制，热点位置不易掌握，在池窑宽度方向上温差较大，仅适用于中小型熔窑。

（3）纵火焰熔窑

纵火焰熔窑的火焰流动方向与窑池纵轴相一致，通常配置换热器，小炉设置在换热器端头，废气由另一端排出，具有结构简单、砌筑方便、火焰不需要换向等特点。缺点是熔窑的热效率低，沿窑的纵向作业制度较难控制，适用于熔制质量要求不高的产品，属小型熔窑。图 2.7 为纵火焰熔窑示意图。

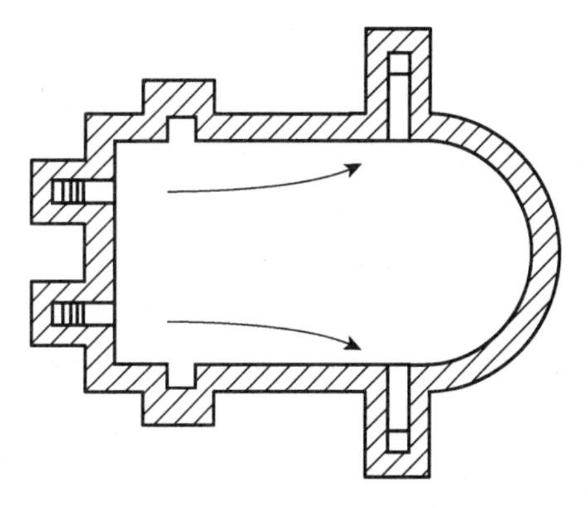

图 2.7　纵火焰熔窑示意图

2.4.2　玻璃熔制的主要工艺制度及控制

将混合均匀的配合料经过高温加热熔融，形成透明、纯净、均匀并适合于成型的玻璃液，这道工序称为玻璃的熔制。玻璃熔制是玻璃制造中的重要环节。为达到熔制的目的，必须研究熔制前配合料的配制情况和熔制后成型加工的要求，同时要相应采取一系列合理的操作制度（如温度制度、压力制度、气氛制度等），选用合理的窑炉结构型式、加热方式和耐火材料来予以保证。玻璃制成品的质量主要取决于熔制过程,因为绝大部分的玻璃缺陷是在熔制过程中产生的。只有进行合理的玻璃熔制才能制出优质产品,并保证整个生产过程连续、顺利地进行。加快玻璃熔制过程可以大大提高产量并降低成本。

玻璃熔制是一个十分复杂的过程,它包括各种物理变化(如加热、挥发、熔化、排除吸附水、晶型转化等)、化学变化(如分解反应、固相反应、排除化学结合水)和物理化学变化(如气液相的平衡、各组分相互溶解等)等。玻璃的熔制过程可分为五个阶段:硅酸盐形成、玻璃形成、澄清、均化和冷却。这些阶段互不相同,各有特点,但又相互密切联系,在实际的熔制过程中,各阶段之间没有明显的界限。有些阶段可能是同时或部分同时进行的,例如硅酸盐形成和玻璃形成,澄清和均化,这主要取决于熔制的工艺制度和玻璃熔窑的结构特点。

1. 硅酸盐形成阶段

硅酸盐形成是玻璃熔制过程的第一个阶段。在这个阶段中,配合料中各组分由于加热,会发生一系列物理变化、化学变化和物理化学变化。SiO_2(石英砂)和其他组分之间会在固相时就开始相互作用。这阶段结束后,配合料变成了由硅酸盐和游离 SiO_2 组成的不透明烧结物。当制造玻璃时,这一阶段在温度为 800℃～900℃时结束。

2. 玻璃形成阶段

硅酸盐形成阶段结束后,温度继续升高,硅酸盐和石英颗粒完全熔融,成为含有大量可见气泡的、在温度和化学成分上不均匀的半透明玻璃液,这就是玻璃形成阶段。普通平板玻璃的这一阶段约在 1 200℃结束。

3. 玻璃液的澄清

玻璃形成阶段结束时,整个熔融体包含有许多小气泡(直径小于 0.3mm),从玻璃液中除去可见的气体夹杂物的过程,称为玻璃液的澄清,它是玻璃熔制过程中的重要阶段。

4. 玻璃液的均化

玻璃形成后,玻璃液的化学组成和温度都是不均匀的,玻璃液中带有与玻璃主体化学成分不同的条纹,对制品将产生有害的影响(如膨胀系数不同会产生应力,黏度和表面张力不同会产生波筋和条纹),均化的过程就是使整个玻璃熔融体的化学组成和温度均匀一致,消除夹杂的不均体。均化的温度略低于澄清温度。

实际上均化过程早在玻璃形成阶段已经开始,在澄清的同时,玻璃液的均化也在进行,但主要的还是在澄清之后进行。均化与澄清没有明显的界限,两个过程既有一致之处又有不同的地方。澄清时由于气泡的排出,有很大的搅拌作用,气泡碰到条纹或不均体层时,就能将它拉成线状或带状,在拉力作用下,条纹越来越薄,因而使均化过程易于进行。生产某些特种玻璃时,均化阶段采用机械搅拌,由于气体扩散加快,气泡直径迅速增大而上升,气泡急剧减少,也有利于澄清。两个过程都希望提高玻璃液的温度,因为温度高,玻璃液黏度小,表面张力也小,既便于气泡排除,又利于玻璃液均化。

5. 玻璃液的冷却

玻璃液的冷却是熔制过程的最后阶段。澄清均化后的玻璃液黏度太小,不适合成型使用,必须将其冷却,使黏度提高到成型所需的范围。根据玻璃液的性质和不同的成型方法,冷却过程中玻璃液温度降低的程度也是不同的。

玻璃液的冷却必须均匀,不能破坏均化的成果,否则会使原板产生波筋等缺陷。为此,一般采取自然冷却方式，主要依靠玻璃液面以及池壁池底向外均匀的热辐射来进行冷却。也有在通路中穿水管进行强制冷却的。冷却过程中要特别注意防止二次气泡的产生。二次气泡又称再生气泡，是在已澄清好的玻璃液中重新出现的一种小气泡，直径一般小于0.1mm，均匀分布，在每立方厘米玻璃中数量可达数千个之多。

2.4.3　燃油系统的工艺

国内玻璃熔窑燃料有煤炭、煤气、天然气和重油等，随着我国石油工业的发展，多数熔窑已使用重油作为燃料。

燃油系统工艺主要包括卸油、贮存、供油。重油须经过滤，以减少杂质。在连续供油过程中，要求保持油量和油压的稳定，并有适中的黏度。为了便于调节用油点的油压和稳定供油，常采用调节回油量来予以实现。

2.4.4　玻璃熔窑常用耐火材料性能及应用

选用合适的耐火材料来砌筑熔窑是提高炉龄和获得优质制品的重要条件。但由于熔窑各部位的温度与受粉料和玻璃液的侵蚀程度不同，因此整个熔窑必须量材选用，根据不同要求选用能胜任的耐火材料来砌筑。

耐火材料质量的不断提高，使熔窑的熔化温度从20世纪60年代的1 450℃～1 500℃提高到70年代的1 500℃～1 560℃；熔化率从1.6～2t/(m^2·d)提高到3～3.5t/(m^2·d)；熔窑的使用寿命从3～4年提高到5～7年。

1. 玻璃熔窑的常用耐火材料及其特性

(1) 黏土砖。化学组成为Al_2O_3 30%～50%，SiO_2 50%～65%，R_2O+RO 5%～7%，耐火度1 600℃～1 700℃，耐压强度12～15MPa，荷重软化温度较低，仅为1 250℃～1 300℃。这类砖属于弱酸性的耐火材料，适宜用于熔制偏酸性组成玻璃的熔窑中，碱性组成较高的配合料在熔融时，对其侵蚀较剧烈。

(2) 浇注高岭土砖。化学组成为SiO_2 54%，Al_2O_3 44%，耐火度大于1 700℃，耐压强度30～50MPa，荷重软化温度较黏土砖高，达1 440℃～1 500℃，可用于砌筑池壁砖。

(3) 高铝砖。Al_2O_3大于48%，耐火度1 750℃～1 790℃，耐压强度40MPa，荷重软化温度1 400℃～1 500℃，由于高铝砖的耐火度与荷重软化温度都较高，适用于砌筑熔化池池壁、液流洞等，但高铝砖的热稳定性较低，应在熔窑升温与使用过程中予以注意。

(4) 硅砖。SiO_2含量大于93%，耐火度在1 700℃左右，耐压强度为17.5～20MPa，荷重软化温度大于1 600℃。硅砖属于酸性耐火材料，适用于熔制高硼硅酸盐玻璃或无碱玻璃，不宜用于熔制碱性组成较强的玻璃熔窑中，由于硅砖的耐火度与荷重软化温度都较高，故可用于砌筑熔窑的窑璇、胸墙、小炉及蓄热室的格子砖等。

(5) 石英砖。化学组成SiO_2占99%左右，由熔融的石英制成，膨胀系数在1 000℃时仅为0.05/℃，热稳定性能较好，适用于砌筑熔制“九五”硬料和派来克斯玻璃及无碱和高硅高硼质玻璃的熔窑。

(6) 白泡石。系天然矿物原料，故成分波动较大，开采后略经加工就可使用，成本低廉。预烧后的白泡石在使用时不再膨胀，耐火度大于1 650℃，耐压强度接近50MPa，高于黏土砖，可用来砌筑池壁，宜在偏酸性的玻璃熔窑中使用。

（7）电熔莫来石砖（又称铁砖）。化学组成 Al_2O_3 占 66%，SiO_2 20%～22%，ZrO_2 8%，Fe_2O_3 0.5%～0.6%，耐火度大于 1 750℃，荷重软化温度大于 1 700℃。电熔莫来石砖的 Al_2O_3 含量较高，并含有适量的 ZrO_2，故耐蚀性能较好，砖体结构较致密，没有互相连贯的气孔，机械强度较高，适用于砌筑熔窑的上部池壁、小炉喷火口、液流洞等侵蚀较严重的部位。电熔莫来石砖适宜用于偏酸性玻璃组成的熔窑。

（8）电熔锆刚玉砖。含 ZrO_2＞43%，Al_2O_3＞35%，SiO_2＞7%，耐火度大于 1 730℃。电熔锆刚玉砖的高温机械强度、热稳定性与耐玻璃液的侵蚀性能均极佳，对提高玻璃熔制温度、延长熔窑使用寿命均有良好作用。

（9）电熔刚玉氧化铬砖。其组成主要为 Al_2O_3 和 Cr_2O_3、固溶体的铬铁尖晶石（$Cr_2O_3 \cdot Fe_2O_3$），无玻璃相，是电熔耐火材料中性能最为优越的，商品名称为 Monofrax-K，热稳定性与耐蚀性能极佳。侵蚀速率几乎与温度无关，可砌筑熔化池池壁、液流洞及盖板、电极砖等，对延长炉龄作用显著。

（10）高铝电熔浇注砖。常用系列为 Monofrax-M/H/R/K 等，是独特的合成耐火材料，具有高度的抗腐蚀性，可以明显地减少因耐火材料所引起的玻璃缺陷，其联结口和氧化铝结晶的致密结构包含了少量的填隙玻璃相，这些优良性能使其可以用于砌筑熔窑的工作池与澄清池及供料通道，提高熔窑的熔化率。耐火材料中的 Al_2O_3 比 ZrO_2 更能溶解于玻璃液中，而 ZrO_2 可能会造成再结晶，其玻璃相要比电熔锆钢玉砖小 17%，从而可减少由耐材所引起的条纹。

2. 熔窑各部分耐火材料的选用

（1）接触玻璃液面的区域（包括液流洞部位）

接触玻璃液面的区域是玻璃熔制质量最敏感的区域，直接影响玻璃的熔制质量和成型质量，在这区域产生的玻璃缺陷将会是无法弥补的直接损失。因此，耐火材料应选用具有特定的耐高温、耐配合料组分和熔融玻璃液侵蚀的耐火材料。这部分的蚀损主要是由化学侵蚀与物理冲刷作用所引起，因此用于砌筑该部位的耐火材料要求显气孔率低，结构均匀致密，玻璃相含量最低，耐熔融玻璃相浸润性能优良，荷重软化温度高和耐蚀性能好，能长期在高温下经受玻璃液的冲刷作用。适用于这区域的耐火材料有电熔锆刚玉砖、电熔莫来石砖、刚玉砖等。

（2）熔窑底部区域

该部位也长期经受玻璃液的侵蚀，要求耐火材料的耐侵蚀性能优异，但因温度稳定，急变起伏不大，所以适用于这部分的耐火材料有锆刚玉砖等。

（3）不与玻璃液接触的区域

对于熔窑的上部结构、加料口等部位，当配合料加料时飞扬出来的粉尘以及挥发气体、液体燃料中的有害杂质等都会破坏上部结构的耐火材料，因而要求使用在这些部位的耐火材料不但要能承受较大的负荷，而且要有高的抗气体和配合料粉尘侵蚀稳定性与较好的热稳定性。适用于这部位的耐火材料主要是硅砖。

（4）熔窑的澄清和冷却区域

该区域是成型制品前的最后一个区域，因而对该区域使用的耐火材料质量要求较苛刻，凡对玻璃质量有影响的氧化物（如 Fe_2O_3，TiO_2 等）以及在使用中能降低玻璃透明度和会产生气泡与灰泡的杂质均要求很严格。

2.4.5 玻璃熔制过程中产生的主要缺陷

玻璃的缺陷种类和其产生的原因是多种多样的。根据缺陷存在的部位，分为内在缺陷和外观缺陷。玻璃内在缺陷主要存在于玻璃体内，按照其状态的不同，可以分为三大类：气泡（气体夹杂物）、结石（固体夹杂物）、条纹和节瘤（玻璃态夹杂物）。外观缺陷主要是在成型、退火和切裁等过程中产生的，包括光学变形（锡斑）、划伤（磨伤）、端面缺陷（爆边、凹凸、缺角）等。不同种类的缺陷，其研究方法也不同，当玻璃中出现某种缺陷后，往往需要通过多种方法共同研究，才能加以正确判断。在查明产生原因的基础上，及时采取有效的工艺措施来制止缺陷的继续发生。以下主要介绍玻璃的内在缺陷。

1. 气泡

玻璃中的气泡是可见的气体夹杂物，不仅影响玻璃制品的外观质量，更重要的是影响玻璃的透明性和机械强度。气泡的大小由零点几毫米到几毫米不等。按照尺寸大小，气泡可分为灰泡（直径＜0.8mm）和气泡（直径＞0.8mm）；其形状也是各种各样的，有球形、椭圆形及线状。气泡主要是制品成型过程中产成的。

气泡的化学组成不同，常含有 O_2，N_2，CO，CO_2，SO_2，NO 和 H_2O 等。根据气泡产生的原因不同，可以分成一次气泡（配合料残留气泡）、二次气泡、外界空气气泡、耐火材料气泡和金属铁引起的气泡等。在生产实践中，玻璃制品产生气泡的原因很多，情况很复杂。可以通过在熔化过程的不同阶段中取样，首先判断气泡是在何时何地产生的，再详细研究原料及熔制条件，从而确定其生成原因，并采取相应的措施加以解决。

配合料在熔化过程中，由于各组分间的化学反应和易挥发组分的挥发，释放出大量气体。尽管通过澄清作用可以除去玻璃中的气泡，但实际上，玻璃澄清完结后，往往有一些气泡没有完全逸出，或是由于平衡破坏，使溶解了的气体又重新析出，残留在玻璃之中，这种气泡叫做一次气泡。一次气泡产生的主要原因是澄清不良，解决办法是适当提高澄清温度和调整澄清剂的用量。根据澄清过程消除气泡的两种方式（大气泡逸出和极小气泡被溶解吸收）可知，提高澄清温度有利于大气泡的逸出，降低温度则便于小气泡的溶解吸收。此外，降低窑内气体压力、降低玻璃与气体界面上的表面张力也可以促使气体逸出。在操作上，严格遵守正确的熔化制度是防止一次气泡产生的重要措施。

澄清后的玻璃液同溶解于其中的气体处于某种平衡状态，这时玻璃中不含气泡，但尚有再产生气泡的可能。当玻璃液所处的条件有所改变，例如窑内气体介质的成分改变，则在已经澄清的玻璃液内又出现气泡或灰泡。这时产生的气泡很小，而玻璃液在这一温度范围内黏度又较大，排除这些气泡非常困难，于是它们就大量残留在玻璃液内。造成二次气泡的原因有物理和化学两种。如果降温后的玻璃液又一次升温超过一定限度，原来溶解于玻璃液中的气体将由于温度的升高引起溶解度的降低，析出十分细小的、均匀分布的二次气泡，这种情况属于物理原因。化学上的原因，主要与玻璃的化学组成和使用的原料有关，如玻璃中含有过氧化物或高价态氧化物，这些氧化物的分解易于产生二次气泡。

玻璃和耐火材料间的物理化学作用会引起许多气泡的产生。耐火材料气泡的气体组

成主要是 SO_2，CO_2，O_2和空气等。为了防止这些气泡的产生，必须提高耐火材料的质量。接近成型部应选择不易与玻璃液反应形成气泡的筑炉材料，以利于提高玻璃液的质量。在操作上也应当尽可能地稳定熔窑的作业制度，如温度制度要稳定，温度不要过高，以避免加剧侵蚀耐火材料。玻璃液面稳定对减少耐火材料的侵蚀有着重要的意义。

在池窑的操作中，不可避免地使用铁件，如窑的构件、工具等，有时因操作不慎，铁件偶然落入玻璃液中，逐渐熔解，使玻璃着色，而其中所含的碳与玻璃中的残余气体相互作用排出气体，形成气泡。这种气泡的周围常常有一层为氧化铁所着色而成的褐色玻璃薄膜，有时还出现褐色条纹或附着有棕色条纹的痕迹，甚至还可能充满了深色的铁化合物，它们的颜色由棕色到深绿色。还有一种特殊情况是气泡带有一小块金属或其氧化物，在显微镜下可以看到棕色到鲜明的西红柿色的硅酸铁结晶体。为了防止这种气泡的产生，除了注意配合料中不能含有金属铁质外，成型工具的质量，特别是浸入玻璃液内的部件质量要好，使用方法要得当。

一般根据气泡的外形尺寸、形状、分布情况以及气泡产生的部位和时间来判断气泡产生的原因。由外面带入的大气泡和由铁质所造成的气泡，比较容易识别，但在许多情况下，判断气泡的产生原因还是比较复杂的，因此，从分析气泡的气体化学组成上研究它的形成过程是十分必要的。

气泡的分析方法步骤如下：将带有气泡的玻璃试样磨成薄片至气泡的玻璃壁极薄为止(0.5mm 以下)，然后将试样浸入盛有甘油的小容器中，并在其中用针刺穿气泡壁，气体在甘油内形成气泡，逐渐浮起，用载玻片将气泡接住并粘在载玻片上。将载玻片置于显微镜下，测量气泡的原始直径，然后通过很细的吸管，将不同的吸收剂注入气泡中，使之相互作用，每次作用后测定气泡直径的大小。根据气泡直径与原始直径的比值，可算出气体混合物中各组分的百分比组成。采用的吸收剂可以有以下几种：甘油——吸收 SO_2，甘油 KOH 溶液——吸收 CO_2，甘油醋酸溶液——吸收 H_2S，焦性没食子酸的碱性溶液——吸收 O_2，$CuCl_2$氨溶液——吸收 CO，胶质钯的氢氧化钠溶液——吸收 H_2，最后的差数为氮含量。此法的分析精确度为 3%～5%。

2. 析晶与结石(固体夹杂物)

结石是出现在玻璃体中的结晶状固体夹杂物，是玻璃体内最危险的缺陷，严重影响玻璃质量，它不仅破坏了玻璃制品的外观和光均一性，而且降低了制品的使用价值，是令玻璃出现开裂损坏的主要因素。结石与它周围玻璃的膨胀系数相差愈大，产生的局部应力也就愈大，这就大大降低了制品的机械强度和热稳定性，甚至会使制品自行破裂。特别是结石的热膨胀系数小于周围玻璃的热膨胀系数时，在玻璃的交界面上形成张应力，常会出现放射状的裂纹。在玻璃制品中，通常不允许有结石存在，应尽量设法排除它。

结石的尺寸大小不一，有的呈针头状细点，有的可大如鸡蛋甚至连片成块。其中包含的晶体，有的用肉眼或放大镜即可察觉，有的需要用光学显微镜甚至电子显微镜才能清楚地辨别。

因为结石周围总是同玻璃液接触，所以它们往往和节瘤、线道或波纹一起伴随出现。不同的结石，它的化学组成和矿物组成也不相同。根据产生的原因，将结石分为以下 5 类：配合料结石(未熔化的颗粒)；耐火材料结石；玻璃液的析晶结石；硫酸盐夹杂物(碱性类夹杂物)；“黑斑”与外来污染物。

3. 条纹与节瘤(玻璃态夹杂物)

玻璃中存在的条纹与节瘤是一种玻璃态夹杂物,属于一种比较普遍的玻璃不均匀性方面的缺陷,其组成和性质与主体玻璃不同,因而反映出其化学组成与物理性能如折射率、密度、黏度、表面张力、热膨胀系数、机械强度、应力分布等与主体玻璃有区别。

呈滴状的、保持着原有形状的异类玻璃称为节瘤,在制品上以颗粒状、块状或成片状出现。由于条纹、节瘤在玻璃体上呈不同程度的凸出,其与玻璃的交界面不规则,表现出由于流动或物理化学性的溶解而互相渗透的情况。主要分布在玻璃的内部,或在玻璃的表面上,大多呈条纹状,也有呈线状、纤维状,有时似疙瘩而凸出。有些细微条纹用肉眼看不见,必须用仪器检查才能发现。这在光学玻璃中也是不允许的,对于一般玻璃制品,在不影响其使用性能情况下,可以允许存在一定程度的不均匀性。条纹和节瘤由于产生的原因不同,其颜色可以是无色的,也可以是绿色和棕色的。

常常利用折射率不同的性质检验条纹和节瘤,当条纹和节瘤的折射率和周围玻璃的折射率相差0.001以上时,就可以显著地看到条纹和节瘤。较小的条纹和节瘤可以利用光照射在试样上,观察试样后面的黑背景是否发生亮带来进行检验。也有采用具有黑白条纹背景或方格条纹的背景底板,使条纹和节瘤清楚地显示出来。肉眼不能观察的条纹和节瘤,用专门的光投影仪来检验,如干涉反射仪、显微干涉仪、条纹仪等。

2.5 玻璃成型工艺

2.5.1 常用玻璃成型方法、特点及所用设备

熔融玻璃经澄清、均化、冷却后即可成型。根据成型方式的不同可将成型方法分为吹制法、压制法、压延法、浇注法、拉制法、离心法、烧结法、喷吹法、焊接法和浮法等,还存在由两种成型工艺组合的生产方法,如压-吹法、吹-拉法、离心-压制法等。

1. 吹制成型

吹制成型是古老而传统的玻璃成型方法。有不少稀世珍品是依靠这种方法制得的。目前这种成型方法仍不失为玻璃制造中广泛使用的一种成型手段。

手工吹制主要使用一根空心铁管(或不锈钢管),一端用来沾取玻璃液,另一端用于人工吹气。管长约1.5～1.7m,中心孔径ϕ0.5～1.5cm,可根据制品大小选用不同规格的吹管。

机械吹制包括吹-吹法、压-吹法、转吹法、带式吹制法。图2.8所示为带式吹制法示意图,用液流供料,玻璃液由漏料孔不断外流,经滚筒滚压成带状,然后依靠自重和扑气使之在传动链上形成一个空气料泡,再由旋转的成型模合拢吹制成型。该法主要用于生产灯泡壳和茶杯等,生产能力较大。它是由美国康宁玻璃公司首先发明和应用到工业生产上的,康宁公司以后发展的炊具生产也几乎是利用了这一原理。压-吹成型中,滴料在初型模中进行压制,使口部成型,然后转入成型模中进行吹制成型。该法得到的制品壁厚分布均匀,因而除了主要用来生产广口瓶等空心玻璃制品外,目前有些工厂也用此法生产小口瓶。

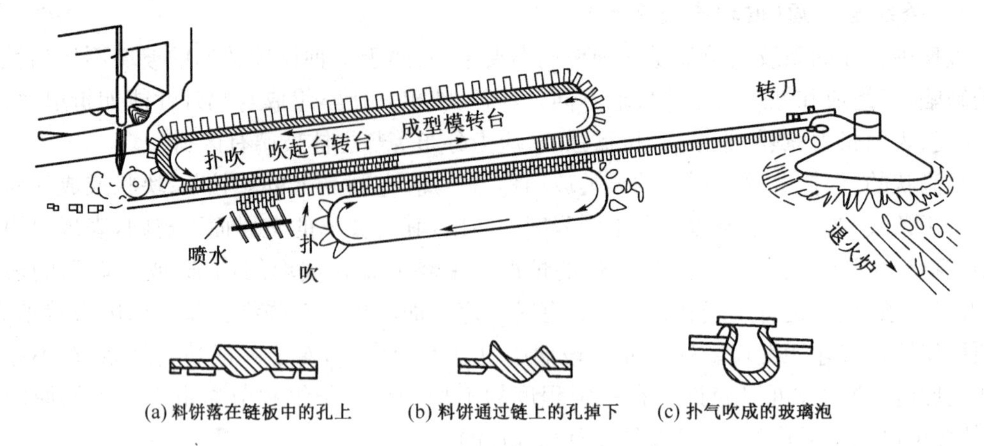

(a) 料饼落在链板中的孔上　(b) 料饼通过链上的孔掉下　(c) 扑气吹成的玻璃泡

图 2.8　带式吹制成型示意图

2. 压制成型

压制成型有机械与人工两种方法，区别在于前者采用滴料供料和自动压机成型，后者为手工挑料或供料机供料，并使用手工压机或半机械化压制成型。压制成型自动化程度复杂，技术要求高，它是当前玻璃工厂广泛采用的成型方法。

压制成型的优点是生产批量大、工艺稳定、制品尺寸准确，且表面可以有线条简洁的花纹；缺点是制品粗糙度较高。压制成型对玻璃液的温度、黏度、成型时间及冷却介质等要求较高。

3. 拉制成型

玻璃管(棒)制品的成型除用传统的手工拉制外，还有机械拉制。机械拉制成型分水平拉制法和垂直拉制法两种。水平拉制法有丹纳法(Danner process)和维洛法(Vello process)，垂直拉制法分垂直引上法和垂直引下法。以下以丹纳水平控制法为例进行介绍。

丹纳水平拉制成型的工作原理：流入料道内的玻璃液，经闸板受控地流到成型室内的成型管体上，然后玻璃液随旋转的成型管体流向成型嘴，并在成型管体中间鼓入适量的空气，使玻璃液形成中空状，在机尾拉管机的牵引下，玻璃液连续地成型为玻璃管；若在成型管中不鼓入空气，则拉制成玻璃棒。

图 2.9 为丹纳法拉管机械装置图。

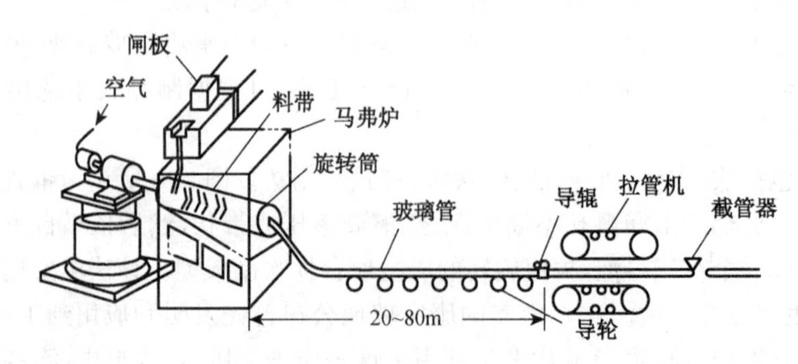

图 2.9　丹纳法拉管机法示意图

4. 注射成型

注射成型是近年来国内外新发展起来的一种玻璃成型方法,目前已广泛用于生产艺术制品。将熔融质量优良的玻璃滴入模具内,割去余料,经过退火与加工处理后,即可获得各种形象逼真、栩栩如生的艺术制品。该工艺中,模具设计与制造是关键,成型玻璃的黏度与温度要选择恰当。该成型方法简单,灵活性大,设备投资少、见效快。

5. 离心成型法

离心成型法由玻璃料流直接流入离心成型机中,也有通过供料机滴料离心成型。由熔窑底部流料口流出的玻璃液进入离心盘,在离心盘的侧壁上开有4 000～6 000个孔眼,在离心盘高速旋转下,玻璃液因离心力作用由孔中甩出而呈细丝,经高温高速的燃气吹制成纤维棉,其成型过程如图 2.10 所示。图中 A 是离心机的喷丝头。

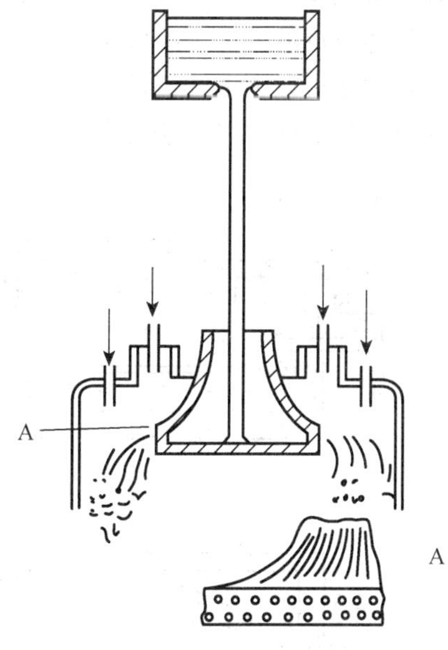

图 2.10　离心法成型

利用离心法成型原理还可生产器皿玻璃的果盘、工业玻璃透镜和显像管玻壳锥体。此时玻璃液经供料通道由供料机自动滴料,采用离心机高速旋转,使用分配器代替冲模进行离心成型。

2.5.2　平板玻璃成型方法的原理、特点及所用设备

平板玻璃生产的方法有 4 种,浮法(Float process)、垂直引上法[包括有槽(Fourcault process)、无槽(Pittsburgh process)、对辊法(Asahi process)]、平拉法(Colburn process)、压延法(Calendering process)等。

1. 浮法

浮法玻璃生产工艺是指玻璃液在熔融金属液面上漂浮成型的平板玻璃生产工艺方法。该方法可以生产厚度为 0.5～30mm 的平板玻璃,是世界上目前最先进的平板玻璃生产工艺方法。

浮法玻璃的生产工艺流程:根据设计的玻璃成分,选择玻璃生产所需的原料,根据设计的料方,称量各种原料经混合后制备成配合料;然后将合格的配合料送入玻璃熔窑,在1 500℃～1 600℃温度范围内经过熔化、澄清、均化和冷却等过程,获得均匀的玻璃液;玻璃液经流道、流槽进入充满氮氢保护气体的锡槽,漂浮在熔融的锡液表面上,完成玻璃液的自然摊平、展薄、抛光、冷却后,玻璃带由过渡辊台托起离开锡槽进入退火窑中退火;退火后的玻璃带经切裁、检验、包装后即可作为产品出厂。

在浮法玻璃生产过程中,熔窑、锡槽和退火窑为浮法玻璃生产的三大热工设备。锡槽主要有两类:直通型和大小头型。我国目前采用的主要是大小头型锡槽(图 2.11)。这种锡槽由进口端、主体和出口端三部分组成。进口端主要由流道、流槽、安全闸板和节流闸板等组成,玻璃液的温度在 1 050℃～1 150℃。锡槽的主体结构包括锡槽的槽底、胸墙、顶盖、钢

结构、电加热、进气管、冷却系统等部件。主体部分内要完成玻璃液的摊平、展薄、抛光、冷却等成型操作，要求满足密封性和温度、压力等工艺参数可调性的要求，还要满足锡液对流和气体对流的要求。出口端也称为过渡辊台，其作用是靠转动作用牵引玻璃带前进，并且每根辊子可以上下调节，保证既不使玻璃带出锡槽时带出锡液，又不至于玻璃带在出锡槽时被划伤表面。出口端玻璃带温度在 620℃左右。

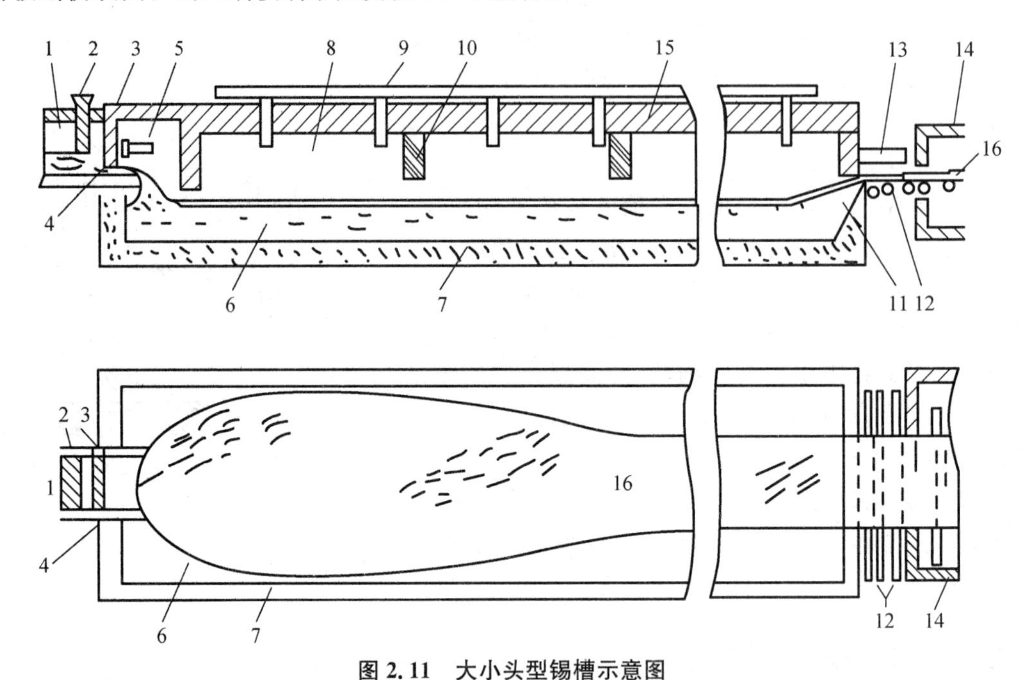

图 2.11　大小头型锡槽示意图

1—窑尾；2—安全闸板；3—节流闸板；4—流槽；5—流槽电加热；6—锡液；7—锡槽槽底；
8—锡槽上部加热空间；9—保护气体管道；10—锡槽空气分隔墙；11—锡槽出口；12—过渡辊台传动辊子；
13—过渡辊台电加热；14—退火窑；15—锡槽顶盖；16—玻璃带

2. 垂直法

垂直法主要包括有槽垂直引上、无槽垂直引上和对辊法三种，图 2.12 分别为三种方法的示意图。在垂直法生产平板玻璃过程中，原板的板根是玻璃成型的基础，两个边子是玻璃成板的前提，拉伸力是改板的根据，而玻璃液的黏度与表面张力是成型的基本性质。因此，玻璃的性质、板根的形成、边子的形成、原板的拉伸力是垂直法玻璃成型的四个重要组成部分。

与浮法玻璃生产原理比较，垂直法玻璃生产必须克服玻璃原板自身重力的影响，因此引上的高度受到限制，拉引速度也不能过大。并且由于受到重力的影响，板面质量较差，存在波筋、岗子、淋子等缺陷。垂直法的成型温度和析晶温度相近，玻璃液在成型室容易产生析晶，造成玻璃原板上出现析晶结石。另外，成型室析晶需要停炉搅拌玻璃水，影响产量。由于垂直法生产的玻璃表面质量差，后加工玻璃往往需要研磨和抛光，目前很少使用这种工艺加工玻璃原片。

3. 平拉法

平拉法也称水平拉引法，是在有槽引上的基础上去除槽子砖，使原板直接从玻璃自由液面垂直引上，又称无槽引上，其示意图如图 2.13 所示。玻璃原板从自由玻璃液面引上至

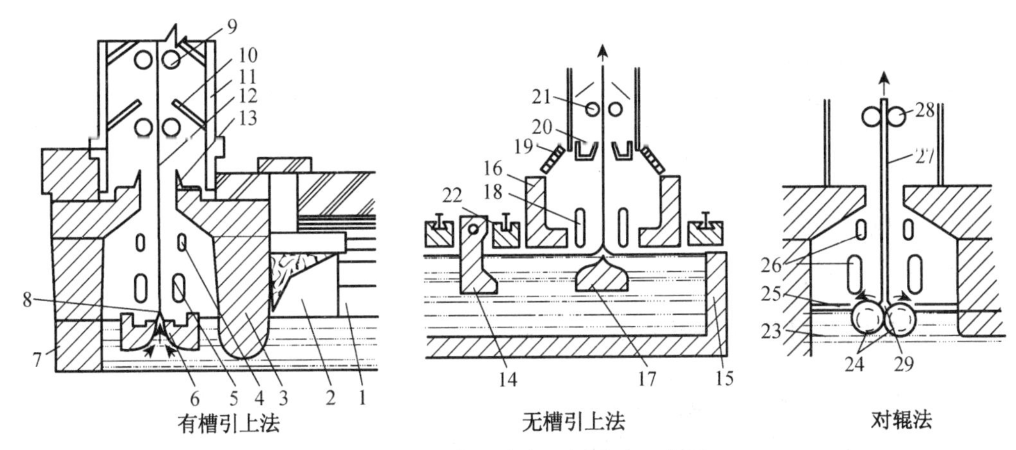

图 2.12　垂直法生产平板玻璃示意图

1—通路；2—小眼；3—大梁；4—辅助冷却器；5—主冷却器；6—槽子砖；7—池墙；8—板根；9—石棉辊；10—鱼鳞板；11—引上机；12—原板；13—角铁；14—桥砖；15—端墙；16—L形砖；17—引砖；18—冷却器；19—八字水包；20—槽钢；21—石棉辊；22—吊平碹；23—玻璃液；24—转动式成形辊；25—辐射热挡板；26—冷却器；27—原板；28—石棉辊；29—裂缝

700～800mm 高度后，绕经一个转向辊，再沿水平方向拉引进入退火窑。这种成型方法首先是由美国人发明，后经柯尔本及利比·欧文斯公司改造，故称为柯尔本-利比欧文斯法，简称柯尔本法（Colburn process）。相对于垂直法，这种生产方法与无槽法相近，不用槽子砖而只用引砖，所以玻璃的析晶及表面缺陷较少；又因为在引上一定高度后转向为水平拉引，故比无槽法拉引速度快得多。退火窑水平布置可以比引上法的引上机膛长，退火质量比垂直引上法好。特别是采用气垫转向辊后，玻璃质量得到进一步提高，接近浮法玻璃的质量。平拉法生产的平板玻璃可以作为玻璃深加工的原片，是目前唯一能与浮法并存的平板玻璃生产方法。

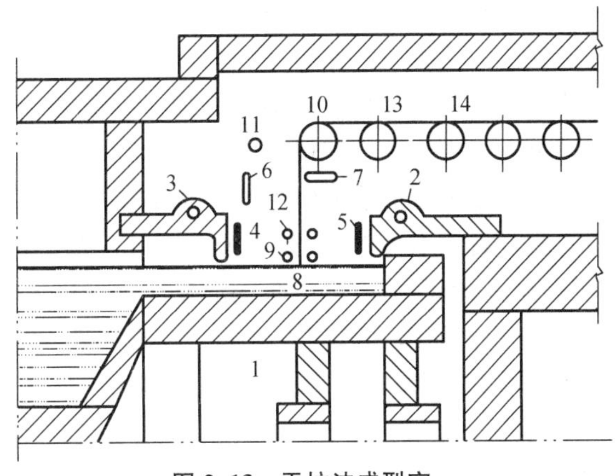

图 2.13　平拉法成型室

1—成型砖；2—外唇砖；3—内唇砖；4，5—水包；6—冷却器；7—冷却水包；8—板根；9—拉边器；10—冷却转向辊；11—燃烧器；12—喷嘴；13，14—输送辊

平拉法的特点：产品品种规格多，平拉法一窑可以设 1～3 条生产线，生产不同品种的玻璃，如厚度可为 0.6～30mm，宽度可为 2.5～4m。由于平拉法依然是从自由玻璃液面的垂直引上，况且需要在转向辊上转向，因此，很难达到浮法玻璃的质量指标。

4. 压延法

压延玻璃生产过程为玻璃液从熔窑尾端溢流口溢出，经溢流槽和托砖流到压延机的上下压辊间，压延辊中间通冷却水，使流经上下压辊间的玻璃液迅速冷却，并由液态变为塑性状态，当玻璃从正在转动的上下压辊的间隙出来时，形成所要求厚度的玻璃板。压延辊与玻璃带之间的摩擦力使玻璃带运动，出压辊的玻璃带经过托板水箱的冷却和托辊的拖动，然后经过活动辊道进入连续退火窑中退火。上述过程连续进行，使熔融玻璃液形成连续玻璃带。

压延玻璃是单面或两面具有花纹图案的平板玻璃。生产双面压花玻璃的压延机上下压辊都刻有花纹;生产单面压花玻璃的压延机,上辊是光辊,下辊是刻花辊。压延玻璃的特点:成型温度(1 200℃)高,生产过程中不易产生析晶;压花玻璃对入射光有散射作用,形成均匀而柔和的采光效果;压延玻璃的退火与浮法玻璃退火基本相同,可以生产高质量的玻璃;压延法还可方便地生产夹丝玻璃。压延玻璃经压辊生产平板玻璃,其质量决定于压辊表面质量。

2.5.3 玻璃成型过程中产生的主要缺陷及其预防

光学变形也称"锡斑",是玻璃表面上的微小凹坑,其形状呈平滑的圆形,直径 0.06～0.1mm,深 0.05mm。这种斑点缺陷损害了玻璃的光学质量,使观察到的物象发生畸变,故也称其为"光畸变点"。

光学变形缺陷主要是由于氧化亚锡(SnO)和硫化亚锡(SnS)蒸气的聚集冷凝造成的。SnO 可以溶于锡液,同时又有很大的挥发性,而 SnS 的挥发性更强,它们的蒸气在温度较低的部位冷凝并逐渐聚集,当聚集到一定程度,受到气流的冲击或震动等作用,冷凝的 SnO 或 SnS 就会落到未完全硬化的玻璃表面形成斑点缺陷。此外,这些锡化合物的聚集物也有可能受到保护气体中还原组分的作用,还原成金属锡,这种金属锡滴同样也会使玻璃形成斑点缺陷。当锡化合物在锡槽的高温段玻璃表面形成斑点时,由于这些化合物的挥发,会在玻璃表面形成一个小凹坑。

减少光学变形缺陷的办法主要有减少氧污染和硫污染。氧污染主要来源于保护气体中的微量氧和水蒸气以及锡槽缝隙漏入和扩散进入的氧。它使金属锡氧化生成 SnO 和 SnO_2 浮渣,SnO 既可溶解于锡液又能挥发进入保护气体,保护气体中的 SnO 在锡槽顶盖表面冷凝、积聚而落到玻璃表面上。玻璃本身也是一个氧污染的来源,即玻璃液中溶解的 O_2 会在锡槽中逸出,同样会使金属锡氧化;玻璃表面的水蒸气进入锡槽空间,也增加了气体中氧的比例。硫污染是在使用氮氢保护气体的情况下,唯一由玻璃液带入锡槽的,在玻璃带的上表面是以 H_2S 的形式释放进入气体,再与锡反应生成 SnS;在玻璃的下表面,硫进入锡液形成 SnS,这些 SnS 溶于锡液并部分挥发进入保护气体中,同样可在锡槽顶盖的下表面冷凝、积聚而落到玻璃表面形成斑点。因此,为了防止斑点缺陷的产生,要经常采用高压保护气体吹扫锡槽,清理在锡槽顶盖表面上的 SnO 和 SnS 的冷凝物,以减少光学变形缺陷。

2.6 玻璃退火工艺

2.6.1 退火工艺各阶段划分及其影响因素

成型结束后的玻璃,其制品内外两部分存在较大的温度差异,该温差将会造成制品存在很大的应力,退火目的就是要消除或减少这些应力到可以允许的限度。

根据消除应力的要求,将玻璃的退火划分为 4 个阶段:加热阶段、保温阶段、慢冷阶段及快速冷却阶段。4 个阶段分布如图 2.14 所示。在玻璃退火工艺上,第Ⅰ,第Ⅱ阶段主要是使玻璃内原有的应力消除或减少到允许的限度;第Ⅲ阶段是确定在这个温度范围内的冷却速率,尽量使冷却过程中造成的内应力降到最低;第Ⅳ阶段是当玻璃内质点的黏性流动已达到最小时,可以加速制品的冷却速率,以所产生的暂时应力不造成制品破裂为限度。上述 4 个阶段的划分随玻璃性质、制品厚度、外形尺寸和大小、要求而变化。

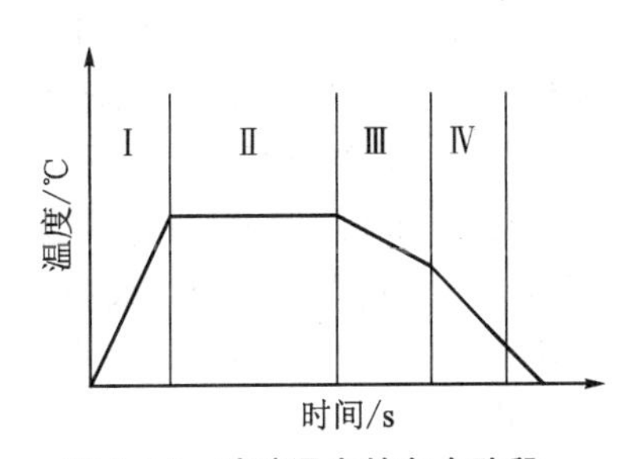

图 2.14　玻璃退火的各个阶段

Ⅰ—加热阶段;Ⅱ—保温阶段;Ⅲ—慢冷阶段;Ⅳ—快冷阶段

退火温度和时间的选择,由于受玻璃组成、厚度、造型等因素的影响而有所不同。影响退火的因素一般有下列 3 种。

(1) 厚度与形状

厚壁制品的内外温差较大,在退火温度范围内,厚壁制品的保温时间要相应地延长,以使制品内外层温度趋于一致,因而其冷却速率也必须相应地减慢,故总的退火时间就要延长。造型复杂的制品应力容易集中,因此它与厚壁制品一样,保温温度应当略低,加热及冷却速率都应较缓慢。

应注意的是,厚壁制品保温时间的延长不是和制品的厚度成正比例增加,这是因厚度增加后荷重较大,若长时间的在较高温度下保温,制品易变形。其次还经常存在这样的错觉,认为制品愈厚,其退火温度应该愈高,其实退火质量的好坏关键在于慢冷阶段,即应尽量使内应力的存在与再生成能力降低到最低限度。

(2) 玻璃组成

玻璃的化学组成影响退火温度的选择,凡能降低玻璃黏度的组成也都能降低退火温度。例如,碱金属氧化物就能显著地降低退火温度,其中以 Na_2O 的作用大于 K_2O。SiO_2,ZrO_2 和 $A1_2O_3$ 等难熔氧化物都会显著地提高退火温度。

(3) 不同规格制品

若同一退火窑中置有各种不同厚度的制品或同一制品本身的厚度有变化,为避免制品发生变形或退火不完全,应根据最小的厚度来确定退火温度,根据最大的壁厚来确定退火的时间。

2.6.2　常用退火窑的结构、各部分的特点及作用

经锡槽成型的玻璃带靠摩擦力在辊子上向前运行,经退火窑退火后进行冷端切割。退火窑的设计取决于制品种类、造型、生产方式、产量大小和燃料种类等因素,其形式有间歇式与连续式两类。

间歇式退火窑常用于制品造型复杂、品种繁多而产量不多的工厂,制品每退火一次周期为 18～36h,根据实际生产情况而定。该形式的退火窑主要特点是灵活性较大、砌筑方便、造价低廉;缺点是窑内温度分布不均匀,热利用率低,操作繁重,生产能力较低。连续式退火窑常用于品种简单、产品批量较大的工厂。优点是窑体空间为隧道式,沿窑长方向上的温度分布是按制品退火曲线的需要来控制的,当制品在窑内通过时就历经了退火所需的

四个阶段，因而退火质量较好，自动化程度较高，能耗低，生产能力大；缺点是造价高、占地面积大。常用退火窑主要包括热风循环装置和烟道，特点如下。

1. 热风循环装置

热风循环式退火窑热效率较高，退火温度分布合理，是一种较为先进的连续式退火窑。该退火窑由每部分可自由装拆的炉厢组装而成。其特点是退火窑断面上温度均匀，平均温差不大于±5℃，同时还可根据制品厚度和大小对烟道挡板进行相应调节，以保证得到最佳的退火温度曲线。

热风循环式退火窑主要依靠热风循环风机来提供所需的预热空气，它要装在退火窑的燃烧室顶部。风机从顶部烟道中抽取热空气，通过通风输出口的横向叶片挡板来控制通向退火窑两侧的再循环风量，均匀地送到位于燃烧窑两侧垂直向下的 8 根管道里(每侧 4 根)，气流在此与火头的燃烧产物烟气相混合，进入位于传送带底部的烟道中。气流再通过烟道顶部的开口加热制品，然后通过顶部烟道的挡板进入顶部烟道，又被吸入循环风机，周而复始的循环。叶片挡板是通过对底部烟道(共 8 条)气流量的测定来完成调节的，根据技术要求，每条烟道同一断面上的气流流速误差不超过 10%。每条烟道中由于气流流速相差不大，保证了退火窑横向断面上温度分布的均匀性。

2. 烟道结构

退火窑的底部烟道结构采用了“鹅颈”结构，如图 2.15 所示。这个烟道分成 8 条通道，由耐火材料砌筑而成，在烟道顶部覆以黏土砖作为盖板，并留有一系列开口，开口的两侧各有一块挡砖，每一阶段其挡块的位置均不相同，位置可根据退火曲线的要求做相应调整，热气流进入火道后，通过预先调整好的间隙将隧道加热。

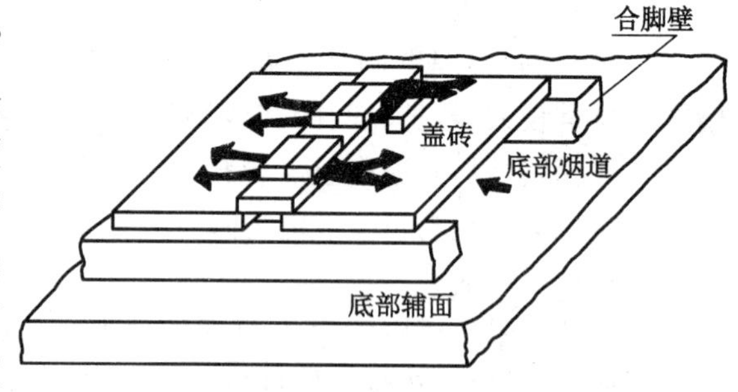

图 2.15 鹅颈结构烟道图

在退火窑主要调节温度段的烟道中都装有调节闸板，任何一段闸板的开合都能限制该段挡板处烟道中的空气流量，以控制该段的温度。

2.7 平板玻璃的深加工

2.7.1 钢化玻璃

1. 钢化玻璃的性能及钢化原理

(1) 钢化玻璃的性能

钢化玻璃同一般玻璃比较，其抗弯强度、抗冲击强度以及热稳定性等，都有很大的提高。

① 抗弯强度

钢化玻璃抗弯强度要比一般玻璃大 4～5 倍。如 6mm×600mm×400mm 的钢化玻璃板，可以支持约3个人的质量200kg而不被破坏。厚度5～6mm的钢化玻璃，抗弯强度达1.67×10^{2}MPa。

钢化玻璃的应力分布，在其厚度方向上呈抛物线形。表面层为压应力，内层为张应力。当其受到弯曲载荷时，由于力的合成结果，最大应力值不在玻璃表面，而是移向玻璃的内层，这样玻璃就可以经受更大的弯曲载荷。钢化玻璃的挠度比一般玻璃大3～4倍，如6mm×1 200mm×350mm钢化玻璃板，最大弯曲达100mm。

② 抗冲击强度

钢化玻璃的抗冲击强度比经过良好退火的普通透明玻璃高3～10倍。如6mm厚的钢化玻璃的抗冲击强度为8.13kg·m，而普通平板玻璃的抗冲击强度为2.35kg·m。

③ 热稳定性

钢化玻璃的抗张强度提高，弹性模量下降，此外，密度也较退火玻璃为低，从热稳定性系数K的计算公式可知，钢化玻璃可经受温度突变的范围达250℃～320℃，而一般同厚度玻璃只能经受70℃～100℃。如6mm×510mm×310mm的钢化玻璃铺在雪地上，浇上1kg 327.5℃的铅水而不会破裂。

④ 其他性能

钢化玻璃也称安全玻璃，它破坏时首先在内层，由张应力作用引起破坏的裂纹传播速度很大，同时外层的压应力有保持破碎的内层不易剥落的作用。因此，钢化玻璃在破裂时，只产生没有尖锐角的小碎片。钢化玻璃中有很大的相互平衡的应力分布，所以一般不能再进行切割。在钢化玻璃加工过程中，玻璃表面裂纹减少，表面状况得到改善，这也是钢化玻璃强度较高和热稳定性较好的原因。

(2) 钢化原理

钢化原理可以分为物理钢化和化学钢化。

① 物理钢化

物理钢化是将高温的玻璃急速冷却到常温状态，使在玻璃厚度方向产生残余应力，在表面形成压应力的方法。在生产实践中，物理钢化一般多用动气喷吹的风钢化。

玻璃在加热炉内按一定的升温速度加热到低于软化温度，然后迅速送入冷却装置并用低温高速气流进行淬冷后，玻璃外层会首先收缩硬化。由于玻璃的导热系数小，这时内部仍处于高温状态，待到玻璃内部也开始硬化时，已硬化的外层将阻止内层的收缩，从而使先硬化的外层产生压应力，后硬化的内层产生张应力。由于玻璃表面层存在压应力，当外力作用于该表面时，首先必须抵消这部分压应力。这就大大提高了玻璃的机械强度，经过这样处理的玻璃制品就是物理钢化玻璃。

② 化学钢化

用化学方法改变玻璃的表面成分，以增加玻璃的机械强度和热稳定性的方法，称为化学钢化法。由于该方法通过离子交换使玻璃强度增大，所以又称为离子交换法。化学钢化与物理钢化一样可以在玻璃表面层形成压应力，而在内层形成张应力，但其原理并不相同。

化学钢化是基于离子扩散机理，通过改变玻璃表面的成分，形成表面压应力层的一种处理工艺。根据玻璃的网络结构学说，玻璃态物质由无序的三维空间网络所构成，此网络是由含氧离子的多面体（三角体或四面体）构成的，中心被Si^{4+}，Al^{3+}或P^{5+}所占据。这些离子同氧离子一起构成网络，网络中填充碱金属离子（如Na^{+}，K^{+}等）及碱土金属离子。

其中，碱金属离子较活泼，很易从玻璃内部析出。例如，将玻璃浸没于熔融的盐液内，玻璃与盐液便发生离子交换，玻璃表面附近的某些离子通过扩散而进入熔盐内，产生的空位由熔盐的离子占据，结果就改变了玻璃表面层的化学成分，并降低了玻璃的热膨胀系数，从而形成了 10～200μm 厚的表面压应力层。由于这种表面压应力层的存在，当外力作用于玻璃表面时，首先必须抵消这部分压应力，这就提高了玻璃的机械强度，获得永久性的强化效果，而且由于其热膨胀系数降低，从而提高了热稳定性。这些就是化学钢化玻璃得以提高机械强度和热稳定性的原因。

2. 物理钢化的生产工艺及其控制

物理钢化法的生产工艺流程如图 2.16 所示。

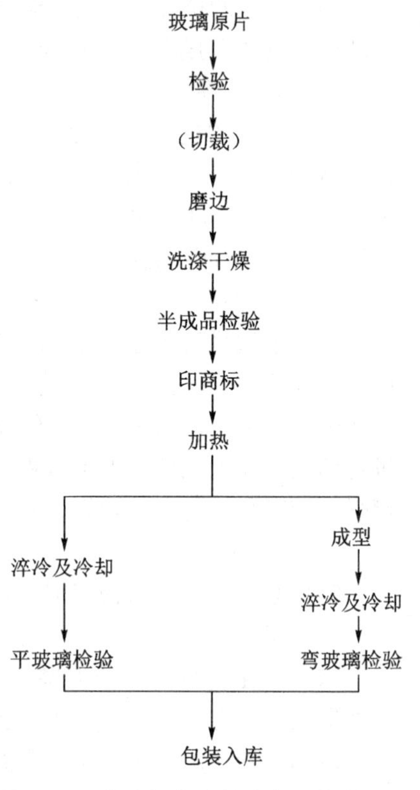

图 2.16　物理钢化法的生产工艺流程

3. 化学钢化的生产工艺及其控制

化学钢化法又称离子交换法。该方法有低于转变点温度的离子交换法和高于转变点温度的离子交换法两种。

(1) 低于转变点温度的离子交换法(低温法)

此法是以离子半径较大的碱金属离子交换玻璃中半径较小的碱金属离子。其具体方法是，将 Na_2O-Al_2O_3-SiO_2系统玻璃置于应变点温度以下的硝酸钾熔盐槽内，此时，在玻璃表面层发生硝酸钾盐中的 K^+ 置换玻璃中的 Na^+ 的过程。由于离子交换是在低于转变点的温度中进行的，玻璃没有出现黏滞流动。而且因为 K^+，Na^+ 的离子半径不同（K^+ 离子半径为 0.133nm，Na^+离子半径为 0.098nm)，离子半径大的 K^+ 占据离子半径小的 Na^+ 腾出的空位，产生表面层的“挤塞”现象，导致表面层产生较大的压应力，从而使玻璃得到强化。

离子交换的处理有一段处理法和二段处理法两种。前者指玻璃在一个盐熔池内经一种混合熔盐液的处理，后者指玻璃在两个盐溶池内经两种混合熔盐液的处理。

低于转变点温度的离子交换一段处理法工艺流程如下：原片检验→切裁→磨边→洗涤干燥→低温预热→离子交换→高温冷却→中温冷却→低温冷却→清洗干燥→检验→包装入库。

低于转变点的离子交换一段处理法主要工艺参数如下：①熔盐材料：主要材料为 KNO_3，辅助添加剂为 Al_2O_3 粉、硅酸钾、硅藻土等。②盐浴池熔盐温度：410℃～500℃。③交换时间：根据需要而定。④设计炉温：低温预热炉为 200℃～300℃，高温预热炉为 350℃～450℃，离子交换炉为 410℃～500℃，高温冷却炉为 350℃～450℃，中温冷却炉为 200℃～300℃，低温冷却炉为 150℃～00℃。

(2) 高于转变点温度的离子交换法(高温法)

此法是以离子半径较小的碱金属离子置换玻璃中离子半径较大的碱金属离子。其具体方法是将 Na_2O-Al_2O_3-SiO_2系统玻璃置于含 Li_2SO_4 95%、Na_2SO_4 5%的混合熔融盐液中，在高于玻璃的转变点温度下加热 15min。经这样处理后，玻璃表面层的 Na^+ 便被 Li^+ 所置换，并在表面层形成热膨胀系数很小的 β-锂霞石（$Li_2O \cdot Al_2O_3 \cdot 2SiO_2$），冷却后造成压应力，从而使玻璃强度增大，而且其强度比未经处理的玻璃高 10～15 倍。

除了某些特殊玻璃产品外，一般产品不用高温法生产，因为处理过程中温度高、能耗大，而且所需的 Li^+ 材料是碱金属中最贵的。

（3）主要设备

化学钢化法的主要生产设备有玻璃切割机、磨边机、洗涤干燥机、预热炉、熔盐槽、室式退火炉、冷却室、提升输送设备及玻璃吊架等。前三种设备可根据工厂的生产规模、产品规格及预处理质量要求选用。

4. 物理钢化与化学钢化的比较

表 2.3 比较了物理钢化法与化学钢化法的特点。要得到有实用价值且足够深的压应力层，化学钢化法需要较长时间完成离子交换，故比物理钢化法成本高很多。但是，对于下列情况，则必须使用化学钢化法：要求强度高；薄壁或形状复杂的玻璃；使用物理钢化时不易固定的小片；尺寸要求高等。

表 2.3　物理钢化与化学钢化的比较

	物理钢化法	化学钢化法
压应力值	低（10～15）	高（30～80）
压应力层深	深（板厚的 1/6 左右）	浅（一般是 10～300μm）
张应力值	高（约为压应力的 1/2）	低
处理时间	短（5～10min）	长（30min～1 周）
处理后变形	稍有	几乎没有
玻璃厚度及形状	受限制	没有限制

5. 玻璃钢化工艺的新进展

为了消除全电热辐射加热所造成的缺陷，在工艺中引入了强制对流加热技术。最初的考虑主要是为了消除传动辊导热过快的影响，芬兰的 TAMGLASS 公司和美国的 GLASSTECH 公司都在炉顶和炉底安全了气体管道，热气体从喷嘴直接喷向玻璃板，以对流换热方式补偿传动辊导热过快引起的不均匀加热，改善了玻璃的质量。对 Low-E 玻璃的钢化要求大大促进了钢化技术的发展，使大型镀膜玻璃得以顺利钢化，强制对流技术得到进一步推广。

2.7.2　镀膜玻璃

随着 2009 年 12 月哥本哈根联合国全球气候变化大会的落幕，推进节能减排以及寻求和探索低碳、环境友好型的经济增长模式成为全球当务之急。哥本哈根气候大会上，中国政府承诺，2020 年前，单位 GDP 能耗下降 40％～45％。建筑物是温室气体的一个重要排放源，建筑节能将成为中国节能减排政策的一项重要内容，建筑物的空间结构、功能、产业性质和运行机制将直接决定着中国的节能减排目标能否实现。

有资料显示，发达国家建筑使用能耗占其总能耗的 30％～40％，而我国的建筑使用能耗占全社会总能耗约 28％，预计今后这一比例还将继续增加。另外，建筑能耗中通过门窗损失的能耗占全部建筑能耗的 40％～50％，因此，门窗的选择对于节能至关重要。我国拥有世界上最大的建筑市场，全国房屋总面积已超过 400 亿 m^2，今后每年还将新增建筑面积

16 亿～20 亿 m^2，预计到 2020 年，新增建筑面积将达 200 多亿 m^2。而且随着住宅建设规模的扩大，建筑节能和室内环境标准不断提高，节能环保型门窗已经成为新的市场热点。

1. 镀膜玻璃的节能原理

自然界中最大的能量来源于太阳辐射，辐射能按波长的分布称为太阳辐射光谱，如图 2.17 所示。太阳辐射光谱主要分为三个区域，即紫外光区、可见光区和红外光区。紫外光区波长最短，能量分布最少。可见光区波长居中，且集中在 0.4～0.76μm 之间，能量占总的太阳辐射能的 50%左右，所以太阳辐射能主要集中在可见光区。红外光区波长较长，能量比可见光区小，比紫外区大。

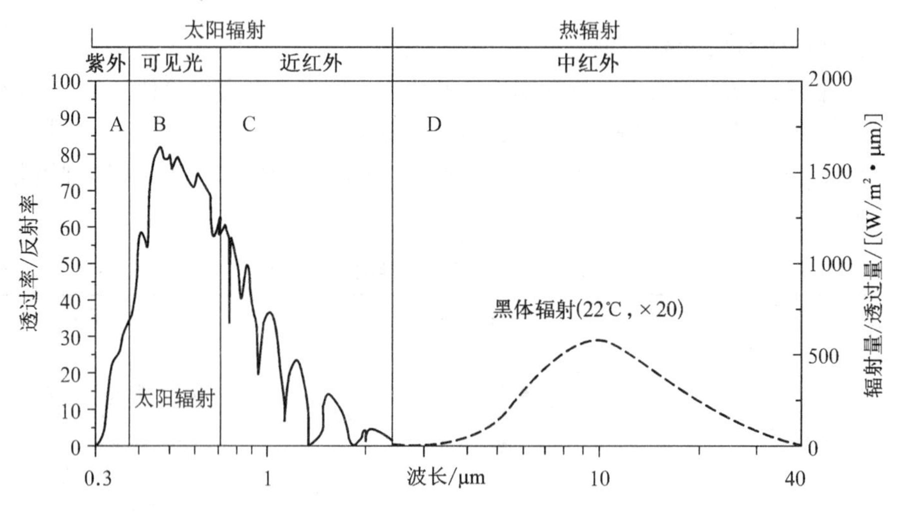

图 2.17 太阳辐射光谱曲线和黑体辐射(红外辐射)光谱曲线

自然界中的另一种能量形式是二次红外热辐射能(图 2.17 中虚线所示)，其能量主要分布在 4～50μm 波长之间。在室外，这部分热能是由太阳照射到物体上并被物体吸收后再辐射出来的，是夏季来自室外的主要热源之一。在室内，这部分热能是由暖气、家用电器、阳光照射后的家具及人体所产生的，是冬季来自室内的主要热源。需要强调的是，这部分红外辐射能在室内和室外是同时存在的，但夏天主要来源于室外，冬天主要来源于室内。

自然界中能量的交换方式有三种，即传导、对流和辐射。太阳辐射能投射到玻璃上，一部分被玻璃吸收或反射，另一部分透过玻璃成为直接透过的能量。玻璃吸收太阳能后温度升高，并通过与空气对流及向外辐射而传递热能，因此最终仍有相当部分的能量透过，这可归结为传导、对流、辐射形式的热能传递。对暖气发出的红外辐射而言，它不能直接透过玻璃，只能被反射或吸收，并最终以传导、对流、辐射的形式向外传递热能，因此红外辐射透过玻璃的传热是通过传导、辐射及与空气对流体现的。吸收能力的强弱，直接关系到玻璃对红外辐射能的阻挡效果。辐射率低的玻璃不易吸收外来的红外辐射能量，从而使玻璃通过传导、对流、辐射所传递的热能较少，低辐射玻璃正是基于此原理制造的。

所谓的节能，就是要控制能量的交换。为了达到节能的效果，需要在从外界获得太阳能的同时进行适当的控制。目前，镀膜玻璃的节能主要从能量交换的两个方面进行考虑，即控制玻璃的热传递能力和红外辐射能，具体而言即控制玻璃的透过率和提高玻璃的红外反射能力。

2. 镀膜材料

从各种膜层在镀膜玻璃中所产生的作用来分，可以将镀膜材料分为介质膜、保护膜和功能膜三大类。

(1) 介质膜

介质膜一般是氧化物薄膜，如 SiO_x，SiN_x，TiO_x，TiN_x，ZnO_x，$ZnSnO_x$，SnO_x 等。一般的镀膜玻璃都包含介质膜，它常出现在膜层的最里层和最外层，在复杂的膜系结构中也会出现在膜层的中间。介质膜主要影响镀膜玻璃的外观颜色，对镀膜玻璃的透过率或红外反射能力没有明显的作用。另外，在实际生产过程中，也常将介质膜作为过渡层，特别是因直接镀制的薄膜与玻璃表面附着不牢固时，可以选取某种介质薄膜作为玻璃与所需镀制的第一层膜之间的过渡层，以增强膜层之间的黏结作用。例如，TiO_x 薄膜与玻璃之间黏结比较牢固，且对透过率及其他性能没有明显的影响，故常作为 Cu，Ag 等薄膜与玻璃表面之间的过渡层。

(2) 保护膜

保护膜一般是金属薄膜(不包含镀膜玻璃中的功能薄膜)，如 Cr，Ni，NiCr，Ti 等。保护膜在镀膜玻璃中的主要作用是保护功能膜，防止其氧化，并调节镀膜玻璃的透过率。所以，如果希望明显改变镀膜玻璃的透过率，调节保护膜即可。另外，为保护功能膜，保护膜自身的膜层厚度和均匀程度都是很关键的。如果保护膜的膜层厚度严重不足，在造成透过率不均匀的同时还可能使其失去保护作用，使得保护膜在膜层较薄的地方无法起到保护作用，最终导致镀膜玻璃的氧化。在高透型可钢化 Low-E 玻璃的生产过程中，保护膜不均匀性的影响是非常严重的。另外，镀膜玻璃性能测量与分析的结果表明，保护膜(如 NiCr 膜)在玻璃的节能特性中主要影响遮阳系数值。

(3) 功能膜

此处谈到的功能膜主要涉及 Low-E 玻璃，而热反射镀膜玻璃中不包含功能膜。功能膜能使膜层具有红外反射能力，即镀膜玻璃中包含此膜层就能够明显的抑制二次红外辐射。目前，具备红外反射能力的材料主要有 Al，Cu，Ag，Au 四种，其反射二次红外辐射的能力依次增强，使用成本依次增加。Al 膜容易氧化，且红外反射能力弱，故在实际生产过程中一般不予考虑。Au 作为一种贵重金属，虽然反射二次红外辐射的能力最好，但是生产与使用成本最高，不适合进行批量生产。在 Cu 和 Ag 中，从红外反射能力和使用成本综合考虑，一般采用 Ag。Ag 膜较长时间暴露于空气中很容易被氧化，表面颜色会变黑，并最终影响玻璃红外反射能力。所以，为了保持 Ag 膜长期有效，需在 Ag 膜的两侧镀制保护膜，形成类似 NiCr/Ag/NiCr 结构的夹心层(最常见的保护膜是 NiCr 膜)。在实际生产过程中，如果希望镀膜产品的性能较好，红外反射能力较强，则可以适当的调节 Ag 层，并增加 Ag 膜层的厚度。膜层厚度的变化可以从两个方面反映出来，即玻璃的辐射率和面电阻。在镀膜调试过程中，面电阻的变化可以直观地从在线光度计的测量数据中观察得出。面电阻与辐射率存在一定的对应关系，如果面电阻越低，则辐射率越低，最终的产品的红外反射能力就越强。另外，镀膜玻璃性能测量与分析的结果表明，功能膜(Ag 膜)主要影响镀膜玻璃的传热系数值。

综上所述，在实际生产过程中，功能膜的调节会影响玻璃的传热系数，保护膜的调节会影响玻璃的透过率，而介质膜的调节会影响玻璃的外观颜色。

3. 镀膜技术

玻璃镀膜技术发展到现在已经有上百年的历史，其方法有很多种，如图2.18所示。

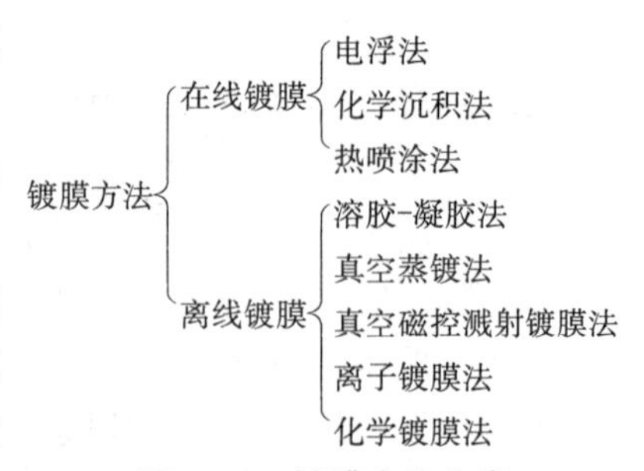

图2.18 镀膜方法分类

20世纪60年代开始，玻璃离线镀膜工艺及其技术装备研发成功，镀膜玻璃由手工生产转为工业化生产，其后离线镀膜玻璃一直占有主导地位。1973年，英国皮尔金顿公司研制出了电浮法镀膜玻璃，首开在线镀膜玻璃之先河。1978年，皮尔金顿公司采用在线热解镀膜工艺研制出了功能特异的低辐射镀膜玻璃，经过多次试验，终于在1985年获得成功，并开始在德国Gladbeck工厂正式生产。目前，英国的皮尔金顿公司、美国的PPG公司和埃柯公司、德国的莱宝公司、法国的圣戈班公司、比利时的格拉威泊尔公司、日本的旭硝子公司都拥有在线Low-E玻璃的生产技术。我国目前采用在线镀膜技术的公司有中国耀华玻璃集团有限公司、威海蓝星玻璃股份有限公司及上海耀华皮尔金顿玻璃股份有限公司等。

目前得到发展并取得较好应用的玻璃镀膜技术有四种，即溶胶-凝胶法、热喷涂法、真空蒸镀法和真空磁控溅射镀膜法，而在建筑玻璃行业中比较流行且能够实现批量生产的玻璃镀膜技术主要有两种，即热喷涂法（在线镀膜技术）和真空磁控溅射镀膜法。

与离线镀膜产品相比，在线镀膜产品具有以下6个特点：①高效的节能环保性：具有优良的保温隔热性能，是理想的节能环保材料；②优良的采光性：可见光透光比高，具有良好的采光效果；③化学稳定性优异：可单片使用及长期存放，能充分发挥玻璃深加工企业的自身优势；④热加工性能稳定：可进行钢化、夹层玻璃等的深加工；⑤机械性能稳定：膜层牢固，耐磨性好，不容易划伤；⑥生产中空玻璃时无需采取边部除膜措施。

（1）热喷涂法镀膜的生产工艺及其产品性能

在一定温度条件下，将金属化合物的溶液或粉状物料溅射到玻璃表面，此溶液或粉料受热后发生一系列分解，在玻璃表面沉积一层金属氧化物薄膜。此层薄膜具有某种光学及热学性能，呈某种颜色（或无色），因而使玻璃的光、热学性能及颜色改变，是生产镀膜玻璃的一种重要方法。热喷涂法有喷液法和喷粉法两种工艺。

喷液法的喷涂液通常为Co, Ni, Fe, Ti, Cr, V, Sn, In等金属的乙酰丙酮盐、醋酸盐或乙醇盐等，如乙酰丙酮钴、乙酰丙酮铬、乙酰丙酮铁及正钛酸丁酯等。这些有机盐的分解温度为300℃～600℃，热解后会在玻璃上形成金属氧化膜，其他成分则成为气体，与未热解的溶液微粒一起被排气设备排至室外。也可将$SnCl_4$在500℃左右分解，沉积成SnO_2无色膜。其反应如下：

$$SnCl_4 \cdot 2H_2O \longrightarrow SnO_2 + 4HCl$$

金属有机盐的溶剂通常采用二氯甲烷、甲醇、乙醇、乙酰丙酮、苯丁醇以及它们的混合液。要求溶剂对溶质的溶解度高，分解后的产物无毒、无刺激性，且不易燃烧。喷涂的介质可用空气、氮气或者是两者的混合物，通常采用压缩空气。

采用喷粉法生产前首先应制备喷涂用的粉料。粉料有多种类型，其中一种是中空球粒粉料。其制造方法是将含Co,Fe和Cr的有机盐，如钴乙酰丙酮酸盐、铁乙酰丙酮酸盐和铬乙酰丙酮酸盐组成混合物(有时也用钴铁或钴铬乙酰丙酮酸盐组成混合物),将这些混合物溶解于四甲基氯化物中,溶液经喷雾干燥形成中空球粒,球直径为2～15μm。另一种粉料是不含氯化物的粉料。

喷粉法目前有两种生产工艺,一种是将粉末以流化方法输送,用气体介质通过喷嘴喷在玻璃表面上,使有机金属盐在500℃～600℃的玻璃表面上热解后生成金属氧化物膜。此种方法一般采用多组分有机金属盐粉料,粉末粒度为1～30μm。另一种方法是通过流化方式将粉末物料送入一分配器,使粉料在玻璃板横向上均匀布料,且分配器上装有负电极,在高压下与玻璃板之间形成电晕放电,带有负电的细颗粒流加速流向玻璃板并均匀地黏附于玻璃表面,然后热解生成膜层。

喷粉法镀膜玻璃表面沉积的薄膜是金属氧化物膜,属阳光控制膜或热反射膜。喷粉法镀膜玻璃的颜色有咖啡色、青铜色、绿色、浅灰色及无色等十余种,可见光反射率为20%～40%,太阳辐射能的反射率为10%～30%。

(2) 溶胶-凝胶法镀膜的生产工艺及其产品性能

溶胶凝胶法是采用元素周期表中Ⅲ～Ⅴ族中的某些元素合成烃氧基化合物,并利用某些无机盐类作为镀膜物质,将这些烃氧基化合物及无机盐溶于某种溶剂中配制成醇盐溶液,然后将干净的玻璃基片浸渍在此种溶液中,浸渍一段时间后徐徐提起,黏附于玻璃基片上的醇盐溶液在空气中水解,再经加热缩聚,最后在玻璃基片表面固结成氧化物膜。常用的无机盐有氯化物、硝酸盐、乙酸盐等,常用的溶剂有乙醇、丙酮及水。

溶胶-凝胶法的生产工艺流程为:玻璃基片→人工检验→洗涤干燥→装片→金属醇盐中浸镀→提升→输送→烘干→加热→冷却→卸片→检验→包装入库。

将经检验合格、洗涤干燥的玻璃基片装在浸镀架上,将配制好的金属醇盐溶液放入浸镀槽中。然后利用提升输送设备将浸镀架运至浸镀槽上方并慢慢放下,使待镀膜玻璃连同浸镀架沉入浸镀液中浸泡。待玻璃基片表面黏附一层醇盐溶液后,再徐徐将浸镀架从浸镀液中提起,提升的最佳速度为10～20cm/min。浸镀架从浸镀槽中提起后,在输送轨道上运行一段距离,然后在吊挂状态停留一段时间。此时,黏附在玻璃基片上的醇盐溶液在空气中水解,脱水后形成一层薄膜,然后再送入加热炉进行烘干及加热。加热炉升温的速度为7～10℃/min,加热至400℃～500℃后保温0.5h,此时,玻璃基片上经水解的醇盐溶液发生缩聚,固结成氧化物膜。最后自然冷却至一定温度后,将浸镀架拉出并卸片,产品经检验合格后即可装箱入库。

用溶胶-凝胶法制成的膜层大多可用作光学零件的干涉层,能达到的折射率范围是1.455～2.25(前者是SiO_2膜的折射率,后者是TiO_2膜的折射率)。而且按不同比例混合浸镀液,可得到这一范围内任意折射率的膜层。浸镀膜产品具有折射率连续可调的优点,可以生产出性能各异的产品,如减反射玻璃、热反射镀膜玻璃、汽车后视镜、选择反射玻璃(彩色膜玻璃)、消色差分光镜及低辐射镀膜玻璃等。

溶胶-凝胶法镀膜玻璃的主要性能如下:生产的3mm厚热反射镀膜玻璃的遮阳系数为0.26～0.56;单片镀反射膜的热反射镀膜玻璃的传热系数值一般为3.2～4.2W/(m^3·K),相同厚度未镀膜的单片普通玻璃的传热系数值为3.8W/(m^3·K)。

溶胶凝胶法的优点如下:镀膜设备简单,造价低廉,不需要配备昂贵的真空系统,建设投资少;玻璃基片两面同时浸镀,能达到强化镀膜效果及减少镀膜层数的目的;浸镀溶液水解过程中所产生的薄膜与玻璃表面以及各层膜之间为化学键结合，膜层附着力强，牢固性好，成品可以不加保护而直接用于窗户外侧；能镀多层膜，可获得所需的膜层厚度；对玻璃的内壁（如玻璃管的内壁）进行镀膜也十分容易；烘膜温度低，只需 380℃～500℃，此温度在普通玻璃转变点温度以下，玻璃不会变形。其缺点是：很难保证浸镀溶液的浓度长期稳定不变；虽然其产品性能可维持在一定范围内，但其范围一般较宽；尺寸很小或棱角多的制品不宜采用溶胶-凝胶法镀膜。

（3）真空蒸镀法镀膜的生产工艺及其产品性能

真空蒸镀法是利用真空状态下的分子运动特性生产镀膜玻璃的一种工业镀膜方法。具体实施方法是：将待镀膜的洁净玻璃基片置于真空室中，同时将所镀的金属（一般为金属丝）放入真空室中的钨丝圈内；将真空室抽至高真空（一般为 $1.3\times10^{-3}\sim5\times10^{-2}$ Pa），此时向钨丝圈通电，产生的高温足以使放入的金属丝在此真空度下完全蒸发；金属蒸气质点随后沉积在玻璃表面上，形成一层具有一定黏结强度的金属膜。玻璃基片在真空室的放置方法有两种：一种是每两片玻璃为一组叠着放置，此时相靠的一面没有金属膜，向外的一面则镀上一层金属膜；另一种是两片玻璃相对垂直放置，中间排列若干组钨丝圈及金属丝，此时相向的一面将镀上金属膜。

真空蒸镀法的工艺流程如图 2.19 所示。目前，用真空蒸镀法生产镀膜玻璃只能是间歇式生产。玻璃基片运入车间后，经目测检验，外观质量符合要求者，即可将其放到洗涤干燥机上。若玻璃规格与真空玻璃镀膜机所要求的规格不符，则需按镀膜机所要求的规格将玻璃基片切割后再放到洗涤干燥机上。玻璃在洗涤干燥机上经配有洗涤剂的洗涤水冲洗和尼龙刷的助洗，再用自来水、去离子水冲洗，并用软质刮水板刮去玻璃表面上的水，经过滤的干燥空气通过风刀将玻璃表面上的水分吹干，即可将玻璃片卸下，放在中转架上待用。

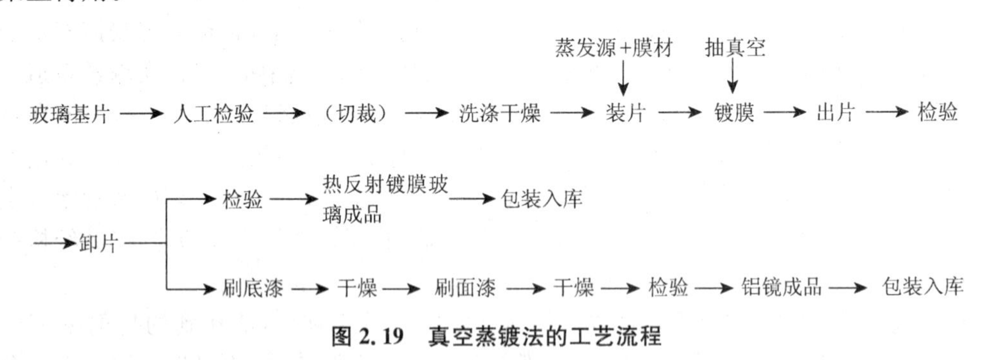

图 2.19　真空蒸镀法的工艺流程

真空蒸镀法广泛用于电器元件、光学零件、玻璃、陶瓷、塑料及包装材料表面的镀膜，以改善其表面性能。真空蒸镀法镀膜玻璃可分为玻璃镜和热反射镀膜玻璃两大类。用 Au, Ag, Cu, Al, Ni, Ti 等金属作蒸发材料在玻璃表面上镀膜，都可以制得玻璃镜，但最常用的蒸发材料是 Al。若蒸发的金属是 Al 而膜层又较厚时，所制得的产品为铝镜。若蒸发的金属为热反射镀膜材料，而膜层的厚度又较薄时，所制得的产品为热反射镀膜玻璃。

采用真空蒸镀法可以制得多种颜色的热反射镀膜玻璃，膜的颜色有金黄、粉红、蓝、绿、紫及无色六种。用真空蒸镀法制得的玻璃镜及热反射镀膜玻璃，其对可见光的反射率、透过率可以与真空磁控溅射镀膜法制得的产品数值一样，甚至颜色也相同。但是对于真空蒸镀法，其蒸气分子沉积到玻璃基片表面之前所具有的能量只有真空磁控溅射镀膜法溅射粒子的 1/100～1/5，因此前者膜层与玻璃基片结合的牢固度远不及后者。

(4) 磁控溅射法镀膜的生产工艺及其产品性能

真空磁控溅射镀膜法是在普通直流(射频)溅射技术的基础上发展起来的。它主要通过磁场对荷能粒子(主要是电子)的约束，提高气体分子的离化率，以便在比较高的真空状态下较快地沉积高质量的薄膜材料。通过 20 多年的发展应用，真空磁控溅射镀膜法在建筑镀膜玻璃中的应用更加广泛。其镀膜产品不仅仅是简单的阳光控制镀膜玻璃，而且已经研发出了高性能的单银产品、可钢化双银产品和可钢化三银产品。

早期的直流(射频)溅射技术是利用辉光放电产生的离子轰击靶材来实现膜层沉积的，即采用带有几十电子伏特以上动能的粒子或粒子束照射固体表面，靠近固体表面的原子因获得入射粒子带来的能量而脱离固体表面，飞行一定距离后沉积在基片上形成薄膜。其溅射的过程如下：入射粒子在进入靶材表面过程中与靶材原子发生弹性碰撞，入射粒子的一部分能量传给了靶材原子；当靶材原子获得的能量超过了周围存在的其他原子形成的束缚(势垒)时，这个原子即从靶材晶格点阵中被撞出；被碰出的粒子在飞行过程中与其他靶材粒子发生相互碰撞，并最终沉积在基片表面。但当即将要沉积的粒子的能量大于其与基片膜层结合的表面能时，则此粒子将重新回到真空中。

真空磁控溅射镀膜法具有的特点如下：对于任何待镀材料，只要能够作为靶材，就可以实现溅射；制备的薄膜与玻璃基片附着比较牢固；制备所得薄膜纯度比较高，膜层比较致密；可重复性比较好，膜厚容易控制，同时可以在大面积的玻璃基片上获得膜层厚度比较均匀的薄膜。另外，由于玻璃基片因受到等离子体的轰击等作用而容易产生温升，故进行真空磁控溅射镀膜时需要进行冷却。

(5) 化学镀膜(化学镀银法)的生产工艺及其产品性能

根据镀膜金属的种类不同，玻璃镜可分为银镜、铝镜、铜镜以及反射率较高的金属或金属氧化物膜镜等。化学镀膜法镀银镜是将银氨溶液和醛基或酮基的糖溶液喷洒到洁净的玻璃表面上，利用醛类或酮类有机化合物中的醛基或酮基的还原性，将银氨溶液中的银还原出来的镀膜方法。反应式如下：

$$C_6H_{12}O_6(\text{葡萄糖})+2[Ag(NH_3)_2]OH \longrightarrow 2Ag\downarrow + C_6H_{12}O_7 + 4NH_3\uparrow + H_2O$$

在镀制银镜过程中，首先使纯净的硝酸银溶液与氨水反应，生成氨的络盐，然后把氢氧化钠溶液与银氨溶液混合，生成氨基氢氧化银，并用葡萄糖或蔗糖溶液还原成金属银。在上述化学反应过程中，析出的银附着在玻璃表面，成为晶莹光亮的银镜。

化学镀膜法镀银镜生产线按其功能及工作程序不同可分为四个区段，即装片清洗段、化学处理段、干燥喷漆段和镜面清洗干燥段。

其具体的生产工艺流程为：玻璃→人工检验→装片→辊道输送→抛光→刷洗→冲洗→敏化液敏化→一次镀银→二次镀银→镀铜(镀铜液＋还原液)→清洗→干燥→一次涂漆(镜背漆＋稀释剂)→中间烘干→二次涂漆(镜背漆＋稀释剂)→烘干→冷却→清洗镜面→双面清洗→干燥→输送→卸片→检验→包装运输→入库。

化学镀膜法镀银镜通常采用连续式生产的方法，即通过输送设备将各工序连接，玻璃在输送过程中进行加工，最后使成品银镜卸离生产线。采用这种方法能将大规格的玻璃片进一步加工成银镜，并按订单的要求再进行切裁、磨边、钻孔等操作。

4. 镀膜玻璃和玻璃镜的应用

阳光控制镀膜玻璃广泛应用于高中档建筑的窗户、幕墙、内墙装饰，多功能写字楼的分隔墙，以及各种公共建筑、文化娱乐场所及商店的门面装饰、屏风、楼梯栏板等；镀膜钢化玻璃可用作外墙装饰；导电膜玻璃可用作防结露高级窗及嘹望哨的嘹望窗；大面积玻璃镜可用于盥洗室、起居室、客厅的装饰；另外，在欧美一些国家的寒冷地区，用低辐射镀膜玻璃制成的中空玻璃已广泛应用于普通民居中。

阳光控制镀膜玻璃、导电膜玻璃既可以单片使用，也可以制成中空玻璃或夹层玻璃，低辐射镀膜玻璃则必须制成中空玻璃后使用。另外，用镀膜玻璃可以再加工成多种中空玻璃产品，如阳光控制镀膜玻璃与普通透明玻璃、低辐射镀膜玻璃与普通透明玻璃、高透过率导电膜玻璃与低辐射镀膜玻璃、阳光控制镀膜玻璃与低辐射镀膜玻璃等组合成的中空玻璃。

用导电膜玻璃制成的电热夹层玻璃，可以使其上的冰层迅速融化，这为低温条件下安全行车创造了有利条件。电热夹层风挡玻璃能防止雪水结冰而影响司机及飞行员的视线，因而被广泛地用作现代高档汽车、机车及飞机的风挡玻璃。另外，汽车后视镜也广泛采用镀膜玻璃制造。

除此之外，导电膜玻璃是液晶显示器的主要组成部分。液晶显示器对导电膜玻璃的要求是：方阻均匀性小于7%，可见光透过率大于90%，玻璃基片要求平整度高、无内部缺陷，厚度在1mm以下，此种导电膜玻璃也称为ITO玻璃。液晶显示器的导电膜玻璃器件很多，如各种数字仪表表头及荧光显示器等，是制造新型彩色电视机的重要材料。

2.7.3 夹层玻璃

1. 夹层玻璃的生产工艺及质量控制

夹层玻璃是一种性能良好的安全玻璃，它是由两片或多片玻璃用黏结材料牢固黏合而成的，具有透明、机械强度高、耐热、耐寒、隔音和防紫外线等性能，而且玻璃和黏结材料相结合可使得夹层玻璃具有良好的抗冲击性能和安全性能。当夹层玻璃受到冲击而破碎时，碎片被黏结材料连接，只能形成裂纹而不易破碎伤人，并且还能保持原来的形状和可见度。

夹层玻璃的生产方法主要有两种，即干法和湿法。常用的夹层玻璃主要采用干法生产，并且可以通过将不同玻璃和胶片组合，制成隔音、防紫外线、透明度好、防灾害性气候，同时具有防爆、防盗等多种功能的安全玻璃。

(1) 干法夹层玻璃

夹层玻璃是两片或两片以上的玻璃，将有机材料胶合层膜片嵌夹在两片玻璃之间，经加热、加压而制成的复合玻璃制品。常用的有机材料胶合层膜片为聚乙烯醇缩丁醛(PVB)膜片。此种膜片在温度高于−50℃时不硬化，而在130℃～140℃时具有良好的黏结性能，在此温度下用高压将玻璃与其压合，玻璃就牢固地黏结在胶合层上，即使玻璃破碎，碎片也不掉下来。上述方法通常称为干法，其制品称为A类夹层玻璃。

常用的PVB膜的颜色有透明、茶色、灰色、乳白、蓝绿等，所加工的夹层玻璃都具有相同的安全功能。PVB膜的厚度有0.38mm，0.76mm和1.52mm等几种。PVB膜的含水率对产品的质量有很大影响，故对储藏和使用时的环境温度、湿度、洁净度要求严格。PVB膜具有很强的过滤紫外线能力，阻隔紫外线率可达99.9%，可以防止各种器具因紫外线辐射而褪色或受到破坏。PVB膜的透光性与同样颜色的彩色玻璃相同，而且可以叠加成所需的厚度制成夹层玻璃。不同颜色的PVB膜和玻璃相结合，可以吸收和反射光线，并有效控制太阳光的透过率，实现对可见光的有效控制。

生产干法夹层玻璃的工艺流程如图2.20(a)所示。

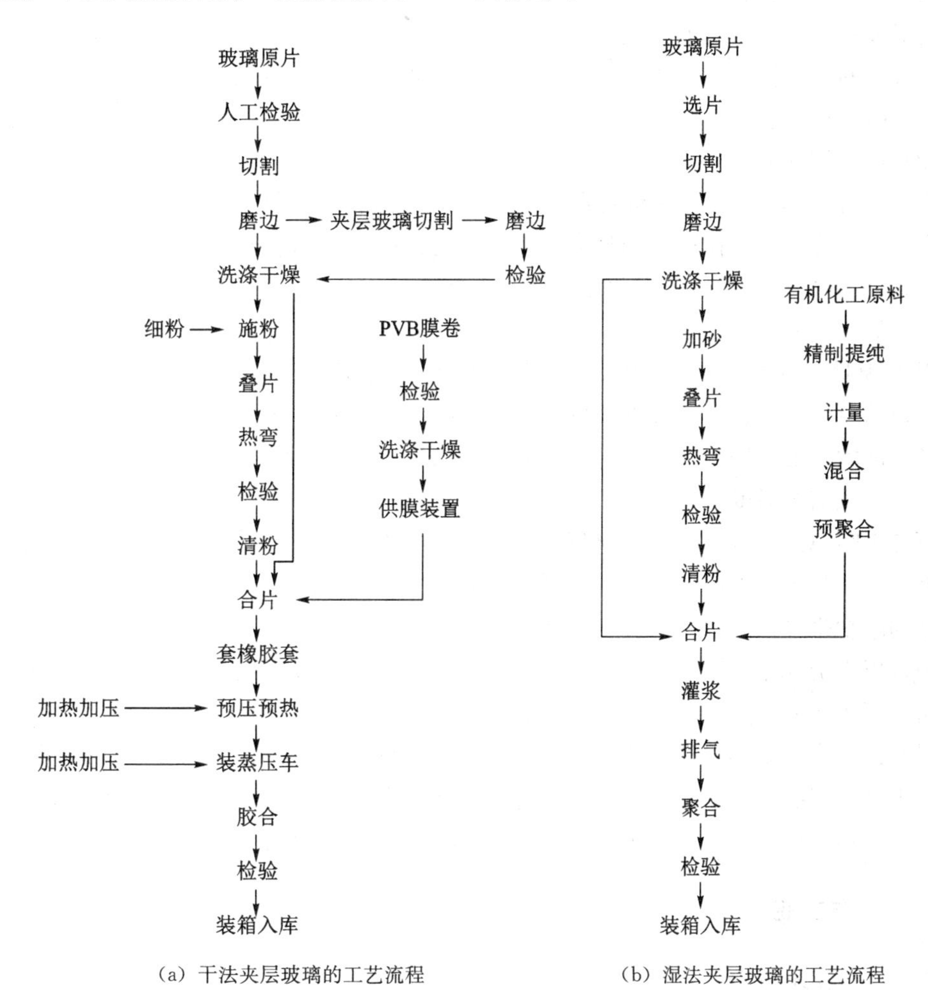

(a) 干法夹层玻璃的工艺流程　　(b) 湿法夹层玻璃的工艺流程

图2.20　夹层玻璃的生产工艺流程

(2) 湿法夹层玻璃

生产湿法夹层玻璃的工艺流程如图2.20(b)所示。采用此法时，灌浆所用的甲基丙烯酸甲酯、甲基丙烯酸丁酯、甲基丙烯酸等多种有机化工原料需先进行除水和提纯处理，然后再按配方和配制程序对各种物料进行计量、混合和预聚合。

与干法相比，湿法夹层玻璃的特点为：建设投资小，产品成本低；产品品种容易变换，可以生产多种特殊用途的产品；影响产品质量的因素多，规模小，不易实现规模生产。

2. 夹层玻璃的性能及应用

(1) 抗冲击性

玻璃是脆性材料，受外力冲击时易碎，而PVB膜弹性好，抗断裂强度高。由于夹层玻璃的原片黏在PVB膜上，当所受外力超过玻璃的极限强度时，玻璃首先破碎，而PVB膜则利用其弹性变形和塑性(韧性)变形，将冲击的动能吸收。由于此时产生了变形，PVB膜有与玻璃脱离的可能性。因此，PVB膜与玻璃的黏合性是一个需要控制的重要参数。若黏合性太强，使PVB膜不能剥离，变形便非常小，抗冲击强度会下降，撞在玻璃上的物体容易将玻璃穿透。但对黏合力进行严格控制后，PVB膜会逐渐剥离，并在变形不断增大的同时将冲击的动能吸收。此时在冲击点周围，玻璃便会发生环形辐射状破坏，这种现象是夹层玻璃受冲击破坏的典型特征。增大PVB膜的厚度，在遇到反复地猛烈冲击的情况下，夹层玻璃的抗冲击能力仍较强。

(2) 抗穿透性

PVB膜是一种弹性好、抗断裂强度高的材料，因此在夹层玻璃受外力冲击时，PVB膜起着吸收冲击能的防震作用。当外力超过玻璃的极限强度时，玻璃首先破坏，但PVB膜却不易断裂，故其抗穿透性优于钢化玻璃及退火玻璃。

(3) 隔音性能

PVB膜具有过滤声波的功能，能有效地控制声音的传播。这是因为音障产生的声音衰减与音障的单位质量、面积、柔性及气密性有关，而PVB膜有很好的柔性，其产生的声音衰减会随柔性的增加而增加。从声音的衰减特性来看，PVB膜的最佳厚度为1.14mm。

(4) 抗风荷载强度

研究表明，夹层玻璃在常温下受风荷载时，基本上可达到同等厚度的单块玻璃的强度。因为夹层玻璃在力学上起着重合梁的作用，所以各块玻璃的挠度都相同，且荷重是根据每块玻璃的厚度来分担的。

根据以上介绍的功能特点，夹层玻璃主要被用于如下领域：容易对人身安全造成危害的建筑物门窗上；要求控光、节能、美观的建筑物上；汽车风挡玻璃；飞机前窗及侧窗；要求控制噪音或有噪音源的建筑物上；要求防弹、防盗的建筑物及构件上；要求防爆、防冰雹的建筑物上；需要装饰的墙面、柱、护板、地板、天花板及坚固的隔墙；坦克、大型水族展览柜、深水水工或耐静压大的窥视镜上；要求防火的建筑物门窗上。

2.7.4 中空玻璃

1. 中空玻璃的生产工艺

中空玻璃是由两片或两片以上的玻璃，周边用间隔框分开，并用密封胶密封，使玻璃层间形成有干燥气体(空气或惰性气体)空间的玻璃深加工产品。其结构特点是，用间隔框将两片玻璃隔开，间隔框内充入专用干燥剂，然后用热熔胶和专用弹性密封胶沿着玻璃四周将其密封，在两片或多片玻璃之间建立一个充有干燥气体的空腔。

中空玻璃的边缘是用密封胶严格密封的，空腔内充有干燥的空气或惰性气体。由于该部分气体被长期密封在空腔内，无法与外界空气进行对流，因此中空玻璃两边的热量不会因为玻璃层间气体的对流而被带走。因为空气是热的不良导体，用密封气体隔开的两层玻璃相互间的热传导很少，从而能起到良好的隔热作用。而且在中空玻璃两边出现较大温差时，单片玻璃的两个表面不会有很大的温差，因此不会产生结露、结霜等现象。由于中空玻璃具有良好的热绝缘性能，也常称为“隔热玻璃”(Insulating glass)。

对于制造中空玻璃所使用的玻璃原片，可以选用各种类型的普通平板玻璃或具有特殊功能的复合玻璃制品。生产中空玻璃的方法主要有胶接法、胶条法、焊接法及熔结法四种。

焊接法和熔结法生产工艺是在20世纪中期出现的，其工艺复杂，成本较高，但可以实现大规模机械化生产，而且产品质量好、寿命长。胶接法也是使用得比较早的生产工艺，随着黏接胶质量的逐步改进，产品质量和寿命都比以前有很大提高，这种工艺方法需要的设备和技术较简单，制造成本稍低，适用于手工生产和大规模自动化生产，故目前被广泛采用。胶条法是在胶接法生产工艺的基础上发展起来的，目前在汽车玻璃的生产中应用比较多。

(1) 焊接法

焊接法的生产工艺流程为:玻璃原片→检验→切裁→磨边→边部洗涤→边部预热→边部镀铜→边部镀锡→洗涤干燥→焊接边框→装干燥器→合片→焊接周边→边框钻孔→空腔充气→封孔→检验→包装入库。

焊接法产品有较好的耐久性，但工艺较复杂，需要在玻璃上进行镀铜、镀锡、焊接等热加工，采用的设备多，且需耗用较多的有色金属，生产成本较高。

(2) 熔结法

熔结法是采用高频电炉将两块玻璃的边部同时加热至软化温度，再用压机对其边缘加压，使两块玻璃的四边压合成一体，并在其中部充入干燥空气，使两块玻璃间保持有一定厚度的空腔并保持相互平行的中空玻璃生产工艺。

用此法生产中空玻璃时不需要消耗间隔框材料，但两块玻璃的化学成分必须一致，且厚度必须相等。其采用的玻璃原片的厚度一般为3～4mm，产品的使用寿命很长，但生产效率偏低，而且采用这种方法只能生产双层中空玻璃。

熔结法生产的产品具有间隔层不透气、耐久性高等优点，缺点是所生产的产品规格较小，品种较少，不能制造三层的镀膜或低辐射中空玻璃，所用原片厚度范围小(只能用3～4mm厚玻璃原片)，难以实现机械化连续生产，产量低，因此大规模生产时不宜采用此法。

(3) 胶条法

胶条法是将两块或两块以上的玻璃原片四周用两侧黏有黏接胶的胶条黏接成具有一定厚度空腔的中空玻璃生产工艺。其胶条配料中已经加入了干燥剂，可以吸收空腔内空气和水分。其所采用的胶条有中空夹波浪形连续铝片或不夹铝片两种。

胶条法有多种生产方法，最新的胶条法是将含有干燥剂的两组分热塑性胶条作为间隔框，连续挤出直接粘在玻璃四周的边上，并经合片、加压而制成成品。此法可连续自动化生产，胶条边框与玻璃黏结牢固。具有弹性，并有良好的绝热和隔音效果。此种方法简化了胶接法的工艺流程及设备，生产效率较高。而且新式胶条法使用的设备少，流程简单，占地面积小，因此建设投资及经营费用少，是一种很有前景的生产方法。

(4) 胶接法

胶接法生产工艺技术简单，产品质量好，生产效率高。它采用耐候密封胶将两块或多块间隔框间隔放置的玻璃黏结起来，是目前在国内被广泛采用的一种中空玻璃生产工艺。

胶接法中空玻璃有连续式和间歇式两种生产方式。胶接法连续式生产工艺流程如图

2.21 所示。

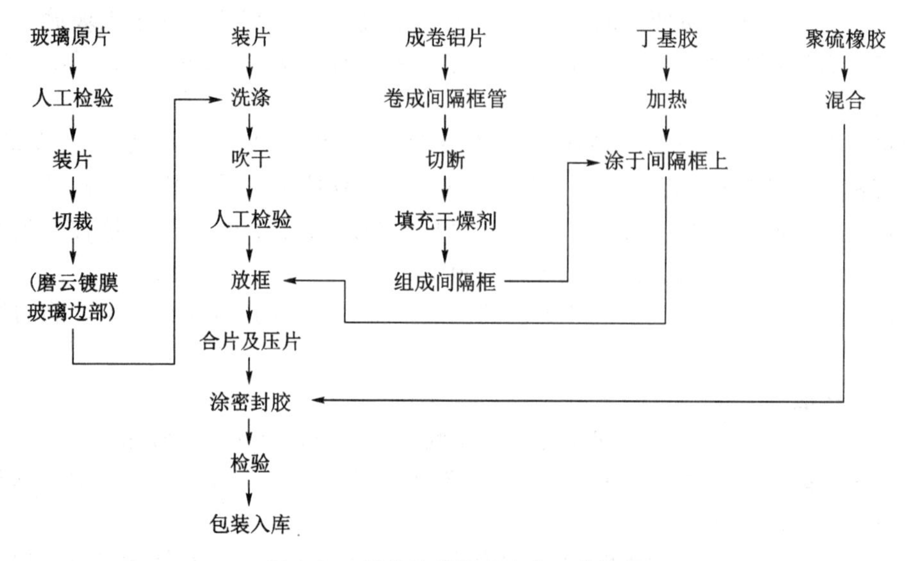

图 2.21　胶接法连续式生产工艺流程

胶接法生产的关键是密封胶的质量。双组分硅胶经过不断改进，密封性能已较好，如国外公司生产的密封胶的使用寿命已达 20～30 年，与建筑物的使用寿命基本匹配。此法工艺简单、投资费用低、产品质量好，是值得推广的一种生产方法。

2. 中空玻璃的品种、特点及应用

我国生产的中空玻璃产品大致可分为普通型和复合型两大类。普通型中空玻璃以浮法白玻为原片，一个气室为主，具有节能、降噪、防霜露三大基本功能。复合型中空玻璃采用镀膜玻璃、安全玻璃、丝网印刷玻璃(釉面玻璃)、喷砂玻璃、着色玻璃、Low-E 玻璃等为原片，以一个气室为主，这类产品除了具有中空玻璃的三大基本功能外，还能增加中空玻璃的安全性及装饰性。

中空玻璃的主要特点包括：①节能。中空玻璃能够吸收热量，同时减少进入室内的热量，因此能达到有效节能的目的。②降低噪声。使用单片玻璃可降低噪声 20～22dB；使用双层中空玻璃可降低噪声 30dB 左右；如果在中空玻璃中充入惰性气体或六氟化硫气体，则可进一步降低噪声 5dB 左右。例如，交通噪声一般为 80dB 左右，使用充入惰性气体的中空玻璃可将噪声降低至 45dB，以营造比较舒适、安静的环境。③防结露。由于中空玻璃内部存在着可以吸附水分的干燥剂，所以其内部气体是干燥的，即使外片玻璃的温度降至－40℃以下，中空玻璃内部也不结露，而且中空玻璃的外表面的结露温度也会升高。例如，当室外风速为 5m/s、室内温度为 20℃、相对湿度为 60%时，5mm 厚的普通玻璃在室外温度为 8℃时会开始结露；在同样条件下，16mm 厚双层中空玻璃在室外温度为－2℃时才结露，而 27mm 厚三层中空玻璃在室外温度为－11℃时才开始结露。因此中空玻璃具有防结露的特点，使得它尤其适用于拥有漫长而寒冷冬季的北方地区。

中空玻璃主要有以下几方面的应用：

(1) 在建筑装饰中的应用

中空玻璃大量应用于玻璃幕墙及建筑物的窗户上，而且由于其本身具有保温、隔声、防结露等优良性能，目前已普遍应用于公共建筑、宾馆、办公楼、医院、学校等建筑中，欧美各国寒冷地区的民宅也已普遍采用中空玻璃。

（2）在火车、轮船等交通设备上的应用

火车车厢、轮船的窗户采用中空玻璃窗后，不仅节省了窗框材料，减薄了窗户厚度，而且即使在冬天也不容易结露，同时还可以节约空调能耗。

（3）在隔热、防雾观察门上的应用

保鲜柜、冰柜、冷藏库观察门采用两块透明玻璃组成的中空玻璃，不仅可以防止结露，还可以清晰地看到柜内、库内的情况，并能防止热量传入柜内、库内。另外，采用由钢化玻璃组成的中空玻璃制成反应室的观察窗，不仅可以防止热量进入室内，还具有一定的安全性。

（4）在机场塔台及瞭望台上的应用

机场塔台是瞭望飞机活动、指挥飞机起落及飞行的中心，要求随时能清晰地观察机场及附近的天空，因此塔台工作室的四周必须用高性能、高清晰度的中空玻璃作外窗，而且玻璃面上不允许产生结露现象。此外，在哨所和瞭望塔上采用中空玻璃作瞭望窗，即使天气严寒也不结露，并能清晰地观察到外面的情况。

2.8　企业实例介绍

2.8.1　企业介绍

株洲旗滨集团股份有限公司（简称：旗滨集团）是一家以生产、销售优质玻璃为主的大型现代化企业，目前公司员工 6 000 余人，拥有湖南醴陵，福建漳州，广东河源，浙江绍兴、长兴、平湖，以及海外的马来西亚共七个玻璃生产基地，在产玻璃生产线 25 条，日熔化量 16 600t，玻璃品种达到 20 多种，已经成为中国规模最大、最具竞争力的玻璃制造企业之一。

漳州旗滨玻璃有限公司是旗滨集团在漳州东山的全资子公司，成立于 2007 年 6 月 19 日，目前拥有 8 条优质浮法玻璃生产线（其中一条在线 Low-E 镀膜玻璃线和一条 TCO 导电膜生产线）和 3 个码头（5 000t，3 000t，25 000t 综合码头）、2 个砂矿（其中一个为年产 50 万 t 优质石英砂的砂矿）。

长兴旗滨玻璃有限公司是旗滨集团在浙江长兴的玻璃企业，成立于 2013 年 6 月 5 日，拥有 4 条节能型浮法玻璃生产线，其中有一条世界先进“一窑三线”玻璃熔窑，可充分利用大型熔窑的高效熔化率，生产超薄玻璃、电子玻璃、汽车玻璃等高端产品，满足多元化功能性玻璃的生产。

公司浮法玻璃的生产线的主要流程如图 2.22 所示。

2.8.2　原料及配合料的加工工艺

公司浮法玻璃的主要原料包括：硅砂（$SiO_2 \geq 97.8\% \pm 0.3\%$）、纯碱（$Na_2CO_3 \geq 99.4\%$）、长石（$Al_2O_3 \geq 16\% \pm 1\%$）、白云石（$CaO \geq 32\% \pm 0.25\%$，$MgO \geq 19.4\% \pm 0.5\%$）、石灰石（$CaO \geq 53.3\% \pm 0.5\%$）、芒硝（$Na_2SO_4 \geq 99.0\%$）和碳粉（$C \geq 80.0\%$）。硅

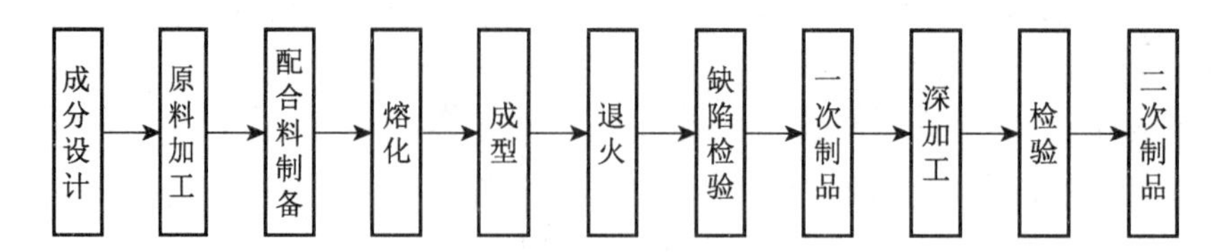

图 2.22 浮法玻璃生产线的主要流程

砂及配合料的加工流程如图 2.23 所示。

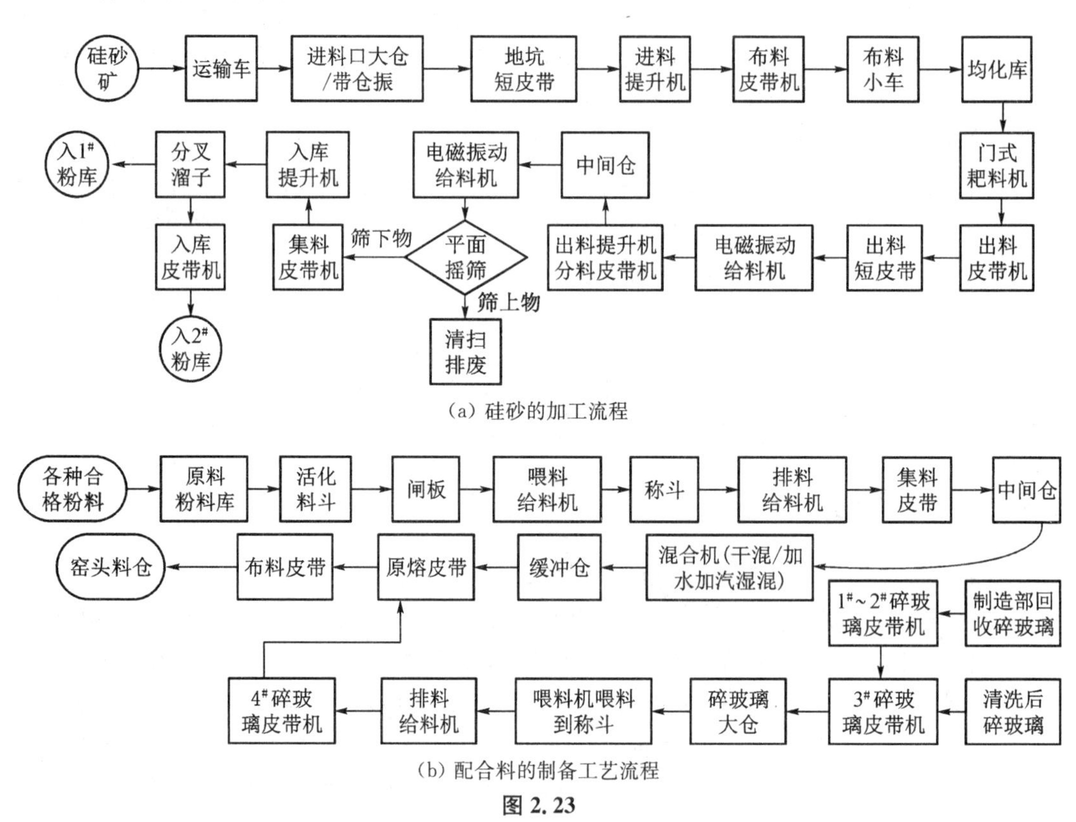

(a) 硅砂的加工流程

(b) 配合料的制备工艺流程

图 2.23

2.8.3 玻璃熔制工艺及设备

公司所用窑炉的示意图及剖面图如图 2.24 所示。投料池位于熔窑的起端,是一个突出于窑池外和窑池相同的矩形小池。投料口包括投料池和上部挡墙(前脸墙)两部分,配合料从投料口投入窑内。

浮法玻璃熔窑的熔化部是进行配合料熔化和玻璃液澄清、均化的部位。熔化部前后由熔化区和澄清区组成;上下又分为上部火焰空间和下部窑池。上部火焰空间是由前脸墙、玻璃液表面、窑顶的大碹与窑壁的胸墙所围成的充满火焰的空间;下部池窑由池底和池壁组成。熔化区的功能是令配合料在高温下经物理、化学反应形成玻璃液,而澄清区的功能是使形成的玻璃液中的气泡迅速完全排出,达到生产所需的玻璃液质量。小炉和蓄热室是熔窑结构的主要组成部分,设置在池窑的两侧,对称布置,设 8 对小炉(1#～8#)。蓄热室是一种余热回收装置——属于废气余热利用系统的一部分,它利用耐火材料作蓄热体(称为格子砖),蓄积从窑内排出烟气的部分热量,用来加热进入窑内的空气。

卡脖处于熔化部与冷却部之间,是为了安装冷却水包和搅拌器,隔离熔化部气流对冷却部玻璃成型的影响。冷却部的结构与熔化部结构基本相同,也分上部空间和下部池窑两部分,不同之处是胸墙的高度低于熔化部,池底深度比熔化部浅。

玻璃熔制阶段的主要工艺参数如下:熔化最高温度(热点)不得超过 1 600℃,两侧温差不超过±10℃;热点温度与 1# 小炉间的温差不小于 100℃;蓄热室上层格子砖温度不超过 1 380℃;严格控制料山和泡界线的位置;冷却部温度根据流液道温度控制,波动不大于±1℃;熔化部及冷却部窑压控制在±1Pa;熔窑换火前后所反映的烟道温度差不超过 10℃;1# 池底中间点温度控制±2℃,澄清部中间点温度控制在±2℃;支烟道温度控制≥700℃;液面控制在±0.2mm;油耗的控制等。以上工艺控制均是为了满足熔化过程的稳定(四小稳),即温度稳、窑压稳、液面稳、泡界线稳。

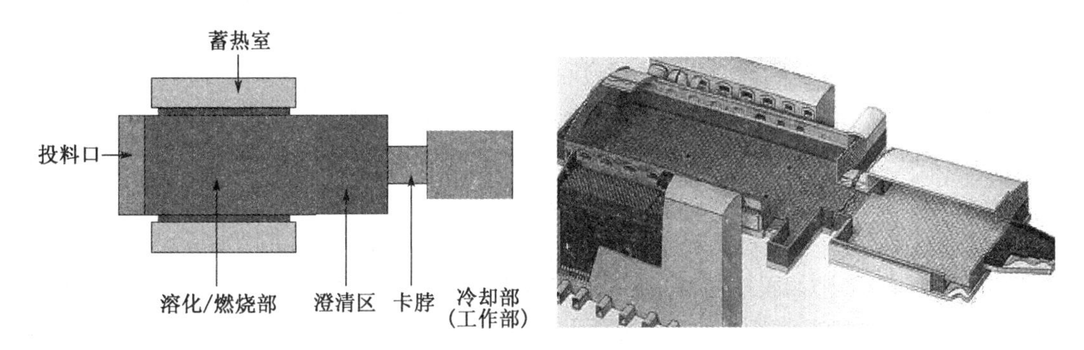

图 2.24　窑炉的示意图和剖面图

锡槽由进口端、本体结构和出口端构成;进口端由流道、流槽、安全闸板、流量闸板、盖板砖、挡气砖、挡燃砖组成。本体结构包括槽底、胸墙、顶盖、钢结构、电加热器、保护气体、及冷却系统。出口端由冷却和气封系统、挡火帘子、过度辊子及钢壳组成。

锡槽内部各区间锡液的厚度和控制温度如下:抛光区间锡液的厚度为 7mm,控制温度 995℃~1 050℃;拉薄区间锡液的厚度为 12mm,控制温度 860℃~1 050℃;成型区间锡液的厚度为 10mm,控制温度 760℃~860℃;冷却一区间锡液的厚度为 7mm,控制温度 710℃~760℃。冷却二区间锡液的厚度为 7mm,控制温度 600℃~710℃。

退火窑的外部及内部视图如图 2.25 所示。浮法玻璃退火窑分成均热预退火区(A 区)、重要退火区(B 区)、后退火区(C 区)、热风循环强制对流冷却区(Ret 区)和冷风强制对流冷却区(F 区)。

A 区由若干个钢结构单元组成,玻璃从锡槽进入退火窑时的温度为 590℃±10℃,在 A 区温度下降到 550℃左右。相对于 B 区,A 区的降温速率快 50%(降温速度 v=25℃/min),所以 A 区长度比较短。在冷却的过程中玻璃的中部与边部存在一定的温度差,为了提高退火质量,在边部加了两层电加热手,均匀分布在玻璃板的上下两侧。A 区冷却器在横向上面分成 6 组,下面分为 4 组。

B 区的结构与 A 区大致相同,这一区域温度由最高退火温度约 550℃,降低到最低退火区约 480℃,温度下降 70℃~80℃。玻璃的永久应力主要在这个区域产生,因此玻璃的降温速率较低,故 B 区较长,在该区的上方布置有两组冷却器。

图 2.25　退火窑的外部及内部视图

C 区结构与 A 区、B 区有所不同。C 区的顶部和两侧墙采用普通钢板制造，壳体仍分为内外两层，中间填充保温棉。该区的冷却强度较大，主要是通过加大冷却风量和增大冷却器面积实现。C 区上板两个边部设有电加热器，但功率比 B 区小。

D 区介于 C 区和 Ret 区之间，起连接作用，为半封闭式结构，只在中间设置了一个用于调节退火窑内部气流的翻板，窑内既无加热也无冷却装置，窑体只用一层钢板进行密封，不做保温处理。

Ret 区被分成 3 个相同且各自独立的密闭整体，每个独立整体都设有可调高度的挡帘。玻璃带上部的冷却风喷嘴横向分为六组。

E 区即自然冷却区，从该区开始，玻璃带直接暴露在空气中，利用自然对流使玻璃带得到冷却。该区除辊道外无其他任何设备，只在封闭区与急冷区之间起过渡作用。

F 区的结构与 Ret 区基本相同，该区直接用室温风喷吹到玻璃表面。F 区液根据风机个数分成了 3 个独立且相同的敞开区，该区风量比 Ret 区大。

玻璃的切裁如图 2.26 所示。

图 2.26　玻璃的切裁——纵切和横切机

2.8.4　质保体系

公司执行严格的质保体系，如图 2.27 所示。

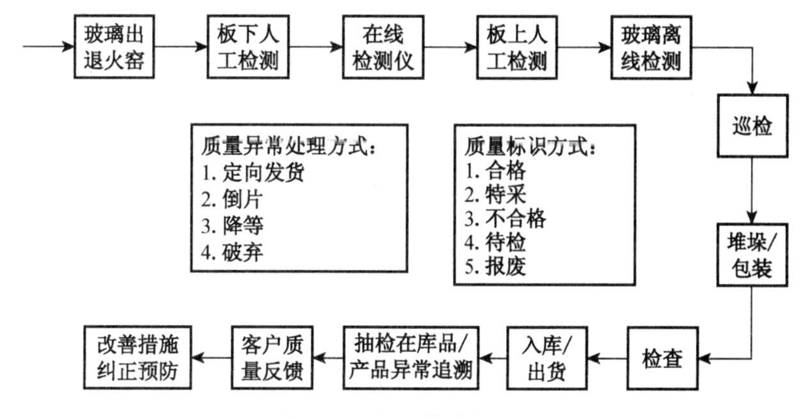

图 2.27　公司的质保流程

2.8.5　熔窑烟气治理流程

熔窑烟气治理流程如图 2.28 所示。

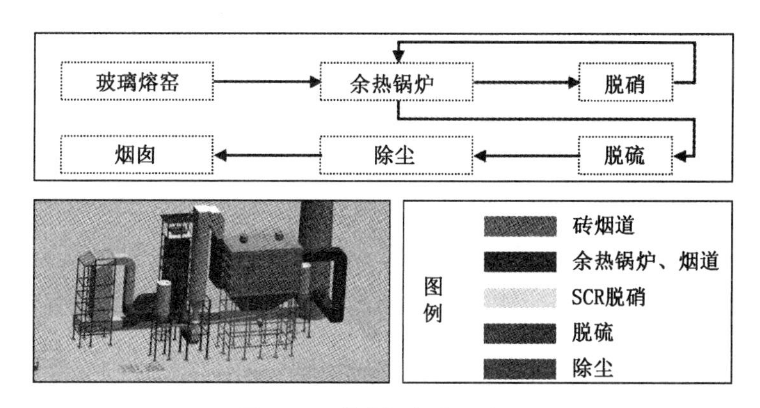

图 2.28　熔窑烟气治理流程

思考题

（1）平板玻璃生产过程中的主要原料有哪些？主要作用是什么？

（2）玻璃的组成主要包括哪些氧化物？这些氧化物在玻璃熔制和成型过程中的作用及对玻璃性能有何影响？

（3）玻璃熔制主要有哪些过程？

（4）用于玻璃熔窑的常用耐火材料有哪些？熔窑各部位对耐火材料有何要求？

（5）简述浮法玻璃成型的过程。

（6）浮法玻璃退火窑分为哪几部分？各部分的特点如何？

（7）玻璃在熔制和成型过程中会产生哪些缺陷？如何避免？

（8）玻璃钢化有哪些方法？原理是什么？

(9) 试描述镀膜玻璃的节能原理。

(10) 简述常见的玻璃镀膜技术,并比较优缺点。

(11) 简述夹层玻璃的品种、特点及生产工艺。

(12) 比较中空玻璃不同生产工艺的特点。

第3章 陶瓷企业生产实习

3.1 实习目的与要求

3.1.1 实习目的

中国陶瓷历史悠久，享誉海内外。陶瓷与中国的联系紧密，China 就有“中国”和“陶瓷”的双重意义。随着国家改革开放的不断深入，我国的陶瓷工业得到了快速的发展，新技术、新工艺、新设备和新产品大量涌现。例如，我国的建筑陶瓷和卫生陶瓷的产量自 1993 年起就双双跃居世界首位。目前其质量也大幅提高，已具有很强的竞争力。材料科学与工程专业的学生有必要了解有关陶瓷工业方面的知识。

3.1.2 实习要求

(1) 通过在陶瓷企业的生产实习，使学生了解陶瓷产品的原料种类及加工、陶瓷成型及烧成方法，对陶瓷产品生产有较为深入的了解。

(2) 通过生产实习增加学生对陶瓷材料及其生产企业概况，为学习相关专业知识及毕业后从事相关领域的工作奠定基础。

3.2 原料及其加工设备

陶瓷工业用原料品种繁多。按其来源大致可以分为两种：一种是天然矿物原料，常用的有黏土、长石、石英等；另一种是化工原料，主要用于釉料配方中。不同陶瓷生产企业的运营模式有所不同，但都是建立在将原料进行加工、成型、烧成的基础之上，从而制得陶瓷产品。原料的加工过程可以是湿碾、球磨、制泥以及其他。

由于各地区原料性质、气候条件等因素的不同，原料加工的方式需要因地制宜，以达到节省投资和降低生产成本的目的。举例来说：由于南方地区雨水较多，原料多为含水量较大的软质黏土，因此这类地区的粗陶料采用齿辊破碎机、笼形粉碎机、练泥机等系统加工较为合适；而在我国北方地区，由于硬质原料较多，原料加工可采用轮碾系统或雷蒙系统。同时，原料加工设备也随着时代的发展也出现了数字化，自动化程度也越来越大。

3.2.1 常用陶瓷原料

陶瓷原料种类和作用各有不同，下面对其分别介绍。

1. 黏土类

黏土主要由硅酸盐类岩石经长期风化而成，是多种微细矿物的混合体，主要化学组成为 SiO_2，Al_2O_3 和结晶水，随地质生成条件的不同，同时含有少量的碱金属、碱土金属氧化物以及着色氧化物等。陶瓷工业用黏土的主要矿物类型可分为高岭石族、蒙脱石族和伊利石族三种。此外，黏土中常有的杂质矿物有石英、长石、钙和镁的碳酸盐矿物、金红石、铁质矿物等。

(1) 高岭石族(Kaolinite)

高岭石是以江西景德镇附近的一个村庄名称命名的，在那里首先发现了适于制造瓷器的黏土。现在国际上都把这类黏土称为高岭土，景德镇的高岭村也因此闻名中外。高岭土的主要矿物是高岭石，它的化学实验式为 $Al_2O_3 \cdot 2SiO_2 \cdot 2H_2O$(质量百分含量为 Al_2O_3 39.5%，SiO_2 46.54%，H_2O 13.96%)，晶体构造式为 $Al_4(Si_4O_{10})(OH)_8$，由硅氧四面体层和$[AlO_2(OH)_4]$八面体层组成。高岭石晶体呈白色，外形一般是六方鳞片状、粒状或杆状。在自然界中常见的高岭石族矿物有高岭石、多水高岭石、地开石(Dickite)和珍珠陶土(Nacrite)。由于不同高岭石族矿物的结构或层间水数量的不同，使得不同高岭石族矿物的性能略有差异，如水高岭石的可塑性和结合性比高岭石强些，干燥收缩较大，加热时在较低温度下(110℃～200℃)会大量脱水，易引起坯体开裂。而珍珠陶土较之高岭石与地开石更能增强水在层间渗透的可能性，也加大了吸附作用与膨润性。

(2) 蒙脱石族(Montmorillonite)

蒙脱石有时也被称为微晶高岭石，呈不规则细粒状或鳞片状，颗粒较细，结晶程度差，晶体轮廓不清，颜色为白色或淡黄色。以蒙脱石为主要矿物的黏土叫做膨润土。如果不考虑晶格中的 Al^{3+} 和 Si^{4+} 被其他离子置换，蒙脱石的理论实验式为 $Al_2O_3 \cdot 4SiO_2 \cdot nH_2O$($n$ 通常大于 2)，其晶体构造式为 $Al_4(Si_8O_{20})(OH)_4 \cdot nH_2O$。蒙脱石由两层硅氧四面体($[Si_4O_{10}]^{4-}$)和夹在其中间的一层$[Al_2O(OH)_4]$八面体组成。由于离子置换时离子种类与置换量的不同，蒙脱石族的黏土矿物种类很多，如蒙脱石(Montmorillonite)、拜来石(Beidellite)、绿脱石(Nontronite)、皂石(Sapontie)以及叶蜡石(Pyrophyllite)等。蒙脱石由于层间吸附了许多水化阳离子团，所以层间结合力极弱、易解离、分散度高，相应地可塑性好、干燥强度高，陶瓷工业中常用其提高制品成型时的塑性及增加生坯强度，减少生坯搬运损耗，但用量过多时，将引起干燥收缩过大，同时蒙脱石常含有较多杂质，因而用量过多时还会影响到瓷器的色泽。

(3) 伊利石族(Illite)

伊利石族矿物是云母矿物风华分解或热液蚀变成高岭石的中间产物。它的成分很复杂,其晶体构造式为 $K_2(Al, Fe, Mg)_4(Si, Al)_8O_{20}(OH)_4 \cdot nH_2O$。从组成上,和高岭石比较,伊利石含碱金属离子较多,而含水较少;和白云母比较,伊利石含碱金属离子较少,而含水较多。例如,典型的伊利石含6.3%的 K_2O 和7.5% H_2O,而白云母含10%~11.5% K_2O 和4.2% H_2O,即伊利石的组成介于高岭石和白云母之间。从结构上说,伊利石结构与蒙脱石相似,也是由两层硅氧四面体,中间隔一层[$Al_2O(OH)_4$]八面体所组成。不同的是,硅氧四面体内有1/4Si常被Al替代,同时伊利石单位晶胞电荷不平衡情况比蒙脱石更严重,为了保持电荷平衡,钾离子进入到晶层中间。伊利石族矿物构成的黏土一般可塑性低,干后强度小,干燥收缩小,烧结温度也低。

2. 长石类

长石是不含水的碱金属或碱土金属的铝硅酸盐,是陶瓷生产中主要的熔剂原料。它是一类矿物的总称,呈架状硅酸盐结构。其化学成分是K, Na, Ca和Be的铝硅酸盐,其主要类型有钾长石(包括正长石和钾微斜长石)、钠长石、钙长石和钡长石,其化学式分别为:

钾长石 $K[AlSi_3O_8]$

钠长石 $Na[AlSi_3O_8]$

钙长石 $Ca[Al_2Si_2O_8]$

钡长石 $Ba[Al_2Si_2O_8]$

自然界中,前三种长石居多,后一种较少。它们之间因结构关系彼此可以混合成固体,故地壳中单一长石很少,多数是几种长石的互溶物。其中最重要的矿物有以下3类。

(1) 正长石

正长石是指解理面为90°(正角)的长石,属单斜晶系,主要成分是钾长石或钾钠长石。

(2) 微斜长石

解理角稍小于90°的称为微斜长石(有钾微斜长石、钠微斜长石),属三斜晶系,这类长石以钾长石为主并含有一定量的钠长石(30%以下,超过30%的为纹长石),外观多为肉红色、粉红色,有的呈灰白色,淡黄色等,是陶瓷的良好原料。

(3) 斜长石

斜长石是钠长石与钙长石的互熔物,一般含钙长石在10%以下的称为钠长石,含钠长石10%以下的为钙长石,在中间比例的互熔物统称为斜长石。斜长石外观为白色或浅灰色。陶瓷工业对长石的质量要求是:K_2O 与 Na_2O 的总量不少于11%, Fe_2O_3 的含量在0.5%以下。长石虽然是结晶物质,但它往往是以混晶存在而没有一定的熔点,只能从某一温度开始熔融,并在一个温度范围内逐渐熔化,变为玻璃体。其熔融温度范围直接影响着瓷坯的软化温度范围,通常钾长石的范围最大,钙长石的范围最小。

熔融后形成的玻璃体将具备一定的黏度并且有熔解其他物质的能力,从而将瓷坯软化。长石玻璃的黏度是由长石的化学成分、矿物组成和温度决定的。在同样的温度下,钠长石的黏度较钾长石小,故钠长石加入坯料中,在高温时容易引起坯体的变形,但在正常的 Al_2O_3 和 SiO_2 含量下其黏度足以阻碍析晶,易形成玻璃相。钙长石高温黏度低,冷却时容易析晶,化学稳定性也较低,一般不单独使用,其与钠长石组成的斜长石,用于坯料中却有较宽的烧成范围。长石玻璃对其他物质熔解作用的活泼性决定于长石的种类和熔融温度。

在同一温度条件下，钠长石玻璃对石英的溶解度大于钾长石。

长石的代用品主要有伟晶花岗岩、霞石正长岩、釉石等，这里不再详细介绍。

3. *石英*

陶瓷工业中，石英也是重要的陶瓷原料。主要包括脉石英、石英砂、石英砂岩、石英岩以及非晶质二氧化硅等，有时还常用谷壳灰代替石英粉，这是由于谷壳富含 SiO_2，烧后呈白色。传统的石灰釉，就是用谷壳拌和烧石灰经煅烧后制成釉浆。

4. *其他*

陶瓷的坯釉中，还常常使用一些钙镁质原料，如方解石、石灰石、菱镁矿、白云石、滑石、蛇纹石、萤石等。它们单独的熔融温度很高，但将它少量地引入到坯釉料中，能与黏土中的 SiO_2 和 Al_2O_3 形成低共熔物，从而降低制品的烧成温度，故属于助熔剂原料。其中，滑石、蛇纹石等用于配制坯料，方解石、石灰石、菱镁矿、白云石、滑石、萤石等用于配制釉料。其他有助于改善陶瓷性能的添加剂还有硼砂、铅丹、金红石以及增塑外加剂等。

3.2.2 粉碎设备

原料进入工厂后，首先需要对其破碎和粉磨。这种在外力作用下将大块固体物质碎裂分解成小块或细粉的操作，称为粉碎。完成粉碎工作的机械称为粉碎机械，而完成破碎和粉磨操作的机械，又分别称为破碎机械和粉磨机械。

粉碎机械粉碎物料的基本方法，可归纳为五类，即压碎、击碎、劈裂、弯折和研磨等。选择粉碎方法的主要依据是：物料的机械性能，粉碎前后物料尺寸变化和需要粉碎的程度等。

常用的粉碎机械有：颚式破碎机、辊式破碎机、锤式破碎机、反击式破碎机、轮碾机、悬辊式磨机、球磨机、振动磨机、气流粉碎机。

1. *颚式破碎机*

颚式破碎机的结构示意图如图 3.1 所示。

(1) 用途

适用于各种脆性矿物原料的破碎作业，在日用陶瓷工业中被广泛用于破碎石英、长石、石膏等原料。

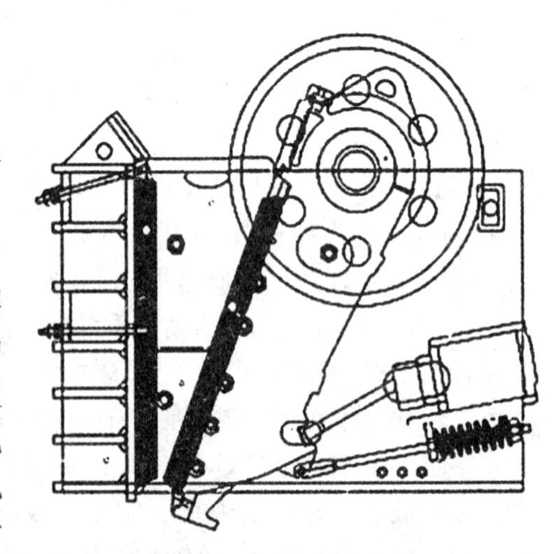

图 3.1 颚式破碎机

(2) 主要结构和工作原理

颚式破碎机有简单摆动式(简摆式)、复杂摆动式(复摆式)、组合摆动式、简摆液压式等多种型式。它们的主要结构由电机、机架、固定颚板(定颚)、活动颚板(动颚)、悬挂轴(偏心轴)、飞轮、推力板和排料口调节装置等组成的。当电机带动偏心轴转动时，动颚做复杂的平面运动，时而靠近定颚，时而离开定颚，使由动颚、定颚及两块侧板组成的颚堂容积发生变化。喂入颚堂内的物料在动颚向定颚靠近时，受到压力和弯折、研磨作用而被粉碎。当动颚离开定颚时，碎裂成小块的物料靠自重由底部出料口排出。

(3) 技术性能特点

① 结构简单,工作安全可靠,操作维修方便;

② 破碎力大,适用范围广;

③ 粉碎程度低,出料粒度不均匀;

④ 由于间歇工作引起附加的动载荷和振动,且增加了非生产性的功率消耗,使零件容易损坏。

2. 辊式破碎机

辊式破碎机(双辊式)的结构示意图如图3.2所示。

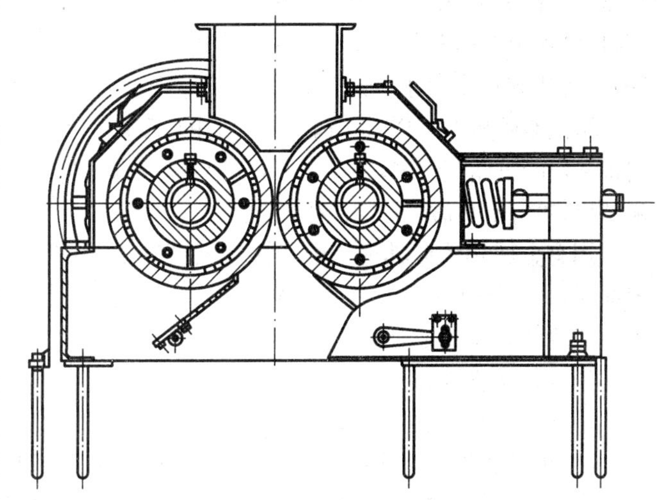

图3.2　双辊式破碎机

(1) 用途

适用于软质物料、低硬度脆性物料的粗碎或中碎作业,带黏性或塑性物料的细碎作业。

(2) 主要结构和工作原理

辊式破碎机主要有双辊式和单辊式两种类型。

双辊式破碎机以两个圆柱式辊筒作为主要工作件。工作时,两个辊筒相对回转,进入两辊筒上面的物料,因同辊筒摩擦作用而被带入两辊筒的间隙中,使物料受到挤压而破碎。两个平行安装的辊筒,一个固定在机架上,一个则由强力弹簧压紧,可沿机架滑动,用以调节两辊筒的间隙。同时,当不能破碎的坚硬物料进入机内时,由于弹簧被压缩,使辊筒移位卸除硬物,并立即恢复到原来的位置,以保护机件不致损坏。为了使另一辊筒离开时尚能保证转动,两辊筒采用长齿齿轮传动。辊筒表面有光面和槽形齿面两种。

单辊式破碎机(又称颚辊式破碎机)只有一个辊筒,辊筒表面装有带齿形的护套,它与弧形的颚板构成上大下小的破碎空腔,依靠辊筒的回转对物料进行破碎。它具有能处理较大物料,粉碎程度高的特点。

(3) 技术性能特点

① 结构简单,宜用于破碎黏性或潮湿的块状物料;

② 生产能力较低,设备重量与占地面积大,辊筒磨损不均匀,需经常更换护套;

③ 操作时粉尘较大,劳动条件差。

3. 锤式破碎机

锤式破碎机的结构示意图如图3.3所示。

(1) 用途

适用于中等硬度物料的中碎或细碎作业。

(2) 主要结构和工作原理

锤式破碎机的结构型式很多，一般主要有单转子和双转子两种类型。锤式破碎机主要由机架、转子、篦条和破碎衬板等组成，转子部分装有锤头和飞轮。工作时，物料从料斗加入，高速旋转的转子上活动铰接着的锤头猛烈冲击物料，受到冲击的物料块从锤头获得动能，以很高的速度飞向坚硬的机壁衬板，受到冲击、挤压而被破碎。破碎的物料中达到粒度要求的通过卸料篦条筛的缝隙被排出，无法通过篦条的大块物料，则被锤头带起循环上述动作，反复冲击破碎，直至达到粒度要求，最终被排出为止。

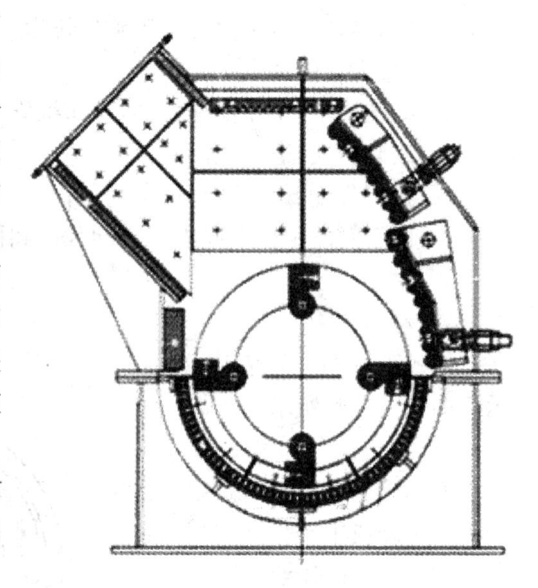

图 3.3　锤式破碎机

锤式破碎机在工作时负荷是不均匀的，飞轮则将多余能量储存起来，并在高峰负荷时释放出来，以减弱由于负荷不均匀产生的振动。

当有金属物体或其他坚硬物体进入破碎机内部时，由于锤头是活动铰接在转子圆盘上的，锤头能绕铰接轴中心让开，避免机器损坏。

(3) 技术性能特点

① 生产效率高，产品单位能耗低；

② 破碎程度高，产品粒度均匀，结构紧凑、简单，便于检查和维修；

③ 由于转子重量大，转速较高，转子产生偏差时，可引起机器工作时振动，使机件过早磨损或破坏；

④ 工作件磨损较快，篦条易阻塞，因此不适于破碎坚硬物料和湿度大或黏性物料。

4. *反击式破碎机*

反击式破碎机结构示意图如图 3.4 所示。

(1) 用途

适用于中等硬度脆性物料的中碎或细碎作业。

(2) 主要结构和工作原理

反击式破碎机又称转子型反击式破碎机。它主要由转子和反击板两个基本破碎部件组成，当破碎物料时，二者起相互配合的作用。

反击式破碎机有单转子和双转子两种主要类型。单转子反击式破碎机，主要由转子、打击板锤、第一道反击板、第二道反击板、悬挂反击板的拉杆以及机架等组成。板锤和转子采用刚性连接。

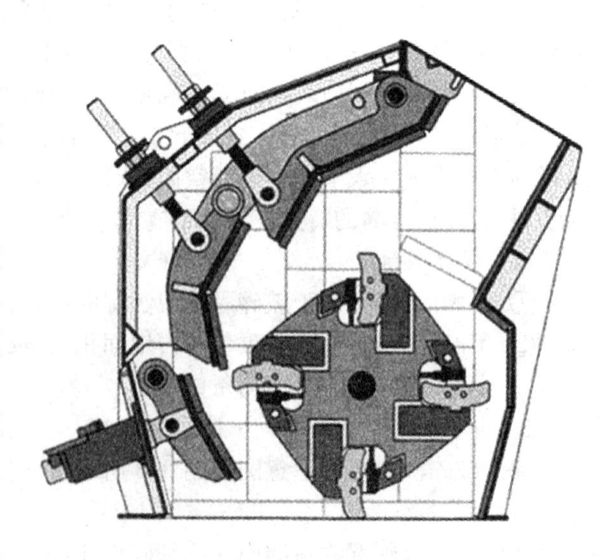

图 3.4　反击式破碎机

为了防止破碎时物料飞出机外，进料口装有进料链幕。工作时，转子由电机经三角皮带传动，物料自料斗加入，受到高速回转的板锤的打击破碎，打击后的物料沿板锤运动的切线方向高速抛向反击板，再次受到撞击破碎。接着又从反击板上弹回来，与从板锤上打出去的料快彼此撞击。没有破碎到符合粒度要求的物料，则将继续重复上述破碎过程，或者被带到与第二道反击板组成的破碎空间，进行打击、反击和互相撞击而破碎。破碎后的物料则由机体下部出料口排出。

反击板的一端用铰链固定在机架上，另一端用拉杆自由地悬挂在机架上。当进入非破碎硬物时，因反击板受到较大压力而使拉杆向后移开，加大了空间，使其排除，因而，保证了机件不受破会。反击板在自身重力的作用下，又恢复到了原来位置，以此作为设备的保险装置。

(3) 技术性能特点

① 结构简单，操作使用方便；

② 适应性强，对硬性、脆性和潮湿的物料均能破碎；

③ 破碎程度高，能起到简化工艺流程的作用；

④ 电耗低，降低生产成本，当破碎腔进入异物时，利用机械结构本身起保护作用，不会损坏工作机构；

⑤ 设备自重轻，运转时没有明显的振动，因此不需要笨重的地基，较小规格的破碎机可安置在楼上，便于工艺布置；

⑥ 反击板、板锤等工作件磨损较快，运转时噪声较大。

5. 轮碾机

轮碾机的示意图如图 3.5 所示。

(1) 用途

适用于中等硬度物料的细碎或粗磨以及多种不同物料的揉拌混合作业。

(2) 主要结构和工作原理

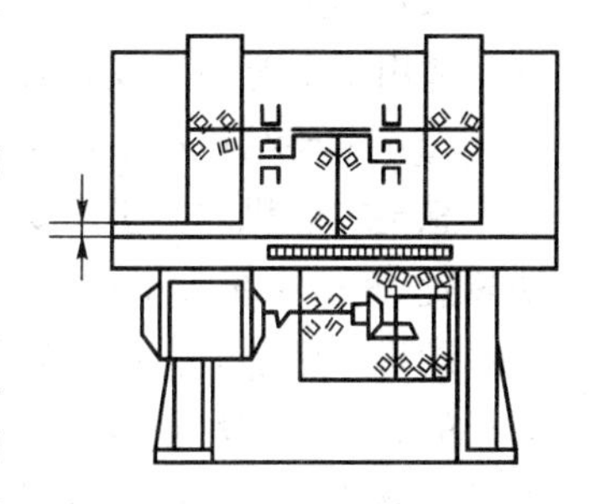

图 3.5 轮碾机

轮碾机主要由动力传动装置、机架、碾轮、碾盘、刮板等组成。按实现碾轮和碾盘相对运动的方法，可分为盘动式、轮动式两种基本形式。盘动式轮碾机的碾盘由动力传动装置驱动旋转，碾轮则由和碾盘接触产生的摩擦力作用而绕水平轴(横轴)自转，刮板固定不动。物料在碾盘中经碾轮与碾盘的挤压、研磨作用而被粉碎。被粉碎的物料由刮板刮至筛板上，再由筛孔漏下，未能通过筛孔的物料则仍被刮回碾轮下继续进行粉碎。轮转式轮碾机碾盘固定不动，碾轮和刮板则绕主轴旋转，同时碾轮亦绕水平轴自转。通过碾轮转动产生挤压、揉研作用使物料粉碎。

(3) 技术性能特点

① 粉碎过程中有碾揉混合作用，对改善和提高物料的工艺性能有明显的作用；

② 控制产品的粒度非常方便，易于实现连续化生产；

③ 碾轮和碾盘可采用石质材料制成，避免粉碎时产生的铁质混入物料；

④ 由于单位时间内碾轮对物料粉碎作用次数少，以及转速的限制，生产效率低，单位功耗大；

⑤ 干法作业时粉尘污染严重，操作条件差；

⑥ 采用湿法作业时可避免粉尘污染，同时能提高产量，降低功耗，由于物料同水接触，在粉碎过程中有比较强烈的搅拌作用，因此可进一步改善物料的工艺性能。

6. 悬辊式磨机(雷蒙机)

悬辊式磨机的结构示意图如图 3.6 所示。

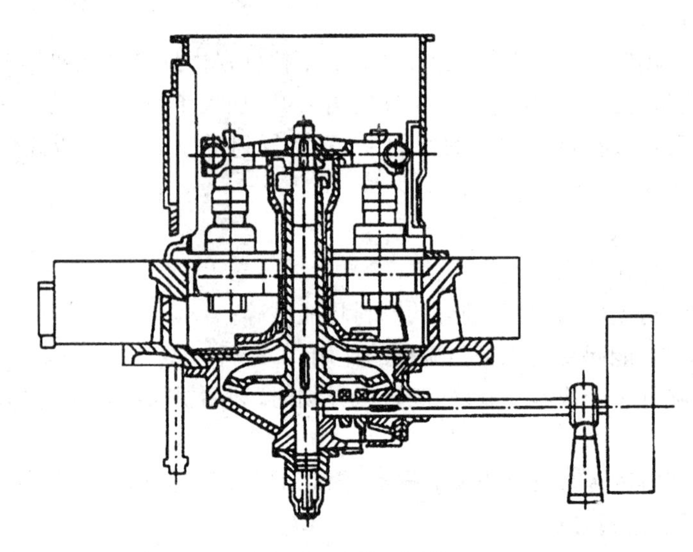

图 3.6 悬辊式磨机

(1) 用途

适用于中等硬度或软质物料的粉磨作业。

(2) 主要结构和工作原理

悬辊式磨机的主机主要由贮料斗、喂料器、环辊粉磨部分、分级器(风筛)、机座、动力传动装置、润滑系统等组成。

贮料斗用于贮存符合进料尺寸要求的物料，供喂料器喂料。喂料器是向粉磨部分均匀加料的装置，一般为叶轮式。由于磨机内物料的多少直接影响到粉磨效率，因此喂料器可以进行调节，并具有一定的气密性，以便保证磨机在适当的进料速度下工作。

粉磨部分由磨辊、磨环、星形架(梅花架)、中心轴、悬轴、铲刀(刮板)、机座等组成，是粉磨的工作部分。通过传动，使连接在主轴上的星形架转动。磨辊则活套在悬轴上，悬轴则被悬挂铰接在星形架上。当星形架转动时，磨辊在离心力作用下，绕悬轴铰接中心向外摆动而压向固定在机座上的磨环内壁，并绕主轴转动，同时由于摩擦力作用又绕悬轴中心自转。喂入的物料随星形架转动的铲刀铲向磨辊，被磨辊强烈地研磨而粉碎。

分级器由径向辐射状的叶片轮和传动装置组成。叶轮由传动装置带动，以一定的转速旋转。当风机鼓入的气流从底盘环形风筒内侧的进风孔进入磨机时，已粉磨到一定粒度的物料被气流吹起，经过磨机顶部分级叶片时，粗颗粒被截留，落回底盘重新粉磨，细颗粒则随同气流一道离开磨机，并穿过风筛送往收尘器，集成合格粉料。

(3) 技术性能特点

① 由于主轴转速较高，靠磨辊的惯性力粉碎，且磨辊数较多(一般在 3 个以上)，使物料

得到粉碎的机会多。同时采用圈流式粉碎，过度粉碎现象少，效率高、产量大、单位功耗低，可连续生产，是一种综合性强的粉碎机械；

② 粉碎程度高，物料粒度均匀，易于控制，但物料粒度分布较窄；

③ 工作件均系钢铁制品，粉磨过程中铁的污染较严重，增加了后续工序除铁的负担；

④ 只宜于干法作业，粉尘较大，操作条件差，并且对于安装基础及厂房条件要求较高。

7. 球磨机

球磨机的示意图如图3.7所示。

(1) 用途

适用于各种物料的细磨和混合作业。

(2) 主要结构和工作原理

球磨机主要由筒体、主轴承、轴承座、机架、电机和传动减速器组成的动力传动装置以及进出料附属装置等组成。

图3.7　球磨机

按传动方式分类，球磨机有周边传动式、中心传动式、托轮传动式等多种型式。日用陶瓷工业普遍使用周边传动式，仅部分装填量小的球磨机才采用托轮传动式。

由于日用陶瓷工业的工艺特点，球磨操作多采用间歇式湿法作业。工作时，筒体内装填着按工艺要求配比好的物料和研磨体，如瓷球、卵石等，湿法作业时加注适量水。当启动电机带动传动减速器运转，并合上离合器使筒体以适宜的转速转动时，研磨体随筒体转动上升，至一定高度后，即以初速度抛出，做抛落运动。众多的研磨体像瀑布一样跌落，撞击物料。同时车筒体转动过程中，研磨体之间，研磨体与筒体之间的相对滚动和滑动，也对物料产生研磨作用。因此物料受到持续的撞击和研磨作用而被粉碎。

物料粉碎后已成料浆，即可打开料口浆阀卸出。为使卸料迅速和彻底，或同时需把料浆送往较高浆池，可在卸料时向筒体内通入压缩空气，迫使料浆尽快流出。

(3) 技术性能特点

① 结构简单，操作维修方便，符合大规模工业生产的需要；

② 粉碎程度高，产品粒度均匀，物料混合作用好；

③ 采用石质、瓷质或橡胶材料作内衬，可避免物料被铁质污染；

④ 筒体有效容积利用率低，单位产量功耗大，90%以上的能量都消耗在热能和声能上，故噪声大并伴有振动；

⑤ 操作条件差。

8. 超细磨机械设备

当物料的粒度要求在5～40μm范围或更小时，用球磨机等这类低频率的粉碎机械，会由于“过度粉碎”等原因，经济效果很差。因此必须采用高频率的粉碎机械设备。工业上使用的高频率超细磨机械设备有振动磨机和气流粉碎设备(又称流能磨)。

(1) 振动磨机

振动磨机的实物图如图3.8所示。

① 主要结构和工作原理

图 3.8 振动磨机

振动磨机有多种形式，但比较有代表性的是惯性式，由筒体、振动器、弹性支座、挠性联轴器和电机等组成。工作时，电机带动主轴高速旋转，主轴上的偏心重块产生的离心力迫使筒体振动。筒体内的装填物由于振动，不断地沿着与主轴转向相反的方向循环运动，使物料不停地翻动。同时研磨体还做剧烈的自转运动，并具有分层排列整齐的特点。特别是高频时，研磨体运动剧烈，各层空隙扩大，几乎呈悬浮状态。筒体内的物料受到剧烈而高频率的撞击和研磨作用，首先产生疲劳裂纹并不断扩展终至碎裂。

② 技术性能特点

- 筒体不转动而做 1 500～3 000 次/min 的高频率振动，振幅一般为 3～5mm，填充系数达 0.7～0.9。因此体积小，结构简单，粉碎效率高，粉碎粒度小，最小粒度可达 4μm；
- 筒体内衬采用刚玉或橡胶制成，避免物料污染；
- 可进行干法或湿法作业；
- 内衬磨损较严重，尤以两侧为甚。

(2) 气流粉碎机

气流粉碎机是一种利用流体(一般为压缩空气或过热蒸汽)能量，使固体干燥物料在粉碎室内互相作用而被粉碎的设备。气流粉碎机有管道式、扁平式和逆流式三种类型。与其他粉碎机比较具有下述优点：

① 可制得很细的粉末，不用加装其他分级设备，粒度可达 1μm 左右，仅含少量粗颗粒。

② 制品的纯度很高。因为在气流粉碎过程中，物料主要依靠自相碰撞、摩擦和剪切等作用而被粉碎，所以因粉碎机内壁磨损而混入粉料中的机械杂质含量极小，从而可使制品获得很高的纯度。

③ 制品粒度均匀。在气流粉碎过程中，粗细颗粒会自行分级，粗颗粒混入细粉末中的机会极少。

④ 可进行低温粉碎。在气流粉碎过程中，高压空气通过喷嘴射到低压的粉碎区域内，由于体积膨胀加快了流速，同时降低气体的温度，造成比较低的温度区，因此物料不易发热，所以适宜粉碎热敏性强、易受热变质、熔点低和易爆的物料。

⑤ 当用热空气或过热蒸汽作动力时，辅以其他干燥装置，可使粉碎和干燥两道工序同时完成。

⑥ 气流粉碎的同时还能和其他过程如化学反应、混合、着色等共同进行。

⑦ 结构简单、制造容易。气流粉碎机的粉碎区域内没有机械传动装置，使用时不会发生机械故障。同时，维修、拆洗均方便。

3.2.3 筛分设备

把固体物料按其尺寸大小不同分为若干级别的操作过程，称为分级。利用具有一定大小孔径的筛面进行分级，称为筛分。

用于筛分的机械设备按筛面的运动特点可分为振动筛、摇动筛、回转筛等。

1. 振动筛

振动筛是依靠筛面振动，并以一定的倾角来满足筛分操作的机械。因为筛面做高频率的振动，颗粒更易于接近筛孔，并增加了物料与筛面的接触和相对运动，有效地防止了筛孔的堵塞，因而筛分效率高，且结构简单紧凑、轻便、体积小，是采用较广泛的一种筛分机械。各种振动筛的结构共同点是筛箱用弹性支承，带有振动发生器，依靠振动发生器的离心力使筛面产生振动进行工作。

振动筛有惯性振动筛、偏心振动筛、自定中心振动筛和电磁振动筛等种类。日用陶瓷厂多采用惯性振动筛和偏心振动筛。

惯性振动筛技术性能特点包括以下 3 个方面：

① 筛面除具有偏移作用外，还发生上下振动，一般振幅较小，但频率很高，因而筛分效率高；

② 电耗低，适宜粗细粉料的筛分，用于泥浆过筛时还能截留一部分杂质；

③ 不宜筛分黏性大、受振后颗粒间易黏结成团的物料。

2. 摇动筛

摇动筛由筛箱、支撑杆件(悬挂杆或支承滚轮)、曲柄(偏心)机构等构成。依靠曲柄机构将原动件的回转运动转换成筛箱的往复运动，并且不因筛面的载荷等动力因素的不同而发生变化。物料由一端加入，受到重力、惯性力和摩擦力的作用，在一定的条件下，物料与筛面之间产生相对运动而进行筛分。通过筛孔的成为筛下料，由下端承接；未通过筛孔的成为筛上料，由另一端卸出。筛箱有单层和多层等形式。

摇动筛的类型按筛面的运动规律，可分为直线摇动筛、平面摇晃筛和差动筛等。

3. 回转筛(旋转筛)

回转筛的筛面一般做成圆锥形、圆筒形、六角形等几何形体，由主轴带动做等速回转运动，靠筛面的转动使物料在筛面上相对滑动达到筛分目的。由于六角形筛分效率较其他形状高，因此采用较为广泛。六角回转筛有单级和多级等形式。

回转筛技术性能特点有以下 3 个方面：

① 运转平稳，没有冲击力和振动，可安装在建筑物上层；

② 转速较低不易损坏；

③ 筛面利用率低，一般只占其总面积的 12%～17%；

④ 筛分效率低，体积庞大，动力消耗和材料消耗较多。

3.2.4 除铁设备

陶瓷原料本身夹杂着一些铁质及其氧化物，在机械粉碎过程中又会混入一些铁质等磁性物质。由于原料中含有铁质，不仅会影响到制品的色泽、透明度，降低其品质，还会影响制品的机械性能、电性能等。因此，除去原料中的铁质，对于日用陶瓷原料的制备是一项必不可少的工序。

除铁的方法有多种：拣选法、淘洗法、化学方法、物理方法等。电磁除铁是目前日用陶瓷工业中最常用的物理除铁方法。其原理是将要处理的物料置于外磁场中,原料中的强磁性物质(如铁粉等)在外磁场作用下被磁化,被磁体吸住;非磁性物质(如长石、石英等)在外磁场作用下不产生磁化现象,会通过磁体,从而将铁质从原料中分离出来,达到除铁的目的。

电磁除铁器按工艺特点可分为干式和湿式;按结构特点可分为滚筒式、转盘式和过滤式等类型。日用陶瓷工业多采用湿法作业的过滤式电磁除铁器,通称磁选机。

磁选机一般有回流和轴流两种基本类型。回流型是用导磁材料做成圆形滤片(又称栅片、藕片),一片片依次叠放在由非导磁体材料制成的滤片盒内,滤片盒外壳套装励磁线圈,线圈外是导磁材料做成的外壳,即筒体,它又是磁选机的磁轭。线圈通电后,工作磁通经滤片、外壳和底座构成闭合磁路,在滤片盒内形成不均匀的磁场。工作时,料浆从料斗流入,经中心管到底部又折回向上流过滤片,铁质则被滤片吸附,除铁的料浆从溢流槽流出。

轴流型没有中心管,外磁轭和外壳分开,外壳带有散热片,泥浆的流向是从底部进浆,由下向上流经滤片,从出浆口流出。进浆口一般带有电磁铁,当停电时,进浆阀门自动关闭。轴流型磁选机泥浆流过面积大、结构简化,滤片的放取也比较方便,此外,有的采用循环水道冷却系统,不仅起到冷却作用,还增加了磁路,对提高磁场强度有良好的作用。

3.2.5 脱水设备

将料浆的含水率降至形成可塑性料的操作称为脱水。日用陶瓷工业常用的脱水方法是过滤法,相应的机械设备是压滤机(榨泥机),如图3.9所示。目前各种脱水机械只能将料浆中的水分降至18%左右,若需进一步降低水分则需要用其他干燥方法。

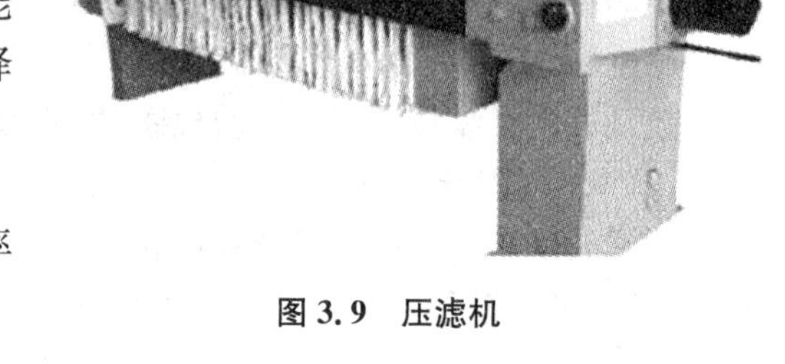

图3.9 压滤机

(1) 用途

对料浆进行过滤脱水,以获得含水率18%~25%的塑性泥料。

(2) 主要结构和工作原理

压滤机一般有箱式(又称滤板式)和板框式两种,日用陶瓷工业一般使用箱式压滤机。操作时利用多孔的滤布作为过滤介质,压力使料浆中的水通过滤布细孔,成为滤液;固体颗粒被介质截留作为滤饼,达到料浆脱水的目的。

箱式压滤机主要由机座和横梁的机架部分、过滤部分、压紧部分、控制部分等组成。滤片是过滤部分的主要工作件,一般用铸铁或不锈材料做成有边缘的凹形,凹形面排列着许多流水槽并与下部出水孔连通,边缘部分镶嵌密封橡皮,在加压时起密封作用,中间有进浆孔。工作时,活动压板将滤片压紧,使每块滤片之间形成一个个滤室。料浆从进浆孔进入夹在滤室中的滤布空腔,固体颗粒被截留,水分则从流水槽排出,随着进浆压力的升高,逐渐形成充填滤室的泥饼。压紧方式一般有手动、机械、液压等,液压又分为机械锁紧保压和液压保压两种形式。

(3) 技术性能特点

① 结构简单,操作方便可靠;

② 庞大笨重，生产效率低，劳动强度大；

③ 间歇作业，对于实现生产的连续化自动化比较困难。

3.2.6　各类输送设备

在泥浆的输送过程中，需要使用到泥浆泵，它是一种能量转换机械，主要是将机械能转换为流体的压力能。由于泥浆泵的工作介质泥浆是浑浊、内含固体颗粒成分高、磨蚀性大的悬浮液，和油水这一类黏性流体不同，许多情况下要求泵有特别好的压力和流量调节性能。因此一般的通用工业泵不能用作泥浆泵，否则使用寿命短，效率很低。

陶瓷工业用的泥浆泵，按作用原理可分为离心式泥浆泵（非容积式）和往复式泥浆泵（容积式）。离心式泥浆泵一般用于泥浆的输送。往复式泥浆泵除用于泥浆的输送外，主要用于泥浆的压力过滤、压力喷雾干燥等。

往复式泥浆泵主要结构和工作原理：往复式泥浆泵一般由两个部分组成，动力传动部分，包括电机、减速装置和曲柄滑块机构等；输浆工作部分，包括柱塞（或活塞）、缸体、吸浆和排浆阀门、密封件等、调节系统、机架和辅件。输浆工作部分的柱塞、缸体内腔的泵室、阀门和密封件等构成一个容积可变的空间。工作时，动力传动部分带动柱塞作往复运动；柱塞上行，容积变大，泵室内压强降低，排出阀被关闭，泥浆在大气压强作用下沿吸入管道上升，顶开吸入阀而进入泵室；柱塞下行，容积变小，泵室压力升高，将吸入阀关闭，排出阀打开，泥浆从泵室压出。如此循环工作，达到吸浆和输浆的目的。

陶瓷工业使用的往复式泥浆泵大多为隔膜式，通常称为隔膜泵。它和一般往复式泥浆泵不同的是：缸体做成两部分，中间用具有弹性的隔膜把泵室分开，一边用清洁的油或水作为与柱塞直接接触的工作液，一边则是被输送的泥浆。这样使柱塞等机件不直接和泥浆接触，从而能保证机件的精度，提高使用寿命。隔膜泵一般有单缸和双缸等形式。

隔膜泵的技术性能特点有以下 4 点：

① 隔膜泵的流量由容积变化的大小和单位时间柱塞往复次数决定，而压力则由排出阀前端液压阻力的大小决定，因此流量与压力无关；

② 泥浆的吸入与排出是间断性工作，因此流量脉动性大，一般在排出管路装有空气室，以使流量能较为均匀；

③ 装有调压装置，靠调压装置的注液阀和压力阀的作用，能有效地调节控制输浆压力，补充泵室内的工作液，并起安全保护作用；

④ 采用机械传动，运动转折多、效率低、结构笨重，曲柄销磨损后噪声大，且会使密封受到侧压力的影响丧失精度。

其他原料加工过程中用到的设备有：搅拌、混合机械设备、料浆浓缩机械设备、练泥机等。由于篇幅有限在这里不再介绍。

3.3　成型方法及设备

陶瓷成型（主要以日用陶瓷为例）分为可塑成型法和注浆成型法两大类。可塑成型法是借助泥料的可塑性来制作各种陶瓷器皿。诸如手捏、雕塑、印坯、拉坯、旋压、滚压等均属此种方法，这一成型方法主要用于碗、盘类和杯类等器型比较规则的制品生产。注浆成型法，在陶瓷生产中也是一种比较普遍的成型方法，凡是形状复杂或不规则的制品都可采用此法生产。注浆成型根据制品及浇注工艺特点，可分为实心注浆法和空心注浆法两种，主要用于壶类、花瓶、糖缸、汤匙、鱼盘等异形制品的生产。不同成型方法对应不同的机械设备，如可塑成型机械：旋坯成型机、滚压成型机、制缸滚压成型机等；注浆成型机械：离心注浆机、注浆成型干燥线；其他成型机械：摩擦压力机、垫饼压力机等。

3.3.1 成型方法的分类

1. 可塑成型

(1) 旋压成型

旋压成型俗称旋坯。成型时将定量的泥饼置于旋转的石膏模型中，然后将型刀压入泥饼，由于型刀和模型间的相对运动，使型刀以挤压和刮削的方式将坯泥沿着石膏模型的工作面上展开成毛坯。型刀口的工作轮廓弧线与模型工作面的形状构成了毛坯的内外表面，而型刀口与模型工作面的距离决定着毛坯的厚度。旋压成型主要适用于日用瓷的碗、盘、杯、碟等及陶器的缸、盆、罐、坛等制品的生产，近年来，也被用于鱼盘和壶类制品。这种方法的优点是生产效率高，但因坯泥含水率较大，成型正压力小，使坯体结构致密度较差，故坯体变形较滚压成型的多。

(2) 滚压成型

滚压成型利用滚压头和模型分别绕轴线以一定速度同方向旋转，滚压头将模型中的泥料滚压延展成坯体。

按模型区分，有阳模滚压(外滚)、阴模滚压(内滚)两种。阳模滚压和阴模滚压是通过模型的凸凹来区分的，阳模滚压是指石膏模工作面向上凸，构成坯体的内形，滚压头滚压其外形，所以又叫外滚。阴模滚压恰恰相反，石膏模为凹形，其工作面构成坯体的外形，而滚压头成型其内形，所以又叫内滚。阳模滚压的优点在于成型后的毛坯可以在比较干的情况下进行脱模，这样比阴模滚压的毛坯在半干状态下脱模造成的变形要小，带坯的模不必翻转，直接送去干燥。阳模滚压的主轴转速不能太快。另外，用阳模滚压大件制品时，往往需要将泥料预压，使其易于延展，改善坯体的结构，阴模滚压主轴转速可快些，对提高制品质量有好处。为了防止坯体变形，常将带坯的模型倒置送去干燥。阳模滚压一般适用于盘、碟类等扁平器皿或内表面饰有花纹的制品，而阴模滚压一般适用于碗、杯类制品的成型。

滚压成型操作根据滚压头的工作温度可分为冷滚压和热滚压。采用热滚压成型时，滚头与泥坯间产生蒸汽膜，使彼此隔开，而不致黏附(蒸汽膜的产生取决于滚头的加热温度，并与泥料的可塑性和相对水分有密切的关系)。一般来说，温度低则蒸汽膜薄，滚头与坯泥不易分离；若温度过高，泥坯表面因加热过快而易变干，引起坯体表面出现麻点。因此，滚头温度要控制适当，一般以100℃～120℃为宜。实践证明，滚压成型生产率高，其坯体结构致密、强度大、变形少，故被广泛应用。

2. 注浆成型

(1) 实心注浆法

实心注浆法是将泥浆注入两石膏模面之间的空腔中，泥浆中的水分被模型的两个表面吸收，而坯体在模腔中生成，所以又称双面吸浆法。待泥浆中的的水分大部分被石膏模吸收后，坯体收缩离模。两块石膏模面的形状决定了制品的形状，模面之间的距离就是坯体的厚度。所以，泥浆注入模型内，没有多余的泥浆倒出。

（2）空心注浆法

空心注浆法是将泥浆注入模腔内，靠近模壁处泥浆的水分被模型吸收，而在模壁上形成一层泥层，即构成坯体。该泥层随时间的增长而加厚，待泥层达到坯体厚度时，倾出多余泥浆，随后在带模干燥下，注件失去水分而收缩，脱模后即为毛坯。空心注浆的泥浆仅与模型的一面接触，所以模型内表面给予制品以外形。注件厚度决定于泥浆在模型中停留的时间。此法适宜于成型壶、罐、瓶等薄壁空心制品。

3.3.2　可塑成型设备

可塑成型机械是利用坯料本身具有的可塑性，采用不同形状的型刀（或滚压头）和模具，以及机械传动系统、操纵控制机构等，使坯料在模具内和型刀（或滚压头）产生相对运动而成型的机械。例如旋坯成型机和单刀旋坯机。

可塑性成型机械适用于各种回转体器型坯体的旋压成型。其结构性能特点包括：利用型刀对回转的石膏模型内的坯料施加挤压和剪切作用，制成坯体；结构简单，通用性强，操作维修便利；刀架结构有弧形刀架和直升刀架两种，弧形刀架适宜旋压碗、盘类产品，直升刀架适宜于杯、坛等器壁较高的产品；手工操作劳动强度大，生产效率较低。

1. 双刀旋坯机

双刀旋坯机适用于各种碗、盘、杯、碟等回转体器型坯体的旋压成型。其结构性能特点：全机由主轴、凸轮机构、刀架、蜗杆传动装置、传动分配装置、张紧轮、制动装置、割边器、喷雾器和机架等组成；工作部分由凸轮机构控制，自动作交替间歇工作，以型刀动作为基准，其他动作可进行调节，配合成型作业，生产效率比单刀旋坯机高，且不需要人工扳动型刀作业。

其他类型的旋坯机包括旋壶机、鱼盘旋坯机、制缸机等。

2. 滚压成型机

滚压成型机是利用各自做定轴转动的滚压头和模型的相对运动，将投放在模型内的塑性坯料碾压延伸成坯体。滚压成型机的滚压头和模型，除具有各自的定轴转动外，还具有一定规律的靠近和分离的相对运动，以实现成型目的，让出时间和空间完成取模、放模、投泥等动作。

滚压成型机的类型，按工作台的形式可分为：固定式、转盘式、往复式。

固定式的工作台不动，滚头向模型做间歇成型运动，运动方式有弧形运动和升降运动两种。成型和取、放坯模在各不同工位上进行。

转盘式的工作台是一种有许多工位并做间歇转动的转盘，主轴向滚头或滚头向主轴做升降运动。成型和取、放坯模可同时在不同的工位进行。

往复式的工作台是一种有二工位的矩形台面，由液压传动做间歇往复运动，主轴向滚头做升降运动。成形和取、放坯模分别在二工位上同时进行。

各种不同形式的滚压成型机，基本都由下述部分组成：滚压头及使其定轴转动的传动系统；模型及使其间歇定轴转动的传动系统；实现滚压头与模型做成形和离开的相对运动的传动系统；实现各动作之间同步协调工作的控制系统。

(1) 固定式滚压成型机

固定式滚压成型机根据机型的不同，可分别用于各种杯、盘、碗、碟，以及品锅、花钵等大件制品的阴模或阳模滚压成型。

技术性能特点：双头滚压成型机结构简单，操作便利、产量较高。宜阴模冷滚压或热滚压成型规格较小的盘、碗、碟等制品。主轴的间歇转动采用凸轮机构控制的摩擦离合器来实现，转速、滚头运动节拍均可依靠塔轮变速进行调节。单头万能滚压成型机采用先进技术，结构较复杂，但通用性强、使用范围广，工作平稳，操作简单。适宜各种不同的滚压方法。产品规格幅度大，特别适宜生产大件品种制品。滚头采用液压驱动，可实现快速下降、慢速进给、定压、慢速分离、快速升起、停留等6种工作状态。滚头和主轴均可无级调速。模型采用真空吸附，气动顶模，模座可水平位移，配有转速表、温度调节器等附件，非常便利于选择和调节。并装置电气控制系统，全部工作可实现程序控制。固定式滚压成型机的滚头部分，可进行上下、左右、前后以及倾角的调节。

(2) 转盘式滚压成型机

转盘式滚压成型机适用于各种碗、盘、杯、碟等制品的滚压成型。

技术性能特点：结构紧凑，运转平稳，操作安全方便，能适应阴模和阳模的冷滚压或热滚压成型，制品质量较好。除具有完成滚压成型的主运动动作外，工作台采用多工位间歇回转式的转盘作为坯模的输送装置，可在不同工位进行投泥、预压、成型、取模、放模等操作。在生产线上利用机械手装置，易于实现联动作业。转盘工作台的步进间歇机构通常采用槽轮机构、针轮机构或圆柱凸轮式间歇机构等形式；滚头和主轴一般均采用无级变速，便于选择合理转速，以适应不同坯料性能和不同制品的成型要求；主轴的间歇转动，采用电磁离合器、摩擦离合器或能耗电机等装置来实现；滚压头可进行前后左右、垂直以及倾角的调整，有的还装有加热装置。使用时一般不需预埋地脚螺栓，滚压稳固性好。

(3) 往复式滚压成型机

往复式滚压成型机适用于各种盘类制品的阳模热滚压成型。

主要结构及工作原理：由机械传动部分、液压系统、滚压头部分、工作台、机架等组成。并列布置的二工位工作台，由液压驱动做往复运动。机械传动部分的电机则带动蜗杆减速器运转，减速器输出轴装着一组圆柱凸轮，分别使滚压头的摆头轴和成型主轴做升降运动。液压系统由电机、齿轮油泵、油缸、换向阀以及管路系统组成。电机与齿轮油泵直联使其工作，同时通过皮带传动带动一组伞齿轮转动。伞齿轮则通过皮带传动带动成型主轴的摩擦离合器旋转，当成型主轴上升时，摩擦离合器闭合使成型主轴旋转。换向阀通过蜗杆减速器输出轴上链传动的换向凸轮控制，使工作台的往复运动和滚压成型运动同步。

技术性能特点：设置二工位的工作台，使成型和取模、放模操作分开，操作便利安全。配置机械手等装置易于和干燥机实现联动。工作台的间歇往复运动采用液压驱动，平稳可靠、便于调节。利用真空吸模，模型稳固可靠。滚头装有发热装置，并具有摆头动作，成型质量好。

3.3.3 泥浆成型设备

由于泥浆具有流动性，所以可利用流体机械、管路元件、输送机械等，实现注浆成型。注浆机械主要包括：高位压力管道注浆成型机、气流压力管道注浆成型机、离心注浆机等。

高位压力管道注浆机械设备，利用处于高位的泥浆对注浆口的液柱高度差产生强的压强作用，实现压力注浆。设备主要由泥浆池、搅拌机、泥浆泵、输浆管路系统、高位浆桶、注浆阀等组成。

气流压力管道注浆机械设备，利用压缩空气气流的压强作用，将泥浆输入模型注浆。主要由泥浆真空搅拌机、泥浆池、泥浆泵、空气压缩机、输浆管路系统、截止阀等组成。

离心注浆机，主要适用于各种壶类、坛类、花瓶等坯体的离心注浆成型。其特点包括：由动力传动部分、凸轮机构、主轴、注浆头、注浆阀、滑动皮带轮等组成，工作时，主轴的旋转运动、注浆头的升降运动、注浆阀的启闭等，分别由凸轮机构控制，按顺序动作；由于注浆时主轴旋转的离心力作用，可消除泥浆中的一部分空气，坯体致密性好，壁厚较均匀；注浆量可根据产品需要进行调节。

3.4 坯体干燥

成型后的坯体需要进行干燥，以提高强度便于搬运和加工。干燥工艺效果的好坏，是决定成坯效率和制品质量的主要因素之一。

3.4.1 坯体中的水分

坯体是多孔性的，其中的水分按结合方式可分为化学结合水、自由水和大气吸附水，后两者又叫作物理吸附水。

化学结合水是指包含在黏土矿物结构中的羟基，这种水在干燥温度下不可能从坯体中排出，一般在烧成的预热阶段(400℃～550℃)中排除。自由水是指渗透于坯体毛细管中的水，与黏土结合松弛，很易排除，坯体在排除这部分自由水后，颗粒相互靠拢，产生收缩，其收缩体积大小均等于失去的自由水的体积，故自由水也称收缩水。大气吸附水，是牢固地存在于黏土的微毛细管及黏土胶体粒子表面的水，此水的吸附量取决于坯体周围空气的温度和相对湿度。在一定温度下，坯体所含的水分与该温度下饱和空气达到动平衡(即相对湿度为100%)时的含水量有密切关系。坯体所含水分与周围空气达到平衡状态时，即坯体表面的水蒸气分压与周围空气中的水蒸气分压相等时，坯体中所含水分成为平衡水分。显然平衡水分属于大气吸附水，此水不能再被原干燥介质所排除。在大气吸附水排除阶段，坯体不发生收缩，不产生应力，可采取加快干燥的措施，而不会引起开裂。

坯体干燥的过程，坯体中水分的排除，大致经历以下5个过程：

① 坯体受热，以增大水的饱和蒸汽压；

② 坯体中的水分发生相变，由液态水变成水蒸气；

③ 水蒸气通过紧贴在坯体表面上的一层气膜向周围大气扩散——外扩散；

④ 由于坯体表面水分降低，坯体内部水分向坯体表面扩散——内扩散；

⑤ 外扩散的动力是坯体表面的水蒸气压力($P_{表面水蒸气}$)与周围空气的水蒸气分压($P_{水蒸气}$)之差。

坯体表面蒸发量 g 可用下式表示：

$$g=\beta(P_{表面水蒸气}-P_{水蒸气})\ \mathrm{kg/(m^2\cdot h)}$$

式中，β 为空气运动速度的经验系数，也称蒸发系数。蒸发系数与空气运动速度 v 有关，即 $\beta=0.001\,68+0.001\,28v$。

坯体内除存在湿度梯度外还存在温度梯度，所以坯体内水分的转移受湿度梯度和温度梯度双重影响，坯体中水分的移动速度和湿度梯度成正比。温度梯度引起的水分移动(热湿传导)方向与热流方向相同，即水分子由毛细管温度较高的一段流向温度较低的一段，这是因为存在于坯体内毛细管中的水分，在热端的表面张力小，冷端的表面张力大，液体因而被拉向冷端。

3.4.2 干燥过程

1. 干燥过程的四个阶段

按坯体干燥曲线变化特性，可将干燥过程分为以下 4 个阶段：

① 加热阶段：干燥介质的热量主要用于提高坯体的温度，当坯体温度增加至介质的湿球温度时，干燥速度增至最大。

② 等速阶段：在此阶段，坯体的温度不再升高，约等于干燥介质的湿球温度，而且维持不变。干燥介质的热量主要用来蒸发水分，此时，内扩散速度等于外扩散速度，坯体表面总是潮湿的。干燥速度(单位时间内坯体单位面积所蒸发的水量)保持恒定，在数值上等于该温度下自由水的汽化速度。这一阶段，影响坯体干燥速度的决定因素是坯体表面的汽化速度(外扩散速度)，即流经坯体的空气的温度、湿度和流速。此阶段坯体强烈收缩，所以也是干燥的危险阶段，必须注意控制干燥速度。

③ 降速阶段：坯体水分降至一定值，坯体表面由潮湿状态转变为吸湿状态，坯体表面温度由湿球温度增加到干球温度。由于水分不能及时扩散到表面，毛细孔水的弯月面逐渐向坯体内部移动，干燥速度由表面汽化控制转变为内部扩散控制，干燥速度下降。为了使坯体不致产生开裂，要适当增加内扩散速率，并控制坯体表面汽化速率。

由等速阶段转入降速阶段时，坯体所含的水分称为临界水分。坯体达到临界水分时，几乎不再收缩，再继续干燥只会增加坯体内的孔隙率。所以达临界水分后，可以采取加快干燥的措施，使坯体不致产生裂纹。

④ 平衡阶段：在此阶段，坯体与周围空气之间的热交换停止，坯体湿度成为定值，干燥速度等于零，坯体水分与介质之间成平衡状态，即为平衡水分。

2. 干燥速度及其影响因素

干燥过程实际上是由水分的蒸发和扩散组成的，要实现快速干燥必须做到传热快、蒸发快、扩散快，保证水分均匀蒸发，坯体均匀收缩而不变形、开裂。

影响干燥速度的因素很多，可概括为以下 3 个方面：

① 坯体本身的性质，包括所用原料的性质，坯体的形状大小、厚度、密实度、孔隙度以及

含有的水分、坯体的温度等；

② 干燥介质的温度、湿度与流动速度，以及干燥介质与坯体的接触情况；

③ 干燥方法及设备的选用。

当干燥较薄的坯体时，内部水分容易扩散至表面层。它的干燥速度主要取决于水分由表面向周围介质蒸发的速度。这时可在不破坏内扩散平衡的情况下适当提高干燥介质的温度、流速来加速干燥。

对于大型厚壁的坯体，如果干燥进行过快，则坯体因内外层含水率相差过大，会造成干燥收缩不一致而产生开裂，这主要是由于坯体较厚，内扩散较慢，同时与湿度梯度相反的温度梯度也阻碍了内扩散的进行。为使坯体内外各部均匀受热，防止水分猛烈地从表面蒸发，在干燥初期宜用相对湿度较高、温度较低的热空气来预热坯体，当内外均匀加热后，可降低空气的相对湿度。当干燥至临界水分以下时，可进一步提高空气温度、降低空气的湿度、并提高流速，使干燥过程快速进行。

3.4.3　干燥方法

干燥方法根据热源的不同，大致有以下4种。

1. 热空气干燥

利用热空气干燥坯件称为热空气干燥。其热源一般有蒸汽、窑炉余热和用煤直接在干燥室下的火坑燃烧。热空气干燥具有以对流传热为主的特点，气体介质一面将热量传给坯体，一面将坯体蒸发出来的水蒸气带走。为了使干燥快速进行，采用高速气流喷嘴正对坯体喷射。

2. 红外线干燥

红外线干燥的特点是以辐射传热为主，由于红外线穿透能力强，所以热传递效果较对流传热的干燥大大加强。当辐射红外线的频率与被加热坯体的固有频率相当（即波长相等）时，能引起坯体分子的激烈共振而吸收红外线，并把红外线的能量转换成分子的热运动，使坯体温度迅速升高，坯体内部的水分被加热而扩散排除。根据红外线干燥特点，可采用间歇照射的方法加速干燥速度。

3. 远红外干燥

将一些能发射远红外线的物质制成涂料，涂刷在发热元件的表面，利用发热元件发出的远红外以近于光速向外传播，被加热的坯体表面和内部分子同时吸收红外线，达到坯体表里同时受热干燥的效果。发生远红外线的涂料物质，常用 TiO_2，ZrO_2，SiO_2，B_4C，BN 等。为了提高涂料的辐射能力，可根据需要将上述物质混合使用。远红外线加热器的形状有管状、板状等。远红外干燥具有质量高、快干、高效等优点。

4. 电热干燥

电热干燥较先进的方法有高频干燥和微波干燥等。

高频干燥：高频电流有“涡流效应”，即处在高频电场中的导体，内部感应而产生的高频电流是漩涡状的短路电流，因而会产生热量使导体内能增加，这就是高频干燥的原理。其最大的特点是从被加热物体内部先开始发热，故受热体的内部温度总比表面温度高，传热方向是从内向外进行的，瓷石传热和传质（水的蒸发和扩散）方向一致，这是高频干燥的一个优点，对加速干燥非常有利。

微波干燥：频率 300～3 000MHz、波长范围 0.001～1m 的电磁波称为微波。微波加热属于高频介质加热，含水的陶瓷坯体本身就成了能大量吸收微波能量的介质发热体。此外，微波的穿透能力强，通常对吸收性介质的穿透深度为几厘米到几十厘米，一般陶瓷坯体的厚度都在微波的穿透深度范围，所以微波加热进行的是分热传导的内部整件加热，令加热时间缩短、均匀升温。

3.4.4 干燥设备

陶瓷工业的干燥设备，通常是指完成坯体排出水分过程的装置和机械。

1. 干燥设备的组成

干燥设备的组成，通常包括下述部分：

① 干燥室：完成坯体干燥的场所，除坯体的进口、出口以及进风、排湿口外，全部用隔热材料密封成一定大小的空间。

② 热源装置：供坯体中水分汽化用的能量装置，通常按各种不同的热源选择采用。

③ 运载机构：承载坯体在干燥室内运行，使坯体完成干燥过程。通常有车式、链式、转盘式和推板式等形式。运行方式有间歇式和连续式。

④ 通风系统：使干燥室内通风对流，以一定的风速输入热气流，并排放湿气。通常包括风机、风管或风嘴等。

⑤ 动力传动部分：驱动运载机构按规定的运动规律运行。通常包括电机、传动减速装置等，间歇运行的运载机构则还有各种不同的间歇运动机构。

⑥ 其他附属装置：一般有机械手、控制系统等，以实现干燥过程中脱模、取坯、转换工位等操作，以及控制干燥过程的运动规律。

2. 干燥设备的分类

按运载机构，干燥设备可分为车式(隧道式)、链式、转盘式、推板式等。

按热源形式，干燥设备又可以分为热风对流干燥(热空气干燥)、辐射干燥(红外线干燥)、工频电干燥、高频电干燥、复合热源干燥、微波干燥等。

陶瓷工业目前采用的干燥设备多为链式干燥机。热源供给大多是热空气对流、远红外线辐射、热空气对流和远红外线辐射交替使用，以及对位或不对位的强风干燥。强风干燥能取得较好的干燥效果，但必须具备：足够的热风风速；强风气流和坯体对位准确，或采取其他措施使坯体受到均匀的干燥；在加强了外扩散之后，应采取有效措施加强内扩散。坯体的干燥可采用取坯留模干燥、取模留坯干燥、坯体单面干燥，然后翻转进行另一面干燥或两面同时干燥等各种方法。需要根据实际的具体条件决定。

以链式干燥机为例，它是以两条平行的闭合链条作为坯体的悬挂输送机构，在干燥室内以一定的运动规律运行，使坯体得到干燥的机械设备。由传动部分、运载机构、干燥室、链条张紧调节装置、热源装置和通风系统等组成。由于链条具有改向方便的特点，可采用不同链条走向的布置方式，以适应不同形式的干燥。链条的布置方式一般有水平布置、垂直布置以及综合布置等。水平布置又有单层和多层等。链式干燥机常和上文提到的成型机联动成生产作业线。

3.5　烧成及窑炉

从陶瓷原料到陶瓷成品必须要经过烧成硬化的过程，而烧成过程的进行要使用窑炉。

烧成是陶瓷生产的重要环节之一。成型后的陶瓷坯体，须在窑炉中进行热处理，经过一系列物理与化学变化，使制品硬化的同时，其性能和外观质量必须要达到所要求的标准。

3.5.1　窑炉的种类、基本结构及特点

窑炉是陶瓷制品烧成与彩烤不可缺少的热工设备，按照生产特征可以分为间歇式窑（包括半倒焰窑、平焰窑、阶梯窑、龙窑、倒焰窑和台车式窑）和连续式窑（包括窑车式、推板式和辊道式）两大类。

1. 间歇式窑炉

间歇式窑炉即陶瓷制品的装、烧、冷、出等操作工序是依次间歇地、周而复始地完成的窑炉。

这类窑的特点是：设备建造费用低，投产快；烧成制度可根据每窑制品的特点灵活变动；烧成周期长，产量低；热损失大，热效率低，单位制品燃耗大；劳动强度大，不易机械化、自动化生产。

以下介绍6种间歇式窑炉。

（1）半倒焰窑

半倒焰窑的示意图如图3.10所示。

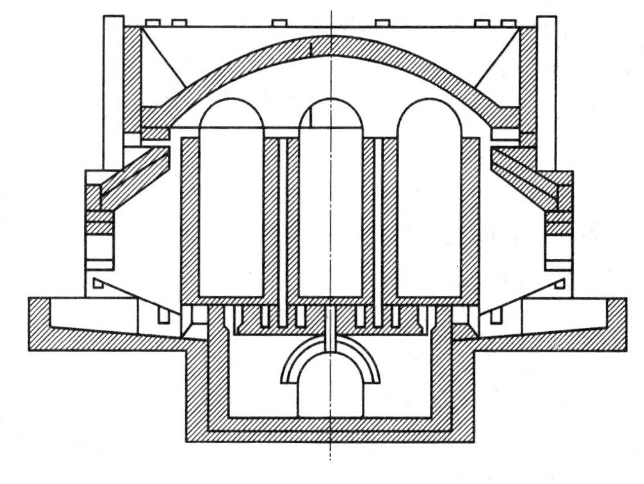

图3.10　半倒焰窑

半倒焰窑又俗称馒头窑，其历史悠久，最早以柴草为燃料，约到一千多年前便开始用煤烧窑。它多分布在我国北方，尤以华北地区较多。该窑的应用范围现已越来越少，正逐步被现代窑炉所取代。

① 结构

窑室上部呈长方体，高5～6m，上部顶窑近似呈椭圆球形。窑底为实底，呈左右宽、前后窄的矩形，底面前高后低，约呈13°～15°的倾斜坡。燃烧室及炉栅设在窑底前紧靠窑门处，与窑室在同一空间内。炉栅面呈水平弓形低于窑底0.7～0.8m，低于窑门地坪2.2～2.3m，其长度与窑室左右长相等，其下设有深约1.8～2m的灰坑，与窑外出灰井相通。烟囱及排烟孔在后窑墙外侧，与窑底中心线对称设置1～2个高度10m以下的矮烟囱。每个

烟囱下部与窑底相接的后墙上设有2～3个排烟孔。窑内墙用黏土耐火砖砌筑，外墙用毛石砌筑，外形近似椭圆形。

② 特点

- 窑内火焰是倒焰与平焰相混合的相流；
- 结构简单，建造容易，砌筑材料少；
- 适宜用氧化焰烧成各种日用陶瓷及耐火材料；
- 炉栅设在窑室内，减少了热损失；
- 烟囱矮，抽力小，煤层阻力大，窑内通风能力弱，升降温速度慢，烧成周期长；
- 窑内温差较大，制品质量不稳定；
- 产量低，燃耗大，热效率低；
- 劳动强度大；
- 烟气对环境污染较严重。

(2) 平焰窑

平焰窑是我国著名瓷都——景德镇独有的一种陶瓷烧成窑，故俗称为景德镇窑，它在世界陶瓷窑炉中具有独特的形式和建筑与工艺方面的特点。窑内火焰趋于水平方向流动，故称之为平焰窑。

① 结构

窑室前端高而宽，后端矮而窄，最高5.5m，全长16～18m，容积170～250m^3。窑底为实体，前端低于后端40～50cm，呈现1.5°～3.6°的倾斜坡。窑底前宽后窄，一般均宽于窑室。窑顶前端高向后逐渐降低变窄至挂窑口处。窑门设在窑身前端正中间，高2.7～3.2m，宽0.6～0.7m。全窑仅在窑门内侧下部设有一个炉栅，长1.2～1.3m，宽0.7～0.8m，坑深1.2m，烧窑时用匣钵和炉板临时架起倾斜式炉栅，重量强度1 700～2 200kg/(m^2·h)。窑墙自下向上略带内倾强厚20～24cm。护墙用机砖砌在窑墙外下部的周围，厚1.5～2m，高3m左右。护墙与窑墙之间留有20～30cm的间隙。烟囱设在窑身最后端，高16～18m，横截面为前宽后窄，上端口面积1.75～2m^2，囱壁厚10～12m。

② 特点

- 窑体砌筑不用异形砖和标准耐火砖，而用240mm×80mm×30mm的窑砖，窑墙薄，砌筑时没有固定模板，窑底不设置排烟结构，也不需要铁窑箍及闸板等附属装置，结构简单、砌筑方便、造价低；
- 炉栅设在窑室内，减少了热损失；
- 有效容积大，烟囱内也可烧制品，每窑次可装烧日用瓷10～15t；
- 窑室截面前大后小，有利于缩小前后温差和提高传热效率；
- 采用大负压操作，薄壁窑体表面温度不超过80℃，窑体蓄热及散热损失都较小；
- 窑次周转较快(3天/窑次)，但劳动条件差；
- “一窑一性”，不同窑和每窑次的工艺特性均不相同，产品质量不稳定；
- 窑内各部位温度和气氛不易均匀，上下温差和前后温差大，须根据各部位的不同温度和气氛，装烧不同配方的制品；
- 操作管理复杂，没有具体稳定的烧成制度，纯凭经验操作，焙烧技术不易普及和提高，也难以采用仪表来科学地控制焙烧工艺；

- 一般只能以松柴为燃料，资源困难，价格高昂，消耗大量建筑木材；
- 使用寿命短，每座窑一般只能烧80～90次。

(3) 阶梯窑

阶梯窑是我国古老的陶瓷热工设备之一，由若干间单独烧成室连接成一条整体的窑。因烧成室及窑底自上而下呈阶梯式，故称之为阶梯室或阶级室。

① 结构

阶梯窑由4～10间(7～8间较多)容积不等(两头小中间大)的烧成室(也称窑室)串联成窑体。燃烧室均设在每间烧成室前端隔墙下，与烧成室内相通，无挡火墙，燃料不同，燃烧室形式也不同。烧成室的窑底有阶梯式和平底式两种。拱顶有顺着窑体、与窑体垂直及四角向下三种形式：顺着窑体的半圆拱拱顶与隔墙交接处成一锐角，火焰不易均匀分布，窑内前后温差较大，两边温差较小；与窑体垂直的半圆拱，采用这种拱顶时，一般都采用平底式窑底，前后温差小，而两边温差大；四角向下拱的拱顶较低矮，克服了前两种拱顶的缺点，窑内温差小，绝大多数阶梯窑都采用这种形式的拱顶。

② 特点

- 一般均依山坡而建，窑体自前向后逐步升高，不必建造高大的烟囱，不需要钢材加固，建筑投资少；
- 前一间烧成室的燃烧烟气可进入后面烧成室预热制品，热利用率高，缩短烧成时间，前一间制品的冷却散热能为烧成间预热助燃空气，降低燃耗；
- 采用柴或煤作燃料，既能烧成普瓷及陶器，也能烧成细瓷，较易操作；
- 各窑室上下和前后的温差较大，不同窑位需配装不同的制品；
- 窑体具有较大的坡度，物料输送及装卸较困难，劳动强度大。

(4) 龙窑

龙窑是沿倾斜山坡砌筑的一种古老的陶瓷热工设备。窑体为斜卧的长条形隧道，窑头至窑尾沿山坡向上，外形似卧龙，故称龙窑。

① 结构

窑室即指装烧陶瓷的空间，其长度随烧成品种和产量不同而异，窑室横截面尺寸是上窄下宽。窑顶及投柴孔窑顶呈拱形结构，拱顶两侧沿纵向对称布置两排投柴孔，孔径为8～20cm，投柴孔数量由窑的长短来决定。窑底沿长度方向有一定的坡度(平坡或台阶)，窑头坡度最大，向窑尾逐渐减小。由于烧成品种和气氛不同，各地龙窑的坡度也不一样。预热燃烧室在窑头设有一只倾斜炉栅式预热燃烧室，排烟孔设于窑尾末端的挡烟墙上，其面积的大小和布置直接影响窑内温度分布和烧成时间的长短。烟囱设于窑尾末端，均为方筒形，底部尺寸横向与窑尾底宽相同，在窑体侧面适当位置设有2～4道窑门。

② 特点

- 结构简单，用材方便，造价低廉，建造容易，投产较快；
- 没有固定的烧成带，烧成点随时间和温度沿窑长方向自下而上逐步移动；
- 热利用率较高，烧成前面坯件的热烟气能预热后面的坯件，冷却前面产品的预热空气又可供后面制品烧成时助燃；
- 生产周期较长，一般是4～6天/窑次，烧成时间长，烧柴预热的窑需24～44h，烧煤预热的窑需 50～80h；

- 燃料局限性大，一般只适用烧松枝、杂柴，成本高，燃料来源有困难；
- 装烧窑技术要求高，劳动强度大。

（5）倒焰窑

倒焰窑按烧成室形状分为圆形与矩形两种，其结构和工作原理都基本相同。

① 结构

烧成室由窑顶、窑与窑底沟构成，是堆码制品完成烧成过程的空间，其形状分为圆形和矩形两种。燃烧室的结构形式随燃料的种类不同而异，以煤为燃料的普遍采用倾斜炉栅或阶梯炉栅式燃烧室。吸火孔总面积约为炉栅总面积的 8%～15%，占窑底总面积的 2%～6%，吸火孔的数量与每个吸火孔的面积根据吸火孔的总面积确定，小而多、分布广有利于均匀窑温。倒焰窑的烟道分为支烟道和总烟道。烟囱是倒焰窑普遍采用的自然通风设备，其截面形状有方形与圆形两种。烟囱的出口直径根据烟气流量和烟气在烟囱出口处的流速来确定，烟囱的高度则根据窑内零压面至烟囱底的总阻力来确定。

② 特点

- 窑室容积变化范围大，烧成制度较易变动，应用范围广；
- 热烟气在窑内自上而下垂直倒流，使窑内温度和气氛的均匀性较好；
- 操作管理较简单，生产技术较易掌握、提高。

圆形倒焰窑与矩形倒焰窑各有其特点。圆窑的特点是：窑内温度较均匀，水平温差较小；比同容积矩形窑的窑体表面积小，建窑耗砖量约少 6%左右，故窑体蓄热和散热损失可少 2%～5%；窑体承受的热应力分布均匀，窑体加固较容易，耗用钢材较少；砌筑用异形砖耗量多，造价较高，且装出窑操作不够方便；容积变化范围较小，容积太小不易建造，太大受到上下与水平温差限制。矩形窑的特点一般与圆形窑相反。但只要正确地设置燃烧室和吸火孔，矩形窑的温差也可减小。

（6）台车式窑

台车式窑是以可移动的窑车台面代替间歇窑的固定窑底，因此又叫作活底窑或车底窑。制品的装卸在窑外进行，装好坯件的窑车推入窑内经烧成、冷却后再拉出窑外。窑门可仅在一段设置，此时窑车在同一段进出，形如抽屉，故又名抽屉窑。图 3.11 为台车式窑的示意图。

① 结构

窑室的大小必须根据产品的形状、尺寸、产量及烧成制度来考虑。窑室被窑车分隔为上下两部分，上部为有效利用的窑室，下部为车下部分，底部铺有轨道供窑车运行，两侧设有砂封槽，窑车裙板插入砂封槽中使窑室上下不漏气。台车式窑的窑车与隧道窑的窑车结构类似，不同处为窑车车台面上设置火道，沿窑长方向设置燃烧室，其结构及布置与普通倒焰窑相似。

② 特点

台车式窑与普通间歇窑比较，具有下列特点：

- 产品质量好，由于采用高速烧嘴，窑温较均匀，可烧高档细瓷；
- 烧成周期短，可快速烧成及冷却；
- 改善劳动条件，在窑外装卸制品，并可采用自动调节装置；

图3.11　台车式窑

- 燃耗降低，因烧成周期短，且窑体蓄热、散热损失减少。

2. 连续式窑炉

连续式窑即陶瓷制品的装、烧、冷、出等操作工序是连续不断进行的窑炉。各种类型的隧道窑皆属连续式窑。按工作隧道的形状不同，隧道窑可分为直线形、圆环形和U字形几类。在陶瓷工业中以直线形隧道窑应用最广泛。

连续式窑的特点是：生产周期短，产量大，质量高；热利用率高，单位产品的燃料消耗低；改善了劳动条件，降低了劳动强度；有利于实现生产机械化与自动化；窑体使用寿命较长；建造所需材料和设备较多，一次投资费用大；运用灵活性较小，只适用大量生产同一类型的产品；设备维修和管理工作量大。

以下介绍几种不同类型的连续式窑炉。

(1) 窑车式隧道窑

窑车式隧道窑是前后彼此连接、上面铺有耐火材料的窑车，沿窑底轨道借推车机推移前进，构成可动窑底，如图3.12所示。陶瓷配件或装有坯件的匣钵，装码在窑车台上，随窑车移动，经预热、烧成、冷却后出窑。车台面以上的窑道称为工作通道，车台面以下称为车下通道。在车台的两侧设有砂封裙板，窑车在窑内运行时，砂封裙板插入设在窑道底部两侧填有砂子的砂封槽内，阻止工作通道与车下通道内的气体互相渗漏。同时，在窑车与窑墙以及窑车相互之间还做成曲折密封的形式，给窑车上下的通路造成较大的阻力。

(2) 推板式隧道窑

推板式隧道窑是采用耐火质推板输送制品入窑烧成的一种连续式窑，其结构形式分为单通道和多通道，明焰式和隔焰式。煤、油、煤气、电等均可作其热源。

推板式隧道窑的特点主要包括：

① 窑体结构紧凑，占地面积小，设备简单，投资少投产快。

图 3.12　窑车式隧道窑

② 烧成周期短(2～10h)。因窑道截面小,一般窑内温差较小,制品烧成质量均匀一致。

③ 可根据各孔道不同温度烧成多品种的小件制品。

④ 有利于实现烧成机械化、自动化,是与陶瓷生产流水作业线配套较理想的烧成设备。

⑤ 装窑辅助材料少,热利用率较高。

⑥ 劳动强度低,操作管理方便。

⑦ 推板与通道底板的磨损大。推板的热稳定性差,周转次数少,通道底板(包括隔焰饭)的材质较差,缩短了窑的使用寿命。

⑧ 隔焰道一般采用黏土质或高铝质耐火材料砌筑,导热性较差,隔焰道与孔道间的温度达 200℃左右。

⑨ 烧煤推板窑烟道积灰严重,清理和检修工作量大。

⑩ 只适宜薄壁小件陶瓷制品 400℃以下的烧成与彩烤。

⑪ 窑室空间利用率低,经济效果差。

⑫ 一般只适用于氧化气氛烧成。

(3) 辊道隧道窑

辊道隧道窑简称辊道窑,也称辊底窑,窑底有许多沿窑宽方向平行排列的辊子通道,借辊子本身的转动来输送制品。

根据热源不同,有电热辊道窑、煤气辊道窑、油烧辊道窑和煤烧辊道窑;根据制品与燃料气体接触的不同,有明焰窑、隔焰窑及半隔式辊道窑;根据孔道的数目不同,有单孔及多孔辊道窑。

我国现有的辊道窑,大部分以重油、燃气等为燃料,采用隔焰式结构。在日用陶瓷工业中，彩烤用辊道窑发展较快。

辊道窑主要包含以下8个特点：

① 产品质量高。窑内温差小，制品常单层放置，能得到均匀焙烧，色泽均匀一致，无落渣、火疵等缺陷。

② 烧成周期短。瓷器烧成时仅需1.5～2h，烤花时仅需40～50min。

③ 热耗低。

④ 易实现机械化连续生产，使上下工序紧密衔接，形成完整的流水作业线。提高生产效率，改善劳动条件。较铁笼式烤花窑可节约劳动力约30%。

⑤ 占地面积小，动力消耗小(只有普通隧道窑的一半左右)，造价低。

⑥ 对机械传动设备安装要求高。

⑦ 对辊子、隔焰板、牙子砖及窑墙砌筑材料要求高。

⑧ 窑道截面扁小，只适宜单层放置扁平制品的焙烧和彩烤，且受辊子材质所限，最高烧成温度仅在1 300℃以下。

3.5.2 窑炉温度制度、气氛制度的控制

1. 温度制度的控制

(1) 升温速度

低温阶段：升温速度主要取决于坯体入窑时的水分。如果坯体进窑水分高、坯体较厚或装窑量大，则升温过快将引起坯件内部水蒸气压力增高，可能产生开裂。

氧化分解阶段：升温速度主要取决于原料的纯度和坯件的厚度，此外也与气体介质的流速和火焰性质有关。原料较纯且分解物少，制品较薄的，则升温可快些。坯内杂质较多且制品较厚，氧化分解费时较长或窑内温差较大，都将影响升温速度，故升温速度不宜过快。温度尚未达到烧结温度以前，结合水及分解的气体产物排除是自由进行的，而且没有收缩，因而制品中不会产生应力，故升温速度可加快。日用陶瓷在此阶段中升温速度范围在150～200℃/h(对传统窑炉而言)。随着温度升高，坯体中开始出现液相，应注意使碳素等在坯体烧结和釉层熔融前烧尽。一般当坯体烧结温度足够高时，可以保证气体产物在烧结前逸出，而不致产生气泡。

高温阶段：此阶段的升温速度取决于窑的结构、装窑密度以及坏件收缩变化的程度。当窑的容积太大时，升温过快则窑内温差大，将引起高温反应不均匀。坯内玻璃相出现的速度和数量对坯件的收缩产生不同程度的影响，应视不同收缩情况决定升温的快慢。在高温阶段主要现象是收缩较大，但如能保证坯体受热均匀，收缩一致，则升温较快也不会引起应力而使制品开裂或变形，对坯体烧结前的适当保温，是使坯内外温度均匀，减少温差的有效措施。

总之，烧成中升温速度的大小，主要取决于在烧成时所产生的热应力大小。热应力包括两个部分：物料的热膨胀；沿制品的热梯度。由于热梯度产生了不同的热膨胀，造成应力，是制品产生开裂的主要原因。坯内有剧烈的热反应或有结晶转化，均将增加热梯度。在晶型转变阶段(如石英晶型变)应缓慢升温，使沿坯体内部有较均匀的膨胀或收缩，减少了热应力。同时也有借调节加热速率的方法来抵消热反应的影响。如果坯内发生吸热反应，则减缓加热速率可降低热梯度。若是放热反应，则提高加热速率，使表面温度不致低于内部，以此来抵消热梯度

的变化。

(2) 烧成温度及保温时间

瓷器制品烧成温度必须在坯体的烧结范围之内，而瓷器的烧结范围则必须控制在线收缩(或体积收缩)达到最大而显气孔率接近于零的一段温度范围。最适宜的烧成温度或止火温度可根据坯料的加热收缩曲线和显气孔率变化曲线来确定。但须指出，这种曲线与升温速度有关。当升温速度快时，止火或者最适宜烧成温度可以稍高，保温时间可以短些；当升温速度慢时，止火温度可以低些。操作中可采用较高温度下短时间的烧成或在较低温度下长时间的烧成来实现。在高温下(即烧结范围的上限)短时间烧成，可以节约燃料，但对烧结范围窄的坯料来说，由于温度较高，液相黏度急剧下降，容易导致缺陷的产生，在此情况下则应在较低温度下(即烧结范围的下限)延长保温时间，因为保温能保证所需液相量平稳地增加，不致使坯体产生变形。

烧成温度不足或过高，或保温时间不同，都会对制品内部结构及物化性质产生影响。保温时间的长短取决于窑的结构(容量、大小)、窑内温差情况、坯体厚薄、大小，以及制品所要求达到的玻化程度(烧结程度)。通常容积较大的窑，升温速度较为缓慢，因此，为使坯体达到同一玻化程度，其止火温度必须较操作小窑时低，而保温时间必须相应延长。

(3) 冷却速度

冷却速度主要取决于坯体厚度及坯内液相的凝固速度。快速冷却可防止莫来石晶体变为粗晶，对提高强度有好处。同时防止坯体内低价铁的重新氧化，可使坯体的白度提高。所以高温冷却可以快速进行，但快速冷却应注意在液相变为固相玻璃的温度(750℃～800℃)以前结束。此后，冷却应缓慢进行，以便液相变为固相时制品内温度分布均匀。400℃～600℃为石英晶型转化温度范围，体积发生变化，容易造成开裂，故应考虑缓冷。400℃以下，则可加快冷却，对厚件制品，由于内外散热不均而产生应力，特别是液相黏度由 10^{13} P 数量级到 10^{15} P 的数量级时，内应力较大，处理不当时易造成炸裂。

2. 气氛制度的控制

(1) 氧化气氛的作用与控制

在水分排除阶段、分解氧化阶段，一般需要氧化气氛，主要作用有 2 个：

① 将前一阶段沉积在坯体上的碳素和坯体中的有机物及碳素烧尽；

② 将硫化铁氧化，其反应式为

$$4FeS_2 + 11O_2 \longrightarrow 2Fe_2O_3 + 8SO_2 \uparrow$$

为使碳素烧尽，空气过剩系数 α 值和升温时间要适当。

对于用氧化焰烧成的瓷器以及精陶、普陶等，成熟(或瓷化)阶段中的 α 值应控制在 1.2～1.7。氧化焰烧成的隧道窑，以重油为燃料时，α 值为 1.1～1.3；以烟煤做燃料时，α 值为 1.3～1.7；以煤气为燃料时，α 值为 1.05～1.15；预热带汇总烟道中烟气的 α 值为 3～5。实践证明，用氧化焰烧成的瓷器，在瓷化阶段若 α 值过高，容易造成釉面光泽不好，甚至造成高火部位坯体起泡。

(2) 还原气氛的作用与控制

影响还原气氛的主要介质是 O_2，其次是 CO 和 CO_2。还原阶段应尽可能使 O_2 的百分浓度小于 1%或接近零，空气过剩系数 α 宜小于 1，CO 的浓度可根据坯料组成控制在 2%～

7%。O_2含量高于1%，即使增加CO的含量，还原效果也不好，而CO含量过高，烟气过浓，釉表面就会发生沉碳，碳粒在釉熔融以后烧去就会产生针孔等缺陷。在氧含量接近于零而CO含量不高时，延长还原时间，有利于提高坯釉质量。

在还原期以后，直到最终烧成的温度范围内，应采用中性气氛。因为在此段时间继续采用还原焰将是有害无益的，且浪费燃料。如采用氧化气氛将有可能使FeO重新氧化为Fe_2O_3，而使制品泛黄。中性气氛的控制还是很困难的，在生产中往往以弱还原焰来代替。

3.5.3 装窑(车)操作要求

装窑好坏，对后续烧成过程中烧成制度的控制、烧成制品的质量有直接影响，其操作要点及注意事项如下。

1. 倒焰窑的装窑操作

倒焰窑内温度分布颇不均匀，上下温差和水平温差都较大，必须按照坯料的烧结性能以及对制品的质量要求确定合适的窑位。

装窑前，清除吸火孔和支烟道中的窑渣杂屑，确保烧成时火焰畅通。并在窑床上撒一层石英或熟料粉、糠灰等防止垫座黏坏窑床。

垫座用耐火材料做成，每根匣钵柱均用三个，摆成等边三角形，使之受力均匀。

匣钵柱的水平排列方式多为平行排列(可平行、交错或两者混合)，钵柱间距要适当。调节水平间距大小可以均衡窑内水平温度，排布一般是内密边稀，钵柱间距为3～5cm，边钵柱距窑墙为10～12cm(对快速烧成窑可适当加宽)。

匣钵柱的上下要保持平、正、直、稳。为了防止靠近窑墙的一排钵柱向外倾倒，要求稍向中心倾斜，在每柱间隙里隔一定高度用废匣钵片或特殊的“支撑”卡紧，形成全窑钵柱“大联合”，防止高温时歪倒。匣钵柱的高度要根据窑炉结构或所装产品来定，钵柱距窑顶一般为15～20cm，中间钵柱与窑顶间隙小，四周大。近挡火墙处，钵柱较矮，以免挡住焰气。

2. 隧道窑的装窑操作

隧道窑内所装产品尽可能是同一类型，或者使匣钵的直径尽可能一样。这样可以使钵柱通道保持在一条直线上，以利于焰气的流动。不应把厚度相差较大的产品在同一窑内混装烧成。因为从传热角度看，烧成时间与厚度的平方成正比，即制品厚度增加一倍时，烧成时间为原来的四倍。

钵柱的排列有“平行”和“错列”等形式。应根据制品的形状、大小、厚薄以及烧成温度与质量要求，合理利用窑车上的有效容积。一般匣钵间距3～5cm，距窑墙10～15cm，距窑顶10～15cm。

由于焰气水平流动，故一般上面温度高，下面温度低，装车时宜上密下稀，让两边体柱向中间稍微倾斜，这样有利于减小上下温差，而且也比较稳固。钵柱应尽可能装高一些，使上部气流阻力加大，也利于减小温差。垫脚高度要适宜，不小于5cm。

普陶制品因件大且厚，裸装烧成，所以装车时可“叠装”或“套装”，但所用垫圈、垫座均要与制品规格相适应，所用撑片、泥条、泥钉收缩与坯件一致。

3.5.4 烧成制度

烧成过程通常须控制温度制度、气氛制度与压力制度。烧成温度和气氛制度是根据坯釉特性和制品的要求,结合炉型和所用燃料种类而定。压力制度则是保证温度和气氛制度实现的重要条件,三者互相制约,共同影响着烧制产品的质量和烧成工艺的顺利进行。

1. 温度制度

烧成温度曲线为烧成由室温加热升温到烧成温度,以及由烧成温度冷却至室温的全部温度-时间变化情况。烧成温度曲线的性质决定于下列因素:烧成时坯体中所进行着的反应速度,坯体的组成、原料性质以及高温中发生的化学变化;坯体的厚度和制品的大小及坯体的温度传导情况;窑炉的结构形式和热容以及窑具的性质及装窑密度。

升温和冷却速度直接影响到烧成周期的长短,烧成周期的缩短不仅能提高窑的生产率,节省较多的燃料,而且能减少资金、降低成本。

2. 气氛制度

气体介质对含有较多的铁氧化物、硫化物,硫酸盐以及有机杂质等陶瓷坯料影响很大。同一瓷坯在不同气体介质中加热,其烧结温度、最终烧成收缩、过烧膨胀以及坯体收缩速率、气孔率均不相同,故要根据坯料化学矿物组成以及烧成过程中各阶段的物理化学变化规律,恰当选择气体介质(即气氛)。我国南方瓷区日用瓷的烧成多采用还原焰烧成制度,北方瓷区多采用全部氧化焰烧成。

3. 压力制度

窑内合理的压力制度是实现温度制度和气氛制度的保证,对隧道窑更具有重要意义。由于煤窑和油窑的结构不同、燃料不一,而且各厂生产制品、烧成气氛要求等情况不同,因而采用不同的压力制度。

油烧隧道窑还原焰烧成时,一般窑的预热带控制负压($-3mmH_2O$ 以下),烧成带正压($2\sim3mmH_2O$),冷却带正压($0\sim2mmH_2O$),零压位在预热和烧成带之间;煤烧隧道窑还原焰烧成时,一般宜在下述范围内控制:预热带负压($-3\sim-1mmH_2O$),烧成带呈微负压或接近零压,冷却带宜控制微正压($0\sim1mmH_2O$)。如烧成带在微正压下操作,压力应小于 $0.5mmH_2O$。

氧化焰烧成时,对煤烧隧道窑,预热带和烧成带均为负压,烧成带末端可减少到零压(高火保温炉处),预热带压力控制在 $-3mmH_2O$ 以下,烧成带为 $-1\sim0mmH_2O$,冷却带为正压($0\sim2mmH_2O$);油烧隧道窑一般预热带为负压,烧成带为微负压到微正压($-0.5\sim0.5mmH_2O$),冷却带为正压。

为保持合理的压力制度,要按照各窑的具体情况,通过调节总烟道闸板、排烟孔小闸板来控制抽力;控制好氧化气幕、急冷气幕以及抽余热风机的风量与风压,并适当控制烧嘴油量,调节车下风压和风量。

在隧道窑中由于坯体烧成过程是在同一时间的不同空间进行的,因此压力制度基本不随时间而变化,比较稳定。而在倒焰窑中,坯体烧成过程是在同一空间的不同时间进行的。

3.5.5 烧成过程中的物理化学变化

陶瓷坯体烧成过程中的物理化学变化反应是很复杂的,各阶段变化示意如图 3.13 所示。

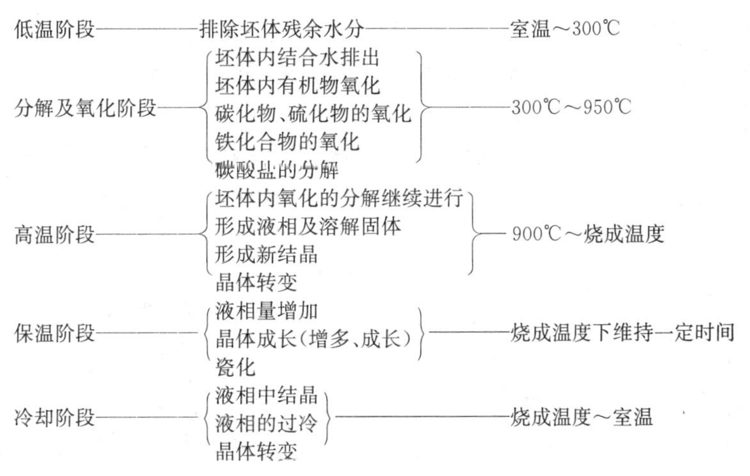

图3.13 坯体烧成过程变化示意图

典型的黏土-长石-石英系统陶瓷各阶段物化变化如下。

1. 低温阶段

低温阶段也称烘烧阶段。主要是排除坯体中的残余水分,气孔率增加、强度增加等物理现象,坯体不发生化学变化。在此阶段,若坯体中含残余水量大,而窑内通风较差,则易造成烟气被水汽所饱和,从而使一部分水分由烟气中析出并凝聚在较冷的坯体表面,造成制品胀大而开裂或“水迹”。此外,此阶段燃烧气体中的SO_2在有水存在的条件下与坯体中的钙盐作用,在坯体表面生成$CaSO_4$的析出物,$CaSO_4$分解温度高,易使制品产生缺陷。因此,在此阶段应加强通风,以利水分排除,如快速烧成,则须严格控制坯体入窑水分。

2. 分解及氧化阶段

本阶段坯体的主要化学变化是黏土结构水的排除以及黏土中所含杂质的分解与氧化,此外还有结晶转化。发生分解和氧化的温度除与升温速度有关外,还与窑炉气氛及烟气流通速度有关,一般升温速度增大,则分解与氧化温度要相应提高,即“滞后现象”,快速烧成则尤其明显。

本阶段的物理变化是由于坯体中结构水的排除、碳酸盐等分解以及有机物的氧化,因而坯体重量减轻,气孔率增大,另外碱类杂质生成了若干量低熔物质,使坯体强度增强。

3. 高温阶段

在高温阶段,各种化学反应加速进行,主要化学变化包括继续分解氧化及熔融和重结晶。

① 继续分解氧化:上一阶段未完成的氧化分解在此阶段充分进行。由于在上一阶段水汽及其他气体产物的急剧排除,坯体表面围绕着一层气膜,妨碍O_2向坯体内部渗透,从而增加了坯体气孔中碳素氧化的困难,如果在进入还原焰操作或釉层封闭以前,碳素还未烧尽,则这些碳素的氧化将推迟到烧成的末期或冷却的初期进行,易造成起泡或烟熏等缺陷。

② 熔融和重结晶:在高温作用下,长石类熔剂在1 170℃～1 200℃开始熔融。正长石与SiO_2的最低共熔点为990℃,但由于黏土中含有相当数量杂质,可以形成多种低共熔物,

所以实际上液相出现的温度还要低，一般在 950℃。随温度升高，液相量增加，熔融长石和这些低共熔混合物，形成玻璃态物质，玻璃相的出现，使黏土颗粒和石英在其中部分溶解。

这一阶段发生以下 4 个方面的物理变化：

① 强度增加。玻璃相的出现和莫来石针状晶体的增多，使坯体强度增加。

② 气孔率降低。由于烧成中液相物质填充于坯体内的孔隙，气孔率下降。

③ 体积收缩。玻璃相和晶相聚结成致密的结构，晶相的增多也加大了比重，造成体积的急剧收缩。

④ 色泽改变。由淡黄色，青灰色转而呈现白色，光泽度增加。

4. 保温阶段

保温阶段的温度与高温阶段后期基本一致。在此阶段坯体内部物理化学变化更趋于完善。在等温加热的初期，莫来石晶体以及玻璃相的增加很快，之后速度减小，结晶质点扩散与液相的浓度力求达到平衡状态，使固相、液相分布均匀；同时使莫来石晶相、玻璃相与未熔解的石英颗粒数量及分布情况达到要求，形成良好的陶瓷。

5. 冷却阶段

冷却阶段是坯体由高温至常温的凝固时期，玻璃相黏度增大，与此同时，发生多晶转化、析晶和物理收缩。因此，冷却的方式和冷却的速度对陶瓷坯体性能影响很大。

3.5.6 陶瓷制品的缺陷

以日用陶瓷为例，制品缺陷的种类和产生的原因列于表 3.1 中。

表 3.1 陶瓷制品缺陷的种类和产生的原因

序号	缺陷种类	产生原因
1	变形	(1) 配方选择不当，配方中熔剂原料过多，干燥烧成收缩过大，泥料捏练不均匀，泥料陈腐时间不够，真空度不够，泥料中有颗粒等； (2) 坯泥含水量过高，成型时所施加的力分布不够均匀，滚压成型时滚头倾斜角太大或太小，坯体脱模过早、过迟或用力过重，修坯时坯体水分过大或抹水过量，需粘接的产品粘接后重心不正，施釉操作或方法不当，坯体干燥方法不当或干燥不均匀； (3) 坯体装、套不正，匣钵底不平，或装套时没有采用垫饼(架支)，匣钵柱斜度太大，烧成时温度偏高或高温保温时间过长； (4) 造型设计不合理
2	斑点	(1) 来源于陶瓷原料中铁的化合物，如黄铁矿、白铁矿、菱铁矿、褐铁矿、含矿、含水赤铁矿、铁云母等； (2) 陶瓷原料在开采、运输和加工输送过程中带入的金属铁； (3) 由于管理不当混进坯料中的铁和黄土等
3	起泡	(1) 原料中含碳酸盐、硫酸盐、有机物碳素过多，高温分解排除不当而造成气泡； (2) 还原期间，坯釉气孔中吸附了一定的碳素，这些碳素待釉子熔化后，会氧化放出 CO_2，被已熔的釉层所阻止，造成气泡； (3) 釉子熔化后因 Fe_2O_3 的分解造成气泡； (4) 坯釉料中或生产用水中可溶性盐类过多，在干燥过程中这些盐类积聚于制品的边缘棱角处，经过高温分解后造成边缘或棱角处出现小气泡； (5) 坯料中的结晶水排出不当； (6) 泥料捏练不充分，存有空气，注浆料未经脱气处理而使用，或因操作不当而引入部分空气造成气泡； (7) 釉料的始熔点过低，高温黏度过大； (8) 烧成温度偏高，釉料过烧沸腾造成气泡

（续表）

序号	缺陷种类	产生原因
4	毛孔	(1) 原料中含有机物过多，泥料在加工精制和成型过程中颗粒粗、含水率高、陈腐期短、捏练不充分、气孔率大； (2) 石膏模型过干或太湿， (3) 坯体未经干透即上釉，致使烧成时水蒸气大量逸出； (4) 施釉时坯体过干、过热，加之釉浆过稠不能均匀地被坯件吸收； (5) 修坯用水太脏，坯体表面有浮沙，施釉前又未除去； (6) 注浆成型时，操作过急，空气来不及排除，或因泥浆过热易于发酵失去水分，使气泡不易排出； (7) 釉料中含碳酸盐过多； (8) 釉料高温黏度大、流动性差； (9) 烧成温度不足，或高温保温时间不够，未能使釉料充分熔融； (10) 火焰不清，或还原气氛过重使坯釉中沉积碳素，待釉子玻化后才被烧掉，从而留下毛孔
5	烟熏	(1) 在我国北方由于坯体内(特别是普陶产品)有机物、碳素过多，烧成过程控制不当产生烟熏； (2) 烧成过程中火焰不清，致使坯体的微孔中有沉积碳素，在玻化前又未将这些碳素烧掉； (3) 坯体入窑水分过大，泥浆中加碱量过多，釉料中石灰石用量大，都容易引起坯体釉面吸烟、沉碳； (4) 釉料熔融后由于还原过重，或还原操作结束得过迟
6	阴黄	(1) 原料中含铁、钛杂质多； (2) 用氧化焰烧成时一般是由于加氧化钴量不足所造成，用还原焰烧成时，由于还原不足或还原操作进行得太晚，Fe_2O_3不能转化成 FeO 所造成； (3) 在烧成末期或冷却初期，由于铁的二次氧化而泛黄色； (4) 因烧成温度不足，或因产品过烧引起制品泛黄； (5) 还原操作进行时，由于窑内水平方向和垂直方向都存在一定的温差，高温部位的产品因还原操作过迟，容易产生泛黄
7	橘釉	(1) 釉料组成不适当，釉的高温黏度大，流动性差，当釉子熔化后，这些盐类、有机物分解所产生的气体被封闭在釉子内； (2) 坯料内碳酸盐、硫酸盐、有机物在氧化阶段分解不完全； (3) 釉料未充分熔融
8	釉面龟裂 坯釉剥离	(1) 因坯釉膨胀系数差别太大，导致产生应力，是造成釉裂和剥釉的主要原因； (2) 素坯的吸湿膨胀是引起后期龟裂的主要因素； (3) 坯釉的中间层形成得不好
9	风炸	在冷却过程中(800℃～400℃)，液相的黏度随着温度的降低而增大，当黏度增大到由塑性阶段变为固相阶段时，由于结构上的显著变化和石英、方石英的晶型转变，产生了较大热应力，当该热应力超过产品本身所能承受的应力限度时即产生开裂
10	滚釉	(1) 釉浆过细或过浓； (2) 坯体在施釉前未除净其表面的灰尘； (3) 釉的表面张力过大； (4) 坯体施釉时水分过大； (5) 釉浆用水不清洁，有油污； (6) 半成品保管得不好，有二次吸湿现象； (7) 釉的高温黏度过大
11	釉薄	(1) 经素烧的坯体由于过于致密不能吸足釉料，烧成后釉面就会发干； (2) 坯体过干、过热，使坯体强烈地吸收釉料，造成釉薄； (3) 施釉不均匀，或釉浆浓度太小； (4) 当釉烧温度偏高，或高温保温时间过长，釉被坯体所吸收更易引起釉薄
12	熔洞	掉入坯体的石膏或低熔点的物质因沉积在一处，而在高温时烧熔，产生熔洞
13	爆花	(1) 花纸黏合剂配制不当； (2) 花纸贴于瓷面后，所窝存的气泡没有排除干净； (3) 贴花房内气温高，过于干燥
14	冲金	薄膜花纸组成中的聚乙烯，约在 200℃熔融，300℃左右分解并放出刺激性的气体，当这种气体接触到产品温度较低(200℃以下)的地方时，又会部分冷凝成液体，这种液体溶解金水的能力很强，在接触金水时，即将金水溶出产生冲金

3.6 成品及其检验

制品的强度达到标准的同时，其性能和外观质量也必须要达到所要求的标准，故成品必须进行检验。

质量检验是指借助仪器和人的感官对产品的一个或多个性能进行的检测，把检测后的结果同指定的质量标准进行比对，从而判断产品是否合格的工作。

以日用陶瓷为例，以下介绍几种常用的检验设备及其检测内容。

(1) 油压机或材料试验机

主要用于测试陶瓷制品的耐压强度。耐压强度极限是材料受到压缩力作用而破损的最大应力，陶瓷制品的抗压强度极限用试样 $1cm^2$ 截面积上的公斤数表示。

(2) 杠杆式抗张抗拉强度试验仪或油压材料试验机

测试陶瓷制品的抗张强度。抗张强度极限是指材料受到阻力作用而破坏时的最大应力，以试样 $1cm^2$ 横截面积上的应力的公斤数表示。

(3) 磨耗机

陶瓷制品在使用过程中常受到磨损，故要进行磨损强度的测定。制品对于研磨作用的抵抗性决定于材料的硬度、烧结程度以及制品本身的结构。

(4) 抗冲击强度仪

陶瓷是一种脆性材料，一般在使用过程中，除受到静力应力的作用外，还要受到动应力作用，故制品均须利用抗冲击强度仪进行抗冲击试验。

(5) 显微硬度仪

硬度是材料的表面层抵抗小尺物体所传递的压缩力而不变形的能力。陶瓷硬度的测定使用显微硬度仪。

(6) 高温荷重软化测定仪

陶瓷材料在高温下的荷重变形指标，表示它对高温和荷重同时作用的抵抗能力。表征陶瓷制品的有明显塑性变形出现的软化范围，表明其结构强度的温度界限。

(7) 白度计

白度计用于测定制品的白度。白度是陶瓷器皿的特点之一，是评价陶瓷质量优劣的重要数据。不同制品在仪器额定波长下，测得与标准样品的相对反射强度，经换算后，即得到制品的白度。

(8) 透光度仪

透光度仪用于测定陶瓷制品的透光度。瓷器的透光度用透过一定厚度瓷坯的光与其入射光的百分比来表示。

(9) 电光光泽计

电光光泽计用于测定制品的光泽度。光泽度表示陶瓷表面的平整光滑程度，可通过对光线的反射能力来测定。当表面光滑时，则对光线的镜面反射能力强，测出的光泽度就高；当表面粗糙不平时，对光线的镜面反射能力就弱，光泽度就低。日用陶瓷用标准黑平板玻璃测定，其相对的反射率即为光泽度，用百分数表示。

（10）其他检验设备

日用陶瓷工业中常常要求对颜色、颜色釉以及色度进行测定，用数据表示颜色，以便更加精确地加以比较。例如，色谱光度计、光电色度计、目视色差计、分光光度计及色差计等。

思考题

（1）一般陶瓷生产的原料都有哪些？它们的作用是什么？

（2）陶瓷原料粉碎的设备有哪些？简述它们的特点。

（3）陶瓷产品的成型设备有哪些？简述之。

（4）陶瓷的烧成设备有哪些？它们的特点各是什么？

（5）陶瓷烧成时的温度、气氛和压力制度是如何制订的？

（6）制品检验时，应考虑到什么因素？

（7）试画出一般陶瓷制备的工艺流程图。

第4章 粉末冶金企业生产实习

4.1 实习目的与要求

(1) 使学生在课程理论知识学习的基础上，进一步了解粉末冶金成型工艺的基本原理，了解粉末冶金常用的机械设备及设备的组成和功能，认识粉末冶金成型工艺及其制品的应用领域；

(2) 了解企业粉末冶金成型设备或生产线车间的布局、特点、设备操作规范与要求，以及生产设备的维护技术，熟悉具体制品在生产过程中的工艺技术特点和详细操作，并思考每一步工艺的优缺点及其改进的可能性。

4.2 概述

粉末冶金是制取金属粉末或用金属粉末(或金属粉末与非金属粉末的混合物)作为原料，经过成型和烧结，制取金属材料、复合材料以及各种类型制品的工业技术。目前，粉末冶金技术已被广泛应用于交通、机械、电子、航空航天、兵器、生物、新能源、信息和核工业等领域，成为新材料科学中最具发展活力的分支之一。粉末冶金技术具备显著节能、省材、性能优异、产品精度高且稳定性好等一系列优点，非常适合于大批量生产。另外，部分用传统铸造方法和机械加工方法无法制备的材料和复杂零件也可用粉末冶金技术制造，因而备受工业界的重视。

粉末冶金制品业包括了铁石刀具、硬质合金、磁性材料以及粉末冶金制品等。狭义的粉末冶金制品业仅指粉末冶金制品，包括粉末冶金零件、含油轴承和金属射出成型制品等。图 4.1 列举了 6 种粉末冶金制品。

粉末冶金具有独特的化学组成和机械、物理性能，而这些性能是传统的熔铸方法无法获得的。运用粉末冶金技术可以直接制成多孔、半致密或全致密材料和制品，如含油轴承、齿轮、凸轮、导杆、刀具等，是一种少无切削工艺。其主要优点包括以下 6 方面：

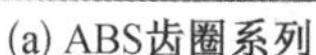
(a) ABS齿圈系列

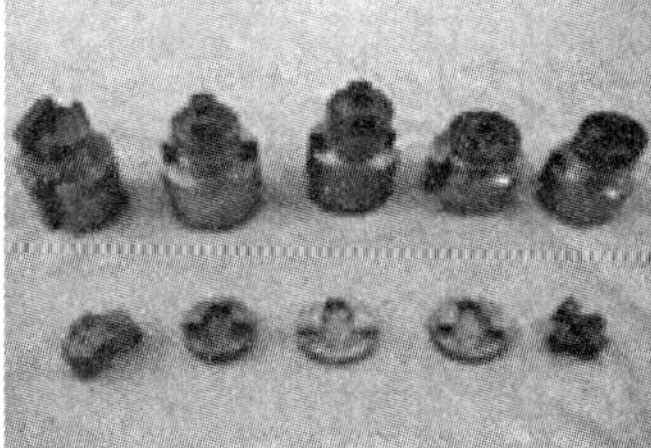
(b) 真空泵转子连接器系列

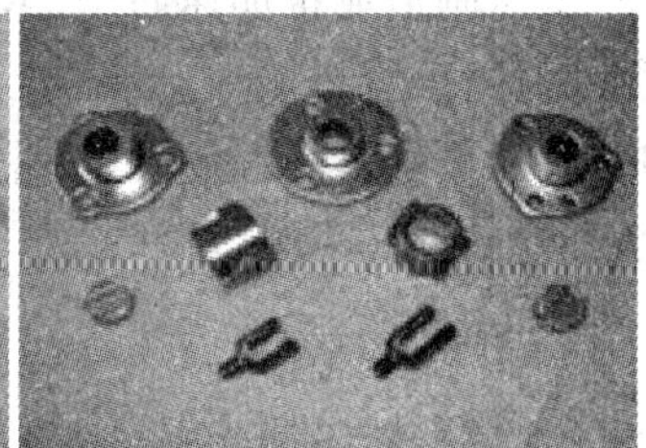
(c) 汽车空调压缩机零件系列

(d) 转向管柱零件系列

(e) 重卡变速器锥环系列

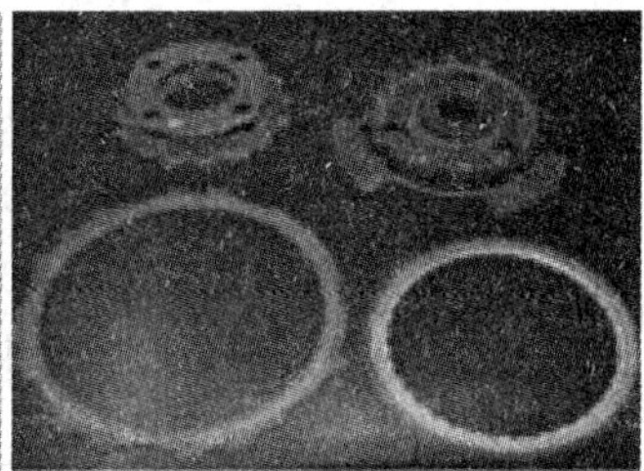
(f) 自动变速器组合支架、垫片

图 4.1　粉末冶金制品

(1) 粉末冶金技术可以最大限度地减少合金成分偏聚，消除粗大、不均匀的铸造组织。在制备高性能稀土永磁材料、稀土储氢材料、稀土发光材料、稀土催化剂、高温超导材料、新型金属材料如 Al-Li 合金、耐热 Al 合金、超合金、粉末耐蚀不锈钢、粉末高速钢、金属间化合物高温结构材料等方面具有重要的作用。

(2) 可以制备非晶、微晶、准晶、纳米晶和超饱和固溶体等一系列高性能非平衡材料，这些材料具有优异的电学、磁学、光学和力学性能。

(3) 可以容易地实现多种类型的复合，充分发挥组元各自的特性，是一种低成本生产高性能金属基和陶瓷复合材料的工艺技术。

(4) 可以生产普通熔炼法无法生产的具有特殊结构和性能的材料和制品，如新型多孔生物材料，多孔分离膜材料、高性能结构陶瓷磨具和功能陶瓷材料等。

(5) 可以实现近终形成型和自动化批量生产，从而，可以有效地降低生产的资源和能源消耗。

(6) 可以充分利用矿石、尾矿、炼钢污泥、轧钢铁鳞、回收废旧金属作原料，是一种可有效进行材料再生和综合利用的新技术。

我们常见的机械加工刀具、五金磨具，很多就是粉末冶金技术制造的。

目前，中国粉末冶金零件及含油轴承总产值超过 55 亿元，占全球市场比重较小，发展空间也较为广阔。产业信息网发布的《2016—2022 年中国粉末冶金零件市场发展现状及未来趋势预测报告》显示，2012 年中国粉末冶金零件产量为 113.33 万t，同比增长 9.93%；2013 年中国粉末冶金零件产量为 118.29 万t，同比下降 9.97%；2014 年中国粉末冶金零件产量为 181.53 万t，同比增长 12.22%。

通过不断引进国外先进技术与自主开发创新相结合，中国粉末冶金产业和技术都呈现出高速发展的态势，是中国机械通用零部件行业中增长最快的行业之一，每年全国粉末冶金行业的产值以 35%的速度递增。

全球制造业正加速向中国转移,汽车行业、机械制造、金属行业、航空航天、仪器仪表、五金工具、工程机械、电子家电及高科技产业等迅猛发展,为粉末冶金行业带来了发展机遇和巨大的市场空间。另外,粉末冶金产业被列入中国优先发展和鼓励外商投资项目行列,发展前景广阔。

4.3 粉末的制备

粉末的制备是粉末冶金的第一步。粉末冶金材料和制品不断的增多,其质量不断提高,要求提供的粉末的种类愈来愈多。例如,从材质范围来看,不仅有金属粉末,也使用合金粉末、金属化合物粉末等;从粉末外形来看,要求使用各种形状的粉末,如产生过滤器时,就要求形成球形粉末;从粉末粒度来看,要求各种粒度的粉末,粗粉末粒度有 500～1 000μm,超细粉末粒度小于 0.5μm 等。

为了满足对粉末的各种要求,也就要有各种各样生产粉末的方法。这些方法不外乎使金属、合金或者金属化合物呈固态、液态或气-态转变成粉末状态。制备同一种粉末有很多种方法,例如制备铁粉,可以选择碳还原法、氢还原法、雾化法、电解法、羰基法等。那么我们如何在众多粉末制备方法中选择最合适的方法呢?一般来说,在选择制备方法的时应遵循成本最低和性能最优两个原则,即选择满足应用前提下较低成本的方法。这两条原则不难理解,没有相对较低的成本,商品就不能盈利,也就无法使生产顺利进行,因而要有最低成本保证;评论产品质量好坏,就是指生产出的粉末性能如何,因为粉末的性能决定了粉末冶金制品能否具有一定的物理、化学及力学性能,甚至于其他的特殊性能等。本节主要介绍粉末制备的各种方法以及其所制得的粉末。

4.3.1 机械粉碎法

机械粉碎是靠压碎、击碎、磨削等作用,将块状金属、合金或化合物机械地粉碎成粉末的一种简单的操作工艺。机械粉碎既是一种独立的制粉方法,更是某些制粉方法中不可缺少的补充工序,例如对于研磨电解法得到的硬而脆的阴极沉积物,研磨碳还原法制得的海绵状金属铁等。机械粉碎的作用可以概括为改善粒度、混料、合金化、改善性能等。金属粉末机械粉碎往往同时伴随着粉末颗粒的加工硬化,必要时可以通过退火改善压制性。

实践证明,直接用机械粉碎制备粉末多适用于脆性材料。机械粉碎按给料和排料粒度的大小分为粗碎、中碎和细碎。常用粗碎和中碎设备有颚式破碎机、反击式破碎机、冲击式破碎机、复合式破碎机、单段锤式破碎机、立式破碎机、旋回破碎机、圆锥式破碎机、辊式破碎机、双辊式破碎机、轮齿式破碎机等。细碎一般采用棒磨、球磨、涡旋研磨、气流粉碎等设备。以下介绍最为常用的球磨。

普通球磨也称为滚动球磨,它是将球和物料按一定比例放置于封闭筒体内,绕筒体轴向旋转的一种简单球磨方式,图 4.2 为 DROIDE 行星式球磨机。

滚动球磨是粉末冶金工业应用最广泛的一种球磨方式,以球(根据需要可以选择钢球、硬质合金球、陶瓷球等)作为研磨体,粉碎物料的作用方式有压碎、击碎、磨削三种,主要取决于球和物料的运动状态，而球和物料的运动状态又取决于球磨筒的转速。球和物料的运动有三种基本情况，如图 4.3 所示。

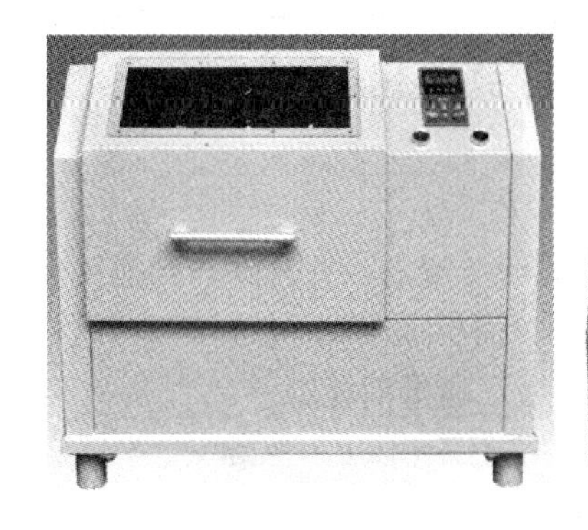
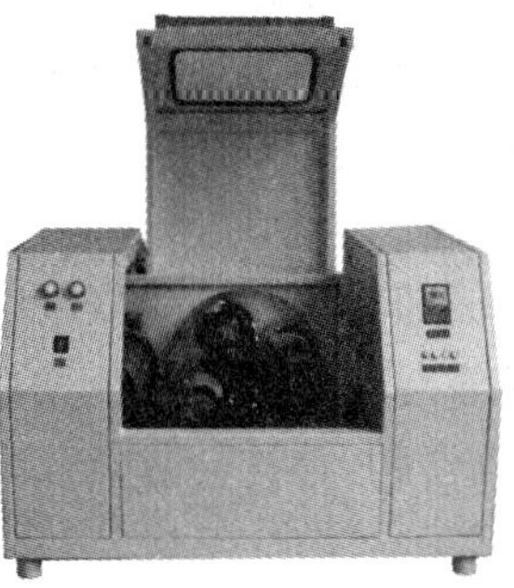

图 4.2　DROIDE 行星式球磨机

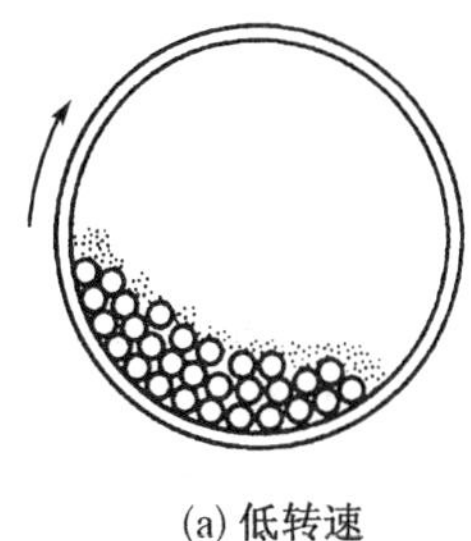

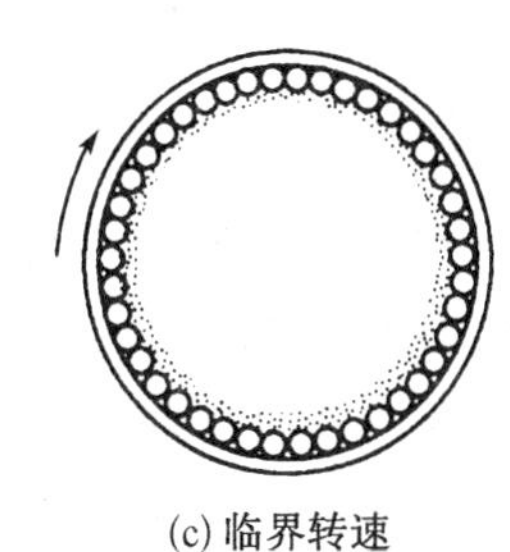

(a) 低转速　　(b) 适宜转速　　(c) 临界转速

图 4.3　球和物料随球磨筒转速不同的三种状态

当球磨机转速低时，球和物料沿筒体上升至自然坡度角，然后滚下，称为泻落。这时物料的粉碎主要靠球的摩擦作用。当球磨机转速较高时，球在离心力的作用下，随着筒体上升至比第一种情况更高的高度，然后在重力作用下掉下来，称为抛落。这时物料不仅靠球与球之间的摩擦作用，而主要靠球落下时的冲击作用而被粉碎，此时粉碎效果最好。继续增加球磨机的转速，当离心力超过球体的重力时，球不脱离筒壁而与筒体一起回转，此时物料的粉碎作用将停止，此时球磨机的转速称为临界转速。

实际上球磨筒内球与物料的运动状态受很多因素影响，实际临界转速随着球磨系统差异而不同。要粉碎物料，球磨筒的转速必须小于临界转速，一般球在筒体内呈抛落状态时球磨效果最好。当然，球磨效果还受到诸多因素的影响，这些影响因素包括以下 7 个方面。

(1) 球磨筒的转速

如前所述，球和物料的运动状态是随筒体转速而变的。实践证明，如果物料较粗、较脆，需要冲击时，可选用适宜转速，这时球体发生抛落；如果物料较细，一般选用低转速，这时球体主要产生滚动；如果球体以滑动为主，这时研磨效率低，适用于混料。推导临界转速时作了三个假设：球磨机中有且只有 1 个磨球；磨球的体积足够小，可以忽略为一个质点；磨球与筒壁之间的摩擦力足够大，不存在相对滑动。但这三个假设条件在现实中都是不存在的，实际上很多矿用球磨机都是在超临界转速下工作的，球磨效率比低转速情况高很多。因此，实际选择球磨转速时应考虑多种因素，结合实际具体分析才能确定。

(2) 装球量

在球磨机转速一定的情况下，装球量少，则球以滑动为主，使研磨效率下降；装球量在一定范围内增加，可提高研磨效率；装球量过多，球层之间干扰大，破坏球的正常循环，研磨效率也降低。装球体积与球磨筒体积之比称为装填系数，装球量合适的装填系数以 0.4～0.5 为宜，随转速增加，装填系数可以略微增大。

(3) 球料比

一般球体装填系数为 0.4～0.5 时，装料量应该以填满球与球之间的孔隙并稍掩盖住球体表面为原则。如果料太少，则球与球之间碰撞几率增大；而料太多时，磨削面积不够，不能更好地磨细粉末，需要延长研磨时间，这样会降低效率，增大能量消耗。

(4) 球的大小

球的大小对物料的粉碎有很大的影响。如果球的直径小，球的质量轻，对物料的冲击作用减弱；如果球的直径太大，则装入球的总数太少，因而撞击次数减少，磨削面积减小，也使球磨效率降低。将大小不同的球配合使用，效果较好。物料的原始粒度越大，材料越硬，选用的球也应越大。

(5) 研磨介质

球磨可以在空气中进行，为防止金属粉末氧化也可以在惰性气体保护气氛下进行，这两种情况都称为干磨。球磨还可以在液体介质中进行湿磨，湿磨介质可以是水、酒精、汽油、丙酮、正己烷等各种液体。水能使金属氧化，一般在湿磨氧化物或陶瓷粉末时采用，金属粉末多采用有机介质进行湿磨。湿磨的优点包括：减少金属氧化；防止金属颗粒的再聚集和长大；在进行两种密度不同粉末混合球磨时可以减少物料的成分偏析；可在液体介质中加入可溶性成形剂(橡胶、石蜡、聚乙二醇等)，利于均匀分布；可加入表面活性剂促进粉碎作用或提高粉末分散性；可减少粉尘改善劳动环境。湿磨的缺点是增加了辅助工序，如过滤、干燥等。

(6) 被研磨物料的性质

被研磨物料是脆性材料还是塑性材料对球磨过程有很大的影响。实践证明，脆性物料虽然硬度大，但容易粉碎；塑性材料虽然硬度小，却较难粉碎。显然这是由于脆性材料和塑性材料的粉碎机理不同。一些塑性材料可以通过人工脆化处理来提高球磨效率，例如 Ti，Zr，可以通过吸氢处理，得到脆性大的氢化物，然后进行球磨，最后通过真空脱氢获得粒度细小的粉末。

(7) 球磨时间

通过实践可知，球磨时间越长，则最终粒度越细，但这并不表明无限制地延长研磨时间，粉末就可无限地被粉碎，而是存在着一个极限研磨的颗粒大小，这个极限粒度称为球磨极限。普通球磨的时间一般是几小时到几十小时。

4.3.2 雾化法

雾化法是以快速运动的流体冲击或以其他方式将金属或合金液体破碎为细小液滴，继之冷凝为固体粉末的制取方法。它是生产完全合金化粉末的最好方法，其产品称为预合金粉。预合金粉的每个颗粒不仅具有与既定熔融合金完全相同的均匀化学成分，而且由于快速凝固作用而细化了结晶结构，消除了第二相的宏观偏析。

雾化制粉法分“双流法”和“单流法”两大类。前者的雾化介质又分气体和液体；后者有离心雾化和溶气真空雾化。

目前，应用最为广泛的是气雾化和水雾化法(图4.4和图4.5所示分别为气雾化制粉和水雾化制粉设备)。雾化制粉时先用电炉或感应炉将金属原料熔炼为成分合格的合金液体，然后将其注入位于雾化喷嘴之上的中间包内。合金液由中间包底部漏眼流出，通过喷嘴时与高速气流或水流相遇被雾化为细小液滴，雾化液滴在封闭的雾化筒内快速凝固成合金粉末。通常，惰性气雾化粉末颗粒呈圆形，氧含量最低，可直接用热成型技术制成致密化产品。水雾化粉末颗粒多为不规则形状，氧含量高，须经退火处理，但其具有很好的压缩性，可冷压成型，然后烧结成机械零件。上述雾化制粉法可大批量工业化生产，但由于合金液与渣体和耐火材料坩埚接触，在制得粉末中难免带入非金属夹杂物。因此，瑞典佐格福斯(Soderfors)粉末公司根据电渣重熔(ESR)原理，首先将容量为7t的中间包改成电渣加热(ESH)装置，把氮气雾化高速钢粉末中的非金属夹杂物量减少到原有量的1/10，使ASP粉末高速钢的抗弯强度由3 500MPa提高到4 000MPa以上。

图4.4　气雾化制粉设备

图4.5　水雾化制粉设备

真正能完全有效地避免氧化物夹杂污染的措施是采用“单流”雾化制粉法，例如旋转电极雾化制粉法。另外还有一种真空溶气雾化法也能生产高纯度球形粉末，其原理是：当在气压下被气体过饱和的合金液体突然暴露到真空时，溶解的气体将逸出而膨胀，致使合金液体雾化，继之冷凝为粉末。对于Ni，Cu，Co，Fe和Al等基体合金均可以采用溶氢的方法来实现真空溶气雾化制粉。

4.3.3　还原法

还原法是利用还原剂还原氧化物及相应盐类获得金属粉末的粉末制取方法。还原制粉法所使用的还原剂对氧的亲和力比相应金属要大，有足够能力将金属还原。粉末制取过程中常用的还原剂有：气体还原剂如氢、分解氨、煤气和转化天然气，固体还原剂如碳、钠、镁和钙等。

在气体还原法中，流动层还原法生产效率最高，特别是在制取铁粉过程中已被广泛采用。如以赤铁矿粉为原料，在480℃～540℃，用H_2还原4h，就能获得纯度为98.5%的还原铁粉。气体还原法也可制取各种金属及合金粉末。

固体还原法主要是用木炭、焦炭、无烟煤还原铁鳞制取铁粉。瑞典霍格拉斯公司利用固体炭还原再加上二次精还原工艺生产优质海绵铁粉(图 4.6)。其主要化学反应如下：

$$CO_2 + C = 2CO\uparrow$$

$$3Fe_2O_3 + CO = 2Fe_3O_4 + CO_2\uparrow$$

$$Fe_3O_4 + CO = 3FeO + CO_2\uparrow$$

$$FeO + CO = Fe + CO_2\uparrow$$

图 4.6　海绵铁

该种工艺经过不断地改进、完善，已经成为世界上生产海绵铁的主要方法。还原法在制粉过程中使用最广、产品种类也最多，如铁粉、铜粉、镍粉、钨粉、钼粉等。一些难以制取的粉末，如铌粉、钽粉、锆粉、钍粉和铀粉等也能用此法获得。还原法制备粉末的粒度范围较宽，从纳米级到微米级。根据需要可以制成针状，也可制成球状及复合粉末。其缺点是粉末制取过程易混入杂质。

4.3.4　气相沉积法

气相沉积法用于粉末冶金中有以下 4 种：

(1) 金属蒸气冷凝。这种方法主要用于制取具有较大蒸气压的金属如锌、镉粉末。这些金属的特点是具有较低的熔点和较高的挥发性，将这些金属的蒸气冷凝下来，可以形成很细的球形粉末。

(2) 羰基物热离解。这种方法在一定条件下使气相羰基化合物离解得到很细的球形粉末。

(3) 气相还原。金属卤化物一般具有较强的挥发或升华特性，用气体还原剂还原气态金属卤化物，可以获得超细金属粉末。

(4) 化学气相沉积和物理气相沉积。这两种方法主要用于制取涂层。

以下就羰基物热离解法、气相还原法、化学气相沉积法作介绍。

1. *羰基物热离解法*

某些金属，特别是过渡族金属能与 CO 生成羰基化合物[$Me(CO)_n$]。羰基化合物生成反应的通式为 $Me + nCO = Me(CO)_n$，例如：$Ni + 4CO = Ni(CO)_4$。

该反应为放热反应，体积减小，因此提高压力有利于反应发生，温度提高有利于提高反应速度，但又促进反应向羰基镍分解方向进行。

羰基化合物一般为易挥发液体或易升华固体，例如：$Ni(CO)_4$为无色液体，熔点−25℃，沸点 43℃；$Fe(CO)_5$为琥珀黄色液体，熔点−21℃，沸点 102.8℃；此外还有 $Co(CO)_8$，$Cr(Co)_6$，$W(CO)_6$，$Mo(Co)_6$等，它们均为易升华的晶体。这些羰基化合物很容易分解生成金属粉末和 CO。离解羰基化合物制取金属粉末的方法称为羰基物热离解法，简称羰基法。

在粉末冶金中使用得较多的是羰基镍粉和羰基铁粉。如果同时离解几种羰基化合物，则可以制取合金粉末，例如羰基 Fe-Ni，Fe-Co，Ni-Co 合金粉。羰基法还可以制取包覆粉末，例如在羰基镍离解后镍在 Al，SiC 等颗粒上沉积，则可以制得 Ni 包 Al，Ni 包 SiC 粉末。

羰基法制取金属粉末的特点：粉末粒度细小，例如羰基镍粉粒度一般为 2～3μm；羰基粉末多为球形粉末；羰基粉末的纯度非常高。羰基法的缺点：成本较高；羰基化合物挥发时都具有不同程度的毒性，特别是羰基镍有剧毒，因此在生产过程中要采取严密的防毒措施。

2. 气相还原法

气相还原法包括气相氢还原和气相金属热还原。例如，用 Mg 还原气态 $TiCl_4$ 或 $ZrCl_4$，属于气相金属热还原。气相氢还原是指用 H_2 还原气态金属卤化物，可以制备 W，Mo，Ta，Nb，V，Cr，Co，Ni，Sn 等粉末。值得注意的是 V，Cr，Ti，Zr 等粉末是不可以用氢还原氧化物的方法获得的，但可以用气相氢还原氯化物的方法制取。如果同时还原几种金属卤化物可以制取合金粉末，如 W-Mo 合金粉、Ta-Nb 合金粉，也可以制取包覆粉。气相氢还原制备的粉末一般都是很细的或超细的。

举例说明，WCl_6 的沸点为 346.7℃，可以通过钨矿石、WO_3、W-Fe 合金、金属钨或硬质合金废料与 Cl_2 反应获得。不同的原料氯化产物是不完全相同的，如果有多种氯化物时，需按产物中各种氯化物的不同沸点分级蒸馏而得到纯净的 $WC1_6$。

$WC1_6$ 的氢还原反应式为 $WC1_6+3H_2 = W+6HCl$。

反应在 400℃ 开始，此时生成的钨多以镀膜状态沉积于反应器壁上；随着反应温度升高，粉末状钨逐渐增多；到 900℃，得到的全是钨精。粉末的粒度取决于反应的温度和氢气比例，反应温度越高，得到的钨粉粒度越细；增加 H_2 浓度，钨粉粒度也变细。

3. 化学气相沉积法

化学气相沉积法是从气态金属卤化物还原化合沉积制取难熔化合物粉末和各种涂层（包括碳化物、硼化物、硅化物、氮化物等）的方法。1923 年德国人 K. Schroter 发明了 WC-Co 硬质合金，人们发现 WC-Co 硬质合金制成的刀具在切削钢的时候容易出现月牙凹，这是合金中的碳向钢中扩散造成的。受到瑞士制表工业在滑动件上利用涂层延长寿命的启发，人们 1930 年就开始了采用化学气相沉积法在硬质合金刀具表面制备涂层的研究。该方法作为工业化应用的标志是 1969 年山德维克公司公开了 TiC 涂层刀具专利，到目前，几乎所有的 WC-Co 硬质合金均采用涂层工艺以提高寿命。

从气相氢还原 $WC1_6$ 制取超细钨粉的原理可知，在一定的条件下，产物可能是镀膜状，也可能是粉末状，这取决于反应的温度和 H_2 浓度。化学气相沉积法也遵循这一规律，在产物浓度低，不足以形核长大为粉末的条件下，必将沉积于需要镀膜的工件表面形成涂层。反之，也可以控制反应条件获得所需的粉末。因此，化学气相沉积法虽然多用于涂层工艺，但也是制取难熔化合物超细粉末一种很好的方法。

例如，化学气相沉积法制取 TiC 的反应为

$$TiC1_4+CH_4+H_2 = TiC+4HCl+H_2$$

$$3TiCl_4+C_3H_8+2H_2 = 3TiC+12HCl$$

制取 TiN 的反应为

$$2TiCl_4+N_2+4H_2 = 2TiN+8HCl$$

制取 B_4C 和 SiC 的反应为

$$4BCl_3+CH_4+4H_2 = B_4C+12HCl$$
$$SiCl_4+CH_4+H_2 = SiC+4HCl+H_2$$

化学气相沉积还可以制取氧化物涂层，例如：

$$2AlCl_3+3CO_2+3H_2 = Al_2O_3+3CO+6HCl$$

化学气相沉积的反应机理比较复杂。例如制取碳化物，一般来说，当 H_2 能还原金属卤化物时，在金属卤化物被还原成金属的同时，立即与碳氢化合物析出的碳形成碳化物。若金属卤化物在沉积温度下不能单独被 H_2 还原，则反应的机理为在热解碳的参与下被 H_2 还原，然后还原出的金属再与碳反应形成碳化物，TiC 沉积的这种过程称为交替反应机理。制取质量好的难熔金属化合物及涂层，需要控制好各种气体的浓度、流速、气体压力、反应温度等关键工艺参数。

4.3.5 液相沉淀法

液相沉淀法是指在液相中通过物理、化学作用沉淀出粉末的方法。液相可以是熔盐、熔融金属、水溶液等。从熔盐中沉淀即是熔盐金属热还原，例如将 $ZrCl_4$ 与 KCl 混合，加入 Mg，加热到 750℃可还原出金属 Zr，产物冷却后经破碎，再用 HCl 处理去除杂质，即可得到 Zr 粉。

从熔融金属中沉淀称为辅助金属浴法，可以用于制取难熔化合物粉末。用作熔体金属的可以是 Fe，Cu，Ag，Co，Ni，Al，Pb，Sn 等，析出的粉末一般为碳化物、硼化物、硅化物、氮化物、碳氮化物等，还可以制取几种难熔化合物的固溶体，如 TiC-WC 固溶体。辅助金属浴法的过程可概述为将金属熔化，加入过渡族金属和还原化合剂，反应完成冷却后除去用于辅助金属浴的金属和其他杂质，得到难熔化合物粉末。制取碳化物时熔体金属为 Fe，Co，Ni 及其合金，例如将 TiO_2 和炭黑混合加入熔融铁中，在 H_2，Ar 保护或真空条件下，以接近 3 000℃的温度进行反应，随后除去 Fe 可以得到优质的 TiC，比一般的固相碳化法制得的 TiC 质量更高；制取硼化物时，熔体金属主要用 Cu，也有 Pb，Sn，Al 等；制取硅化物时，熔体金属可以用 Cu，Ag，Sn 等；制取氮化物时，熔体金属选用 Cu，Cu-Ni 合金，一般在高压下进行。

从水溶液中沉淀（水溶液沉淀法）应用最为广泛，特别是在陶瓷粉末制备领域。其原理是选择一种或多种可溶性金属盐类配制成溶液，使各元素呈离子或分子态，再选择一种合适的沉淀剂或用蒸发、升华、水解等操作，使金属离子均匀沉淀或结晶出来，最后对沉淀物或结晶物进行脱水或者加热分解而得到所需粉末。根据制备过程的不同，水溶液沉淀法又分为以下几种：

（1）沉淀法。包括直接沉淀法、共沉淀法和均相沉淀法。

（2）水热法。这是一种通过在高温高压水中的化学反应形成超细粉沉淀的方法，可以获得难以得到的、粒径从几纳米到几百纳米的金属氧化物和金属复合氧化物粉末。

（3）溶胶-凝胶法。原材料的水溶液进行水解、缩合化学反应，在溶液中形成稳定的透明溶胶体系，溶胶经陈化，胶粒间缓慢聚合，形成三维空间网络结构的凝胶，凝胶网络间充满了失去流动性的溶剂，经过干燥，制备出超细甚至纳米级金属氧化物粉末。

(4) 水解法。将水加入到金属烃化物中以得到所需粉末的方法。水解反应的产物通常是氢氧化物、水合物等沉淀，通过水解脱水可以得到纯度极高的陶瓷超细粉末。

而在制备金属粉末领域，水溶液沉淀法包括金属置换法和溶液氢还原法。

(1) 金属置换法

金属置换，即用一种金属从水溶液中置换出另一种金属，从热力学上讲，只能用负电位较大的金属去置换溶液中正电位较大的金属。金属置换法可以用来制取 Cu，Pb，Sn，Ag，Au 等粉末。

置换能否进行，可以参考各种金属在水溶液中的标准电极电位。标准电极电位是以标准氢原子作为参比电极，即氢的标准电极电位值定为零，与氢标准电极比较，电位较高者为正，电位较低者为负。置换趋势的大小取决于它们之间的电位差。

影响置换过程和粉末质量的因素有：

① 金属沉淀剂的影响。除了温度外，金属沉淀剂的特性和状态会影响置换速度，例如，从 $PbCl_2$ 溶液中用 Zn 置换 Pb 比用 Fe 置换 Pb 快，因为 Zn 与 Pb 的电位差比 Fe 与 Pb 的电位差大。金属沉淀剂粉末的粒度和表面积越大，置换速度越快。用 Fe 置换 Cu 时，含铜离子的溶液从装置底部供入，铁粉从上部供入，可以使铁粉悬浮于液体中，加快反应速度。

② 被沉淀金属的影响。被沉淀金属的性质是控制置换动力学的重要因素。置换速度很大时往往形成黏着膜，这时金属离子通过膜扩散到沉淀剂金属的表面，过程由扩散所控制。当过程由化学反应控制时，搅拌不影响置换速度；随着温度升高，置换速度增加，过程由扩散所控制，搅拌对置换速度起到很大的影响，因为搅拌可缩小扩散层的厚度。另外，被沉淀金属离子浓度影响粉末的粒度，用 Fe 从 $CuSO_4$ 中置换 Cu，铜离子浓度高时，形核率高于晶核长大率，可得到较细的粉末。

③ 溶液 pH 值。置换时溶液的 pH 值要控制适当，pH 值过低，酸度过高会导致氢析出；pH 值过高，酸度过低会导致氢氧化物或碱式盐共同沉淀影响粉末品位。例如用 Fe 置换 Cu 时，溶液的 pH 值一般控制在 2 比较适宜。

(2) 溶液氢还原法

溶液氢还原法是用气体还原剂从溶液中还原金属。可以使用的气体还原剂有 CO，SO_2，H_2S，H_2，其中 H_2 应用较为广泛。溶液氢还原法可以制取 Ag，Ni，Co，也可以制取合金粉和各种包覆粉。Ni 包 Al、Ni 包 Al_2O_3 用于高温涂层；Co 包 WC、Ni 包金刚石用于喷涂硬质材料表面；Co 包 WC 用于制备硬质合金；Ni 包 Al_2O_3、Ni 包 ThO_2 等用于生产弥散强化材料。

增大溶液氢还原总反应的还原程度有两个途径。第一个是增加氢的分压和提高溶液的 pH 值来降低氢电位，因此，一般的溶液氢还原过程是在高压氢的条件下进行的。但 pH 值是改变氢电位的最有效途径，pH 值变化一个单位相当于增大氢分压 100 倍的效果。第二个途径是增加溶液中的金属离子浓度，提高金属电位。

4.3.6 电解法

电解法(水溶液电解制粉法)是电解金属盐的水溶液而制取金属粉末的一种粉末制取

方法。电解法制取金属粉末的原理是:在金属盐的水溶液中通过直流电时,电解质发生电化学反应,金属阳离子移向阴极,得到电子被还原,并在阴极淀积。金属阳离子的补充是由与阳离子同种的金属做成的阳极在电解时丢失电子而不断溶解来供给;当采用不溶解的阳极时,金属阳离子则靠该金属盐或其氧化物作电解质来供给。

电解法制粉的优点是:工艺流程简单,投资少;可利用半成品和废料作原料,控制电解电位达到纯化精炼的目的;产品纯度高,电解时只有单一金属在阴极淀积,杂质则被清除。但电解法消耗电能大,生产效率较低,成本较高,加之有环境污染须采取措施,因而限制了电解法在工业生产中的应用。

电解时,金属阳离子向阴极移动是依靠扩散、对流和迁移等过程来实现的。电解质的种类、温度、黏度、浓度、离子大小、搅拌情况、电场大小以及阴极阳极间的距离、阴极形状等都对金属电解淀积过程产生影响。

电解法制粉要求阴极淀积物易于粉碎,如为鳞片状、海绵状和松散颗粒等,这可由工艺调整、控制电流密度、酸度和金属阳离子浓度来实现。为了得到细的电解粉末,通常采取的措施是:采用大的电流密度,提高阴极板上单位面积析出金属的速度,生成大量的晶核;减小阳极和阴极间的距离;周期性地刮除阴极板上的淀积物。

用电解法可以制取单一金属粉末,也可以制取合金粉末。制取合金粉末需采用铸造合金阳极或合金组元联合阳极,若用不溶解阳极则电解质需由合金组元的多种金属阳离子组成。

工业上的电解制粉,大多是指水溶液电解法制粉。惰性较大的金属,例如 Cu, Ni, Co, Cd, Fe, Zn 和 Mn 等,可用电解法制取。以电解法制取铜粉为例:用 Pb-Sb 作不溶解阳极,用 Cu 作阴极,$CuSO_4$ 水溶液作电解质。

在电解时,通过调整和控制电流密度、铜离子浓度、酸度和温度等来制取所需的铜粉。电解后粉末滤去电解质,连续地用稀酸和水清洗,再进行真空干燥,干燥温度以 50℃为宜。若用金属铜作阳极来制取铜粉,工艺过程基本相似,所得产品纯度可达 99%以上。

4.4 粉末预处理

基于产品最终性能的需要,或者成型工艺对粉末的性能要求,成型前需要对粉末预处理。就是通过配料、混合等过程使原料粉末达到最终材料的成分以及后续工艺过程所需要的粉末工艺性能,其中包括粉末退火、混合、筛分、制粒,以及加润滑剂等。

4.4.1 退火

粉末的预先退火可使氧化物还原,降低碳和其他杂质的含量,提高粉末的纯度。同时,还能消除粉末的加工硬化,稳定粉末的晶体结构。用还原法、机械研磨法、电解法、雾化法以及羰基离解法所制得的粉末都要经退火处理。此外,为防止某些超细金属粉末的自燃,需要将其表面钝化,做退火处理。经过退火后的粉末压制性得到改善,压坯的弹性后效相应减少。退火温度根据金属粉末的种类而不同,一般退火温度是粉末熔点的 0.5～0.6 倍。

有时，为了进一步提高粉末的化学纯度，退火温度也可超过此值。随着退火温度提高，粉末压制性能变好。

退火一般用还原性气氛，有时也可用惰性气氛或者真空。当要求清除杂质和氧化物，即进一步提高粉末化学纯度时，要采用还原性气氛（氢、分解氨、转化天然气或煤气）或者真空退火。为了消除粉末的加工硬化或者使细粉末粗化以防止自燃，可以采用惰性气体作为退火气氛。

4.4.2　混合

混合是指将两种或两种以上不同成分的粉末混合均匀的过程。有时，需要将成分相同而粒度不同的粉末进行混合，这称为合批。混合质量的优劣，不仅影响成型过程和压坯质量，而且会严重影响烧结过程的进行和最终制品的质量。

混合基本上有两种方法：机械法和化学法，其中广泛应用的是机械法。常用的混料机有球磨机、V 形混合器、锥形混合器、酒桶式混合器、螺旋混合器等。图 4.7 为电脑自动控制配料设施及配料控制室，图 4.8 为双锥混料机。机械法混料又可分为干混和湿混。铁基等制品生产中广泛采用干混，制备硬质合金混合料则经常使用湿混。湿混时常用的液体介质为酒精、汽油、丙酮等。为了保证湿混过程能顺利进行，对湿磨介质的要求是：不与物料发生化学反应；沸点低易挥发；无毒性；来源广泛，成本低等。湿磨介质的加入量必须适当，过多过少都不利于研磨和混合的效率。

（a）自动配料设施

（b）配料控制室

图 4.7　电脑自动控制配料

图 4.8　双锥混料机

化学法混料是将金属或化合物粉末与添加金属的盐溶液均匀混合；或者是各组元全

部以某种盐的溶液形式混合，然后经沉淀、干燥和还原等处理而得到均匀分布的混合物。如用来制取 W-Cu-Ni 高密度合金、Fe-Ni 磁性材料、Ag-W 触头合金等混合物原料。

物料的混合结果可以根据混合料的性能评定。如检验其粒度组成、松装密度、流动性、压制性、烧结性以及测定其化学成分等。但通常只是检验混合料的部分性能，并进行化学成分及其偏差分析。生产过滤材料时，在提高制品强度的同时，为了保证制品有连通的孔隙，可加入充填剂。能起充填剂作用的物质有碳酸钠等，它们既可防止形成闭孔隙，还会加剧扩散过程从而提高制品的强度。充填剂常常以盐的水溶液方式加入。

4.4.3 制粒

制粒是将小颗粒的粉末制成大颗粒或团粒的工序，常用来改善粉末的流动性。在硬质合金生产中，为了便于自动成型，使粉末能顺利充填模腔，就必须先进行制粒。能承担制粒任务的设备有滚筒制粒机、圆盘制粒机和擦筛机等，有时也用振动筛来制粒。

4.4.4 加润滑剂

粉末在刚性模中压制成零件时，必须进行润滑以减小压坯与模具之间的摩擦力。没有润滑时，将压坯从模具中脱出所需的脱模压力将急剧增大。具有低剪切强度的润滑剂起到隔离金属表面的作用，但即使润滑非常好的表面也不可能实现完全的分离，因为粗糙金属表面接触产生的摩擦力可能会刺穿润滑膜。

金属基粉末最常用的润滑剂是硬脂酸、硬脂酸盐（如硬脂酸锌和硬脂酸锂）以及合成蜡。自动压制过程中润滑的实现是通过将粉末状的润滑剂与金属粉末混合在一起，或者用润滑剂在溶剂中形成的溶液或悬浮液润滑模壁。自动压制中的模壁润滑在技术上是可行的。但是，基于以下两个问题，模壁润滑在生产实践中是不常见的：

① 以溶液或悬浮液的形式精确使用恰当数量的润滑剂；

② 在使用润滑剂与用粉末填充模具二者之间快速并完全地去除溶剂。

因此，更传统的将润滑剂与粉末混合的方法仍在普遍使用。尽管如此，将金属粉末与润滑剂粉混合进行润滑的方法存在严重的不足之处，例如降低强度以及影响尺寸控制。所加入的润滑剂必须在烧结之前或在烧结过程中分解，并且分解产物必须全部从烧结炉的预热区排出。

4.5 成型

4.5.1 压制成型基本规律

压模压制是指松散的粉末在压模内经受一定的压制压力后，成为具有一定尺寸、形状和一定密度、强度的压坯。当对压模中粉末施加压力后，粉末颗粒间将发生相对移动，粉末颗粒将填充孔隙，使粉末体的体积减小，粉末颗粒迅速达到最紧密的堆积。

粉末压制时出现的过程有：颗粒的整体运动和重排；颗粒的变形和断裂；相邻颗粒表面

间的冷焊。

颗粒主要沿压力的作用方向运动。颗粒之间以及颗粒与模壁之间的摩擦力阻止颗粒的整体运动,并且有些颗粒也阻止其他颗粒的运动。最终颗粒变形,首先是弹性变形,接着是塑性变形;塑性变形导致加工硬化,削弱了在适当压力下颗粒进一步变形的能力。与被压制粉末对应的金属或合金的力学性能决定塑性变形和加工硬化的开始。例如,压制软的铝粉时颗粒变形明显早于压制硬的钨粉时的颗粒变形,最后颗粒断裂形成较小的碎片。而压制陶瓷粉时通常发生断裂而不是塑性变形。

随着压力的增大,压坯密度提高。不同粉末压制压力与压坯密度之间存在一定的关系。然而,至今没有得到令人满意的压坯密度与压制压力之间的关系。建立在实际物理模型基础上的一些关系,仍然是经验性的,因为其中使用了与粉末性能无关的调节参数。更准确地应当使用给定粉末的压制压力与压坯密度之间关系的图形或表格数据。

4.5.2　粉末的位移

粉末体的变形不仅依靠颗粒本身形状的变化,而且主要依赖于粉末颗粒的位移和孔隙体积的变化。粉末体在自由堆积的情况下,其排列是杂乱无章的。当粉末体受到外力作用时,外力只能通过颗粒间的接触部分来传递。根据力的分解可知,不同连接处受到外力作用的大小和方向都不一样。所以颗粒的变形和位移也是多种多样的。当施加压力时,粉末体内的拱桥效应遭到破坏,粉末颗粒便彼此填充孔隙,重新排列位置,增加接触。可用图 4.9所示的两颗粉末 5 种状态来近似地说明粉末的位移情况。

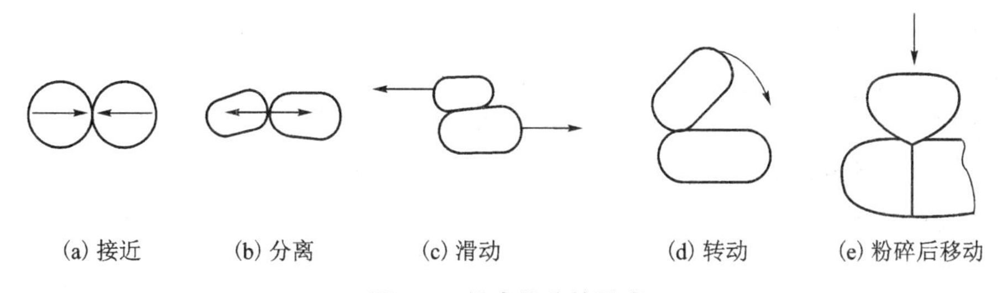

(a) 接近　(b) 分离　(c) 滑动　(d) 转动　(e) 粉碎后移动

图 4.9　粉末位移的形式

4.5.3　粉末的变形

粉末体在受压后体积明显减小,这是由于粉末体在压制时不但发生了位移,而且还发生了变形。变形有三种情况,即弹性变形、塑性变形和脆性断裂。当外力卸除后粉末形状可以恢复原状者为弹性变形;压力超过弹性极限,形状不能恢复者为塑性变形;当压力超过强度极限后,粉末颗粒就发生粉碎性的破坏者为脆性断裂。压缩铜粉的实验指出,发生塑性变形所需的压力大约是该材质弹性极限的 2.8～3.0 倍。金属的塑性越大,塑性变形越大。当压制难熔金属如 W, Mo 或其化合物(如 WC, Mo_2C 等脆性粉末)时,除有少量塑性变形外,主要是脆性断裂。当压力增大时,颗粒发生变形,由最初的点接触逐渐变成面接触,接触面积随之增大,压制时粉末颗粒由球形变成扁平状,当压力继续增大时,粉末就可能碎裂。

4.6 压制模具和自动压制

当用粉末冶金技术制造结构零件时，为了实现低成本的生产，必须使用自动压机和成型模具。粉末冶金零件按复杂程度递增性可以分成4类。

(1) 第1类：等高零件，厚度薄，仅仅通过单向压制即可压制成型。这些零件具有复杂的轮廓，但厚度很薄，可以通过一个方向施加压力而成型。

(2) 第2类：等高零件，但高径比较大，压制过程中需要同时从顶部和底部施加压力。

(3) 第3类：两台阶零件，从顶部和底部加压成型。

(4) 第4类：多台阶零件，从顶部和底都加压成型。

成型中心有孔的零件的模具，包括阴模、上模冲、下模冲和芯棒送粉器或装粉靴中的粉末来自于加料斗，可以一次移动到模腔上方并退回，或摆动或往复运动几次。粉末由装粉靴落下并充满模腔，接着装粉靴退回。上模冲下降并进入模腔，而此时芯棒和下模冲保持静止不动。当上模冲到达“压制位置”时，将粉末压制成压坯。接着上模冲向上移动并移出模腔，下模冲上升直到与模具顶面平齐，将压坯顶出，这是“脱模位置”。当装粉靴再次移动到模腔上方充填模腔时，将刚刚压制的压坯推开。

单向压制零件的另一种方法，是在模腔装满粉末后，使用滑动铁砧而不是上模冲封闭模具的顶部。接着通过下模冲的上移施加压力。

双向压制也可以采用其他方法实现。在压制过程中保持下模冲静止不动，但阴模模板装在弹簧上，处于浮动状态。当上模冲进入模腔时，粉末与模具之间的摩擦使阴模模板克服弹簧的阻力向下移动。也可以将阴模模板装在液压缸上代替弹簧。压制过程中，阴模模板的移动与下模冲的移动具有相同的作用，使压力同时从上、下模冲施加在压坯上。

在压制复杂零件时，必须仔细平衡不同模冲的弹性挠曲。合适的计算机程序对于模具设计及挠曲计算非常有帮助。在压制过程中所有的运动需要高度同步，微处理器可以用于顺序控制。

4.7 压机

压制模具各构件的运动由压机的压头带动。成型所用的压机包括机械压机、液压机，或者以上两种的组合，图4.10所示为各种规格压机实物图。

4.7.1 机械压机

机械压机的动作方式，即电机、齿轮和飞轮的旋转运动转换成压制金属粉末所需的垂直线性运动的方式，可以分为三种：偏心轮式或曲轴式；肘杆式或曲柄连杆式；凸轮式，也包括旋转压机。

图 4.10　各种规格压机

4.7.2　液压机

液压机甚至是压力非常高的液压机也比较节省空间。当液压系统能在低压下提供大量液压介质并且在高压下提供小量液压介质时,可以实现压制过程中压头的快速移动,因此液压机的生产率并不比机械压机的低。液压机的压力一般从 445～10 000kN,而且在生产过程中甚至还使用更高压力的液压机。与机械压机相比,液压机可以在压制方向上生产更长的零件。

4.7.3　旋转压机

旋转压机是特殊类型的凸轮式压机,用于高速压制较小的压坯。压机具有一个旋转的模板,模板上有一系列的孔,每个孔装配有上、下模冲,上、下模冲都装在轨道上。当模板旋转时,上模冲上升,以便清除送料漏斗,进一步旋转引起上模冲下降。下模冲在部分轨道上运动,可以调节以便控制装粉量。在实际压制的位置处,上、下模冲由压力辊驱动配合,将粉末压制成压坯的形状。上、下压力辊都是由凸轮调节的。加压后,轨道使上模冲退回,而下模冲升高,将压坯脱模。旋转压机一般用于压制等高的第 2 类零件,一些第 3 类零件,例如凸缘衬套也可在旋转压机上生产。

4.8　压制成型缺陷分析

压制废品的缺陷大致可分为四种类型:物理性能方面存在的缺陷、几何精度方面存在的缺陷、外观质量方面存在的缺陷及开裂。

4.8.1　物理性能方面的缺陷

压坯的物理性能主要是指压坯的密度。压坯的密度直接影响到产品的密度,进而影响到产品的力学性能。产品的硬度和强度随着密度的增加而增加,若压坯的密度低,则可能造成产品的强度和硬度不合格。生产上一般是通过控制压坯的高度和单重来保证压坯的密度。压坯的密度随着压坯单重的增加而增加，随着压坯高度的增加而减小。在生产工艺中，对压坯的单重和高度一般都规定了允许变化的范围。由于设备等精度较差，压坯的单重和高度变化范围较大，这样在极端情况下，合格的单重和高度却得不到合格的压坯密度。因此，在实际生产中，应尽量使压坯单重和高度的变化趋于一致，要偏高都偏高，要偏低都偏低。

压坯单重的偏差随着压坯重量、精料和送料方式的变化而变化。

① 压坯单重偏差的绝对值随着压坯单重的增加而增加，其相对百分率比较稳定。

② 自动送料比手工刮料的偏差小。这是因为机械的动作比人工操作稳定性好。称料的稳定性对于生产效率具有决定性作用。此外，对于压力控制，压力的稳定性直接影响到密度的稳定性。对于高度控制，料的流动性的好坏，将影响到密度的稳定性。

4.8.2 几何精度方面的缺陷

1. 压坯尺寸精度缺陷

压坯的尺寸参数较多。大部分参数如压坯的外径尺寸等都是由模具尺寸确定的。对于这类尺寸，只要首件检查合格，一般是不易出废品的。易出现的废品多半表现为压制方向上的尺寸废品。

由生产实践可知，压坯高度的尺寸变化范围随着压坯的高度及其控制方式的改变而改变。压坯高度的变化范围，随着压坯高度的增加而增加。对于压制压力，则随着压坯高度的增加而呈线性迅速增加，而且在任何高度下压力的变化幅度都要比高度的变化幅度大得多。对于压力控制的压坯，凡是影响压坯密度变化的因素都将影响高度变化。

2. 压坯形位精度的缺陷

当前生产所见，压坯形位精度有压坯的同轴度和直度两种。

同轴度也可用壁厚差来反映。影响压坯同轴度的因素主要可分为两大类：一类是模具的精度，另一类是装料的均匀程度。模具的精度包括：阴模与芯模装配同轴度，阴模、模冲、芯模之间的配合间隙，芯模的直度和刚度。一般来说，模具上述同轴度好，配合间隙小，芯模直度好、刚度好，则压坯同轴度就好，否则就差。密度差大的，一方面回弹不一，增加壁厚差；另一方面密度大，各面受力不均，也易于破坏模具同轴度，进而增加压坯壁厚差，装料的均匀程度影响压坯密度的均匀性。影响装料均匀性的因素较多。对于手动模，装料不满模腔时，倒转压形，易于造成料的偏移，敲料振动不均易于造成料的偏移；对于机动模，人工刮料角度大，用力不匀易于造成料的偏移；对于自动模，自动送料，则模腔口各处因受送料器覆盖时间不一样，而造成料的偏移，一般是先接触送料器的模腔口一边装料多。零件直径越大，这种偏移现象也就越严重。

压坯直度检查一般对细长零件如气门导管而言。压坯内孔直度的好坏，直接影响整坯直度的好坏，而且由于压坯内孔直度与外圆母线直度无关，故很难通过整形矫正过来。所以对于压坯内孔的直度，必须严加控制。影响压坯内孔直度的因素主要是芯模的直度、刚度和装料均匀性。因此，只要芯模直度好、刚度好、装料均匀性好，则压坯的内孔直度就好。

未压好主要是由于压坯内孔尺寸太大，在烧结过程中不能完全消失，使合金内残留较多的特殊孔洞。产生原因有料粒过硬、料粒过粗、料粒分布不均、压制压力低等。

4.8.3　外观质量方面的缺陷

压坯的外观质量缺陷主要表现为划痕、拉毛、掉角、掉边等。掉边、掉角属于人为或机械碰伤缺陷，下面主要讨论划痕和拉毛缺陷。

1. 划痕

压坯表面划痕严重影响表面质量，稍深的划痕通过整形工序也难以消除。产生划痕可能的原因是：料中有较硬的杂质，压制时将模壁划伤；阴模（或芯模）硬度不够，易于被划伤；模具间隙配合不当，易于夹粉而划伤模壁；由于脱模时在阴模出口处受到阻碍，局部产生高温，致使铁粉焊在模上，这种现象称为黏模，黏模使压坯表面产生严重划伤。

由于上面四种原因造成模壁表面状态被破坏，进而把压坯表面划伤。此外，有时模壁表面状态完好，而压坯表面被划伤，这是由于硬脂酸锌受热熔化后而黏附于模壁上造成的，解决办法是进一步改善压形的润滑条件，或者采用熔点较高的硬脂酸盐，也可适当在料中加硫黄来解决。

2. 拉毛

拉毛主要表现在压坯密度较高的地方。其原因是压坯密度高，压制时摩擦生热大，硬脂酸锌局部溶解，润滑条件变差，从而使摩擦力增加，故造成压坯表面拉毛。实际上，拉毛若进一步恶化，会造成划痕。

4.8.4　开裂

压坯开裂是压制中出现的一种比较复杂的现象，不同的压坯易出现裂纹的位置不一样，同一种压坯出现裂纹的位置也在变化。压坯开裂的本质是破坏力大于压坯某处的结合强度。破坏力包括压坯内应力和机械破坏力。

压坯内应力：粉末在压制过程中，外加应力一方面消耗在使粉末致密化所做的功上，另一方面消耗于摩擦力上转变成热能。前一部分的功又分为压坯的内能和弹性能。因此，外加压力所做的有用功是增加压坯的内能，而弹性能就是压坯内应力的一种表现，一有机会便松弛，这就是通常所说的弹性膨胀。

应力的大小与金属的种类、粉末的特性、压坯的密度等有关，一般来说，硬金属粉末弹性大，内应力大；软金属粉末塑性好，内应力小；压坯密度增加，则弹性内应力在一定范围增加。此外，压坯尖角棱边也易造成应力集中，同时由于粉末的形状不一样，弹性内应力在各个方面所表现的大小也不一样。

机械破坏力：为了保证压制过程的进行，必须用一系列的机械相配合，如压力机、压形模等。它们从不同的角度，以不同的形式给压坯造成一种破坏力。

压坯之所以具有一定的结合强度，是由于两种力的作用，一种是分子间的引力，另一种是粉末颗粒间的机械啮合力。由此可知，影响压坯结合强度的因素很多，压坯密度高的强度高；塑性金属压坯的强度比脆性金属的压坯强度高；粉末颗粒表面粗糙、形状复杂的压坯比表面光滑、形状简单的压坯强度高；细粉末压坯比粗粉末压坯强度高；此外，对密度不均匀的压坯其密度变化越大的地方结合强度越低。当破坏力大于结合强度，产生裂纹式开裂。

压坯裂纹可分为两大类：一是横向裂纹；二是纵向裂纹。

1. 横向裂纹

横向裂纹是指与压制方向垂直的裂纹，对于衬套压坯，则表现在径向方向上。影响横向裂纹的因素很多，凡是有利于增加压坯弹性内应力和机械破坏力以及降低压坯结合强度的因素都有可能造成压坯开裂。

(1) 压坯密度

压坯的强度随着密度的增加而增加。因此，当受到较大机械破坏力时，压坯密度低的地方易开裂。但是随着密度的增加，压坯弹性内应力也增加，而且在相对密度达到90%以上时，压坯弹性内应力的增加速度比其强度要快得多，因此，即使没有外加机械破坏力，压坯也易于开裂。

(2) 粉末的硬度

塑性好的粉末压坯比硬粉末压坯颗粒间接触面积大，因而强度高，同时内应力小，不易开裂。凡是有利于提高粉末硬度的因素，都会加剧压坯的开裂。因此，氧含量高的铁粉和压坯破碎料的成形性都不好，易于造成压坯开裂。

(3) 粉末的形状

表面越粗糙、形状越复杂的粉末压制时颗粒间互相啮合的部分多，接触面积大，压坯的强度高，不易开裂。

(4) 粉末的粗细

细粉末比粗粉末比表面积大，压制时颗粒间接触面多，压坯的强度高，不易开裂。从压制压力来看，细粉末的比表面积大，所需压制压力大，但这种压力主要消耗在粉末与模壁的摩擦力上，对压坯的弹性内应力影响较小，因此，细粉末压坯比粗粉末压坯不易开裂。

(5) 压坯密度梯度

压坏密度梯度是指压坯单位距离间密度差的大小。由于压坯弹性内应力随着密度变化而变化，如果在某一面的两边，密度差相差很大，则应力也就相差很大，这种应力差值就成了这一界面的剪切力，当剪切力大于这一界面的强度时，则就导致压坯从这一界面开裂。当压坯各处压缩比相差较大时，易于出现这种情况。

(6) 模具倒稍

指压坯在模腔内出口方向上出现腔口变小的情况。当阴模与芯模不平行时，腔壁薄的一方也出现倒稍。由于倒稍的存在，压坯在脱模时受到剪切力，易于造成压坯开裂。

(7) 脱模速度

压坯在离开阴模内壁时有回弹现象，也就是说压坯在脱模时由于阴模反力消除而受到一种单向力，又由于各断面单向力大致相等，所以剪切力很小。如果脱模在压坯某一断面停止，此时一种单向力全部变成剪切力，如果压坯强度低于剪切力，则出现开裂。因为物体的断裂要经过弹性变形和塑性变形阶段，所以需要有一定的时间。如果脱模速度快，则压坯某断面处在弹性变形阶段时，其剪切力就已消失，不会造成开裂。如果脱模速度慢，使某断面剪切力存在的时间等于或大于该断面上弹塑性变形直至开裂所需要的时间，压坯便从该断面开裂。对于稍度很小或者没有稍度的模具，脱模速度太慢容易造成压坯开裂。

(8) 先脱芯模

先脱芯模易于在压坯内孔出现横裂纹。压坯脱模时使压坯弹性应力降低或消除。随着弹性应力的降低，压坯颗粒间的接触面积减小，颗粒间的距离变大，进入稳定状态，因此压坯回弹时，只有向外回弹，才能使整个断面颗粒间的距离变大，应力得到降低。如果先脱芯模，则压坯在外模内，因为不能向外松弛，而力图向内得到松弛，若干粉末颗粒均匀向内回弹，虽然在直径方向粉末颗粒间的距离增大，应力降低，但在回弹方向粉末颗粒间的距离更加缩短，使弹性应力增加，这样总的弹性应力并未降低。因此只有个别粉末颗粒向轴向回弹，并且互相错位，才能使应力消除，进入稳定状态。粉末颗粒改变了压制时的排列位置而互相错开拉大距离，从而造成了压坯内孔表面裂纹。

2. 纵向裂纹

压坯纵向裂纹通常不易出现，这是由于一方面压坯在径向的应力比轴向小，而在圆周方向颗粒间的应力比径向小；另一方面，压坯在轴向的密度变化比径向大，在径向的密度变化比圆周方向的大，此外，外加机械破坏力，正常情况下多数是径向剪切力。生产实践中，偶尔出现压坯纵向裂纹，其出现主要有如下 3 种情况：

(1) 四周装粉不匀

模腔设计过高或料的松装密度很大，装粉后，料装不满模腔，在压制前翻转模具时，料偏移到一边，这样压制时料少的一边密度低，受脱模振动便产生纵向裂纹。

(2) 粉末成形性较差

成形性差的料，由于其他条件很好，压制脱模后并不出现纵向裂纹，但稍一振动或轻轻碰撞都易出现纵向裂纹。这是由于尖角邻边应力集中，对于衬套压坯，开裂首先从端部开始。

(3) 出口端毛刺

在正常情况下出口端不产生纵向裂纹，只有模腔出口端部有金属毛刺时，才可能出现纵向裂纹。

此外，在压制内孔有尖角的毛坯时，由于尖角处应力集中，也常常出现纵向裂纹。

3. 分层

分层是在垂直压制方向平面上的裂纹，可以是非常细的头发丝状的裂纹，更严重的常常引起压坯部分完全分离。分层的主要原因是压坯的弹性回复以及在压制结束后模具的弹性回复。防止分层形成的措施包括：

(1) 有效润滑，减小脱模过程中的摩擦力；

(2) 脱模过程中在压坯上保持正压力；

(3) 模具的靠上部分具有轻微的锥度，使压坯在脱模过程中逐渐膨胀；

(4) 减小压制速率，避免空气的陷入；

(5) 选择适当的粒度分布。

对于几何形状复杂的压坯，压坯强度过低、不恰当的润滑以及过大的脱模压力，可以造成脱模过程中压坯的破碎。对于压制方向上的不等高零件，当形成的不同台阶模冲运动速率不能较好地同步时，台阶交界处可能出现剪切裂纹。

4.9 烧结

在粉末冶金生产过程中，为了将成型工艺制得的压坯或者松装粉末体制成有一定强度、一定密度的产品，需要在适当的条件下进行热处理，最常用的工艺是烧结。烧结是把粉末或粉末压坯后，在适当的温度和气氛条件下加热的过程，从而使粉末颗粒相互黏结起来，改善其性能。烧结的结果是颗粒间发生黏结，烧结体强度增加，而且多数情况下，其密度也提高。在烧结过程中，发生一系列的物理和化学变化，粉末颗粒的聚集体变为晶粒的聚集体，从而获得具有所需物理、力学性能的制品或材料。

在粉末冶金生产过程中，烧结是最基本的工序之一。从根本上说，粉末冶金生产过程一般是由粉末成型和粉末毛坯热处理这两道基本工序组成的。虽然在某些特殊情况下（如粉末松装烧结）缺少成型工序，但是烧结工序或相当于烧结的高温工序（如热压或热锻）是不可缺少的。另外，烧结工艺参数对产品性能起着决定性的作用，由烧结工艺产生的废品是无法通过其他的工序来挽救的。影响烧结的两个重要因素是烧结时间和烧结气氛。这两个因素都不同程度地影响着烧结工序的经济性，从而对整个产品成本产生影响。因此，优化烧结工艺，改进烧结设备，减少工序的物质和能量消耗，如降低烧结温度、缩短烧结时间，对产品生产的经济性具有重大意义。

4.9.1 烧结过程的基本类型

用粉末烧结的方法可以制得各种纯金属、合金、化合物以及复合材料。烧结体按粉末原料的组成可分为由纯金属、化合物或固溶体组成的单相系，由金属，金属、金属-非金属、金属化合物组成的多相系。为了反映烧结的主要过程和烧结机构的特点，通常按烧结过程有无明显液相出现和烧结系统的组成对烧结进行分类，如固相烧结和液相烧结，单元系烧结和多元系烧结等。

4.9.2 固相烧结

粉末固相烧结是指整个烧结过程中，粉末压坯的各个组元都不发生熔化，即无液相出现和形成的烧结过程。按其组元的多少，可分为单元系固相烧结和多元系固相烧结两类。

1. 单元系固相烧结

单元系固相烧结，即单一粉末成分的烧结。例如各种纯金属的烧结、预合金化粉末的烧结、固定成分的化合物粉末的烧结等，均为单元系固相烧结。

单元系烧结过程中主要发生粉末颗粒的形成和长大，孔隙的收缩、闭孔、球化等变化，导致烧结体的致密化，不存在组织间的溶解，相组织的变化，也不出现新的组成物或新相。因此，单元系固相烧结是最简单的烧结系统，对研究烧结过程最为方便。

影响单元系固相烧结过程的因素有烧结时间、烧结温度、粉末性能、压制压力等。

(1) 烧结时间与烧结温度的影响

单元系烧结的主要机制是扩散与流动，它们与烧结时间和温度有着极为重要的关系。如图 4.11 所示的模型描述了粉末烧结时二维颗粒接触面孔隙的变化。图 4.11(a)表示粉末压坯中，颗粒间原始点的接触；图 4.11(b)表示在较低温度下烧结，颗粒表面原子的扩散和表面张力所产生的应力，使物质向接触点流动，接触逐渐扩大为面，孔隙相应缩小；图 4.11(c)表示高温烧结后，接触面长大，孔隙继续缩小并趋近于球形。

无论是扩散还是流动，温度升高后，过程均可大大加快。因单元系烧结是原子的自扩

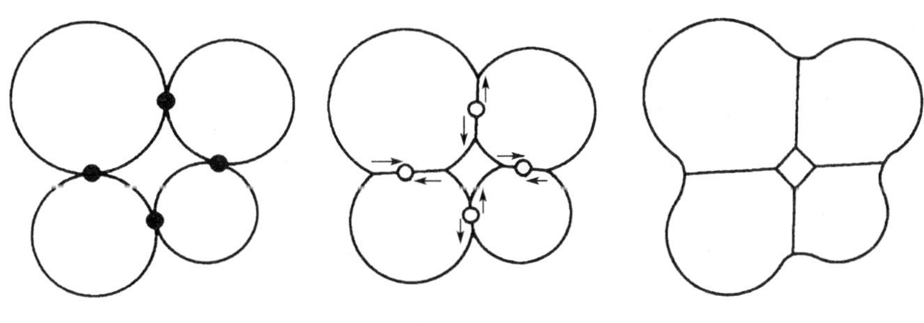

图 4.11　烧结过程中颗粒间接触的变化过程模型

散过程，在温度较低，如低于再结晶温度时，扩散过程很缓慢，颗粒间黏结面的扩大有限。只有升至再结晶温度以上时，自扩散和塑性流动都加快，烧结才会明显进行。如果流动是一种塑性流动，温度升高使材料的屈服强度极限降低更快，所以温度升高也是有利的。

烧结时间一般是指烧结温度下的保温时间。当确定烧结温度后，增加烧结时间，烧结坯性能提高。但烧结时间的影响力度远不及温度大，在烧结保温初期密度迅速增大。实验中发现，烧结温度每提高 55℃，对致密化程度的影响需延长烧结时间几十或几百倍才能获得。在一般情况下，考虑到生产率因素，大多数采用适当提高烧结温度和尽可能缩短烧结时间的工艺来保证制品的性能要求。只有当烧结温度给烧结装备或操作带来困难时，才采取延长烧结时间的办法来实施。

（2）粉末性能的影响

制取金属粉末的条件往往能预先决定粉末烧结时的行为。颗粒大小、粒度组成、粉末颗粒的表面状态、氧化物的含量和晶体结构缺陷等这些因素都取决于生产粉末的条件，同样，这些因素对烧结时的密度和性能变化有重要的影响。

从粉末烧结的生产实践中可知，细粉末烧结时有较大的收缩。颗粒的大小除了影响烧结体密度的变化外，还可以决定烧结体的其他性能。实验证明，在压坯密度相同时，如果粉末分散度越高，其力学性能和电学性能就越高，这是因为颗粒间接触充分且颗粒间被填满，和孔隙的平直化进行的比较激烈的缘故。

用还原法生产粉末的还原条件对烧结体的强度和密度变化有较大影响。例如铁粉，用氢还原铁粉氧化物的温度越低，粉末的比表面就越大，氧化物的含量越高，烧结时密度的变化也就越大。在烧结体密度相同的情况下，当采用比表面大的粉末烧结时，烧结体的强度就越高。粉末还原温度相同时，随着研磨强度的提高以及相应粉末的比表面的增加，烧结体的收缩性能和力学性能也会提高。

粉末的退火也会引起烧结体密度的变化，这是因为退火使得粉末颗粒凹凸不平直化，颗粒相互接合且晶体结构缺陷得到愈合，因而降低了烧结时的收缩。因此，粉末的预先退火是控制烧结收缩的一种方法。

（3）压制压力的影响

压制压力对烧结过程的影响主要表现在压制密度、压制残余应力、颗粒表面氧化膜的变形或破坏以及压坯孔隙中气体等作用上。压制压力越大，烧结收缩越小，即由生坯密度到烧结体密度的变化越小，但是生坯密度高的压坯，其烧结体密度也高。而在压制压力很高时，由于内应力急剧消除以及高压时密度本来就很高，所以烧结时密度反而降低。残余应力有时只在烧结的低温阶段对收缩有影响，因为高温收缩前，内应力已消除。

此外，材料的各种界面能与自由表面能、扩散系数、黏性系数、临界剪切应力、蒸气压和蒸发速率、点阵类型与晶体形态以及异晶转变等都会对烧结造成一定的影响；各种烧结条件，如烧结气氛、烧结加热方式等也会影响烧结过程及烧结体的性能。

2. 多元系固相烧结

粉末冶金烧结中除了单元系烧结外，大多数材料都是由两种或两种以上固体物料混合成的多元系的烧结。多元系固相烧结是两种组元以上的粉末体系在其中低熔组元的熔点以下温度进行的粉末烧结，烧结过程中也没有液相出现。

多元系固相烧结比单元系固相烧结复杂得多，除了发生单元系固相烧结所发生的现象外，还由于组元之间的相互影响和作用，发生一些其他现象。所以多元系烧结除了通过烧结要达到致密化外，还要获得所要求的相或组织均匀的组成物。扩散、合金均匀化是缓慢的过程，通常比完成致密化需要更长的烧结时间。

4.9.3 液相烧结

具有两种或多种组分的金属粉末或粉末压坯在液相和固相同时存在的状态下进行的粉末烧结，称为液相烧结。此时，烧结温度高于烧结体中低熔成分或低熔共晶的熔点。由于物质液相迁移比固相扩散要快得多，烧结体的致密化速度和最终密度均大大提高。液相烧结工艺已广泛用来制造各种烧结合金零件、电接触材料、硬质合金和金属陶瓷等。

根据烧结过程中固相在液相中的溶解度不同，液相烧结可分为 3 种类型。

(1) 固相不溶于液相或溶解度很小，称为互不溶系液相烧结。如 W-Cu，W-Ag 等假合金以及 Al_2O_3-Cr，Al_2O_3-Cr-Co-Ni，Al_2O_3-Cr-W，BeO-Ni 等氧化物-金属陶瓷材料的烧结。

(2) 固相在液相中有一定的溶解度，在烧结保温期间，液相始终存在，称为稳定液相烧结。如 Cu-Pb，W-Cu-Ni，WC-Co，TiN-Ni 等材料的烧结。

(3) 因液相量有限，又因固相大量溶入而形成固溶体或化合物，使得在烧结保温后期液相消失，这类液相烧结称为瞬时液相烧结。如 Fe-Cu($<10\%$)，Fe-Ni-Al，Ag-Ni，Cu-Sn 等混合粉末材料的烧结。

液相烧结过程大致可分为 3 个阶段：

(1) 液相生成和颗粒重排

当液相生成后，因液相润湿固相，并渗入颗粒间隙，如果液相量足够，固相颗粒将完全被液相包围而近似于悬浮状态，在液相表面张力作用下发生位移、调整位置，从而达到最紧密的排列。在这一阶段，烧结体密度增加迅速。

(2) 固相溶解和析出

固相颗粒大小不同、表面形状不规整、颗粒表面各部位的曲率不同，溶解于液相的平衡浓度不相等，由浓差引起颗粒之间和颗粒不同部位之间的物质迁移也就不一致。小颗粒或颗粒表面曲率大的部位溶解较多，另一方面，溶解的物质又在大颗粒表面或有负曲率的部位析出。结果是固相颗粒外形逐渐趋于球形或其他规则形状，小颗粒逐渐缩小或消失，大颗粒长大，颗粒更加靠拢。但因在此阶段充分进行之前，烧结体内气孔已基本消失，颗粒间距已很小，故致密化速度显著减慢。

(3) 固相骨架形成

液相烧结经过上述两阶段后，固相颗粒相互靠拢，颗粒间彼此黏结形成骨架，剩余的液相充填于骨架的间隙。此时以固相烧结为主，致密化速度显著减慢，烧结体密度基本不变。

4.9.4　活化烧结

采用化学和物理的措施，使烧结温度降低，烧结过程加快，或使烧结体的密度和其他性能得到提高的方法称为活化烧结。活化烧结从方法上可分为两种基本类型：一是靠外界因素活化烧结过程，包括在气氛中添加活化剂、向烧结填料添加强还原剂、周期性地改变烧结温度、施加外应力等；二是提高粉末的活性，使烧结过程活化。活化烧结具体的操作方法有：

(1) 将坯体适当的预氧化；

(2) 在坯体中添加适量的合金元素；

(3) 在烧结气氛或填料中添加适量的水分或少量的氯、溴、碘等气体；

(4) 附加适当的压力、机械或电磁振动、超声辐射等。

活化烧结所使用的附加方法一般成本不高，但效果显著。活化烧结因烧结对象不同而异，多靠数据积累，实践经验总结，尚无系统理论，继续探索和利用活化烧结技术，对粉末冶金烧结具有十分重要的意义。

4.10　烧结气氛与烧结炉

4.10.1　烧结气氛

烧结气氛用来控制压坯与环境之间的化学反应和清除润滑剂的分解产物，基本要求是保证制品加热时不受氧化。此外还要求制品与气氛相互作用时不至于形成会使烧结体性能恶化的化合物。具体地，烧结气氛产生的作用有：

(1) 防止或减少周围环境对烧结产品的有害反应，如氧化、脱碳等。

(2) 排除有害杂质，如吸附气体、表面氧化物或内部夹杂，以提高烧结的动力，加快烧结速度，改善制品的性能。

(3) 维持或改变烧结材料中的有用成分，这些成分常常能与烧结金属生成合金或活化烧结过程，例如烧结钢的碳控制、渗氮和预氧化烧结等。

目前，工业使用的烧结气氛主要有氢气、分解氨气、吸热或放热型气体以及真空。近 20 年来，氮气和氮基气体的使用日渐广泛，它们适用于大多数粉末零件的烧结，如 Fe，Cu，Ni 和 Al 基材料等。纯氮中的氧极低，水分可减少至露点 −73℃，是一种安全而价廉的惰性气体，而且可根据需要添加少量氢及有渗碳或脱碳作用的其他成分，使其适用范围更加广泛。

4.10.2　烧结炉

烧结炉按加热方式可分为气体加热式和电加热式。电加热式有用电阻丝加热的间接加热、直接通电加热、碳管电阻加热与高频感应加热等形式。一般认为气体加热是经济的，但电加热式更容易调节，可控性好。另外，根据粉末压坯进行烧结的要求和烧结炉的工作原理，可以把烧结炉分为间歇式烧结炉和连续式烧结炉两大类，这也是最常用的分类方法。图 4.12 所示为两种不同类型的烧结炉。

(a) 高温推杆炉

(b) 网带炉

图 4.12　烧结炉

1. 间歇式烧结炉

间歇式烧结炉有坩埚炉、钟罩式炉、箱形炉、半马弗炉、碳管电阻炉、各种高频感应炉等，下面以钟罩式炉、半马弗炉以及真空烧结炉为例介绍典型的间歇式烧结炉。

钟罩式烧结炉由底座、工件支承器、内罩和圆筒形外罩组成。圆形外罩实际上是一个在内表面上装加热元件的炉壳。钟罩与底盘的密封联结可以依靠专门的砂封来实现。钢制钟罩的凸边放在砂封装置中。在钟罩内的炉底上放置烧结制品。保护气体经过炉底的中心通入，通过烧结室底部的套管逸出。钟罩的加热由分布在陶瓷壳体内表面上的加热元件来进行，加热元件围住了组成烧结室的钢制钟罩。陶瓷壳体是可卸式的，在烧结保温结束后，可以被转到另一个预热过的炉子上加热。这样就可以缩短第一个炉子的冷却时间，并且可以加快第二个炉子的加热过程。如果在炉内装有可以在烧结过程中对烧结件进行加压的装置，则可进行加压烧结。

半马弗炉是一种最有用的高温烧结炉，实际上是一种半连续烧结炉，通常称之为“钼丝炉”。炉体中央为刚玉管，其外侧直接缠绕钼丝作发热体，用纯刚玉粉作为保温材料，在使用时通氢气作保护气氛。零件放在烧舟中，采用推杆运送烧舟和零件，烧结温度可达 1 450℃。

真空烧结炉可以采用高频或工频加热，也可采用石墨或 Mo，W，Ta 等高熔点材料加热。采用石墨作加热元件，最高温度可达到 3 000℃，但高于 1 800℃时，碳的蒸气压明显增高，有时会对产品质量有影响。以高熔点金属作为加热元件的电阻炉使用温度多在 1 300℃以上，如 Mo 为 1 750℃，Ta 为 2 500℃，W 为 2 800℃。在真空烧结时，注意不要使炉内压力低于烧结合金中组分的蒸气压，以免合金组分贫化，例如烧结不锈钢应防止铬的蒸发，烧结硬质合金应防止钴的蒸发。真空系统炉体等必须保持良好的气密性，因此炉的功能复杂和设备费用较高，并且真空烧结连续化实现比较困难。

2. 连续式烧结炉

连续式烧结炉是为大批量生产而设计的，具有产品质量均一、节省烧结费用、容易大量生产、热效率良好、炉材与发热体费用低且寿命长、峰值电力小等优点。其缺点是不适于小量生产，变更作业条件不便，只能进行单一烧结作业，并且保护气氛气体使用量很大。

典型的连续式烧结炉有 4 个温度带：预热带（或称润滑剂烧除带）、高温带、缓冷带（或称过渡带）和最终冷却带。根据烧结材料不同，采用氢气或分解氨等还原性气氛，并要控制炉内气氛的露点和碳势。

(1) 预热带

预热带的作用是烧除零件生坯内的润滑剂，所以也称润滑剂烧除带。压制过程中用的润滑剂包括硬脂酸锌、硬脂酸锂、阿克蜡和石蜡等。这些润滑剂的熔化温度较低，因此一般预热带的温度不必很高。但是，随着生坯密度增大及零件横截面积的增大，烧除润滑剂将会变得越来越困难。因此，实际的最高预热带温度设定在 1 010℃。预热带的长度一般为高温带的 100%～500%，以保证生坯以适当的速度通过预热带。生坯通过预热带的速度过快，即升温速度过快，使生坯内的润滑剂迅速液化及气化，来不及排除，可能会造成零件表面起泡和表层的高孔隙度。

为了加快润滑剂的烧除过程，可以通入湿 N_2，因为露点高的气氛会加速润滑剂烧除过程。可以先将 N_2 导入一个被加热的密闭水箱，然后将这种带有一定水汽的 N_2 通入炉内预热带。

(2) 高温带

高温带的作用是烧结粉末压坯，使粉末颗粒相互冶金结合，压坯体积收缩，零件密度增大。高温带的加热制度必须保证严格控制，应当能保证在合理的时间内将零件压坯加热到烧结温度，并有足够的保温时间，使粉末颗粒能够充分地扩散结合与扩散合金化。在较大的烧结炉中，加热区长达 3m 或更长，因此应分成几个小区，分别对各个小区进行控制。烧结铁基零件的烧结炉最高烧结温度一般为 1 180℃，如果用 Ni/Cd 含量高的加热元件，烧结温度可达 1 300℃。

根据总的零件加热横截面积和网带的承载能力确定高温带的长度。一般地，高温带的长度为预热带的 1～2 倍。

(3) 缓冷带

缓冷带的主要作用是缓冲烧结压坯内的热应力，同时在压坯内还可能发生一些显微组织的变化。

(4) 最终冷却带

最终冷却带的作用是将粉末压坯在烧结气氛中冷却到不被氧化的低温，因此应保证充满保护气氛的冷却带足够长，以确保零件出炉后接触空气也不被氧化。冷却带通常的设计是由 600mm 长的绝热区和一个水冷套区组成。在水冷套中的冷却水，通过热交换冷却烧结的粉末零件。水冷套中的水一般是循环的，以防止热交换使冷却水的温度过高。另外，冷却水的最低温度也必须控制，以避免水在冷却带冷凝。

4.11　制品检测

制品的检测主要包括表面检测和内部检测。

4.11.1 表面检测

（1）外观

目视检测外观，在国内实施的比较少，但却是国际上非常重视的无损检测第一阶段首要方法。按照国际惯例，首先要进行目视检测，以确认不会影响后面的检验，再接着做四大常规检验。例如BINDT的PCN认证，就有专门的VT1，VT2，VT3级考核，更有专门的持证要求。VT常常用于目视检查焊缝，焊缝本身有工艺评定标准，都是可以通过目测和直接测量尺寸来做初步检验，若发现咬边等不合格的外观缺陷，就要先打磨或者修整，之后才做其他深入的仪器检测。例如焊接件表面和铸件表面利用VT的比较多，而锻件就很少，并且其检查标准是基本相符的。

（2）尺寸

三坐标测量仪是指在一个六面体的空间范围内，能够表现几何形状、长度及圆周分度等测量能力的仪器，又称为三坐标测量机或三坐标量床（图4.13）。三坐标测量仪又可定义为“一种具有可作三个方向移动的探测器，可在三个相互垂直的导轨上移动，此探测器以接触或非接触等方式传递讯号，三个轴的位移测量系统经数据处理器或计算机等计算出工件的各点（x，y，z）及各项功能测量的仪器”。三坐标测量仪的测量功能应包括尺寸精度、定位精度、几何精度及轮廓精度等。

图4.13 三坐标测量仪

齿轮测量仪是一种中规格齿轮测量仪，可测量渐开线圆柱齿轮的齿廓偏差、螺旋线偏差、齿距偏差、径向跳动，以及剃齿刀、插齿刀的齿廓偏差、齿距偏差、径向跳动（图4.14）。

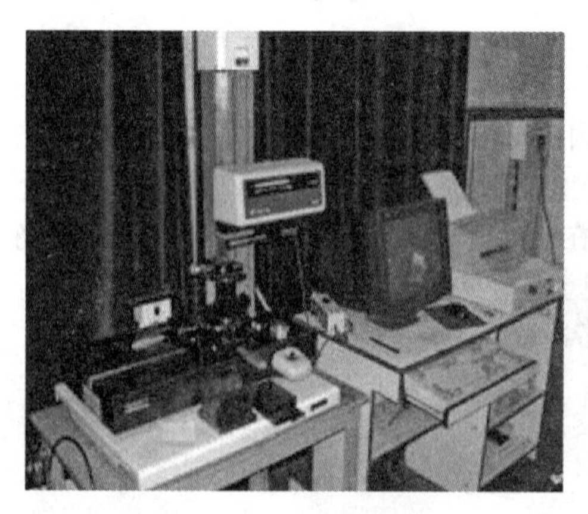

图4.14 齿轮测量仪

图4.15 显微硬度计

（3）硬度

显微硬度计是光机电一体化的硬度测量仪器，造型新颖，具有良好的可靠性、可操作性和直观性（图 4.15）。它是精密机械技术和光电技术的新型机种，通过增加压头或更换压头后可作为显微维氏和洛氏硬度测试。采用计算机软件编程，光学测量系统以保证精准测试。

（4）强度

拉伸试验机是集电脑控制、自动测量、数据采集、屏幕显示、试验结果处理为一体的新一代力学检测设备（图 4.16）。拉伸试验机广泛应用于计量质检、橡胶塑料、冶金钢铁、机械制造、电子电器、汽车生产、纺织化纤、电线电缆、包装材料和食品、仪器仪表、医疗器械、民用核能、民用航空、建材陶瓷、石油化工等多个行业。拉伸夹具作为仪器的重要组成部分，不同的材料需要不同的夹具，也是试验能否顺利进行及衡量试验结果准确度高低的一个重要因素。拉力试验机普遍应用于各类五金、金属、橡塑胶、鞋类、皮革、服装、纺织、绝缘体、电线、电缆、端子等各类材料，测试其拉伸、撕裂、剥离、抗压、弯曲等性能，用途普遍。拉伸试验机有电子式、液压式和电液伺服式。

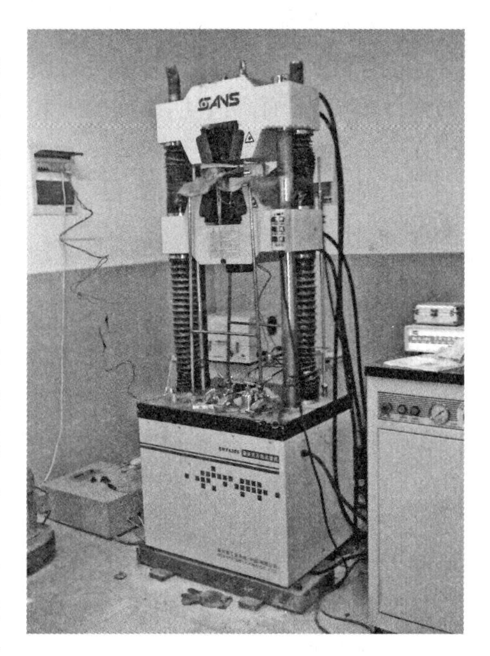

图 4.16　拉伸试验机

4.11.2　内部检测

内部检测多借助无损检测方式，在不损害或不影响被检测对象使用性能，不伤害被检测对象内部组织的前提下，利用材料内部结构异常或缺陷引起的热、声、光、电、磁等反应的变化，以物理或化学方法为手段，借助现代化的技术和设备器材，对试件内部及表面的结构、性质、状态及缺陷的类型、性质、数量、形状、位置、尺寸、分布及其变化进行检查和测试。

无损检测已不再是仅仅使用 X 射线，声、电、磁、电磁波、中子、激光等各种物理现象几乎都被用于无损检测，例如：超声检测、涡流检测、磁粉检测、射线检测、渗透检测、红外检测、微波检测、泄漏检测、声发射检测、漏磁检测、磁记忆检测、热中子照相检测、激光散斑成像检测、光纤光栅传感技术，等等。目前，还在不断地开发和应用新的方法和技术。

1. 无损检测的特点

（1）非破坏性

非破坏性是指在获得检测结果的同时，剔除不合格品外，不损失零件。因此，检测规模不受零件多少的限制，既可抽样检验，又可在必要时采用普检。因而，更具有灵活性和可靠性。

（2）互容性

互容性即指检验方法的互容性，即同一零件可同时或依次采用不同的检验方法，而且又可重复地进行同一检验。这也是非破坏性带来的好处。

(3) 动态性

动态性是指无损探伤方法可对使用中的零件进行检验，而且能够适时考察产品运行期的累计影响，因而，可查明结构的失效机理。

(4) 严格性

无损检测需要专用仪器、设备，同时也需要专门训练的检验人员，按照严格的规程和标准进行操作。

(5) 分歧性

不同的检测人员对同一试件的检测结果可能有分歧。特别是在超声波检验时，同一检验项目要由两个检验人员来完成，即需要"会诊"。

2. *无损检测的形式*

无损检测方法很多，本节主要介绍在实际应用中比较常见的几种。

(1) 射线照相法

射线照相法(RT)是指用X射线或γ射线穿透试件，以胶片作为记录信息器材的无损检测方法。该方法是最基本、应用最广泛的一种非破坏性检验方法。射线能穿透肉眼无法穿透的物质使胶片感光，当X射线或γ射线照射胶片时，与普通光线一样，能使胶片乳剂层中的卤化银产生潜影，由于不同密度的物质对射线的吸收系数不同，照射到胶片各处的射线强度也就会产生差异，便可根据暗室处理后的底片各处黑度差来判别缺陷。

总的来说，RT的定性更准确，有可供长期保存的直观图像，但总体成本相对较高，而且射线对人体有害，检验速度较慢。

(2) 超声波检测法

通过超声波与试件相互作用，就反射、透射和散射的波进行研究，对试件进行宏观缺陷检测、几何特性测量、组织结构和力学性能变化的检测和表征，并进而对其特定应用性进行评价的技术。

超声波检测适用于金属、非金属和复合材料等多种试件的无损检测，可对较大厚度范围内的试件内部缺陷进行检测。如对金属材料，可检测厚度为1～2mm的薄壁管材和板材，也可检测几米长的钢锻件。缺陷定位较准确，对面积型缺陷的检出率较高；灵敏度高，可检测试件内部尺寸很小的缺陷；检测成本低、速度快，设备轻便，对人体及环境无害，现场使用较方便。但对具有复杂形状或不规则外形的试件进行超声检测有困难，且缺陷的位置、取向和形状以及材质和晶粒度都对检测结果有一定影响，检测结果也无直接见证记录。

(3) 磁粉检测法

铁磁性材料和工件被磁化后，由于不连续性的存在，工件表面和近表面的磁力线发生局部畸变而产生漏磁场，吸附施加在工件表面的磁粉，形成在合适光照下目视可见的磁痕，从而显示出不连续性结构的位置、形状和大小。

磁粉探伤适用于检测铁磁性材料表面和近表面尺寸很小、间隙极窄目视难以看出的不连续性；也可对原材料、半成品、成品工件和在役的零部件检测；还可对板材、型材、管材、棒材、焊接件、铸钢件及锻钢件进行检测，可发现裂纹、夹杂、发纹、白点、折叠、冷隔和疏松等缺陷。但磁粉检测不能检测奥氏体不锈钢材料和用奥氏体不锈钢焊条焊接的焊缝，也不能检测Cu, Al, Mg, Ti等非磁性材料。对于表面浅的划伤、埋藏较深的孔洞和与工件表面夹角小于20°的分层和折叠难以发现。

(4) 渗透检测法

零件表面被施涂含有荧光染料或着色染料的渗透剂后，在毛细管作用下，经过一段时间，渗透液可以渗透进表面开口缺陷中，经去除零件表面多余的渗透液后，再在零件表面施涂显像剂，同样，在毛细管的作用下，显像剂将吸引缺陷中保留的渗透液，渗透液回渗到显像剂中，在一定的光源下(紫外线光或白光)，缺陷处的渗透液痕迹被检测，从而探测出缺陷的形貌及分布状态。

渗透检测可检测各种金属、非金属材料，磁性、非磁性材料，同时可用于焊接、锻造、轧制等加工方式成型的材料，具有较高的灵敏度，同时显示直观、操作方便、检测费用低。但它只能检出表面开口的缺陷，不适于检查多孔性疏松材料制成的工件和表面粗糙的工件；只能检出缺陷的表面分布，难以确定缺陷的实际深度，因而很难对缺陷做出定量评价，检出结果受操作者的影响也较大。

(5) 涡流检测法

将通有交流电的线圈置于待测的金属板上或套在待测的金属管外，这时线圈内及其附近将产生交变磁场，使试件中产生呈旋涡状的感应交变电流，称为涡流。涡流的分布和大小，除与线圈的形状、尺寸、交流电流的大小和频率等有关外，还取决于试件的电导率、磁导率、形状、尺寸与线圈的距离以及表面有无裂纹缺陷等。因而，在保持其他因素相对不变的条件下，用探测线圈测量涡流所引起的磁场变化，可推知试件中涡流的大小和相位变化，进而获得有关电导率、缺陷、材质状况和其他物理量(如形状、尺寸等)的变化或缺陷存在等信息。但由于涡流是交变电流，具有集肤效应，所检测到的信息仅能反映试件表面或近表面处的情况。

根据试件的形状和检测目的不同，可采用不同形式的线圈，通常有穿过式、探头式和插入式3种。穿过式线圈用来检测管材、棒材和线材，它的内径略大于被检物件，使用时使被检物体以一定的速度在线圈内通过，可发现裂纹、夹杂、凹坑等缺陷。探头式线圈适用于试件局部探测，应用时线圈置于金属板、管或其他零件上，可检查飞机起落撑杆内筒上和涡轮发动机叶片上的疲劳裂纹等。插入式线圈也称内部探头，放在管子或零件的孔内用做内壁检测，可用于检查各种管道内壁的腐蚀程度等。为了提高检测灵敏度，探头式和插入式线圈大多装有磁芯。涡流法主要用于生产线上的金属管、棒、线的快速检测以及大批量零件如轴承钢球、气门等的探伤(这时除涡流仪器外尚需配备自动装卸和传送的机械装置)、材质分选和硬度测量，也可用来测量镀层和涂膜的厚度。

涡流检测时线圈不需与被测物直接接触，可进行高速检测，易于实现自动化，但不适用于形状复杂的零件，而且只能检测导电材料的表面和近表面缺陷，检测结果也易受到材料本身及其他因素的干扰。

(6) 声发射检测法

通过接收和分析材料的声发射信号来评定材料性能或结构完整性的无损检测方法。材料中因裂缝扩展、塑性变形或相变等引起应变能快速释放而产生的应力波现象称为声发射。声发射检测主要用于检测在用设备、器件的缺陷即缺陷发展情况，以判断其良好性。

声发射技术的应用已较广泛。可以用声发射鉴定不同范性形变的类型，研究断裂过程并区分断裂方式，检测出小于0.01mm长的裂纹扩展，研究应力腐蚀断裂和氢脆，检测马氏体相变,评价表面化学热处理渗层的脆性,以及监视焊后裂纹产生和扩展等。在工业生产中,声发射技术已用于压力容器、锅炉、管道和火箭发动机壳体等大型构件的水压检验,评定缺陷的危险性等级,做出实时报警。在生产过程中,用 PXWAE 声发射技术可以连续监视高压容器、核反应堆容器和海底采油装置等构件的完整性。声发射技术还应用于测量固体火箭发动机火药的燃烧速度和研究燃烧过程,检测渗漏,研究岩石的断裂,监视矿井的崩塌,并预报矿井的安全性。

(7) 超声波衍射时差法

超声波衍射时差法(TOFD)技术于 20 世纪 70 年代由英国哈威尔的国家无损检测中心 Silk 博士首先提出,其原理源于 Silk 博士对裂纹尖端衍射信号的研究。在同一时期,中科院也检测出了裂纹尖端衍射信号,发展出一套裂纹测高的工艺方法,但并未发展成现在通行的 TOFD 检测技术。TOFD 要求探头接收微弱的衍射波时达到足够的信噪比,仪器可全程记录 A 扫波形、形成 D 扫描图谱,并且可用解三角形的方法将 A 扫时间值换算成深度值。而同一时期工业探伤的技术水平没能达到可满足这些技术要求的水平。直到 20 世纪 90 年代,计算机技术的发展使得数字化超声探伤仪发展成熟后,研制便携、成本可接受的 TOFD 检测仪才成为可能。但即便如此,TOFD 仪器与普通 A 超仪器之间还是存在很大技术差别,是一种依靠从待检试件内部结构的“端角”和“端点”处得到的衍射能量来检测缺陷的方法,用于缺陷的检测、定量和定位。

4.12 企业实例介绍

上海汽车粉末冶金有限公司隶属于上海汽车工业(集团)总公司,前身是成立于 1965 年的上海粉末冶金厂,是中国成立较早的粉末冶金制造厂家之一。其是上海市高新技术企业,通过了 ISO9001, QS9000, VDA6.1, TS16949 质量体系认证,通过了德国大众、上海大众、一汽大众 A 级供应商评审。公司主要生产汽车粉末冶金零件,是国内最大的汽车类粉末冶金零件制造和供应商之一,有超过 25 年汽车行业配套生产的经验,主要客户有:上海大众汽车有限公司、一汽大众汽车有限公司、上海通用汽车有限公司、上海汽车集团股份有限公司、奇瑞汽车有限公司、东风汽车有限公司、东风悦达起亚有限公司、长城汽车有限公司、哈飞汽车公司,配套产品涉及汽车发动机、变速箱、底盘、转向器、汽车空调、辅助刹车等多个系统。

思考题

(1) 粉末制备方法有哪些? 各有什么优缺点?

(2) 粉末冶金零件的质量如何检验?

第5章 铸造企业生产实习

5.1 实习目的与要求

(1) 使学生在课程理论知识学习的基础上，进一步了解铸造工艺的基本原理，熟悉铸造常用的机械设备及设备的组成和功能，认识铸造成型工艺及其制品的应用领域。

(2) 了解企业铸造成型设备或生产线车间的布局、特点、设备操作规范与要求，了解生产设备的维护技术，及实习单位具体制品在生产过程中的工艺技术特点和详细操作，并思考每一步工艺的优缺点及其改进的可能性。

5.2 概述

铸造是一种熔炼金属、制造铸型、并将熔融金属浇入铸型，凝固后获得具有一定形状、尺寸和性能的金属零件毛坯的成型方法，图 5.1 所示为几种铸造生产的零件产品，典型铸造生产线的示意图如图 5.2 所示。铸造毛坯因近乎成形，而达到免机械加工或少量加工的目的降低了成本，并在一定程度上减少了制作时间。铸造是现代装置制造工业的基础工艺之一。被铸金属有：Cu，Fe，Al，Sn，Pb 等，普通铸型的材料是原砂、黏土、水玻璃、树脂及其他辅助材料。特种铸造的铸型包括：熔模铸造、消失模铸造、金属型铸造、陶瓷型铸造等。

铸造是人类掌握比较早的一种金属热加工工艺，已有约 6 000 年的历史。我国在公元前 1700—公元前 1000 年间已进入青铜铸件的全盛期，工艺上已达到相当高的水平。

商朝的司母戊方鼎重 875kg，战国时期的曾侯乙尊盘，西汉的透光镜，都是古代铸造的代表产品。早期的铸件大多是农业生产、宗教、生活等方面的工具或用具，艺术色彩浓厚。那时的铸造工艺是与制陶工艺并行发展的，受陶器的影响很大。

(a) 工业管道、阀门、阀体、阀盖

(b) 耐热耐压管件

(c) 发动机悬置支架

(d) 缸体

图 5.1 铸造零件产品

在公元前 513 年,我国铸出的晋国铸型鼎,重约 270kg,是世界上最早见于文字记载的铸铁件。欧洲在公元 8 世纪前后也开始生产铸铁件。铸铁件的出现,扩大了铸件的应用范围。例如在 15—17 世纪,德、法等国先后敷设了不少向居民供饮用水的铸铁管道。18 世纪的工业革命以后,蒸汽机、纺织机和铁路等工业兴起,铸件进入为大工业服务的新时期,铸造技术开始有了大的发展。

进入 20 世纪,铸造的发展速度很快,其重要因素之一是产品技术的进步,要求铸件各种机械物理性能更好,同时仍具有良好的机械加工性能;另一个原因是机械工业和其他工业如化工、仪表等的发展,给铸造业创造了有利的物质条件。如检测手段的发展,保证了铸件质量的提高和稳定,并给铸造理论的发展提供了条件;电子显微镜等的发明,帮助人们深入到金属的微观世界,探查金属结晶的奥秘,研究金属凝固的理论,指导铸造生产。

(a) 壳型线

(b) HWS水平造型线

(c) 自动浇注机

图5.2　铸造生产线

5.3　铸造材料

5.3.1　铸铁

铸铁指含碳量在2%以上的铁碳合金。工业用铸铁一般含碳量为2.5%~3.5%。碳在铸铁中多以石墨形态存在,有时也以渗碳体形态存在。除碳外,铸铁中还含有1%~3%的Si,以及Mn, P, S等元素。合金铸铁还含有Ni, Cr, Mo, Al, Cu, B, V等元素。碳和硅是影响铸铁显微组织和性能的主要元素。铸铁可分为以下6种。

(1) 灰口铸铁

含碳量较高(2.7%~4.0%),碳主要以片状石墨形态存在,断口呈灰色,简称灰铁。熔点低(1 145℃~1 250℃),凝固时收缩量小,抗压强度和硬度接近碳素钢,减震性好。由于片状石墨存在,故耐磨性好。铸造性能和切削加工较好,用于制造机床床身、汽缸、箱体等结构件。其牌号以"HT"后面附一组数字表示,例如:HT200。

(2) 白口铸铁

白口铸铁中碳和硅的含量较低,碳主要以渗碳体形态存在,断口呈银白色。凝固时收缩大,易产生缩孔、裂纹。硬度高,脆性大,不能承受冲击载荷。多用作可锻铸铁的坯件和制作耐磨损的零部件。

(3) 可锻铸铁

由白口铸铁退火处理后获得，石墨呈团絮状分布，简称韧铁。其组织性能均匀，耐磨损，有良好的塑性和韧性。用于制造形状复杂、能承受强动载荷的零件。

(4) 球墨铸铁

将灰口铸铁铁水经球化处理后获得，析出的石墨呈球状，简称球铁。碳全部或大部分以自由状态的球状石墨存在，断口呈银灰色。比普通灰口铸铁有较高强度、较好韧性和塑性。其牌号以“QT”后面附两组数字表示，例如：QT400-18(第一组数字表示最低抗拉强度，第二组数字表示最低伸长率)。用于制造内燃机、汽车零部件及农机具等。

(5) 蠕墨铸铁

将灰口铸铁铁水经蠕化处理后获得，析出的石墨呈蠕虫状。力学性能与球墨铸铁相近，铸造性能介于灰口铸铁与球墨铸铁之间。用于制造汽车的零部件。

(6)合金铸铁件

普通铸铁加入适量合金元素获得。合金元素使铸铁的基体组织发生变化，从而具有相应的耐热、耐磨、耐蚀、耐低温或无磁等特性。用于制造矿山、化工机械和仪器、仪表等的零部件。

5.3.2 铸钢

铸钢是以铁和碳为主要元素的合金，含碳量0%～2%。铸钢又分为铸造碳钢、铸造低合金钢和铸造特种钢3类。

(1) 铸造碳钢

以碳为主要合金元素并含有少量其他元素的铸钢。含碳量小于0.2%的为铸造低碳钢，含碳量0.2%～0.5%的为铸造中碳钢，含碳量大于0.5%的为铸造高碳钢。随着含碳量的增加，铸造碳钢的强度增大，硬度提高。铸造碳钢具有较高的强度、塑性和韧性，成本较低，在重型机械中用于制造承受大负荷的零件，如轧钢机机架、水压机底座等；在铁路车辆上用于制造受力大又承受冲击的零件如摇枕、侧架、车轮和车钩等。

(2) 铸造低合金钢

含有Mn, Cr, Cu等合金元素的铸钢。合金元素总量一般小于5%，具有较大的冲击韧性，并能通过热处理获得更好的机械性能。铸造低合金钢比碳钢具有较优的使用性能，能减小零件质量，提高使用寿命。

(3) 铸造特种钢

为适应特殊需要而炼制的合金铸钢，品种繁多，通常含有一种或多种的高量合金元素，以获得某种特殊性能。例如，含Mn 11%～14%的高锰钢能耐冲击磨损，多用于矿山机械、工程机械的耐磨零件；以铬或铬镍为主要合金元素的各种不锈钢，用于在有腐蚀或650℃以上高温条件下工作的零件，如化工用阀体、泵、容器或大容量电站的汽轮机壳体等。

304, 316铸钢是目前应用最为广泛的不锈钢，是奥氏体铸钢，无磁性或弱磁性，430, 403, 410是奥氏体-铁素体不锈钢，有磁性。小型钢铸件有可能仅有10g，而大型钢铸件可达数吨，几十吨甚至数百吨。与锻钢部件相比，钢铸件的力学性能在各个方向相差不大，比锻钢零件占优。设计师在进行一些高科技产品的设计时必须在三个方向上考虑材料的性能，这样的就突出了铸件的优势。不用考虑重量、体积和一次所制量，钢铸件很容易做出复杂的形状和非应力集中部件。

5.3.3 有色金属

有色金属铸造主要有铝合金铸造，用金属铸造成型工艺直接获得零件的铝合金，铝合金铸件，该类合金的合金元素含量一般多于相应的变形铝合金的含量。

据主要合金元素差异可分为四类铸造铝合金。

(1) 铝硅系合金，也叫“硅铝明”或“矽铝明”。有良好铸造性能和耐磨性能，热胀系数小，在铸造铝合金中品种最多、用量最大的合金，含硅量在4%～13%。有时添加0.2%～0.6%镁的硅铝合金，广泛用于结构件，如壳体、缸体、箱体和框架等。有时添加适量的铜和镁，能提高合金的力学性能和耐热性。此类合金广泛用于制造活塞等部件。

(2) 铝铜合金，含铜4.5%～5.3%的合金强化效果最佳，适当加入锰和钛能显著提高室温、高温强度和铸造性能。主要用于制作承受大的动、静载荷和形状不复杂的砂型铸件。

(3) 铝镁合金，密度最小($2.55g/cm^3$)，强度最高(355MPa左右)的铸造铝合金，含镁12%，强化效果最佳。合金在大气和海水中的抗腐蚀性能好，室温下有良好的综合力学性能和可切削性，可用于制作雷达底座、飞机的发动机机匣、螺旋桨、起落架等零件，也可作装饰材料。

(4) 铝锌系合金，为改善性能常加入Si，Mg元素，常称为“锌硅铝明”。在铸造条件下，该合金有淬火作用，即“自行淬火”。不经热处理就可使用，以变质热处理后，铸件有较高的强度。经稳定化处理后，尺寸稳定，常用于制作模型、型板及设备支架等。

铸造铝合金具有与变形铝合金相同的合金体系，具有与变形铝合金相同的强化机理，主要的差别在于：铸造铝合金中合金化元素硅的最大含量超过多数变形铝合金中的硅含量。铸造铝合金除含有强化元素之外，还必须含有足够量的共晶型元素，以使合金有相当的流动性，易于填充铸造时铸件的收缩缝。

5.4 铸造模具

铸造模具是为获得合格零件的模型。普通手工造型常用木模型、塑料模型；机械造型多用金属模型，如：铝模型、铁模型；精密铸造用蜡模型；消失模用聚苯乙烯模型。铸造模具是为了获得零件的结构形状，预先用其他容易成型的材料做成零件的结构形状，然后再在砂型中放入模具，于是砂型中就形成了一个和零件结构尺寸一样的空腔，再在该空腔中浇注流动性液体，该液体冷却凝固之后就能形成和模具形状结构完全一样的零件。

5.4.1 模具材料

1. 砂型铸造材料

制造砂型的基本原材料是铸造砂和型砂黏结剂，最常用的铸造砂是硅质砂。若硅砂的高温性能不能满足使用要求时则使用锆英砂、铬铁矿砂、刚玉砂等特种砂。为使制成的砂型和型芯具有一定的强度，且在搬运、合型及浇注液态金属时不致变形或损坏，一般要在铸造中加入型砂黏结剂，将松散的砂粒黏结起来成为型砂。应用最广的型砂黏结剂是黏土，也可采用各种干性油或半干性油水溶性硅酸盐或磷酸盐和各种合成树脂作型砂黏结剂。

型砂和芯砂的质量直接影响铸件的质量，型砂质量不好会使铸件产生气孔、砂眼、黏砂、夹砂等缺陷。良好的型砂应具备下列性能：

(1) 透气性。高温金属液浇入铸型后，型内充满大量气体，这些气体必须由铸型内顺利排出去，型砂这种能让气体透过的性能称为透气性。铸型的透气性受砂的粒度、黏土含量、水分含量及砂型紧实度等因素的影响。砂的粒度越细、黏土及水分含量越高、砂型紧实度越高，透气性则越差。透气性差将会使铸件产生气孔、浇不足等缺陷。

(2) 耐火性。高温的金属液体浇进后对铸型产生强烈的热作用，因此型砂要具有抵抗高温热作用的能力，即耐火性。若造型材料的耐火性差，铸件易产生黏砂。型砂中 SiO_2 含量越多，型砂颗粒越大，耐火性越好。

(3) 可塑性。指型砂在外力作用下变形，去除外力后能完整地保持已有形状的能力。造型材料的可塑性好，造型操作方便，制成的砂型形状准确、轮廓清晰。

(4) 退让性。铸件在冷凝时，体积发生收缩，型砂应具有一定的被压缩的能力，称为退让性。型砂的退让性不好，铸件易产生内应力或开裂。型砂越紧实，退让性越差。在型砂中加入木屑等可以提高退让性。

(5) 强度。型砂抵抗外力破坏的能力称为强度。型砂必须具备足够高的强度才能在造型、搬运、合箱过程中不引起塌陷，浇注时也不会破坏铸型表面。型砂的强度也不宜过高，否则会因透气性、退让性的下降，使铸件产生缺陷。

2. 金属型铸造材料

金属型铸造材料多为模具钢材料(图 5.3)。模具钢是用来制造冷冲模、热锻模、压铸模等模具的钢种。模具是机械制造、无线电仪表、电机、电器等工业中制造零件的主要加工工具。模具的质量直接影响着压力加工工艺的质量、产品的精度产量和生产成本，而模具的质量与使用寿命除了靠合理的结构设计和加工精度外，主要受模具材料和热处理的影响。

对于模具钢的性能要求主要包括以下 5 个方面。

(1) 硬度

硬度是模具钢的主要技术指标，模具在高应力的作用下欲保持其形状尺寸不变，必须具有足够高的硬度。冷作模具钢在室温条件下一般硬度保持在 HRC60 左右，热作模具钢根据其工作条件，一般要求保持在 HRC40～HRC55 范围。对于同一钢种而言，在一定的硬度值范围内，硬度与变形抗力成正比；但具有同一硬度值而成分及组织不同的钢种之间，其塑性变形抗力可能有明显的差别。

图5.3 模具钢材料

在高温状态下工作的热作模具，要求保持其组织和性能的稳定，从而保持足够高的硬度，这种性能称为红硬性。碳素工具钢、低合金工具钢通常能在180℃～250℃的温度范围内保持这种性能，铬钼热作模具钢一般在550℃～600℃的温度范围内保持这种性能。钢的红硬性主要取决于钢的化学成分和热处理工艺。

(2) 强度

模具在使用过程中经常受到强度较高的压力和弯曲的作用，因此要求模具材料应具有一定的抗压强度和抗弯强度。在很多情况下，进行抗压试验和抗弯试验的条件接近于模具的实际工作条件，例如，所测得的模具钢的抗压屈服强度与冲头工作时所表现出来的变形抗力较为吻合。抗弯试验的另一个优点是应变量的绝对值大，能较灵敏地反映出不同钢种之间以及在不同热处理和组织状态下变形抗力的差别。

(3) 韧性

在工作过程中，模具承受着冲击载荷，为了减少在使用过程中折断、崩刃等形式的损坏，要求模具钢具有一定的韧性。

模具钢的化学成分、晶粒度、纯净度、碳化物和夹杂物等的数量、形貌、尺寸大小及分布情况，以及模具钢的热处理制度和热处理后得到的金相组织等因素都对钢的韧性带来很大的影响。特别是钢的纯净度和热加工变形情况对于其横向韧性的影响更为明显。钢的韧性、强度和耐磨性往往是相互矛盾的。因此，要合理地选择钢的化学成分并且采用合理的精炼、热加工和热处理工艺，以使模具材料的耐磨性、强度和韧性达到最佳的配合。

冲击韧性表特征材料在一次冲击过程中，试样在整个断裂过程中吸收的总能量。但是很多工具是在不同工作条件下疲劳断裂的，因此，常规的冲击韧性不能全面地反映模具钢的断裂性能。小能量多次冲击断裂功或多次断裂寿命和疲劳寿命等试验技术正在被采用。

(4) 耐磨性

决定模具使用寿命最重要的因素往往是模具材料的耐磨性。模具在工作中承受相当大的压应力和摩擦力，要求模具能够在强烈摩擦下仍保持其尺寸精度。模具的磨损主要是机械磨损、氧化磨损和熔融磨损三种类型。为了改善模具钢的耐磨性，既要保持模具钢有高的硬度，又要保证钢中碳化物或其他硬化相的组成、形貌和分布比较合理。对于重载、高速磨损条件下服役的模具，要求模具钢表面能形成薄而致密黏附性好的氧化膜，保持润滑作用，可减少模具和工件之间产生黏咬、焊合等熔融磨损，又能减少模具表面进行氧化造成的氧化磨损。所以模具的工作条件对钢的磨损有较大的影响。

(5) 热机械疲劳性能

热作模具钢在服役条件下除了承受载荷的周期性变化之外，还受到高温及周期性的急冷急热的作用。因此，评价热作模具钢的断裂抗力应重视材料的热机械疲劳断裂性能。热机械疲劳是一种综合性能的指标，它包括热疲劳性能、机械疲劳裂纹扩展速率和断裂韧性三个方面。

热疲劳性能反映材料在热疲劳裂纹萌生之前的工作寿命，抗热疲劳性能高的材料，萌生热疲劳裂纹的热循环次数较多；机械疲劳裂纹扩展速率反映材料在热疲劳裂纹萌生之后，在锻压力的作用下裂纹向内部扩展时，每一应力循环的扩展量；断裂韧性反映材料对已存在的裂纹发生失稳扩展的抗力。断裂韧性高的材料，其中的裂纹如要发生失稳扩展，必须在裂纹尖端具有足够高的应力强度因子，也就是必须有较大的裂纹长度。应力恒定的前提下，在一种模具中已经存在一条疲劳裂纹，如果模具材料的断裂韧性值较高，则裂纹必须扩展得更深，才能发生失稳扩展。

抗热疲劳性能决定了疲劳裂纹萌生前的寿命，而裂纹扩展速率和断裂韧性，可以决定当裂纹萌生后发生亚临界扩展的寿命。因此，热作模具若要获得高的寿命，模具材料应具备高的抗热疲劳性能、低的裂纹扩展速率和高的断裂韧性值。抗热疲劳性能的指标可以用萌生热疲劳裂纹的热循环数，也可以用经过一定的热循环后所出现的疲劳裂纹的条数及平均的深度或长度来衡量。

5.4.2 模具设计

模具设计主要过程主要包括如下5步。

(1) 对所设计模具的产品进行可行性分析，首先将各组件产品图纸利用设计软件进行组立分析，即工作中的套图，确保在模具设计之前各产品图纸的正确性，另一方面可以熟悉各组件在整个机箱中的重要性，以确定重点尺寸。

(2) 在产品分析之后，分析其采用什么样的模具结构并排工序，确定各工序加工内容，利用设计软件进行产品展开。对产品从后续工程向前展开，若这一步完成得好，将在绘制模具图中节省很多时间。对每一工程所冲压的内容确定好后，包括在成型模中，保留产品材料厚度的内外线，用以确定凸凹模尺寸。对于产品展开的方法在这里不再详细说明。

(3) 备料。按产品展开图进行备料，按照图确定模板尺寸，包括各固定板、卸料板、凸凹模、镶件等，直接在产品展开图中备料对画模具图有很大好处，以组图的形式表述，一方面可以完成备料，另一方面，在模具各配件的工作中可以省去很多工作，因为在绘制各组件的工作中只需在备料图纸中加入定位、销钉、导柱、螺丝孔即可。

(4) 在备料完成后，即可全面进入模具图的绘制，在备料图纸中再制一份出来，进行各组件的绘制，如加入螺丝孔、导柱孔、定位孔等孔位，以及在冲孔模中各种孔需线切割的穿丝孔。在成型模中，不要忘记上下模的成型间隙，所有这些工作完成后一个产品的模具图已完成了80%左右。另外，在绘制模具图的过程中需注意：各工序，如钳工划线、线切割等不同的加工工序都要完整制作好图层，这样对线切割及图纸管理有很大的好处，如颜色的区分等;尺寸的标注也是一个非常重要的工作。

(5) 在以上图纸完成之后,仍不能发行图纸,还需对模具图纸进行校对,将所有配件组立,对每一块不同的模具板制作不同的图层,并以同一基准如导柱孔等进行模具组立分析,并将各工序产品展开图套入组立图中,确保各模板孔位一致以及折弯位置的上下模间隙配合正确。

5.4.3　模具成型

1. 砂型铸造模具

砂型铸造用的是最广泛和最简单类型的铸件,已沿用几个世纪。砂型铸造用来制造大型部件,如灰铸铁、球墨铸铁、不锈钢和其他类型钢材等。

(1) 制图

传统方法是取得铸造图纸然后把图纸送往铸造厂。这一过程可以在报价中完成。如今,越来越多的客户及铸造厂商使用电脑辅助设计。

(2) 制模

在砂型铸造中,模具是使用木头或者其他金属材料制成的。在这个过程中,要求工程师设计的模具尺寸略大于成品,其中的差额称为收缩余量。目的是熔化金属向模具作用以确保熔融金属凝固和收缩,从而防止在铸造过程中的空洞。通过把树脂砂粒置于模具中,以形成内部表面的铸件,因此芯与模具之间的空隙最终成为铸造模具。

2. 金属铸造模具

(1) 模具机加工

模具机加工是指成型和制坯工具的加工,也包括剪切模和模切模具。通常情况下,模具由上模和下模两部分组成。将钢板放置在上下模之间,在压力机的作用下实现材料的成型,当压力机打开时,就会获得由模具形状所确定的工件或去除相应的废料。小至电子连接器,大至汽车仪表盘的工件都可以用模具成型。级进模是指能自动的把加工工件从一个工位移动到另一个工位,并在最后一个工位得到成型零件的一套模具。模具加工工艺包括:裁模、冲坯模、复合模、挤压模、四滑轨模、级进模、冲压模、模切模具等。

(2) 热处理

热处理能提高材料的机械性能,消除残余应力并改善金属的切削加工性。按照热处理不同的目的,热处理工艺可分为两大类:预备热处理和最终热处理。预备热处理的目的是改善加工性能、消除内应力和为最终热处理准备良好的金相组织,其热处理工艺有退火、正火、时效、调质等。最终热处理的目的是提高硬度、耐磨性和强度等力学性能。

(3) 表面处理

模具在工作中除了要求具有足够高的强度和韧性外,其表面性能对其工作性能和使用寿命至关重要。这些表面性能指:耐磨损性能、耐腐蚀性能、摩擦系数、疲劳性能等。这些性能的改善,单纯依赖基体材料的改进和提高是非常有限的,也是不经济的,而通过表面处理技术,往往可以收到事半功倍的效果,这也正是表面处理技术得到迅速发展的原因。模具的表面处理技术,是通过表面涂覆、表面改性或复合处理技术,改变模具表面的形态、化学成分、组织结构和应力状态,以获得所需表面性能的系统工程。按表面处理的方式可分为化学方法、物理方法、物理化学方法和机械方法。虽然提高模具表面性能的新处理技术不断涌现,但在模具制造中应用较多的主要是渗氮、渗碳和硬化膜沉积。渗氮工艺有气体渗氮、离子渗氮、液体渗氮等方式,每一种渗氮方式中,都有若干种渗氮技术可以适应不同钢种不同工件的要求。由于渗氮技术可形成性能优良的表面,并且渗氮工艺与模具钢的淬火工艺有良好的协调性,同时渗氮温度低,渗氮后不需激烈冷却,模具的变形极小,因此模具的表面强化采用渗氮技术较早,也是应用最广泛的。

5.5 铸造方案设计

铸造工艺方案设计,是整个铸造工艺及工装设计中最基本而又最重要的部分之一。正确的铸造工艺方案,可以提高铸件质量,简化铸造工艺,提高劳动生产率。铸造工艺方案设计的内容主要有:铸造工艺方法的选择;铸件浇注位置及分型面的选择;铸件初加工基准面的选择;铸造工艺设计有关工艺参数的选择,型芯的设计等。

5.5.1 铸造工艺方法的选择

目前铸造方法的种类繁多,按生产方法可分为砂型铸造和特种铸造两大类,而砂型铸造按浇注时砂型是否经过了烘干又分为湿型、干型、表面干型和自硬型铸造。特种铸造可分为金属型铸造、压力铸造、低压铸造、离心铸造、壳型铸造,熔模铸造、陶瓷型铸造,等等。各种铸造方法都有其特点和应用范围,究竟应该采用哪一种方法,应根据零件特点、合金种类、批量大小、铸件技术要求的高低以及经济性加以综合考虑。

1. 零件结构特点

零件的结构特点主要包括铸件的壁厚大小、形状及重量大小等,应根据不同铸件的结构特点选择合适的铸造工艺方法。

(1) 砂型铸造的特点

① 由于内部砂芯、活块模样、气化模及其他特殊的造型技术等有利条件,可以生产结构形状比较复杂的铸件。

② 铸件的大小和重量几乎不受限制,铸件重量一般是几十克到几百千克。

③ 砂型铸造对铸件最小壁厚有一定限制。

(2) 熔模铸造的特点

① 可以铸出形状极为复杂的铸件,其复杂程度是任何其他方法难以达到的。虽然一个压型所能制出的熔模形状较简单,但可用几个压型分别制出复杂零件的不同部分,然后焊合在一起,组成复杂零件的熔模。

② 熔模铸造可铸出清晰的花纹、文字。

③ 能铸出孔的最小直径可达 0.5mm,铸件的最小壁厚为 0.3mm,但不宜铸造壁厚大的铸件。其比较适宜生产的铸件重量为几十克至几千克,但它能生产的铸件重量为几克至几十千克。

(3) 金属型铸造的特点

① 金属型铸造的铸件重量范围一般为0.1～135kg,个别可达225kg。

② 由于金属型的型腔是用机械加工方法制出的,所以铸件的结构形状不能很复杂,更应考虑从铸型中取出铸件的可能性。

③ 采用金属型芯时,也要考虑抽出型芯的可能性,因而铸件的结构多限于形状简单的型芯。

(4) 压力铸造的特点

① 由于压力铸造中金属液是在高速高压下充填铸型,所以,可以铸出形状复杂而壁薄的铸件。许多由重力(砂型、金属型)铸造无法生产的铸件,大多数可以采用压铸。

② 压铸工艺比较适宜生产小而壁薄、壁厚相差较小的铸件。最小的压铸件为0.002kg,铝合金压铸件为15～40kg,最大壁厚为12mm。

(5) 离心铸造的特点

最适合铸造各种旋转体形状的管、筒铸件。壁厚为4～125mm,长度不宜大于内径的15倍。

2. 合金种类

各种铸造工艺方法对铸件的合金种类有一定的限制。

(1) 任何可熔化的金属都能采用砂型铸造,最常用的金属是铸铁、铸钢、黄铜、青铜、铝合金和镁合金。

(2) 熔模铸造可以铸造任何合金,而对高熔点合金效果更为突出,飞机上的导向叶片等用不易加工的高熔点合金铸造,一般用熔模铸造工艺。不锈钢零件、工具等常用熔模铸造。

(3) 金属型铸造工艺比较适于铸造铝合金、镁合金及铜合金铸件。

(4) 目前适用于压铸工艺的合金有Zn, Al, Mg, Cu, Pb, Sn等六个合金系列,其中Al, Zn合金是应用最广泛的压铸合金。黑色金属由于熔点太高,因而压铸型的使用寿命低,通常不采用压铸成型。

3. 批量大小及交货期限

(1) 砂型铸造的生产批量不受限制,可用于成批、大量生产,也可用于单件生产。由于砂型铸造的生产准备周期较短,所以特别适于交货期限较短、批量不大的铸件生产。

(2) 熔模铸造的主要生产设备比较简单,对生产批量限制不大。但熔模铸造工艺工序较多,且需制作压型,故生产周期比砂型长。

(3) 金属型铸造需设计制造金属模型,一次投资较大,寿命长,对铝镁合金铸件可使用上千万次,故适用批量生产,批量少时不能充分发挥金属型铸造的潜力。金属型铸造周期长,对交货期短的任务难以满足。

(4) 压铸工艺设备投资大,压铸型的制造周期较长,成本高。但生产效率高,故仅适于成批大量生产。

4. 铸件技术要求

铸件的技术要求包括外观质量及内部质量要求,不同的铸造工艺方法能达到不同的水平。

(1) 砂型铸造的铸件在凝固冷却到室温后组织无层状结构,性能无方向性,其强度、韧性、刚度在各方向都相等,这一点对某些要求各方向性能均衡的铸件是十分重要的。砂型铸造中铸件凝固收缩受到的阻力较小,铸件内应力小。可采用冷铁等不同的铸型材料来调整和控制铸件的凝固过程，铸件内部缩孔缩松较少，内部质量易于得到保证。砂型铸造铸件尺寸精度较差，表面粗糙度较大。

(2) 熔模铸造没有分型面，由压型制出的熔模的披缝也被消除，也没有砂型铸造那样的起模合箱等操作，所以铸件尺寸精度较高，可达 CT5 级，表面粗糙度较小。熔模铸造的涡轮叶片的精度和粗糙度已达无需机械加工的要求。

(3) 金属型铸造的铸件尺寸精度和表面粗糙度优于砂型铸件。由于金属型传热迅速，所以铸件的晶粒较细。同时，凝固过程易于控制，使铸件形成顺序凝固，减少铸件缩孔和缩松。所有这些都使金属型铸件的强度得到提高，一般比砂型铸件高 20%以上。

(4) 压铸的显著优点是能生产精密铸件，压铸件的尺寸精度和表面粗糙度均优于金属型铸件，尺寸精度达 CT4 级，表面粗糙度 Ra 可达 0.8μm。大多数压铸件无需机械加工即可直接使用。压铸件晶粒细小、强度较高。压铸件主要缺陷之一是气孔。气孔的存在，不但降低了压铸件的力学性能(特别是伸长率)和气密性，同时也不能对其进行焊接和热处理，因此，需经热处理强化的合金不能压铸。

5. 经济分析

铸造工艺方法对铸件成本的影响是不言而喻的。而对哪一类铸件采用什么工艺最有效、最经济是很复杂的问题，需对各种工艺方法进行比较、分析。

当铸件批量小时，砂型铸造费用最低。砂型铸造一般是所有铸造方法中费用最低的一种，它的成本几乎只有熔模铸造的 1/10，尤其是单件或少量生产时。从成本考虑，生产单件大型铸件砂型铸造是唯一的方法。当铸件批量大时，压力铸造的综合费用较低。选择铸造工艺方法时，除从以上几方面综合考虑，还需根据铸件的具体情况进行分析，选择一种合适的工艺方法。

5.5.2 造型

1. 造型方法的选择

造型是砂型铸造的最基本工序，通常分为手工造型、制芯和机器造型、制芯。手工造型和制芯使用的工艺装备简单，灵活多样，适应性强，所以广泛应用于单件或小批量生产中，特别是重型、复杂铸件。机器造型和制芯生产率高，劳动强度低，铸件质量稳定，但是需要复杂的工艺装备，生产准备时间长，所以主要用于大批量生产。

2. 铸型种类的选择

砂型铸造的铸型主要分为湿型、干型、表面干型、自硬型四种。每种铸型的选择需要根据铸件重量、结构，质量要求，生产批量及车间生产条件等因素确定。

(1) 湿型。湿型是应用最广泛的一种铸型，一般优先采用湿型。湿型铸造法的基本特点是砂型无需烘干，不存在硬化过程，其主要优点是生产灵活性大，生产率高，生产周期短，便于组织流水生产，易于实现生产过程的机械化和自动化，材料成本低等。但其水分多、强度低，铸件易产生夹砂结疤、鼠尾、黏砂、气孔、砂眼、胀砂等缺陷，主要用于机械化生产中小型铸件。

(2) 干型。其特点为强度高，耐火性和透气性好，铸件质量容易保证，但是生产周期长，成本高。干型一般适用于单件或小批量生产，以及大型、重型、形状复杂、技术条件要求高的铸件。

(3) 表面干型。表面干型是砂型造好后，只将表面层烘干，再进行浇注的铸型。它克服了干型的部分缺点，保持了干型的一些优点，降低了成本，提高了生产率，多用于大、中型铸件的生产。

(4) 自硬型。自硬型是砂型造好后，靠造型材料自身的化学反应而硬化，一般不需烘烤，或经低温烘烤的铸型。其优点是强度高、精度高。近年来自硬型在生产中的应用越来越广泛。

3. 铸件浇注位置的确定

铸件的浇注位置是浇注时铸件在铸型中所处的位置。浇注位置不仅对保证铸件质量有重要影响，而且与工艺装备结构，下芯、合型甚至清理等工序均有密切的关系，还有可能影响到机械加工。浇注位置的选择要根据铸件的大小、结构特点、合金性能、生产批量、现场生产条件及综合效益等方面加以确定，以保证铸件质量为出发点，尽量简化造型工艺和浇注工艺。根据生产经验，铸件浇注位置的确定应注意以下几项原则：

(1) 铸件的重要加工面应朝下或呈侧立面。一般情况下，铸件顶面形成气孔和夹杂物等缺陷的可能性大，而铸件向下的底面和侧立面通常比较光洁，出现缺陷的可能性小。因此，铸件的重要加工面、受力使用面等质量要求高的部位应该放在底面，若放在底面有困难，可尽量将其侧立或倾斜放置。

(2) 尽可能使铸件的大平面朝下，既可避免气孔和夹渣，又可以防止大平面处发生夹砂缺陷。对于大的平板类铸件，可采用倾斜浇注，以便增大金属液面的上升速度，防止夹砂结疤类缺陷。

(3) 应保证铸件能充满，对具有薄壁部分的铸件，应把薄壁部分放在下半部或置于内浇道以下，以免出现浇不到和冷隔等缺陷。当铸件的薄壁部分面积较大时，可采用倾斜浇注，以保证铸件能充满。

(4) 对于有利于实现顺序凝固铸件的厚大或局部厚实部分，应置于铸型的顶部或侧面，以便于安放冒口，实现自下而上的顺序凝固，利于补缩。对于因合金体收缩率大或铸件结构厚薄不均匀而容易出现缩孔、缩松的铸件，应优先保证顺序凝固，充分发挥冒口的补缩作用。

(5) 应尽量减少砂芯数量，避免使用吊砂、吊芯或悬臂砂芯，以便于下芯、检验、固定和排气。

4. 分型面的选择

分型面是指两半铸型相互接触的表面。除了地面软床造型、明浇的小件和实型铸造法以外的铸型都有分型面。分型面的选取优劣，对铸件精度、生产成本和生产率影响很大。铸造生产时，需要仔细地分析、对比铸件的分型方案，慎重选择。

选择分型面时应注意以下原则：

(1) 尽可能将整个铸件或其主要加工面和基准面置于同一砂箱内。尽可能将铸件的全部或大部分放在同一砂箱内，以减少因错型造成的尺寸偏差。

(2) 尽可能减少分型面数目。机器造型的中小件，一般只允许一个分型面，以便充分发挥造型机的生产效率。分型面数目少，砂箱需要量也少，造型简便，能减少披缝，铸件精度容易保证。

(3) 尽量选用平面分型,简化铸造工艺和装备平面分型面可以简化造型和模板结构,易于保证铸件精度。

(4) 分型面应选取在铸件最大投影面处,方便起模,不用或少用活块或砂芯。

(5) 尽可能少用砂芯,将主要砂芯或大部分砂芯尽可能置于下型内,以便于下芯、合型及检查型腔尺寸。

(6) 尽量避免铸件非加工面产生飞边。圆筒铸件外圆不加工,可大大减轻清理工作量。

(7) 尽量降低砂箱高度。分型面通常选在铸件最大断面上,以使砂箱不致过高。高砂箱,造型困难,填砂、紧实、起模、下芯都不方便,几乎所有造型机都对砂箱高度有限制。采用手工造型时,对于大型铸件,一般选用多个分型面,即用多箱造型以控制每节砂箱高度,使之不致过高。

(8) 受力件分型面的选择不应削弱铸件结构强度。

(9) 下芯、验型与合型选择分型面时,要尽量将全部砂芯或者至少将重要的砂芯放在下型内。如果将砂芯固定在上型内,不仅费工、费时,而且容易损坏砂芯。

总之,上面列举了选择分型面的一般原则,结合具体零件运用这些原则时,有时会与确定浇注位置的原则相矛盾。所以必须根据铸件的特点和现场条件,就可能的方案进行反复的分析比较,集思广益,选定出最合理的方案。

5. 砂箱中铸件数量及排列的确定

(1) 砂箱中铸件数量的确定原则

对于中小铸件,如果一型中只做一件,则生产效率低,成本高。尤其是近年来,湿型自动化造型线都配备有快换模板、组合模板或者多工位柔性装置,使得更换模板很少延误开机时间。因此,为了提高生产效率,在生产中往往把几个相同的铸件放在同一个砂型中,也可以把几个材质相同、壁厚相近的不同铸件放在同一砂型中生产,降低成本。一型内布置多个铸件的数量问题,一般要依据工艺要求和生产条件来确定。例如,铸件的大小、砂箱的尺寸、合理的吃砂量、浇冒口系统的布置等。因此,在工艺设计中,必须根据各种条件综合考虑,确定一个砂型中铸件的数目。

(2) 铸件在砂箱中的排列

一箱中生产多件同种铸件时,最好对称排列,这样可使金属液作用于上砂型的抬型力均匀,也有利于浇注系统的安排,同时也可充分利用砂箱面积。为了找出最合理的铸件排列方案,在做模板布置图时,可用计算机把模板的外轮廓投影形状在砂箱内试摆,确定合理的铸件数量及其在模板上的位置。这种方法既适合于原砂箱,又适合于设计新砂箱。

5.5.3 铸造工艺参数

铸造工艺设计参数是指铸造工艺设计时需要确定的某些数据,这些工艺数据一般都与铸件的精度有密切关系。工艺参数选取准确、合适,才能保证铸件尺寸精确,为造型、制芯、下芯、合箱创造方便,提高生产率、降低生产成本。工艺参数选取不准确,则铸件精度降低,甚至因尺寸超过公差要求而报废。下面着重介绍这些工艺参数的概念和应用条件。

1. 铸件机械加工余量

在铸件加工表面上留出的准备切削去除的金属层厚度,称为机械加工余量。加工余量过大，将浪费金属和机械加工工时，增加零件成本；过小，则不能完全除去铸件表面的缺陷，甚至露出铸件表皮，达不到设计要求。因此选择合适的加工余量有着很重要的意义。铸件的机械加工余量，一般按 GB/T 11350—1989 或 HB 6103—2004 规定的方法和表格选用。有时为了消除铸造缺陷或其他工艺要求而增加的工艺余量以及切割浇冒口后的残留量，均不属于加工余量的范围，这些应在铸件图上标注清楚。

2. 铸件工艺余量

铸件工艺余量，是为了满足工艺上的某些要求而附加的金属层。工艺余量一般都在机械加工时被切除，所以应在铸件图上标注清楚。特殊情况下，如果已取得设计和使用单位的同意，工艺余量也可不经加工而保留在铸件上，因为这已属于更改铸件结构的问题，所以在铸件图上不必再做任何标注。铸件工艺余量除上述两种主要形式外，有的还将机械加工所需的工艺凸台、为防止铸件变形或热裂而增设的工艺筋、为改善合金液充填条件而在铸件薄壁处增大厚度，以及为防止铸件由于变形造成加工余量不足或达不到加工精度要求而增大的加工余量等，都当作铸造工艺余量处理，并在铸件图上标注。

3. 铸件工艺补正量

在单件、小批生产中，由于选用的收缩率与铸件的实际收缩率不符等原因，使加工后的铸件某些部分的厚度小于图纸要求。为了防止零件因局部尺寸超差而报废，需要把铸件上这种局部尺寸加以放大，被放大的这部分尺寸，称为铸件工艺补正量。它与工艺余量最显著的区别在于铸件上被放大的部分不必加工掉，而保留在铸件上。因此，铸件工艺补正量一般都会使铸件局部尺寸超出公差范围，所以在铸件上加放工艺补正量，应取得设计、使用单位同意。如果有些部位不允许有超差现象，则应由机械加工去除。

铸件工艺补正量虽然是克服铸件因局部超差而报废的一种措施，但是它又是使产品零件超出重量规定的主要原因之一。有时，为了排除重量超差所消耗的加工工时甚至超过铸件的加工工时总额。因此，在航空铸件生产中，应严格控制使用工艺补正量。对于成批、大量生产的铸件，不应使用工艺补正量，而应修改模具尺寸。工艺补正量的具体数据可参考有关图表选取，各种大型铸件的工艺补正量的经验数据都是在一定条件下取得的，在使用时应仔细分析。

4. 铸造斜度

为了方便起模或铸件出型，在模样、芯盒或金属铸型的出模方向留有一定斜度，以免损坏砂型或铸件，这个斜度称为铸造斜度。铸造斜度一般有增加壁厚法、加减壁厚法和减少壁厚法三种形式。铸造斜度一般用角“α”表示，对于金属模具 α 可取 $0.5°\sim1°$，木模可取 $1°\sim3°$。铸造斜度应小于或等于产品图上所规定的拔模斜度值，以防止零件在装配或工作时与其他零件相妨碍。

5. 铸件线收缩率

铸件在凝固和冷却过程中会发生线收缩而造成各部分尺寸缩小。为了使铸件的实际尺寸符合图纸要求，在制造模具时，必须将模样尺寸放大到一定的数值。这个放大的数值往往称为铸件收缩余量。铸件收缩余量由铸件图所示的尺寸乘以铸造线收缩率求出。铸造线收缩率简称铸造收缩率。正确选取铸造收缩率，对于提高铸件尺寸精度有着重要意义。影响铸造收缩率的因素有：铸造合金种类，铸件结构，铸型种类，型、芯材料的退让性以及浇冒口系统的布置和结构形式等。不同的铸造合金，其线收缩率不相同。

对于成批大量生产，结构复杂、尺寸精度要求高的铸件，往往需要经过多次试制，通过划线反复测量铸件各部分的尺寸，以检查铸件的实际收缩率，在寻找到一定的规律后，再修改模样和芯盒尺寸，随后才正式投入生产。

6. 铸件尺寸公差

我国铸件尺寸公差标准等效采用 ISO 8062—1994。该标准适用于砂型铸造、金属型铸造、低压铸造、压力铸造、熔模铸造等铸造方法生产的各种铸造金属及合金的铸件，是设计和检验铸件尺寸公差的通用依据。所规定的公差是指正常生产情况下通常所能达到的公差，分为 16 级，命名为 CTl～CT16。

5.5.4 型芯设计

1. 型芯种类

型芯依据制作的材料不同可分为砂芯、金属芯和水溶芯。

(1) 砂芯

用石英砂等材料制作的型芯，称为砂芯，砂芯制作容易、价格便宜，可以制出各种复杂的形状。砂芯强度和刚度一般能满足使用要求，铸件收缩时阻力小，铸件清理方便，在砂型铸造中得到广泛的应用。在金属型铸造、低压铸造等铸造工艺中，对于形状复杂的内腔孔洞，也用砂芯来形成。

(2) 金属芯

在金属型铸造、压力铸造等工艺方法中，广泛应用金属材料制作的型芯。金属芯强度和刚度好，得到的铸件尺寸精度高，但对铸件收缩的阻力大，对于形状复杂的孔腔则抽芯比较困难，选用时应引起足够重视。

(3) 可溶性型芯

用水溶性盐类制作型芯或作为黏结剂制作的型芯为水溶芯，属于可溶性型芯的一种。此类型芯有较高的常温强度和高温强度，低的发气性，好的抗黏砂性，铸件浇注后用水即可方便地溶失型芯。水溶芯在砂型铸造、金属型铸造、压力铸造等工艺方法中都得到一定的应用。近代航空发动机上的空心叶片等铸件用熔模铸造方法制造时，其空心内腔常用陶瓷型芯。它是以矿物岩等无机物为原料，在混合及成型后，经过一定的高温焙烧而制成的质地坚硬的制品。铸件清理后，陶瓷型芯用碱水煮等方法溶失掉，也属可溶性型芯。

2. 性能要求

型芯是铸型的一个重要组成部分，型芯的作用是形成铸件的内腔、孔洞和形状复杂阻碍取模部分的外形以及铸型中有特殊要求的部分。应满足以下要求：

(1) 型芯的形状、尺寸以及在铸型中的位置应符合铸件要求，具有足够的强度和刚度；

(2) 在铸件形成过程中，型芯所产生的气体能及时排出型外，铸件收缩时阻力小；

(3) 制芯、烘干、组合装配和铸件清理等工序操作简便，芯盒结构简单和制芯方便。

3. 砂芯设计

在铸件浇注位置和分型面等工艺方案确定后，就可根据铸件结构来确定砂芯如何分块和各个分块砂芯的结构形状，总的原则是：使制芯到下芯的整个过程方便，铸件内腔尺寸精确，不致造成气孔等缺陷，芯盒结构简单。还应使每块砂芯有足够的断面，保证有一定的强度和刚度，并能顺利排出砂芯中的气体，使芯盒结构简单，便于制造和使用等。

5.5.5　浇注系统设计

在造型过程中，开设浇注系统与冒口是重要的操作。图 5.4 为浇注系统组成的示意图。

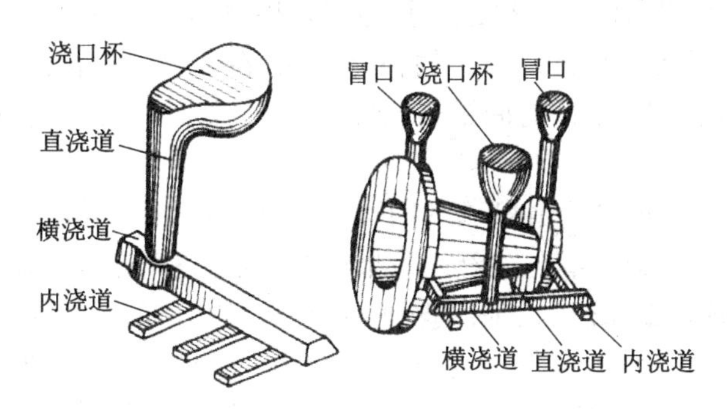

图 5.4　浇注系统组成

将液态金属平稳地导入填充型腔与冒口的通道，称为浇注系统。通常由浇口杯、直浇道、横浇道和内浇道组成。除导入液态金属外，浇注系统还起到挡渣、补缩与调节铸件的冷却顺序等作用。

浇注时，铸件在铸型中所处的位置，即铸件的浇注位置，其确定原则有：

(1) 铸件主要的加工面与工作面应朝下，或者使其处于侧面。因为浇注时，液态金属中的气体、夹渣、砂粒等易上浮，使铸件上部的质量变差。

(2) 铸件的大平面应朝下，这样不仅减少产生气孔夹渣的可能，而且，型腔上表面因长时间受合金的烘烤，容易拱起或开裂，造成夹砂。

(3) 将铸件薄而大的平面放在铸型的下部、侧面或倾斜的位置，以利于液态合金充填铸型，防止浇不足、冷隔等缺陷。

(4) 对于容易产生缩孔的铸件，浇注时，将铸件厚壁处放在上部或侧面，以保证铸件自下而上顺序凝固，使冒口充分发挥作用。

5.5.6　冒口及冷铁设计

在铸型内，储存和供补缩铸件用熔融金属的空腔，也指该空腔中充填的金属。其作用是补缩、排气和除渣。对于凝固时体积收缩量较大的钢、球墨铸铁、铸造黄铜等，冒口的补缩作用更显得重要一些。

1. 冒口设计的基本原则

(1) 冒口的凝固时间应大于或等于铸件的凝固时间。

(2) 冒口应有足够大的体积，以保证有足够的金属液补充铸件的液态收缩和凝固收缩、补缩、浇注后型腔扩大的体积。

(3) 在铸件整个凝固的过程中，即使扩张角始终向着冒口，冒口与被补缩部位之间的补缩通道应该畅通，对于结晶温度间隔较宽、易于产生分散性缩松的合金铸件，还需要注意将冒口与浇注系统、冷铁、工艺补贴等配合使用，使铸件在较大的温度梯度下，自远离冒口的末端区逐渐向冒口方向实现明显的顺序凝固。

2. 冒口设计的基本内容

常用的冒口有球形、圆柱形、长方体形、腰圆柱形等。对于具体铸件，冒口形状的选择主要应考虑以下两方面：

(1) 冒口的补缩效果：冒口的形状不同，补缩效果也不同，常用冒口模数 M (M＝冒口体积/冒口散热面积)的大小来评定冒口的补缩效果，在冒口体积相同的情况下，球形冒口的散热面积最小，模数最大，凝固时间最长，补缩效果最好，其他形状冒口的补缩效果依次为圆柱形，长方体形等。

(2) 铸件被补缩部位的结构情况：冒口形状的选择还要考虑铸件被补缩部位的结构形状和造型工艺是否方便。球形冒口的补缩效果虽好，但是造型起模困难，在铝、镁合金铸造生产中较少采用，而应用最广泛的是圆柱形明冒口，这种冒口的补缩效果较好，造型起模方便。有时由于铸件结构形状的需要，亦采用长方柱体和扇形冒口。有时将其四棱的尖角改为较大的圆角，以防止边角效应影响补缩效果，经改进后的这些冒口就称为椭圆柱体冒口和腰形冒口。在铸钢件生产中则经常使用球顶圆柱形暗冒口。

3. 冒口的补缩原理

(1) 冒口与铸件间的补缩通道。在铸件凝固过程中，要使冒口中的金属液能够不断地补偿铸件的体收缩，冒口与铸件被补缩部位之间应始终保持畅通的补缩通道。否则，冒口再大也起不到补缩作用。

(2) 冒口的有效补缩距离。冒口作用区长度和末端区长度之和称为冒口有效补缩距离。正确确定冒口的有效补缩距离是很重要的工艺问题。冒口的有效补缩距离与合金种类、铸件结构、几何形状以及铸件凝固方向上的温度梯度有关，也和凝固时析出气体的反压力及冒口的补缩压力有关。

(3) 工艺补贴的应用。在实际生产中往往有些铸件需补缩的高度超过冒口的有效补缩距离。由于铸件结构或铸造工艺上不便，难以在中部设置暗冒口，此时单靠增加冒口直径和高度，补缩效果很不明显，况且增大冒口会使大量液流经过内浇道，使铸件在内浇道附近和冒口根部因过热而疏松。在这种情况下，一般采用在铸件壁板的一侧增加工艺补贴的方法，来增加冒口的有效补缩距离，提高冒口的补缩效率。

4. 铸件的凝固与补缩

铸件在凝固冷却过程中，体积与尺寸减小的现象，称为合金的收缩。合金从浇注温度冷却到室温，经历三个阶段的收缩：液态收缩、凝固收缩和固态收缩。

从浇注温度至开始凝固的收缩为液态收缩，表现为合金液面的降低。凝固开始到凝固终止的收缩为凝固收缩。凝固终止至室温的收缩为固态收缩，表现为铸件尺寸的减小。液态收缩和凝固收缩称为体收缩，固态收缩称为线收缩。体收缩是铸件产生缩孔、缩松的根本原因；线收缩是铸件产生应力、变形与裂纹的根本原因。

影响合金收缩的因素主要有以下 3 个方面：

(1) 合金的化学成分。当浇注温度不变时，碳钢随碳含量的逐渐增加，其体收缩相应的增加，线收缩略有减小，总的收缩是增大的。灰铸铁，由于石墨的比容大，抵消了部分收缩。故铸铁中促进行墨化的元素含量愈多，收缩量愈小；反之亦然。总之，不同的合金，化学成分不同，它们的收缩是不一样的。通常用收缩率来衡量，比较合金的收缩。表 5.1 列出了几种常用合金的收缩率。

表 5.1 常用合金的收缩率

合金种类	碳钢	白口铸铁	灰铸铁	球铁	锡青铜	铝青铜
体收缩率	10%～14%	12%～14%	5%～8%	—		4.1%
线收缩率	2.17%	2.18%	—	0.5%～1.2%	1%～1.6%	2.49%

(2) 浇注温度。合金的浇注温度愈高,液态的收缩量增加,故其收缩愈大。

(3) 铸型工艺特征。是指铸件结构和铸型条件。铸件在铸型中是受阻收缩,而不是自由的收缩,其阻力来自铸型、型芯,以及铸件的壁厚不均。各处的冷却速度不同,收缩不一致,相互制约而产生阻力,使收缩量减小。

5.6 铸造工艺

5.6.1 砂型铸造

砂型铸造是铸造工艺中的一种,砂型铸造所用铸型一般由外砂型和型芯组合而成(图 5.5)。由于砂型铸造所用的造型材料价廉易得,铸型制造简便,对铸件的单件生产、成批生产和大量生产均能适应,长期以来,一直是铸造生产中的基本工艺。目前国际上在铸件生产中,60%～70%的铸件是用砂型生产的,而且砂型铸造中 70%左右是用黏土砂型生产的。

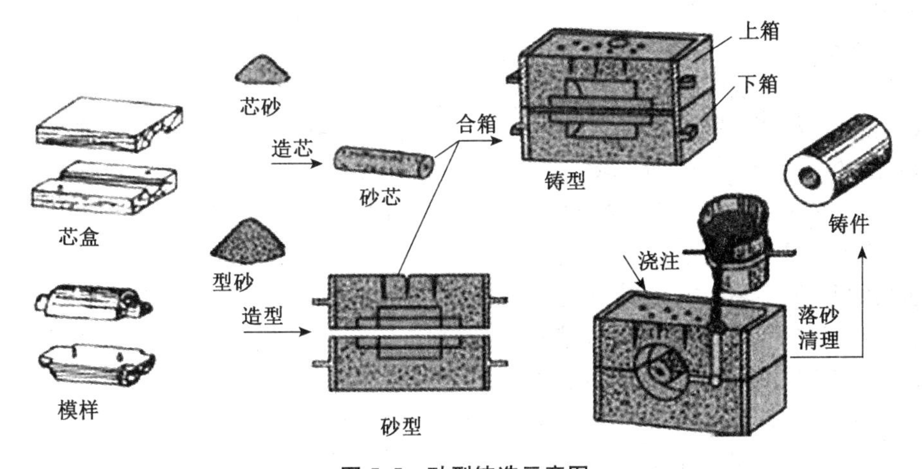

图 5.5 砂型铸造示意图

砂型铸造较之其他铸造方法成本低、生产工艺简单、生产周期短。所以像汽车的发动机气缸体、气缸盖、曲轴等铸件都是用黏土湿砂型工艺生产的,当湿型不能满足要求时再考虑使用黏土砂表干砂型、干砂型或其他砂型(有关湿型、干型、表面干型等铸型的介绍参见 5.5.2 目)。黏土湿型砂铸造的铸件重量可从几千克直到几十千克,而黏土干型生产的铸件可重达几十吨。因砂型铸造具有以上的优势,所以,其在铸造产业中应用越来越广泛,未来，也将会在铸造业中扮演着越来越重要的角色。

5.6.2 金属型铸造

金属型铸造又称硬模铸造，它是将液体金属浇入金属铸型，以获得铸件的一种铸造方法，图 5.6 为金属型铸造车间。铸型是用金属制成，可以反复使用多次。金属型铸造目前所能生产的铸件，在重量和形状方面还有一定的限制，如对黑色金属只能是形状简单的铸件；铸件的重量不可太大；壁厚也有限制，较小的铸件壁厚无法铸出。

图 5.6 金属型铸造车间

金属型铸造与砂型铸造比较，在技术上与经济上有许多优点：

(1) 金属型生产的铸件，其机械性能比砂型铸件高，同样合金，其抗拉强度平均可提高约 25%，屈服强度平均提高约 20%，其抗蚀性能和硬度亦显著提高；

(2) 铸件的精度和表面光洁度比砂型铸件高，而且质量和尺寸稳定；

(3) 铸件的工艺收得率高，液体金属耗量少，一般可节约 15%～30%；

(4) 不用砂或者少用砂，一般可节约造型材料 80%～100%。

此外，金属型铸造的生产效率高；使铸件产生缺陷的原因较少；工序简单，易实现机械化和自动化。金属型铸造虽有很多优点，但也有不足之处：

(1) 制造成本高；

(2) 不透气，而且无退让性，易造成铸件浇不足、开裂或铸铁件白口等缺陷；

(3) 金属型铸造时，铸型的工作温度、合金的浇注温度和浇注速度，铸件在铸型中停留的时间，以及所用的涂料等，对铸件的质量的影响甚为敏感，需要严格控制。

因此，在决定采用金属型铸造时，必须综合考虑下列各因素：铸件形状和重量大小必须合适；要有足够的批量；完成生产任务的期限许可。

金属型和砂型，在性能上有显著的区别，如砂型有透气性，而金属型则没有；砂型的导热性差，金属型的导热性很好；砂型有退让性，而金属型没有等。金属型的这些特点决定了它在铸件形成过程中有自己的规律。

金属在充填时，型腔内的气体必须迅速排出，但金属又无透气性，只要对工艺稍加疏忽，就会给铸件的质量带来不良影响。金属液一旦进入型腔，就把热量传给金属型壁。液体金属通过型壁散失热量，进行凝固并产生收缩，而型壁在获得热量，升高温度的同时产生膨胀，结果在铸件与型壁之间形成了“间隙”。在“铸件-间隙-金属型”系统未到达同一温度之前，可以把铸件视为在“间隙”中冷却，而金属型壁则通过“间隙”被加热。金属型或金属型芯，在铸件凝固过程中无退让性，阻碍铸件收缩，这是它的又一特点。

金属型的浇注温度，一般比砂型铸造时高，表 5.2 所示为各种合金的浇注温度。可根据合金种类、化学成分、铸件大小和壁厚，通过试验确定。

表 5.2　各种合金的浇注温度

合金种类	浇注温度/℃	合金种类	浇注温度/℃
铝锡合金	350～450	铝合金	680～740
黄铜	900～950	铝青铜	1 150～1 300
锌合金	450～480	镁合金	715～740
锡青铜	1 100～1 150	铸铁	1 300～1 370

注:由于金属型的激冷和不透气,浇注速度应做到先慢,后快,再慢。在浇注过程中应尽量保证液流平稳。

5.6.3　压力铸造

压力铸造的实质是在高压作用下,使液态或半液态金属以较高的速度充填压铸型型腔,并在压力下成型和凝固而获得铸件的方法。图 5.7 所示为几种不同类型无铸机的铸造示意图。

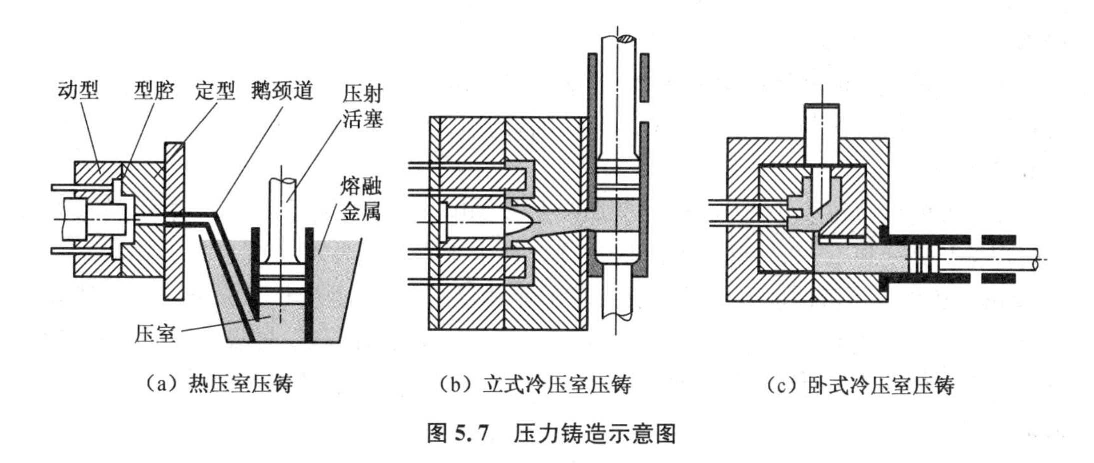

(a) 热压室压铸　(b) 立式冷压室压铸　(c) 卧式冷压室压铸

图 5.7　压力铸造示意图

压力铸造,有高压和高速充填压铸型两大特点。它常用的压射气压是从几千至几万千帕,甚至高达 2×10^5kPa。充填速度约在 10～50m/s,有些时候甚至可达 100m/s 以上。充填时间很短,一般在 0.01～0.2s 范围内。

与其他铸造方法相比,压铸有以下 3 方面优点。

(1) 产品质量好

铸件尺寸精度高,一般相当于 CT6～CT7 级,甚至可达 CT4 级;强度和硬度较高,强度一般比砂型铸造提高 25%～30%,但伸长率降低约 70%;尺寸稳定,互换性好;可压铸薄壁复杂的铸件。例如,当前锌合金压铸件最小壁厚可达 0.3mm;铝合金铸件可达 0.5mm;最小铸出孔径为 0.7mm;最小螺距为 0.75mm。图 5.8 示例为压力铸造零件。

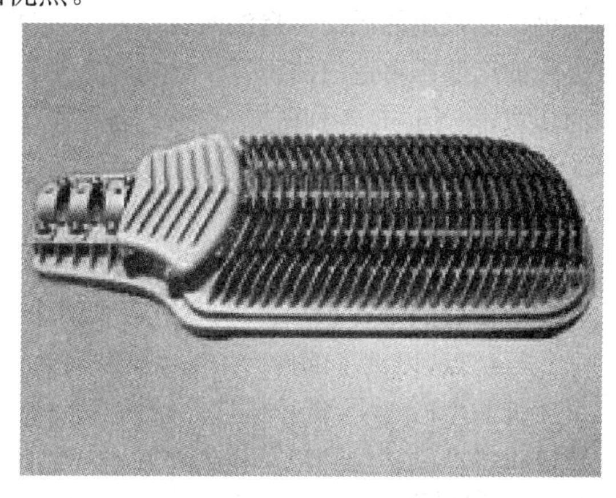

图 5.8　压力铸造零件

(2) 生产效率高

机器生产率高,例如国产 J3 型卧式冷室压铸机平均 8h 可压铸 600～700 次，小型热室压铸机平均每 8h 可压铸 3 000～7 000 次；压铸型寿命长，一副压铸型，压铸钟合金，寿命可达几十万次，甚至上百万次；易实现机械化和自动化。

(3) 经济效果优良

由于压铸件尺寸精确，表面光洁等优点，一般不再进行机械加工而直接使用，或加工量很小，所以既提高了金属利用率，又减少了大量的加工设备和工时；铸件价格便宜；可以采用组合压铸其他金属或非金属材料。既节省装配工时又节省金属。

压铸虽然有许多优点，但也有一些缺点尚待解决，如：

(1) 压铸时由于液态金属充填型腔速度高，流态不稳定，故采用一般压铸法，铸件易产生气孔，不能进行热处理；

(2) 对内凹复杂的铸件，压铸较为困难；

(3) 高熔点合金(如铜、黑色金属)，压铸型寿命较低；

(4) 不宜小批量生产，其主要原因是压铸型制造成本高，压铸机生产效率高，小批量生产不经济。

压铸是最先进的金属成型方法之一，是实现少切屑、无切屑的有效途径，应用很广，发展很快。目前压铸合金不再局限于有色金属的锌、铝、镁和铜，而且也逐渐扩大用来压铸铸铁和铸钢件。

压铸件的尺寸和重量，取决于压铸机的功率。由于压铸机的功率不断增大，铸件形尺寸可以从几毫米到 1～2m；重量可以从几克到数十千克。国外可压铸直径为 2m，重量为 50kg 的铝铸件。压铸件也不再局限于汽车工业和仪表工业，逐步扩大到其他各个工业部门，如农业机械、机床工业、电子工业、国防工业、计算机、医疗器械、钟表、照相机和日用五金等几十个行业。在压铸技术方面又出现了真空压铸、加氧压铸、精速密压铸以及可溶型芯的应用等新工艺。

5.6.4 低压铸造

低压铸造是在低压气体作用下使液态金属充填铸型并凝固成铸件的方法。1958 年美国在小型汽车的发动机零件上大量运用了铝合金铸件，并采用了低压铸造法。这件事对至今仍广泛采用的低压铸造法而言是不可或缺的推动，特别是在全世界的汽车工业界引起了极大的反低压铸造法的声音。低压铸造法被介绍进我国是在 1957 年左右，但真正引起业界的注意，开始进行各种研究、引进设备是从 1960 年左右开始的。但是这种打破了以往常识的划时代的工艺方法，几乎没有冒口，与已经作为一种“技术”确立起来的重力金型铸造的技术相比，具有完全不同的难度，因此业界的反应比较冷淡。

在这种状况下，1961 年轻型汽车用空冷气缸头的生产成为低压铸造法在我国实用化的开端。以后的发展非常迅速，在克服了多个技术难题后，低压铸造法利用率高、容易实现自动化等优点，以汽车部件为中心，逐步确立了轻合金铸件主要铸造法的牢固地位。在铝合金铸件的生产量中，低压铸造品已占了大约 50%，并以其巨大的生产量和优良的品质而著称于世。产品扩大到汽车相关部件，如气缸头、气缸体、刹车鼓、离合器罩、轮毂等。特别是 1970 年以后大量应用在轮毂上，并且随着汽车轻量化和提高性能等要求，在以往从未有过的复杂内部品质和机械性质的严格要求下，气缸头、气缸体上的使用也逐渐增加。图 5.9 所示为低压铸造机，图 5.10 所示为低压铸造零件。

图 5.9　低压铸造机

图 5.10　低压铸造零件

在密闭的保持炉的熔液表面上施加 0.01～0.05MPa 的空气压力或惰性气体压力，熔液通过浸放在熔液里的给液管上升，被压进与炉子连接着的上方模具内。熔液是从型腔的下部慢慢开始充填，保持一段时间的压力后凝固。凝固是从产品上部开始向浇口方向转移，浇口部分凝固的时刻就是加压结束的时间。于是，凭借浇口的方向性凝固和从浇口开始的冒口压力效果得到了完美的铸件。最后当铸件冷却至固相温度以下便可从模具中取出产品。

低压铸造法的特点如下：

(1) 浇注时的压力和速度可以调节，故可适用于各种不同铸型，铸造各种合金及各种大小的铸件；

(2) 采用底注式充型，金属液充型平稳，无飞溅现象，可避免卷入气体及对型壁和型芯的冲刷，提高了铸件的合格率；

(3) 铸件在压力下结晶，铸件组织致密、轮廓清晰、表面光洁，力学性能较高，对于大薄壁件的铸造尤为有利；

(4) 省去补缩冒口，金属利用率提高到 90%～98%；

(5) 劳动强度低，劳动条件好，设备简易，易实现机械化和自动化。

5.6.5　离心铸造

离心铸造是将液体金属注入高速旋转的铸型内，使金属液在离心力的作用下充满铸型和形成铸件的技术和方法。离心力使液体金属在径向能很好地充满铸型并形成铸件的自由表面；不用型芯能获得圆柱形的内孔；有助于液体金属中气体和夹杂物的排除；影响金属的结晶过程，从而改善铸件的机械性能和物理性能。离心铸造示意图如图 5.11 所示，其铸造零件如图 5.12 所示。

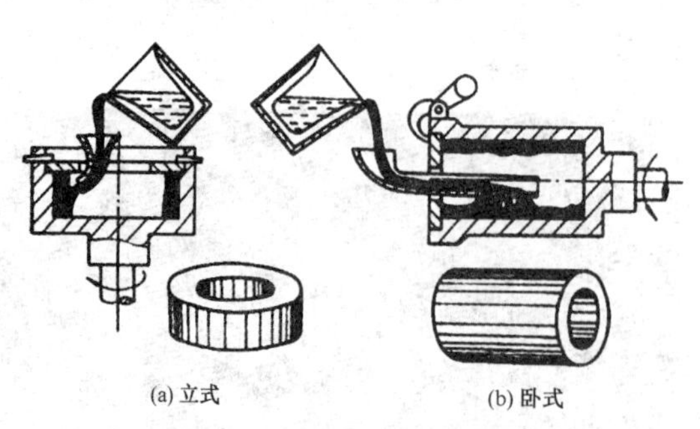

图 5.11　离心铸造示意图

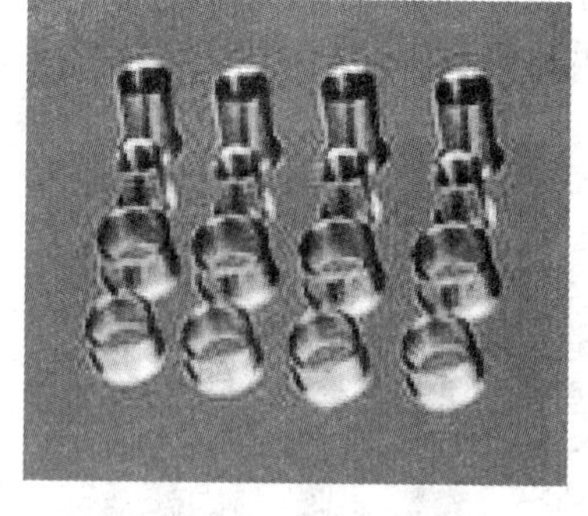

图 5.12　离心铸造零件

根据铸型旋转轴线的空间位置，常见的离心铸造可分为卧式离心铸造和立式离心铸造。铸型的旋转轴线处于水平状态或与水平线夹角很小(4°)时的离心铸造称为卧式离心铸造；铸型的旋转轴线处于垂直状态时的离心铸造称为立式离心铸造。铸型旋转轴线与水平线和垂直线都有较大夹角的离心铸造称为倾斜轴离心铸造，但应用很少。

目前，离心铸造的应用领域包括：双金属铸铁轧辊，加热炉底耐热钢辊道，特殊钢无缝钢管，刹车鼓、活塞环毛坯、铜合金蜗轮，异形铸件如叶轮、金属假牙、金银介子、小型阀门和铸铝电机转子。

离心铸造具有如下优点：

(1) 几乎不存在浇注系统和冒口系统的金属消耗，工艺出品率高；

(2) 生产中空铸件时可不用型芯，故在生产长管形铸件时可大幅度改善金属充型能力，降低铸件壁厚对长度或直径的比值，简化套筒和管类铸件的生产过程；

(3) 铸件致密度高，气孔、夹渣等缺陷少，力学性能高；

(4) 便于制造筒、套类复合金属铸件，如钢背铜套、双金属轧辊等，成型铸件时，可借离心力提高金属的充型能力，故可生产薄壁铸件。

同时，缺点也同样明显：

(1) 用于生产异形铸件时有一定的局限性；

(2) 铸件内孔直径不准确，内孔表面比较粗糙，质量较差，加工余量大；

(3) 铸件易产生比重偏析，因此不适合于合金易产生比重偏析的铸件(如铅青铜)，尤其不适合于铸造杂质比重大于金属液的合金。

5.6.6　熔模铸造

熔模铸造又称失蜡铸造，包括压蜡、修蜡、组树、沾浆、熔蜡、浇铸金属液及后处理等工序。失蜡铸造是用蜡制作所要铸成零件的蜡模，然后蜡模上涂以泥浆，这就是泥模。泥模晾干后，再焙烧成陶模。一经焙烧，蜡模全部熔化流失，只剩陶模。一般制泥模时就留下了浇注口，再从浇注口灌入金属熔液，冷却后，所需的零件就制成了。图 5.13 所示为熔模铸造的零件。

我国的失蜡法源于春秋时期。河南省川下寺 2 号楚墓出土的春秋时代的铜禁是迄今所知最早的失蜡法铸件。此铜禁四边及侧面均饰透雕云纹，四周有 12 个立雕伏兽，体下共有 10 个立雕状的兽足。透雕纹饰繁复多变，外形华丽而庄重，反映出春秋中期我国的失蜡法已经比较成熟。战国、秦汉以后,失蜡法更为流行,尤其是隋唐至明、清期间,铸造青铜器采用的多是失蜡法。用这种方法铸出的铜器既无范痕,又无垫片的痕迹,用它铸造镂空的器物更佳。中国传统的熔模铸造技术对世界的冶金发展有很大的影响。现代工业的熔模精密铸造,就是从传统的失蜡法发展而来的。

图 5.13 熔模铸造零件

可用熔模铸造法生产的合金有碳素钢、合金钢、耐热合金、不锈钢、精密合金、永磁合金、轴承合金、铜合金、铝合金、钛合金和球墨铸铁等。

熔模铸件的形状一般都比较复杂,铸件上可铸出孔的最小直径可达 0.5mm,铸件的最小壁厚为 0.3mm。在生产中可将一些原来由几个零件组合而成的部件,通过改变零件的结构,设计成为整体零件而直接由熔模铸造铸出,以节省加工工时和金属材料的消耗,使零件结构更为合理。熔模铸件的重量大多为从几克到十几千克,一般不超过 25kg,太重的铸件用熔模铸造法生产较为麻烦。

熔模铸造工艺过程较复杂,且不易控制,使用和消耗的材料较贵,故它适用于生产形状复杂、精度要求高、或很难进行其他加工的小型零件,如涡轮发动机的叶片等。

熔模铸件尺寸精度较高,一般可达 CT4～CT6,当然由于熔模铸造的工艺过程复杂,影响铸件尺寸精度的因素较多,例如模料的收缩、熔模的变形、型壳在加热和冷却过程中的线量变化、合金的收缩率以及在凝固过程中铸件的变形等,所以普通熔模铸件的尺寸精度虽然较高,但其一致性仍需提高。

压制熔模时,采用型腔表面光洁度高的压型,因此,熔模的表面光洁度也比较高。此外,型壳由耐高温的特殊黏结剂和耐火材料配制成的耐火涂料涂挂在熔模上而制成,与熔融金属直接接触的型腔内表面光洁度高。所以,熔模铸件的表面光洁度比一般铸造件的高,一般表面粗糙度 Ra 可达 1.6～3.2μm。

熔模铸造最大的优点就是由于熔模铸件有着很高的尺寸精度和表面光洁度,所以可减少机械加工工作,只在零件上要求较高的部位留少许加工余量即可,甚至某些铸件只留打磨、抛光余量,不必机械加工即可使用。由此可见,采用熔模铸造方法可大量节省机床设备和加工工时,大幅度节约金属原材料。

熔模铸造方法的另一优点是,它可以铸造各种合金的复杂铸件,特别可以铸造高温合金铸件。如喷气式发动机的叶片,其流线型外廓与冷却用内腔,用机械加工工艺几乎无法成型。用熔模铸造工艺生产不仅可以做到批量生产,保证了铸件的一致性,而且避免了机械加工后残留刀纹的应力集中。

5.6.7 消失模铸造

消失模铸造是将与铸件尺寸形状相似的石蜡或泡沫模型黏结组合成模型簇,刷涂耐火涂料并烘干后,埋在干石英砂中振动造型,在负压下浇注,使模型气化,液体金属占据模型位置,凝固冷却后形成铸件的新型铸造方法。图 5.14 为消失铸造示意图。

由于无黏结剂的干砂在浇注过程中经常发生坍塌的现象,所以 1967 年德国的 A. Wittemoser采用了所谓“磁型铸造”；1971年，日本的Nagano发明了V法(真空铸造法)。受此启发，今天的消失模铸造在很多地方也采用抽真空的办法来固定型砂。因此，近20年来，消失模铸造技术在全世界范围内得到了迅速的发展。

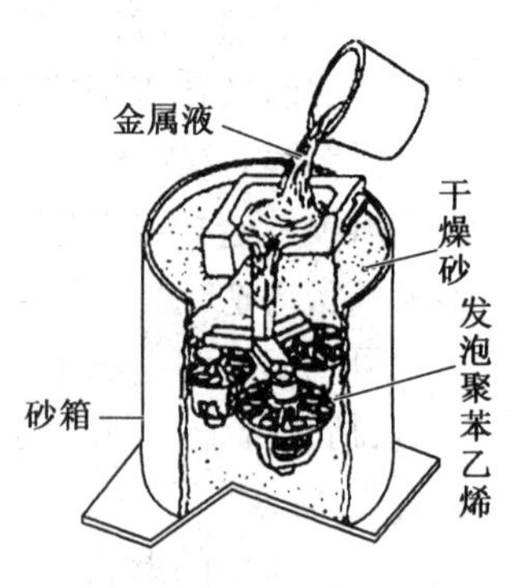

图5.14 消失铸造法示意图

消失模铸造是一种近无余量、精确成型的新工艺，该工艺无需取模、无分型面、无砂芯，因而铸件没有飞边、毛刺和拔模斜度，并减少了由于型芯组合而造成的尺寸误差。铸件表面粗糙度 *Ra* 可达3.2～12.5μm；铸件尺寸精度可达CT7～CT9；加工余量最多为1.5～2mm，可大大减少机械加工的费用。与传统砂型铸造方法相比，可以减少40%～50%的机械加工时间。

除此之外，消失模铸造还有以下2个方面的特点。

(1) 设计灵活

为铸件结构设计提供了充分的自由度。可以通过泡沫塑料模片组合铸造出高度复杂的铸件。无传统铸造中的砂芯，因此不会出现传统砂型铸造中因砂芯尺寸不准或下芯位置不准确造成的铸件壁厚不均。

(2) 清洁生产

型砂中无化学黏结剂，低温下泡沫塑料对环境无害，旧砂回收率95%以上。降低投资和生产成本，减轻铸件毛坯的重量，机械加工余量小。

消失模铸造工艺与其他铸造工艺一样，有缺点和局限性，并非所有的铸件都适合采用消失模工艺生产，要进行具体分析。

5.6.8 连续铸造

连续铸造是一种先进的铸造方法，其原理是将熔融的金属，不断浇入一种叫作结晶器的特殊金属型中，已凝固铸件连续不断地从结晶器的另一端拉出，可获得任意长或特定长度的铸件。图5.15为几种不同形式的连续铸造示意图，图5.16为连续铸造设备。

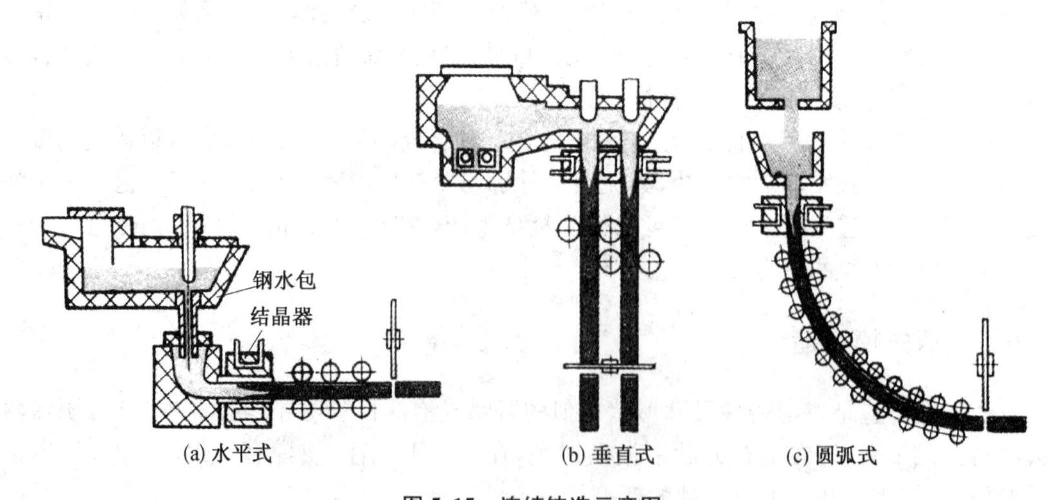

图5.15 连续铸造示意图

图 5.16　连续铸造设备

连续铸造在国内外已经被广泛采用,如连续铸锭(钢或有色金属锭),连续铸管等。连续铸造和普通铸造比较有下述优点:

(1) 由于金属被迅速冷却,结晶致密,组织均匀,机械性能较好;

(2) 连续铸造时,铸件上没有浇注系统的冒口,故连续铸锭在轧制时不用切头去尾,节约了金属,提高了收得率;

(3) 简化了工序,免除造型及其他工序,因而减轻了劳动强度;

(4) 连续铸造生产易于实现机械化和自动化,铸锭时还能实现连铸连轧,大大提高了生产效率。

5.6.9　铸造缺陷

铸件常见的主要共同缺陷如表 5.3 所示。

表 5.3　常见的铸造缺陷

名称	特征	形成原因	防止方法及修补
气孔	(1) 孔壁表面一般比较光滑,带有金属光泽; (2) 单个或成群存在于铸件皮下; (3) 油烟气孔呈油黄色	(1) 液体金属浇注时,被卷入的气体在合金液凝固后以气孔的形式存在于铸件中; (2) 金属与铸型反应后在铸件表皮下生成的皮下气孔; (3) 合金液中的夹渣或氧化皮上附着的气体被混入合金液后形成气孔	(1) 浇注时防止空气卷入; (2) 合金液在进入型腔前先经过滤网以去除合金液中的夹渣、氧化皮和气泡; (3) 更换铸型材料或加涂料层防止合金液与铸型发生反应; (4) 在允许补焊部位将缺陷清理干净后进行补焊
针孔	(1) 均匀的分布在铸件的整个断面上的小孔; (2) 凝固快的部位针孔小、数量少、凝固慢的部位孔大数量也多; (3) 在共晶合金中呈圆形孔洞,在凝固间隔宽的合金中呈长形孔洞; (4) 在 X 射线底片上呈小黑点,在断口上呈互不连接的乳白色小凹点	合金在液体状态下溶解的气体(主要为氢),在合金凝固过程中自合金中析出而形成的孔洞	(1) 合金液体状态下彻底精炼除气; (2) 在凝固过程中加大凝固速度防止溶解的气体自合金中析出; (3) 铸件在压力下凝固,防止合金溶解的气体析出; (4) 炉料、辅助材料及工具应干燥

（续表）

名称	特征	形成原因	防止方法及修补
疏松	(1) 呈海绵状的不紧密组织，严重时呈缩孔； (2) 孔的表面呈粗糙的凹坑，晶粒大； (3) 断口呈灰色或浅黄色，热处理后为灰白、浅黄或黑色； (4) 多在热节部位产生； (5) 在X射线底片上呈云雾状，荧光检查呈密集的小亮点	(1) 合金液除气不干净； (2) 最后凝固部位补缩不足； (3) 铸型局部过热、水分过多、排气不良	(1) 保持合理的凝固顺序和补缩； (2) 炉料净洁； (3) 在疏松部位放置冷铁； (4) 在允许补焊的部位可将缺陷部位清理干净后补焊
夹杂	由涂料、造型材料、耐火材料等混入合金液中而形成的铸件表面或内部与铸件成分不同的特点	(1) 外来物混入液体合金并浇注入铸型； (2) 精炼效果不良； (3) 铸型内腔表面的外来物或造型材料剥落	(1) 仔细精炼并注意排查； (2) 熔炼工具涂料层应附着牢固； (3) 浇注系统及型腔应清理干净； (4) 炉料应保持清洁； (5) 表面夹杂可打磨去除
夹渣	(1) 氧化夹渣以团状存在于铸件内部，断口呈黄色或灰白色； (2) 溶剂夹渣呈暗褐色点状，夹渣清除后光滑表面的孔洞，在空气中暴露一段时间后，有时出现腐蚀特征	(1) 精炼变质处理后除渣不干净； (2) 精炼变质后静置时间不够； (3) 浇注系统不合理，二次氧化皮卷入合金液中； (4) 精炼后合金液搅动或被污染	(1) 严格执行精炼变质浇注工艺要求； (2) 浇注时应使金属液平稳地注入铸型； (3) 炉料应保持清洁，回炉料处理及使用应严格遵守工艺规程
裂纹	(1) 裂纹呈直线或不规则的曲线； (2) 热裂纹断面呈氧化特征，无金属光泽，多产生在热节区内侧，厚薄断面交汇处，常和疏松共生； (3) 断裂金属表面洁净	(1) 铸件各部分冷却不均匀； (2) 铸件在凝固和冷却过程中受到外界阻力而不能自由收缩，内应力超过合金强度而产生裂纹	(1) 尽可能保持顺序凝固或同时凝固，减少内应力； (2) 细化合金组织； (3) 选择适宜的浇注温度； (4) 增加铸型的退让性
偏析	(1) 在熔炼过程中，坩埚底部和上部的化学成分不均匀； (2) 铸件的先凝固部位与后凝固部位的化学成分不均匀	合金凝固时析出相与液相所含溶质浓度不同，多数情况液相溶质富集而又来不及扩散而使先后凝固部分的化学成分不均匀	(1) 熔炼过程中加强搅拌并适当的静置； (2) 适当增加凝固冷却速度
成分超差	化学组元超过上限或低于下限含量、杂质元素超过允许的上限含量	(1) 中间合金或预制合金成分不均匀或成分分析误差过大； (2) 炉料计算或配料称量错误； (3) 熔炼操作失当，易氧化元素烧损过大； (4) 熔炼搅拌不均匀、易偏析元素分布不均匀	(1) 炉前分析成分不合格时可适当进行调整； (2) 最终检验不合格时可会同设计使用部门协商处理

5.7 质量检测

铸件的检验是铸造生产过程中重要的工艺环节之一。其目的是剔出废品和次品，找出原因，降低废品率。

5.7.1 表面检测

表面检测主要包括：检查铸件的尺寸、形状是否符合图样的要求；致密性检验，不能漏气、漏水的铸件要进行致密性检验，如暖气包、内燃机缸体等铸件要进行水压、气压试验。

5.7.2　内部检测

铸件内部缺陷的检验，可利用磁感应、X 射线、γ 射线或超声波等方法进行检验。图 5.17和图 5.18 分别为工业 CT 系统和 X 射线实时成像系统。

图 5.17　工业 CT 系统

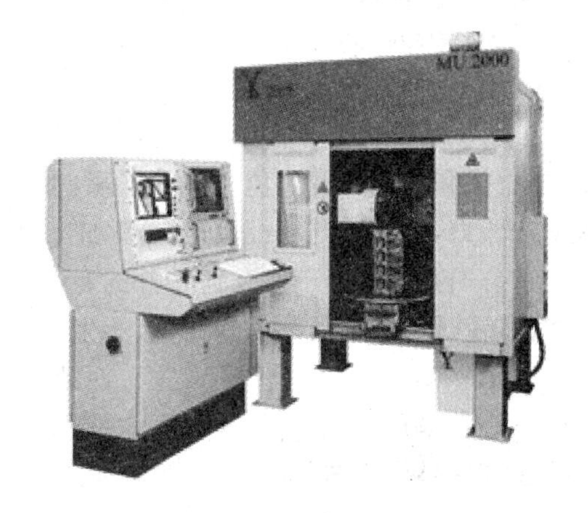

图 5.18　X 射线实时成像系统

(1) 检查铸件有无缺陷。在铸造过程中，铸件可能产生缺陷，如气孔、缩孔、砂眼与裂纹等。

(2) 重要铸件要进行力学性能试验，化学成分与金相组织分析，例如内燃机的缸套、活塞环等。

采用直读光谱仪、原子吸收光谱仪、X 荧光光谱仪、电感耦合等离子体光谱仪、金相显微镜、电子万能材料试验机、全自动布氏硬度计、工业计算机断层扫描系统、X 射线实时成像系统、三坐标测量仪、型芯砂检测仪器等先进设备，为产品质量控制提供及时、准确的信息。图 5.19 和图 5.20 分别为电感耦合等离子体光谱仪和金相显微镜的实物图。

图 5.19　电感耦合等离子体光谱仪

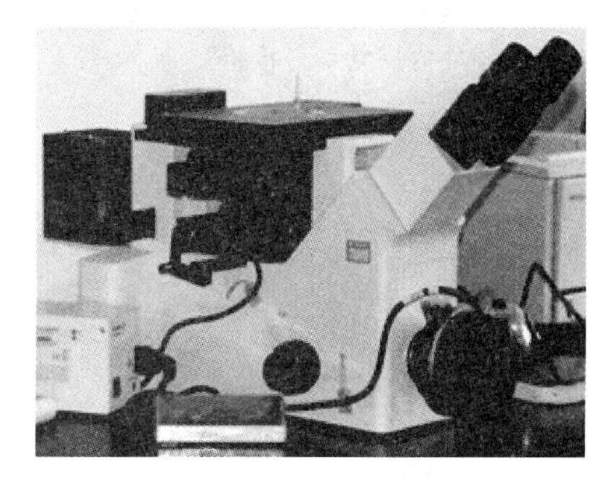

图 5.20　金相显微镜

5.8 企业实例介绍

上海圣德曼铸造有限公司成立于2000年，隶属于上海汽车工业(集团)总公司。企业现有员工800余人，拥有固定资产近3.5亿人民币，总投资4 200万美元，注册资本2 000万美元。

公司位于上海安亭国际汽车城，占地面积16万 m^2，是具有近40年专业生产轿车、载重车、拖拉机和内燃机等黑色铸件的厂家，拥有各类牌号灰口铸铁、球墨铸铁和蠕墨铸铁铸件的生产能力，并形成与之配套的模具加工、热处理和部分轿车零件精加工能力。上海圣德曼铸造公司是生产经营汽车铸铁件的专业铸造商，为国内外众多客户提供曲轴、排气管、涡轮壳、飞轮、转向节、液压件等铸件，年生产能力5.5万t，年销售额达6亿元。

公司先后从丹麦、德国、美国、西班牙等国家引进了三条DISA挤压造型线、一条1 000mm×800mm砂箱的HWS水平分型静压造型线、三条壳型生产线、壳模造型机、ERICH混砂机、冷芯射芯设备、中频感应电炉等先进的铸造设备。其拥有从美国、德国、荷兰、瑞士等国家著名厂商引进的真空直读光谱分析仪、金相图像分析仪、氮氢氧气体分析仪、涡流硬度分选仪、荧光磁粉探伤仪和X射线探伤仪等先进检测设备，为大批量生产提供了快速、准确的检测手段。

上海圣德曼具备先进的新产品开发系统，保证了新产品的开发质量和速度，能够充分满足客户的需求。主要客户有上海大众、上海通用、博格华纳、霍尼韦尔等国内外知名整车及零部件生产公司，产品远销海外。公司已通过了ISO9002，QS9000，VDA6.1，ISO/TS16949质量体系的认证。

思考题

(1) 铸造方法有哪些？各有什么优缺点？

(2) 铸件的质量如何检验？

第6章 机械加工生产实习

6.1 实习目的与要求

6.1.1 实习目的

机械加工实习旨在提高材料类专业学生对冷加工生产过程的认识，培养学生的实践动手能力。通过实习，使学生熟悉机械制造的一般流程，掌握机械加工的主要方法和工艺过程，熟悉各种设备和工具的安全操作。培养学生理论联系实际的严谨作风，并为学习材料加工类课程奠定基础。

6.1.2 实习教学要求

(1) 实习要求

金工实习是重要实践教学环节，其基本要求是：按大纲要求，完成车工、铣工、磨工和电火花加工等工种的基本操作，并学习相关的工艺基础知识，使学生了解机械制造的一般过程，熟悉常用机械加工方法及其使用设备的基本结构，并了解与之相关的工具的操作，培养独立完成简单零件的加工能力；使学生通过简单零件加工，加深对机械加工知识的理解和应用，并学会分析加工工艺。

(2) 能力培养要求

加强对学生专业动手能力的培养；促使学生养成发现问题，分析问题，运用所学知识和技能独立解决问题的能力和习惯；鼓励并着重培养学生的创新意识和创新能力；结合教学内容，注重培养学生的工程意识、产品意识、质量意识，提高其工程素质和职业素养。

(3) 安全要求

在实习全过程中，始终强调安全第一，进入工厂前要进行安全教育，宣传安全实习守则，遵守劳动纪律，严格执行安全操作规程。

6.2 机械加工简述

机械零件除极少数采用精密铸造或精密模锻等近终成型加工生产外，目前绝大多数零件均须进行机械加工。机械加工是通过机械对工件的外形尺寸进行精确加工，去除多余材料的加工过程，是工业生产的重要环节。

切削加工是机械加工方法中最重要的一类，利用刀具从毛坯表面切去多余材料，以获得符合图样规定的尺寸精度、形状精度、位置精度及表面粗糙度的合格零件。按工艺特征，切削加工一般可分为车削、铣削、钻削、镗削、铰削、刨削、插削、拉削、锯切、磨削、研磨、珩磨、超精加工、抛光、齿轮加工、蜗轮加工、螺纹加工、超精密加工、钳工和刮削等。

6.2.1 切削运动

在切削过程中，为完成各类零件的加工，刀具和工件之间必定有相对运动，即切削运动。切削运动包括主运动和进给运动。图 6.1 所示为几种常见的切削加工运动简图。

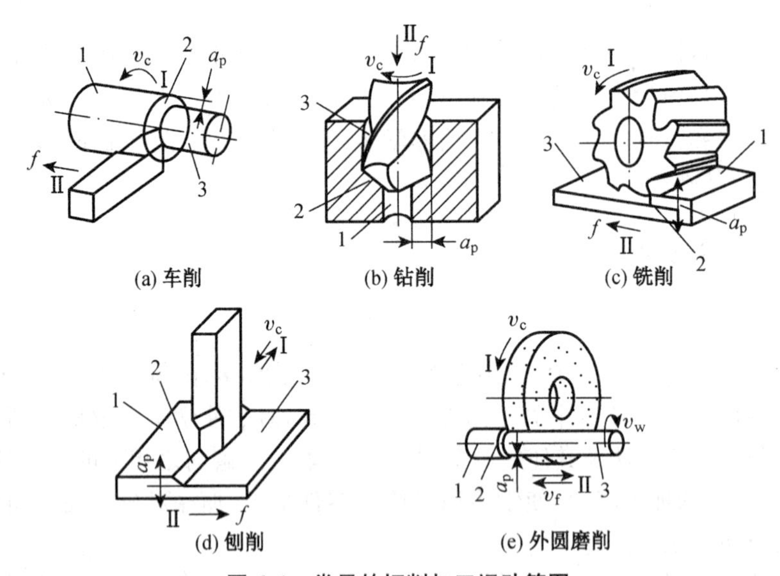

图 6.1 常见的切削加工运动简图

I—主运动；II—进给运动

1—待加工面；2—过渡表面；3—已加工表面

(1) 主运动

主运动是切下切屑所需要的基本运动，没有主运动就无法进行切削加工。在机床所有的切削运动中，主运动的速度最快，消耗机床动力最大，且一般只有一个。如车削时工件的旋转运动，使工件与刀具产生相对运动以进行切削的最基本运动称为主运动。

(2) 进给运动

进给运动是将多余材料不断投入切削，从而加工完整表面所需的运动，可以由机床或人力提供，它使刀具与工件之间产生相对运动，加上主运动即可连续地切除切屑。没有进给运动就无法进行连续切削，进给运动可以有多个。

6.2.2　切削参数、切削用量的选择

1. 切削参数

机械加工的切削参数包括三个要素：切削速度 v_c、进给量 f 和背吃刀量 a_p。

(1) 切削速度 v_c

切削速度是切削刃选定点相对于工件的主运动的瞬时速度，可用单位时间内刀具或工件沿主运动方向的相对位移量来表示，当主运动是旋转运动时：

$$v_c = \frac{\pi d_w n}{1\,000 \times 60} \quad (\mathrm{m/s})$$

式中　d_w——工件待加工表面或刀具的最大直径(mm)；

n——主运动的转数(r/min)。

当主运动是往复直线运动时：

$$v_c = \frac{2Ln_r}{1\,000 \times 60} \quad (\mathrm{m/s})$$

式中　L——往复运动的行程长度(mm)；

n_r——每分钟的往复次数(次/min)。

(2) 进给量 f

进给量是刀具在进给运动方向上相对工件的位移量，单位为 mm/r 或 mm/次。也可用进给速度 v_f，即单位时间内刀具或工件沿进给方向的相对位移表示，单位为 mm/s。

(3) 背吃刀量 a_p

背吃刀量是通过切削刃基点并垂直于工作平面方向上测量的吃刀量，即待加工面和已加工面之间的垂直距离，车外圆时：

$$a_p = \frac{d_w - d_m}{2} \quad (\mathrm{mm})$$

式中　d_w——工件待加工表面的直径(mm)；

d_m——工件已加工表面的直径(mm)。

2. 切削用量的选择

切削用量对切削加工生产率、加工成本及加工精度影响很大，而刀具材料、刀具几何角度、工件材料、机床刚度、切削液等也都会影响切削用量的选择。选择切削用量应在保证质量的前提下，尽量提高生产率，降低成本。

在切削加工过程中，刀具受切屑及工件的摩擦，会被磨损，磨钝后需要刃磨。如切削用量选得太大，则刀具很快被磨钝，刃磨时间长，生产率降低；如切削用量过小，需要很长时间才能切去所有多余金属，生产率也很低。在切削三要素中，影响刀具磨损速度最大的因素是切削速度，其次是进给量，最小的是背吃刀量。但是，进给量和背吃刀量增大，表面粗糙

度值又会增大。

综上所述，切削用量选择的基本原则是：粗加工时，应当在单位时间内切除尽量多的加工余量，使工件接近于最终的形状和尺寸。所以，在机床刚度及功率允许时，首先选择较大的背吃刀量 a_p，尽量在一次走刀过程中切去大部分多余金属；其次是取较大的进给量 f，最后选取适当的切削速度和 f，以降低表面粗糙度值，然后再选取较高或较低的切削速度 v_c。

6.2.3　刀具

不论哪一种切削刀具都是由切削部分（刀头）和夹持部分（刀体）所组成。夹持部分是用来将刀具夹持在机床上的部分，要求能保证刀具正确的工作位置，传递所需要的运动和动力，并且紧固可靠，装卸方便。其材料一般选用 45 号钢或 40 Cr 等结构钢，调质后硬度可达 HRC30～HRC40。工作部分是刀具上直接参与切削工作的部分，刀具能否胜任切削工作，还取决于切削工作材料的性能。不论刀具构造如何复杂，它们的切削部分总可近似地看成是以外圆车刀切削部分为基本形态构成的，如图 6.2 所示。

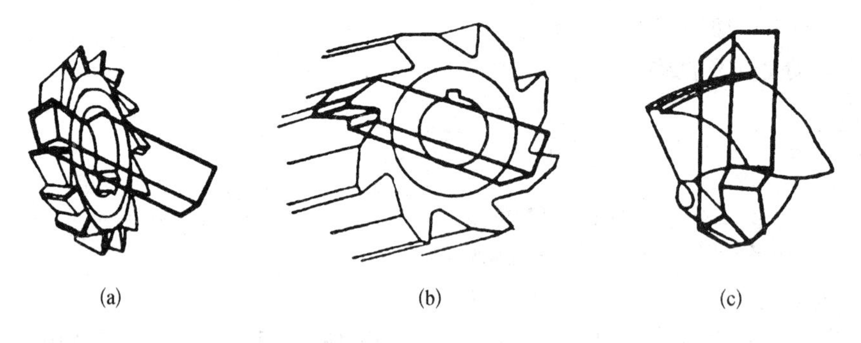

图 6.2　各种刀具的切削部分形状

以普通外圆车刀为例，刀具切削部分是由下列要素组成(图 6.3)：

前刀面：切屑流出的表面；

主后刀面：与工件上加工表面相对的表面；

副后刀面：与工件上已加工表面相对的表面；

主切削刃：前刀面与主后刀面的交线，它担任主要切削工作；

副切削刃：前刀面与副后刀面的交线，它起附带的切削作用，并最终形成已加工表面；

刀尖：主切削刃和副切削刃的连接部位，或者是切削刃转折的尖角部分，为了强化刀尖，许多刀具在刀尖处磨出直线形或圆弧形过渡刃。

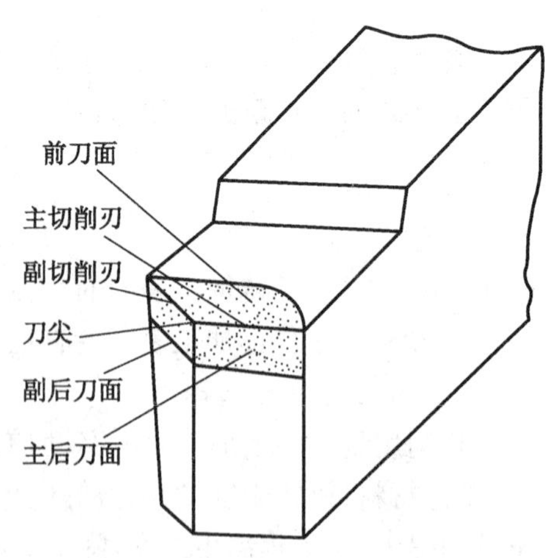

图 6.3　刀具切削部分的组成

刀具工作时，切削部分承受很高的温度、压力和摩擦的作用，要求其必须具有如下基本性能：

① 冷硬性。刀具材料在常温下应具备高于工件材料硬度的性能，一般应大于 HRC60。

② 韧性。刀具材料能承受冲击和振动而不破裂的能力，一般用抗弯强度来表示。

③ 红硬性。刀具材料在高温下，仍然能保持切削所需的硬度的性能。

上述三点是对刀具材料切削性能方面的要求，刀具的加工工艺则要求材料具有良好的高温塑性，热处理变形小，脱碳层小和淬透性好等特点，便于成型、切削加工、刃磨和焊接。

常用刀具材料包括以下两种：

(1) 高速钢。当切削热在550℃～650℃时仍能保持刀具的硬度。因此它允许的切削速度比碳素工具钢高2～4倍，其抗弯强度和韧性比硬质合金好，能承受较大的冲击切削力。故适用于加工形状不规则的工件和制造复杂形状的刀具。常用的高速钢有W18Cr4V和W8Mo5Cr4V2等。

(2) 硬质合金。硬质合金具有很高的硬度及红硬性。在800℃～1 000℃时仍能保持良好的切削性能，其切削速度是高速钢的4～10倍，应用广泛。但其材质较脆，刃口磨制困难，不宜制作形状复杂的刀具。硬质合金主要有钨钴合金(YG)和钨钴钛合金(YT)两大类。钨钴合金适用于加工脆性材料(如铸铁等)，钨钴钛合金适用于加工塑性材料(如碳钢等)。

6.2.4　切削液

在切削加工时，使用切削液的主要作用是冷却、润滑、清洗、防锈。

常见的切削液主要有如下3种。

(1) 水溶液。水溶液的主要成分是水，并加入少量的防锈剂等。其冷却能力强，但润滑性能较差。

(2) 乳化液。乳化液是由水和乳化油混合而成的乳白色液体。乳化液的浓度根据不同的用途而配制，低浓度的乳化液冷却能力强，高浓度乳化液主要起润滑作用。

(3) 油类切削液。油类切削液常用矿物油，有时采用动植物油或混合油。润滑作用良好，冷却能力低。

切削液的选用主要根据工种、加工精度、工件材料、刀具材料等进行选择。粗加工时，切削用量大、切削热多，采用水溶液或低浓度乳化液进行冷却；精加工时，为提高工件表面质量、减少刀具磨损，采用油类切削液或高浓度乳化液。铸铁、铝合金、铜合金的加工性能好，加工时一般不用切削液，硬质合金刀具和陶瓷材料刀具的热硬性高，一般也不采用切削液。

6.2.5　零件切削加工步骤安排

1. 切削工艺的过程

零件加工的工艺过程指的是生产过程中直接改变原材料的形状、尺寸和性能使之变为成品的过程，包括：铸造、压力加工、焊接、机械加工、热处理、特种加工、电镀、涂覆、装配等工艺过程。

其中机械加工过程包括：

(1) 工件的定位与夹装

定位是指使工件在机床上占据正确的加工位置，以保证被加工表面的精度，夹装是指使工件在承受切削力时，能保持正确位置面对工件施加的力。

安装的方法包括直接安装法和利用夹具安装法，其中最常用的是夹具安装法，其特点是定位精度高、生产率高，适用于大批量生产，其用到的夹具包括通用夹具，即已标准化的夹具，如三爪卡盘、四爪卡盘、平口虎钳等；专用夹具(为某一特定零件的特定工序专门设计和制造的夹具)；其他夹具。

(2) 零件的工艺分析

首先审查零件图，确定技术要求的完整性、精度要求的可行性以及零件材料和结构的工艺性；然后确定毛坯的加工余量；再定位基准，最后拟定工艺路线。

(3) 工艺路线的拟定

零件精度要求较高时，往往需要将加工过程分为几个阶段，一般分为粗加工、精加工和光整加工等。

2. 切削加工工序的安排原则

(1) 基面先行原则

用作基准的表面，应优先加工。因为定位基准的表面越精确，夹装误差就越小，所以任何零件的加工过程，总是先对定位基准面进行粗加工和半精加工，必要时还要进行精加工。

(2) 先粗后精原则

各个表面的加工顺序一般是按照粗加工→半精加工→精加工→光整加工的顺序进行，这样才能逐步提高加工表面的精度和减少表面粗糙度。

(3) 先主后次原则

零件上的工作面及装配精度要求较高的表面，属于主要表面，应先加工。自由表面、键槽、紧固用的螺孔和光孔等表面，精度要求较低，属于次要表面，可穿插进行，一般安排在主要表面达到一定精度后，最终精加工之前加工。

(4) 先面后孔原则

对于箱体类、支架类、机体类的零件，一般先加工平面，后加工孔。这样安排加工顺序，一方面是用加工过的平面定位，稳定可靠；另一方面是在加工过的平面上加工孔，比较容易，并能提高孔的加工精度。

6.2.6 零件加工的技术要求

每个零件的加工质量决定了由其组装而成的设备的质量。在设计零件时应对每个零件提出合理的技术要求。零件的技术要求包括：加工精度、表面粗糙度、零件热处理及表面处理等。

1. 加工精度

加工精度是指零件在加工以后，其尺寸、形状及各加工面之间的相互位置等技术参数的实际数值与设计数值相符合的程度。加工精度包括零件的尺寸精度、形状精度和位置精度。

(1) 尺寸精度

尺寸精度是指尺寸的准确程度。它是由尺寸公差控制的，公差是在满足零件使用要求的前提下所允许的加工误差范围。如零件的基本尺寸相同，公差越大则尺寸精度越低。GB/T 1800—1997 规定，标准的尺寸公差分为 20 个等级，即 IT01，IT0，IT1～IT18，IT 后面的阿拉伯数字越大，公差值就越大，精度就越低。其标注方法如图6.4所示，图6.4中轴的外圆直径加工后，测量尺寸只要满足49.985～50.010mm即可。+0.010－(－0.015)＝0.025mm叫作尺寸公差。

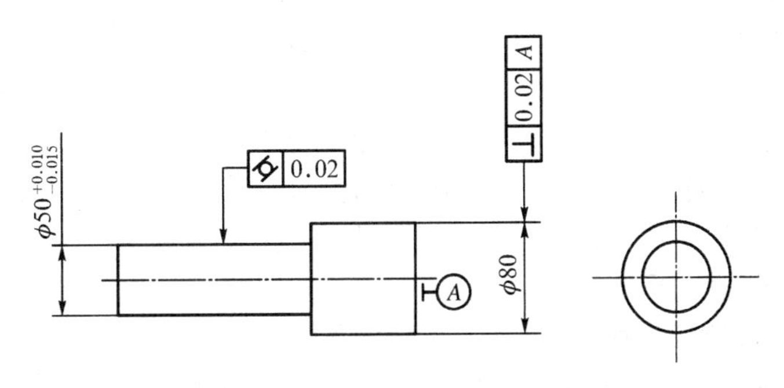

图6.4 尺寸和形状公差标示例

(2) 形状精度

形状精度是指线或面的实际形状相对于理想形状的准确程度，它由形状公差确定。GB/T 1182—2008规定了8项形状公差，符号如表6.1所示。形状公差标注的方法示于图6.4中。

表6.1 形状位置公差的符号

分类	几何特征	符号	分类	几何特征	符号
形状公差	直线度	—	位置公差	位置度	⌖
	平面度	▱		同心度(用于中心点)	◎
	圆度	○		同轴度(用于轴线)	◎
	圆柱度	⌭		对称度	⌯
	线轮廓度	⌒		线轮廓度	⌒
	面轮廓度	⌓		面轮廓度	⌓

(3) 位置精度

位置精度是指零件上点、线、面的实际位置相对于理想位置的准确程度。它是由位置公差决定的。GB/T 1182—2008规定了6项位置公差，符号如表6.1所示。

2. 表面粗糙度

表面粗糙度是指零件表面的微观不平程度。它影响零件的耐磨性、耐腐蚀性、疲劳强度以及配合性质。所以，当零件工作时，高速运动、承受重载荷或动载荷，在腐蚀介质或振动环境下工作时，都要求零件的表面粗糙度值尽量低。

GB/T 1031—2009及GB/T 131—2006推荐用轮廓的算术平均偏差 Ra 标注表面粗糙度。在图样上常见的符号如下：

$\surd$表示表面可用任何方法获得。当不加注粗糙度参数值或有关说明(如表面处理、局部热处理状况等)时，仅适用于简化代号标注。

$\overset{\circ}{\vee}$/表示非加工表面。即铸、锻、板料冲压、轧制、拉拔、粉末冶金等不去除材料的方法获得的表面或保持原材料(包括上道工序)状况的表面。

$\overline{\vee}$/表示加工表面。即采用车、铣、刨、磨、钻、剪切、抛光、电火花加工等去除材料的方法获得的表面。在横线的上方有一数字表示 Ra 的上限值。

3. 经济精度

经济精度是指在正常生产条件下,所能达到的加工精度。

在切削加工中,用同一种方法加工一个零件时,随着加工条件的变化(例如改变切削用量),得到零件的精度也不同,可获得相邻的几级加工精度,而较高的加工精度,往往是靠降低生产率和提高加工费用而获得的。

每一种加工方法所能达到的精度都有一定的界限,超过其界限就变得不经济。例如车削,一般精车后所能达到的经济精度为 IT8～IT7 级,表面粗糙度 Ra 值为 0.8～1.6μm。

零件表面粗糙度值要求越小,加工费用就越高,这是因为在同一台机床上要达到较小的表面粗糙度值,就要进行多次切削加工,即粗车、半精车、精车等,加工次数越多,加工费用就越高。

6.3 量具使用

为了确保加工质量,在切削之前和加工完毕之后,对加工的工件都要进行尺寸和形状等项目的检验,加工过程中也往往需要检验。下面介绍几种常见的量具。

6.3.1 游标卡尺

游标卡尺是一种测量长度、内外径、深度的量具,由主尺和附在主尺上能滑动的游标两部分构成。游标卡尺的主尺和游标上有两副活动量爪,分别是内测量爪和外测量爪,内测量爪通常用来测量内径,外测量爪通常用来测量长度和外径;另在尾部有一个深度尺可用来测量深度,如图 6.5 所示。主尺一般以毫米为单位,而游标上则有 10, 20 或 50 个分格,根据分格的不同,游标卡尺可分为 10 分度游标卡尺、20 分度游标卡尺、50 分度格游标卡尺等,游标为 10 分度的有 9mm, 20 分度的有 19mm, 50 分度的有 49mm(相对应的精度分别为 0.1m, 0.05mm 和 0.02mm)。

以 10 分度的游标卡尺(精度为 0.1mm)为例,读数时首先以游标零刻度线为准在尺身上读取毫米整数,即以毫米为单位的整数部分。然后看游标上第几条刻度线与尺身的刻度线对齐,如第 6 条刻度线与尺身刻度线对齐(若没有正好对齐的线,则取最接近对齐的线进行读数),则小数部分即为 0.6mm。精度为 0.05mm 和 0.02mm 的游标卡尺,它们的工作原理和使用方法与精度为 0.1mm 的游标卡尺相同。精度为 0.05mm 的 50 分度游标卡尺测量时,如游标上第 11 根刻度线与主尺对齐,则小数部分的读数为 11×0.05mm=0.55mm,如第 12 根刻度线与主尺对齐,则小数部分读数为 12×0.05mm=0.60mm。

判断游标上哪条刻度线与尺身刻度线对准,可用下述方法:选定相邻的三条线,如左侧的线在尺身对应线之右,右侧的线在尺身对应线之左,中间那条线便可以认为是对准的。

因此，游标卡尺所测量的数据 L 可以概括为：

$$L = \text{整数部分} + \text{游标上第 } n \text{ 条刻度线与尺身的刻度线对齐} \times \text{分度值}$$

如有零误差，则一律用上述结果减去零误差（零误差为负，相当于加上相同大小的零误差），读数结果为

$$L = \text{整数部分} + \text{小数部分} - \text{零误差}$$

如果需测量几次取平均值，不需每次都减去零误差，只要从最后结果减去零误差即可。如图 6.6 所示的 20 分度游标卡尺的测量结果为 23.85mm。

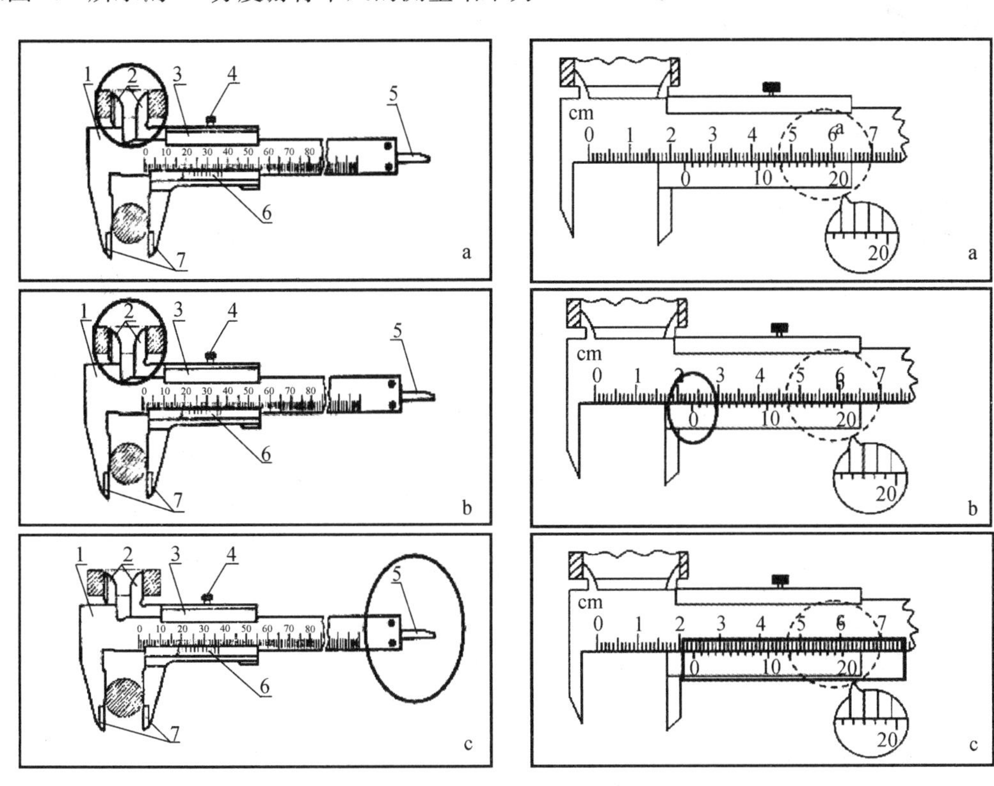

图 6.5　游标卡尺的构造

1—示尺；2—内测卡爪；3—副尺；4—固定螺钉；5—深度尺；6—副尺测度；7—外测卡爪

图 6.6　游标卡尺的读数

6.3.2　千分尺

千分尺又称螺旋测微器，用它测长度可以准确到 0.01mm，测量范围为几厘米。其结构如图 6.7 所示。它的一部分加工成螺距为 0.5mm 的螺纹，当它在固定套管的螺套中转动时，将前进或后退，微分筒和螺杆连成一体，其周边等分成 50 个分格，微分筒转

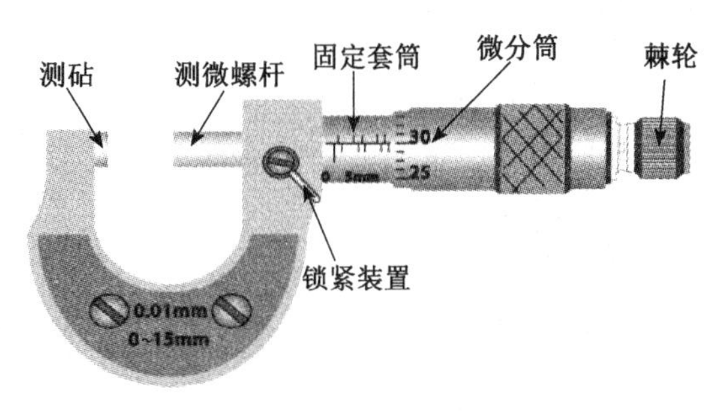

图 6.7　千分尺的结构

过一格，测量螺杆就移动了 0.01mm。螺杆转动的整圈数由固定套管上间隔 0.5mm 的刻线去测量，不足一圈的部分由活动套管周边的刻线去测量，最终测量结果需要估读一位小数。

千分尺的测量尺寸由 0.5mm 的整数倍和小于 0.5mm 的小数两部分组成。0.5mm 的整数倍：固定套筒上距离微分筒边线最近的刻度数；小于 0.5mm 的小数：微分筒上与固定套筒中线重合的圆周刻度数乘以 0.01。

使用千分尺应注意：

(1) 使用前将千分尺砧座和测微螺杆擦净，再将两者接触，看圆周刻度零线是否与中线零点对齐，若不对齐，在测量后修正读数。

(2) 测量时，先旋转微分筒使螺杆快接触工件，再改用端部棘轮，当听到"喀喀"的打滑声时，停止拧动。否则会使螺杆弯曲或测量面磨损。另外，工件一定要放正。

6.3.3 百分表

百分表是一种精度比较高的比较量具，其只能测量出相对的数值。主要用来检查工件的形状和位置误差(如圆度、平面度、垂直度、圆跳动等)，也常用于工件的精度校正。百分表的结构如图 6.8 所示。

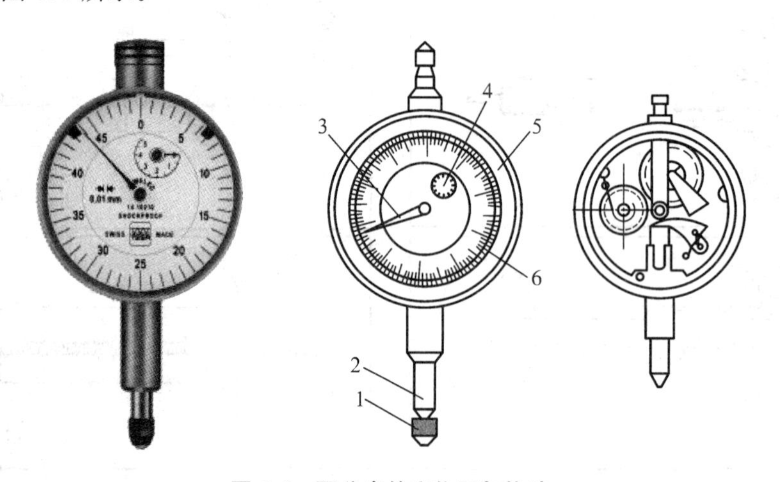

图 6.8 百分表的实物图与构造

1—测量头；2—测量杆；3—大指针；4—小指针；5—表壳；6—刻度盘

当测量杆向上或向下移动 1mm 时，通过齿轮传动系统带动大指针转一圈，小指针转一格。刻度盘在圆周上有 100 等分的刻度线，其每格的读数值为 1/100mm=0.01mm，小指针每格读数值为 1mm。测量时，大、小指针所示读数之和即为尺寸变化量，小指针处的刻度范围即百分表的测量范围。刻度盘可以转动，供测量时调整大指针对零位刻线用。百分表使用时常装在专用百分表架上，如图 6.9 所示。

6.3.4 量规

量规是在检验成批或大量生产的零件时，代替游标卡尺或者千分尺的测量工具，主要包括塞规和卡规这两个工具。塞规用来测量孔径，如图 6.10 所示；卡规用来测量外表面尺寸，如图 6.11 所示。

图6.9 百分表架

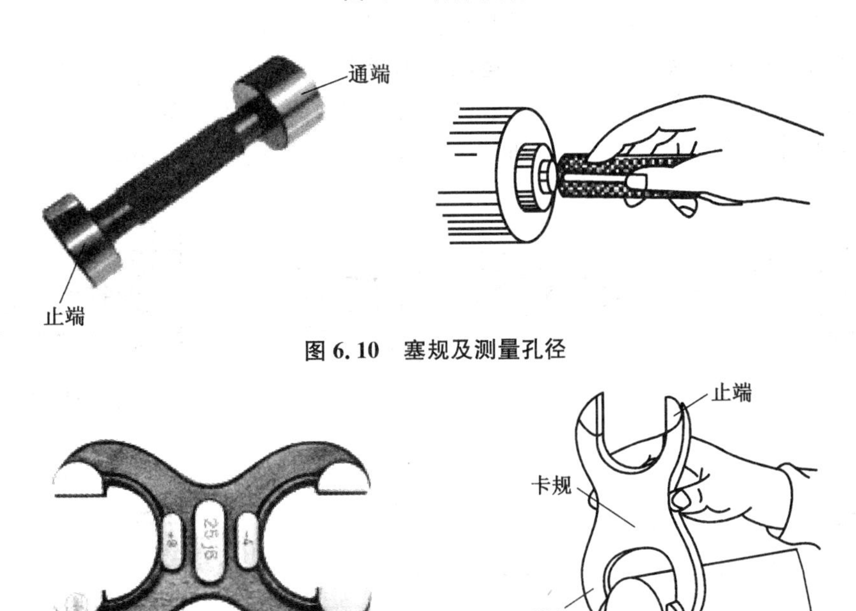

图6.10 塞规及测量孔径

图6.11 卡规实物图及用卡规测量工件

量规有通端和止端之分，通端用来检验工件的最大实体尺寸，即孔的最小极限尺寸或轴的最大极限尺寸，止端用来检验工件的最小实体尺寸即孔的最大极限尺寸或轴的最小极限尺寸。检验工件时，如果通端能通过工件，止端不能通过，则认为工件为合格。

6.4 车削加工

（1）实习目的

通过实习深化学生在课堂所学的理论知识，对车床及车削加工的认识。进一步了解车削加工中所涉及到的材料，机械的知识，并通过分组合作，实际操作强化学生的动手能力和团队合作精神。

(2) 实习要求

学生实地参观工厂车床及其附件等设备，认真听取相关专家的讲解。了解车床的种类，及其对应的特点和作用，学习各种车床的加工方法；分组对车床进行操作，包括刀具和工件的拆装以及零件的车削，并完成简单零件的加工。

6.4.1 车削加工概述

车削加工是机械加工中最常用的工种，无论批量生产，还是单件小批量生产以及机械维修等方面，都占有非常重要的地位。

车削加工在车床上利用工件的旋转和刀具的移动来加工各种间转体表面，包括：内外圆柱面、内外圆锥面、内外螺纹、轴面、沟槽、滚花及成型面等。对应的车削加工所用的刀具有：车刀、镗刀、钻头、铰刀、滚花刀及成型刀具等。车削加工时，工件的旋转运动为主运动，刀具相对工件的横向或纵向移动为进给运动。车床上能完成的工作如图 6.12 所示。车削除了可以加工金属材料外，还可以加工木材、塑料、橡胶、尼龙等非金属材料。车床能够实现的尺寸公差等级可达 IT11～IT6，表面粗糙度 Ra 值可达 0.8～12.5μm。

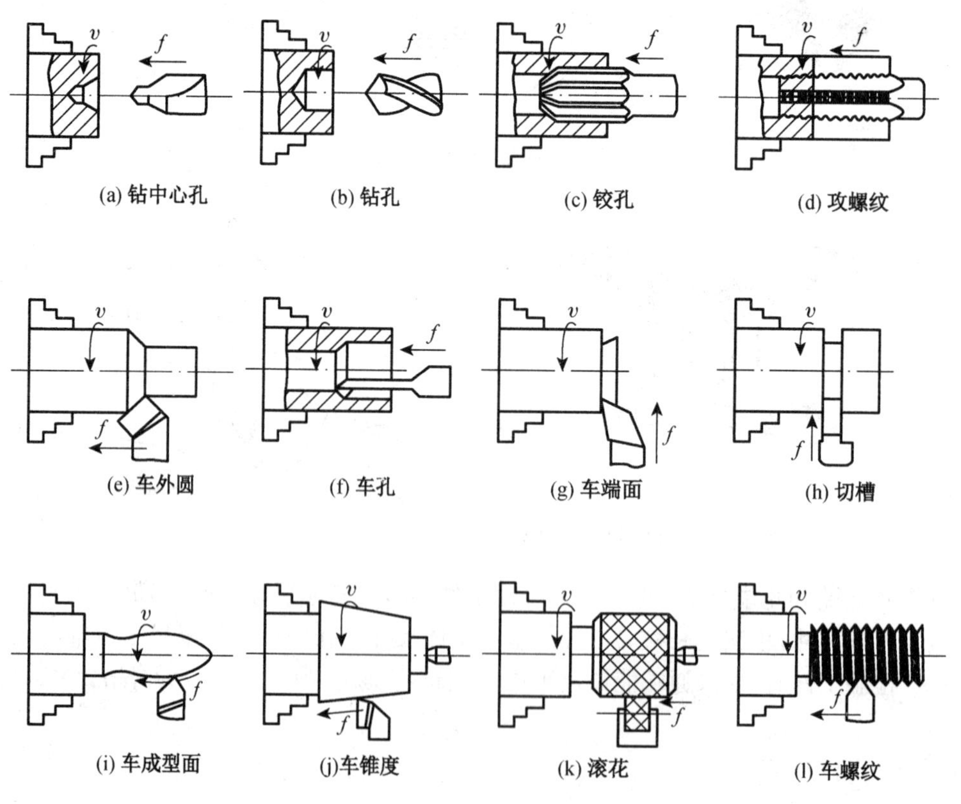

图 6.12 车床可完成的主要工作

6.4.2　卧式车床简介

车削加工的车床种类很多，而应用最广的是卧式车床，适用于加工一般的工件。

现以 C6140 型车床(图 6.13)为例介绍卧式车床的外形及组成。

(1) 床身。车床床身是基础零件，用来安装车床各部件，并保证各部件之间准确的相对位置。床身上面有保证刀架正确移动的三角导轨和引导尾座正确移动的平导轨。

(2) 变速箱。变速箱内装变速机构。电动机的转速传给变速箱，经变速箱传到主轴箱获得 6 种不同的转速。不同的转速是通过改变变速箱上变速手柄的位置获得的。

(3) 主轴箱。主轴箱支承主轴以及内装部分主轴变速机构，将由变速箱传来的 6 种转速转变为主轴的 12 种转速。主轴为空心结构，可穿入圆棒料，主轴前端的内圆锥面用来安装顶尖，外圆锥面用来安装卡盘等附件。主轴再经过齿轮带动交换齿轮，将运动传递到进给箱。

(4) 进给箱。进给箱内装有进给运动的变速机构。可通过手柄改变进给箱内变速齿轮的位置，来调整进给量和螺距，并将运动传递给光杠和丝杠。

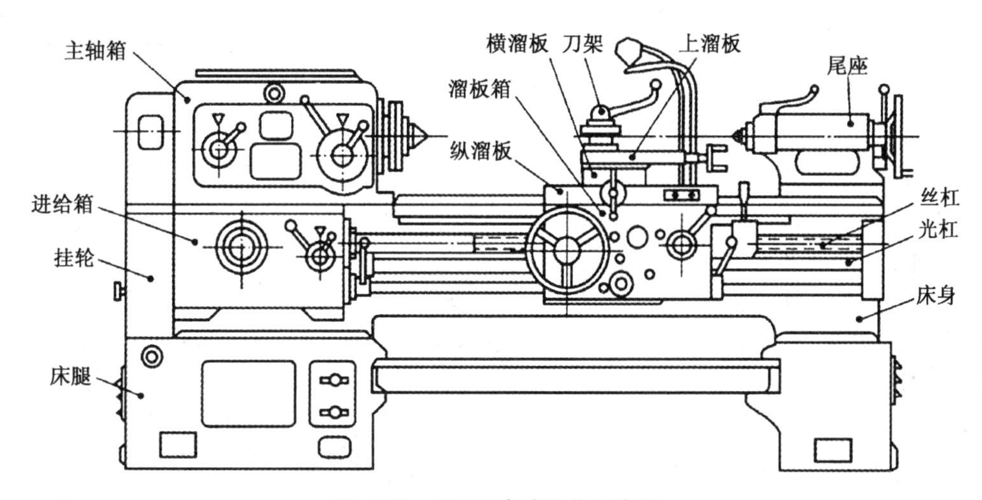

图 6.13　C6140 车床结构示意图

(5) 溜板箱。溜板箱与床鞍和刀架连接。将光杠的转动转变为车刀的纵向或横向移动，通过“开合螺母”将丝杠的转动转变为车刀的纵向移动，用以车螺纹。

(6) 刀架。刀架用来夹持车刀使其做横向、纵向或斜向进给。

(7) 尾座。尾座安装于床身导轨上并可沿导轨移动。在尾座的套筒内可安装顶尖用以支承工件或安装钻头、扩孔钻、铰刀、丝锥等刀具，以钻孔、扩孔、铰孔、攻螺纹。

(8) 床腿。床腿支撑床身并与地基连接。车床的左床腿内安装了变速箱和电动机，右床腿内安装电器部分。

6.4.3　零件的安装及车床附件

车床主要用于加工回转表面。安装工件时应使被加工表面的回转中心和车床主轴的轴线重合，确保加工后的表面有正确的位置，即定位。同时，还需夹紧工件，以承受切削力、重力等。根据工件的结构特点，可选用不同的附件进行安装，常用的附件有：三爪自定心卡盘、四爪单动卡盘、顶尖、中心架、跟刀架、心轴、花盘及压板等。

(1) 三爪自定心卡盘

三爪自定心卡盘是车床上最常用的夹具，其结构如图 6.14 所示。当转动小锥齿轮时，与之相啮合的大锥齿轮便随之转动，大锥齿轮背面的平面螺纹就使三个卡爪沿卡盘上的径向槽同时向中心或背离中心移动相同的距离以装夹不同直径的工件。当工件直径较大时，可换上反爪进行装夹。三爪自定心卡盘能自动定心，虽定心精度不高，一般为 0.05～0.15mm，但装夹方便，适用于安装截面为圆形或正六边形的短轴类或盘类工件。卡盘通过螺钉与卡盘座紧固在一起。卡盘座的锥孔与主轴的圆锥面配合，进行定位，键用于传递运动，螺母将卡盘座锁紧于主轴上。使用三爪自定心卡盘时，工件必须放正、夹紧，夹持长度至少 10mm，紧固工件后，随即取下扳手，车削前低速开动车床，检查工件是否偏摆，若偏摆应停车找正。

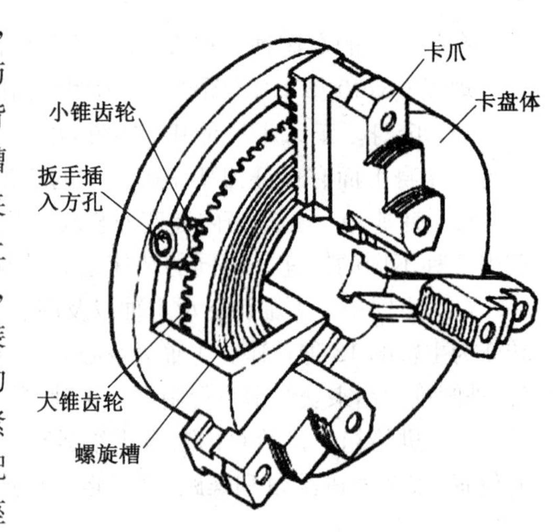

图 6.14　三爪自定心卡盘的结构图

(2) 四爪单动卡盘

四爪单动卡盘的结构如图 6.15 所示。由于四个卡爪单独调节不能自动定心，在装夹工件时必须找正。找正的方法有多种，可用划线盘根据工件的内、外圆柱面找正，也可按预先画出的加工界线用划线盘找正，或用百分表找正。用四爪单动卡盘安装圆形工件时，找正费时，生产效率较三爪自定心卡盘低，但采用百分表找正，定位精度可达 0.01mm。四爪单动卡盘不仅可以安装圆形工件，还能安装方形工件、长方形工件、内外圆偏心工件、椭圆形工件或者其他不规则形状的工件，而且夹紧力大、可靠。

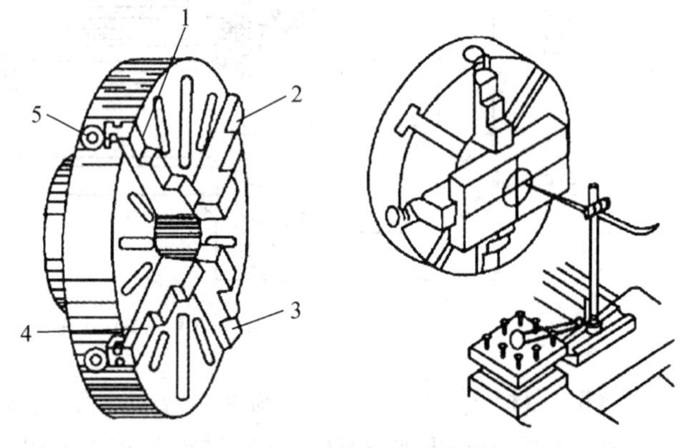

图 6.15　四爪卡盘的结构图

1～4—卡爪；5—螺杆

(3) 顶尖的安装

顶尖安装主要用于加工较长或工序较多且要求有同一定位基准的轴类零件。图 6.16 是顶尖与跟刀架配合照片。顶尖的安装步骤为：

① 擦净顶尖尾部锥面、主轴内锥孔及尾座套筒锥孔，再将顶尖用力装入锥孔内，最后调整尾座横向位置，直至前后顶尖轴线重合。对精度要求较高的轴，应边加工边测量、调整，否则会加工成锥体。

② 擦净拨盘的内螺纹和主轴的外螺纹，将拨盘拧在主轴上。再把工件的一端装上卡箍并拧紧夹紧螺钉，最后将工件安装在两顶尖之间。

(4) 中心架和跟刀架的使用

中心架和跟刀架起辅助支承作用。当加工细长轴时，工件本身刚性差是为了防止工件在切削力及自身的重力作用下产生弯曲变形。

中心架如图 6.17 所示，固定在床身导轨上，三个可调节的卡爪支承于预先加工的外圆面上，主要用于加工阶梯轴、长轴端面、轴端的内孔和中心孔。

图 6.16 所示的跟刀架，固定于床鞍上并随床鞍一起做纵向移动。使用跟刀架之前，先在工件上靠近后顶尖处车出一小段圆柱面，用以调整支承爪的位置和松紧，然后车出工件的全长。跟刀架主要用于加工细长的光轴和长丝杠等。

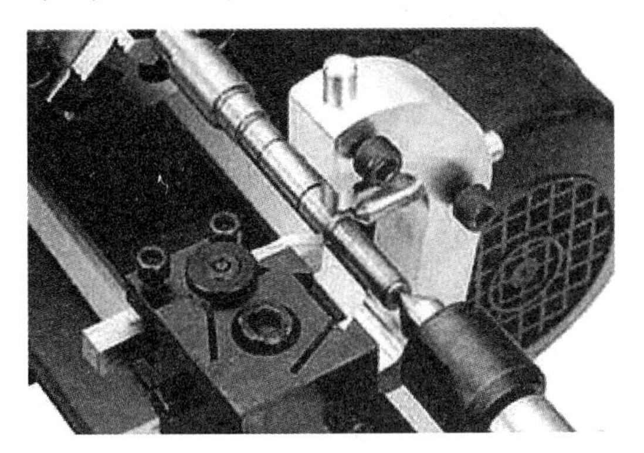

图 6.16　跟刀架的位置

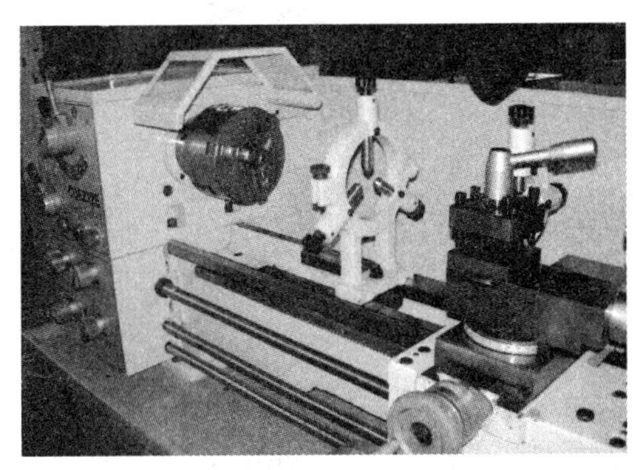

图 6.17　中心架的位置

6.4.4　车刀及车刀安装

车刀是切削金属的最简单的刀具，属于单刃刀具。为了适应不同车削要求，可分为多种类型。由于加工要求不同，车刀可分为图 6.18 所示的 7 种。

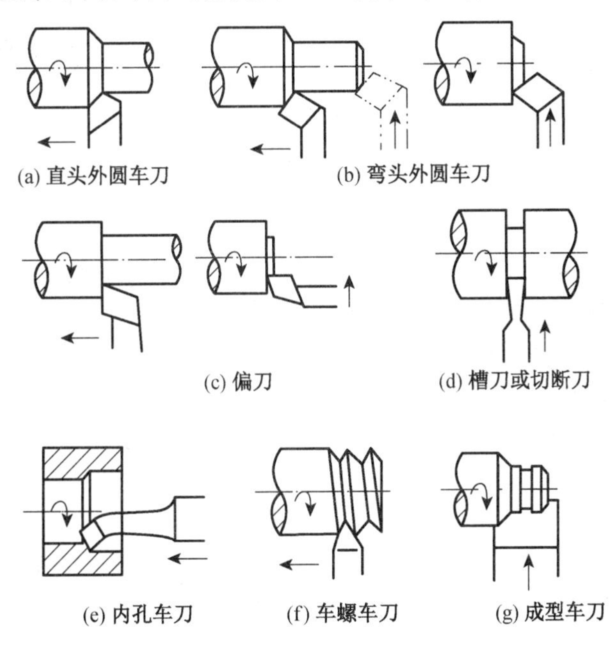

图 6.18　车刀的种类及用途

1. 车刀的组成

如图 6.19 所示，车刀由刀头和刀体组成。刀体用以夹持在刀架上并夹持刀片，又称夹持部分。刀头用来切削，又称切削部分。目前常用的车刀是在碳素结构钢的刀体上焊接硬质合金刀片。车刀切削部分由三面二刃一尖组成：前刀面、主后刀面、副后刀面、主切削刃、副切削刃以及刀尖。

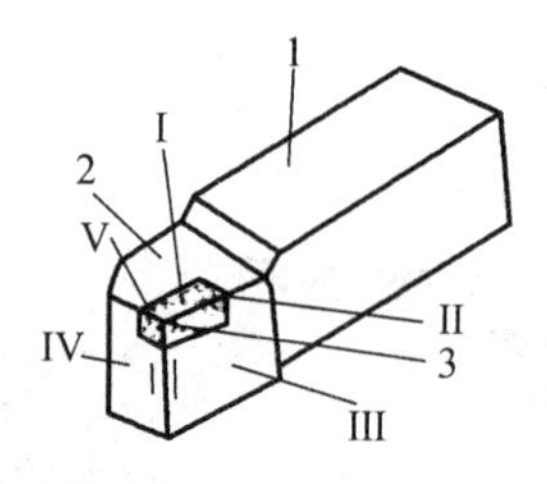

图 6.19　刀具外形及切削部分的结构

1—刀体；2—刀头；3—刀尖
I—前刀面；II—主切削刃；III—主后刀面；VI—副后刀面；V—副切削

2. 刀具的主要角度

为便于确定刀具的主要角度，先建立以下三个相互垂直的参考平面，如图 6.20 所示。

基面：通过切削刃选定点的平面，它平行或垂直于刀具在制造、刃磨及测量时适合于安装或定位的一个平面或轴线，一般说来其方位要垂直于假定的主运动方向。

切削平面：通过切削刃选定点与切削刃相切并垂直于基面的平面。

正交平面：通过主切削刃选定点并同时垂直于基面和切削平面的平面。

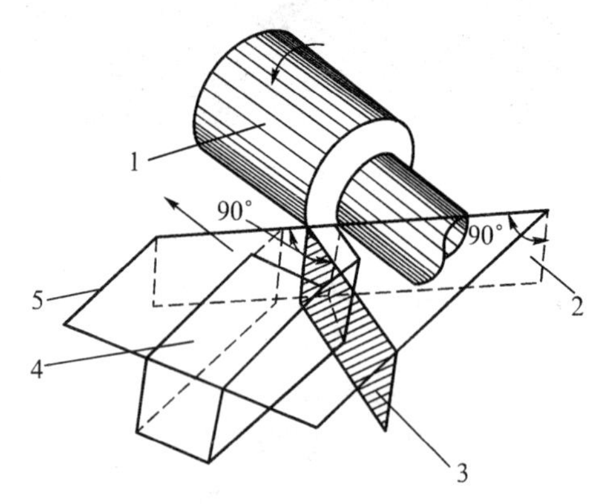

图 6.20　标注刀具角度的参考平面

1—工件；2—切削平面；3—正交平面；
4—车刀；5—基面

如图 6.21 所示，刀具切削部分的主要角度有前角 γ_o、后角 α_o、主偏角 k_r、副偏角 k_r' 及刃倾角 λ_s。

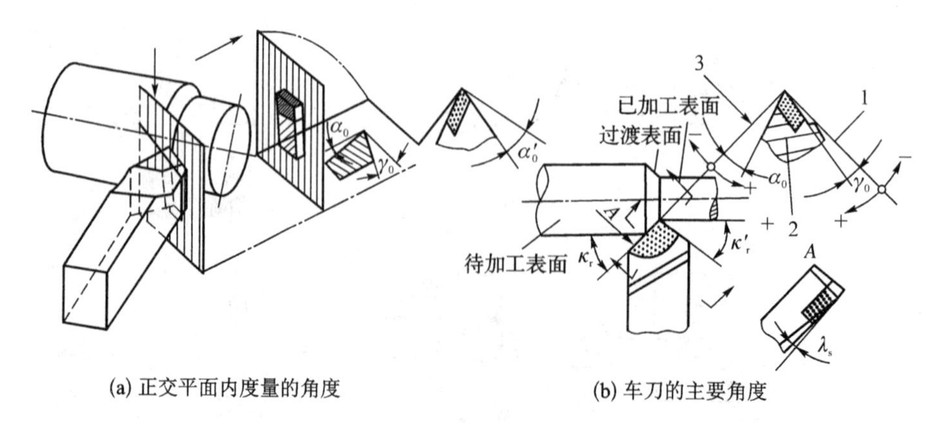

(a) 正交平面内度量的角度　　(b) 车刀的主要角度

图 6.21　刀具的主要角度

1—基面；2—正交平面；3—切削平面

(1) 前角 γ_o

在正交平面内测量,前刀面与基面之间的夹角。前角越大,刀具越锋利,切削力越小,已加工表面质量越好。但前角过大,主切削刃强度越低,易崩刃。前角 γ_o 可在 $-5° \sim 25°$ 内选取。当粗加工,工件的强度、硬度高,为脆性材料,刀具材料硬度高、冲击韧度低,加工断续表面时,前角 γ_o 应较小。反之,前角 γ_o 应较大。

(2) 后角 α_o

在正交平面内测量,主后刀面与切削平面之间的夹角。后角可减小主后刀面与工件的摩擦,减小主后刀面的磨损,但后角 α_o 越大,主切削刃强度也越低。后角取值范围为 $6° \sim 12°$,粗加工取大值,精加工取小值。

(3) 主偏角 k_r

主切削平面与假定工作平面之间的夹角。主偏角减小,主切削刃参加切削的长度增加,刀具磨损减慢,但作用于工件的径向力会增加。常用刀具的主偏角心有 45°, 60°, 75°, 90°,加工细长轴时用主偏角为 90°的车刀。

(4) 副偏角 k_r'

副切削平面与假定工作平面之间的夹角。副偏角可减小副切削刃与工件已加工表面之间的摩擦,减小已加工表面的粗糙度值。副偏角一般为 $5° \sim 15°$,当进给量一定时,副偏角越小,粗糙度值越小。所以,精加工时副偏角应较小。

(5) 刃倾角 λ_s

在主切削平面中测量,主切削刃与基面的夹角。刀尖为切削刃最高点时为正,反之为负。刃倾角可控制切屑流出方向和刀头的强度。$\lambda_s = 0$ 时,切屑沿垂直于主切削刃的方向流出;$\lambda_s < 0$ 时,切屑向已加工面流出,易刮伤已加工表面,但刀头强度较高;$\lambda_s > 0$ 时,切屑向待加工面流出,如产生带状切屑易缠绕在卡盘等转动的部件上,影响安全。一般刃倾角 λ_s 取 $-5° \sim 5°$,粗加工或切削硬、脆材料时,取负值,精加工取正值。

3. 车刀安装

车刀的正确安装能保证刀具具有合理的几何角度和加工质量,装夹时注意以下5点:

① 刀尖对准尾座顶尖,确保刀尖与车床主轴线等高,刀杆应与工件轴线垂直。

② 刀头伸出长度小于刀具厚度的2倍,防止车削时振动。

③ 刀具应垫好、放正、夹牢。

④ 装好工件和刀具后,检查加工极限位置是否会干涉、碰撞。

⑤ 拆卸刀具和切削加工时,切记先锁紧方刀架。

6.4.5 车床操作

下面介绍刻度盘及其手柄的使用。

在车削工件时,要准确、迅速地调整切削深度(背吃刀量),必须熟练地使用中滑板和小滑板的刻度盘。

中滑板的刻度盘紧固在丝杠轴头上,中滑板和丝杠螺母紧固在一起。当中滑板手柄带着刻度盘转一周时,丝杠也转一周,这时螺母带着中滑板移动一个螺距。C6140 车床中滑板丝杠螺距为 4mm,中滑板的刻度盘等分为 200 格,故每转一格对应滑板移动的距离为

0.02mm。也就是切削深度增加(减少)0.02mm，由于工件是旋转的，所以工件上被切除部分刚好是滑板移动量的2倍。

加工时，应慢慢转动刻度盘手柄，使刻线转到所需要的格数。若多转过几格，那么绝不能简单地退回几格，由于丝杠与螺母之间存在间隙，会产生空行程(即刻度盘转动而溜板并未移动)。此时一定要向相反方向全部退回，以消除空行程，然后再转到所需要的格数。

小滑板刻度盘的原理及其使用和中滑板相同。小滑板刻度盘主要用于控制工件轴向尺寸。与加工圆柱面不同的是小滑板移动了多少，工件轴向尺寸就改变了多少。

6.4.6 车削步骤

在正确安装工件和刀具之后，通常按以下步骤进行车削。

(1) 试切

为了控制切削深度，保证工件径向的尺寸精度，开始车削时，应先进行试切。试切的方法与步骤如下：

① 开车，转动中拖板手柄缓慢进刀，使刀尖与工件表面轻微接触，记下中滑板刻度盘上的数值，然后转动大拖板手柄将大拖板摇出工件；

② 按进给量或工件直径的要求计算切削深度，转动中拖板手柄根据中滑板刻度盘上的数值进刀，并手动纵向进给切进工件1～3mm，然后再次将大拖板摇出工件；

③ 进行测量，如果尺寸合格，就按该切深纵向进给将整个表面加工完，如果尺寸不合格，就要按照步骤，重新调整，进行试切，直到尺寸合格。

(2) 切削

在试切的基础上，获得合格尺寸后，就可以扳动自动走刀手柄使之自动走刀。每当车刀纵向进给至距末端3～5mm时，可改自动进给为手动进给，以避免走刀超长或车刀切削卡盘爪。当全部加工完成后应先停止走刀，然后退出车刀，最后停车。

(3) 检验

完工零件要进行测量检验，以确保零件的质量。

6.4.7 基本车削加工

1. 车外圆

车外圆通常分为粗车和精车两个步骤。粗车是用粗车刀(通常用45°弯头车刀、75°弯头车刀和90°偏刀等)尽快地切除大部分毛坯余量，对零件的光洁度和精度无严格要求。用弯头车刀可车外圆，又可在一次装刀后车出端面和倒角。用90°偏刀可以车外圆和台阶或端面。精车是用精车刀，使工件达到最后要求的精度和表面光洁度。一般精车又可分为高速精车和低速精车。高速精车采用硬质合金刀头，高的切削速度(2m/s以上)和较小的进给量(0.2mm/r以内)。低速精车采用高速钢宽刃力头，低的切削速度(小于0.08m/s)和大的进给量(可达4mm/r)，在切削过程中可以加冷却润滑液。

车外圆的具体步骤如下：

(1) 安装车刀。车刀的刀尖要与工件回转轴线等高(可在尾架上装一后顶尖，使刀尖装成与顶尖等高即可)，车刀伸出刀架的长度要适当，一般不超过刀杆厚度的2倍(特殊情况例外)。刀具相对工件的位置要正确，车刀的安装必须牢固可靠。

(2) 检查毛坯。确定加工余量和切削深度(总的加工余量一般不是一次车去的，而是分几次车去)。

(3) 装卡工件。

(4) 选择转速、进给量并调整机床有关手柄的位置。粗车时，进给量要根据工件材料、刀具材料、工件和机床的刚性等具体情况来确定，一般选0.3～1.5mm/r。切削速度是由刀具材料及其几何形状、工件材料、进给量、切削深度、冷却液使用情况、车床功率和刚性等因素决定的。

(5) 对刀并调整切削深度。对刀是使车刀恰好与工件的表面接触，车刀以此位置作为起始点，然后按机床刻度盘调整切削深度。因为丝杆与螺母之间有间隙，有时刻度盘虽然转动，但车刀不一定会移动，待间隙消除以后车刀才移动。所以在调节时，如果刻度盘转过格数多了，绝不允许只倒转超过的格数，而是要多倒转半圈以上，再重新对准刻度。

(6) 试切。调整切削深度不能完全利用刻度盘作依据时(例如精车)，必须试切2～3mm长度后，停车测量工件的尺寸，以检查调整切削深度是否正确。

(7) 切削加工。试切正确后，扳动自动进给手柄进行切削加工。当一刀切完后，将车刀退回原处，再进行第二次切削。

(8) 外圆的测量。车外圆时，应根据加工精度选择测量工具，常用的有内外卡钳、钢皮尺、游标卡尺、外径千分尺等。

2. 车端面

车端面常用的车刀是右偏刀和弯头外圆车刀，如图6.22所示。车削时车刀做横向进给。当用右偏刀由外圆向中心进给时，由于刀刃1担任主要切削工作，前角一般较小，故切削进行得不顺利，所车出的端面光洁度较差，且易“扎刀”，因而出现凹面。为解决这一问题，用右偏刀加工端面，应采用由中心向外进给，使刀刃2担任主要切削工作但由中心向外进给时，测量不方便，因此有时采用左偏刀由外向中心进给。

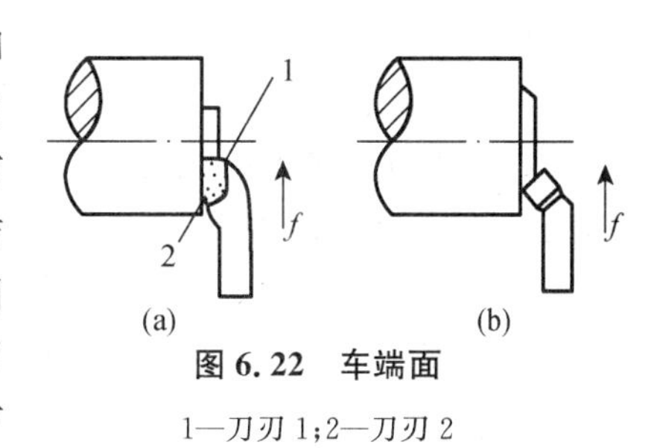

图6.22　车端面

1—刀刃1；2—刀刃2

3. 车台阶

车台阶时，把偏刀装成主偏角大约95°，副偏角k_r'为10°～15°，车外圆到台阶处停止纵向进给，用横向进给修正台阶。车小台阶时，可把偏刀装成主偏角90°，使外圆与台阶一次车出。

4. 车锥面

车锥面常用的方法有下列3种：

(1) 用样板刀车圆锥面，如图6.23所示，这种加工方法效率高，适于加工短的锥面(一般$L<20$mm)。刀刃必须平直，主刀刃与工件轴线的夹角应等于工件圆锥面的斜角α。用样板刀车锥面时，车床和工件必须有较好的刚性，否则容易引起振动而破坏表面光洁度。

(2) 转动小拖板车圆锥面，如图6.24所示，车削较短和斜角α较大(α较小也可以)的圆锥面时，通常采用这种方法。调整时，转动小拖板使其导轨与车床主轴轴线相交成α的角度，然后固紧小拖板转盘，摇动小拖板手柄做进给运动而进行车削，就可以得到所要求的锥体。由于小拖板行程限制，所以不能加工较长的锥面。因为只能手动进给，劳动强度较大，表面光洁度也较难控制。

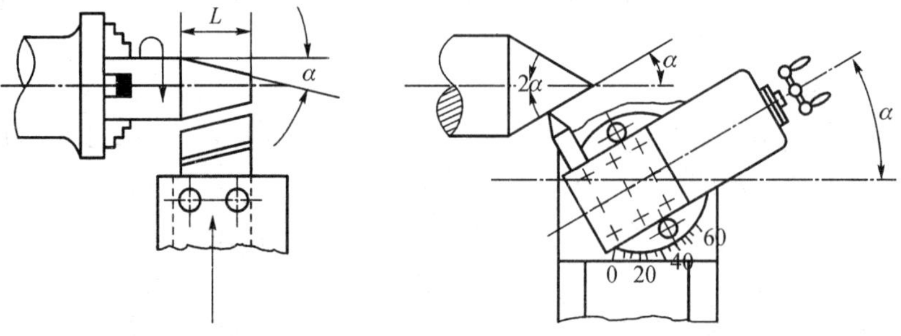

图 6.23 用样板刀车圆锥面　　图 6.24 转动小拖板车圆锥面

(3) 偏移尾架车圆锥面，在两顶尖间车削锥度较小、长度较长的圆锥面时，可采用此法。即把尾架横向偏移一个距离 h，使工件旋转轴线与车床主轴轴线的交角等于工件锥面的斜角 α。此时利用大拖板纵向进给，可车出斜角为 α 的圆锥面，如图 6.25 所示。这种加工方法由于可采用自动进给，工件表面较光洁。但因受尾架偏移量的限制，不能车锥度很大的工件。因顶尖在中心孔中是斜的，所以中心孔与顶尖的磨损都不均匀，为此，最好采用球形顶尖。

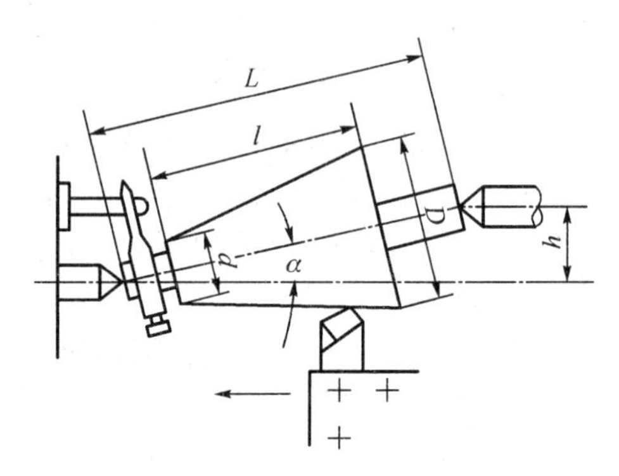

图 6.25 偏移尾架车圆锥面

5. 车螺纹

螺纹车刀切削部分的形状应与螺纹轴向断面的形状相符，以保证螺纹牙形正确。车刀的安装是否正确对螺纹的精度将产生一定的影响。因此，要求装刀时刀尖应与工件的轴线等高(过高或过低都会使牙形角产生误差)，左、右切削刃要对称(否则会引起牙形不对称)，为此要用对刀样板进行对刀。此外，车刀刀杆安装时不宜伸出过长，以免引起振动。

车螺纹的具体操作过程如下：

(1) 车螺纹前对工件的要求：

① 螺纹大径：理论上大径等于公称直径，但根据与螺母的配合它存在有下偏差(—)，上偏差为零。因此在加工中，按照螺纹三级精度要求，螺纹外径比公称直径小 $0.1P$(P 为梯形螺纹的螺距)。

② 退刀槽：车螺纹前在螺纹的终端应有退刀槽，以便车刀及时退出。

③ 倒角：车螺纹前在螺纹的起始部位和终端应有倒角，且倒角的小端直径小于螺纹底径。

④ 牙深高度(切削深度)：$h_1 = 0.6P$。

(2) 调整车床：先转动手柄接通丝杠，根据工件的螺距或导程调整进给箱外手柄所示位置，调整到各手柄到位。

(3) 开车、对刀记下刻度盘读数，向右退出车刀。

(4) 合上开合螺母，在工件表面上车出一条螺旋线，横向退出车刀，并开反车把车刀退到右端,停车检查螺距是否正确。

(5) 开始切削,利用刻度盘调整切深(逐渐减小切深)。注意操作中,车刀将终了时应做好退刀、停车准备,先快速退出车刀,然后开反车退回刀架。控制吃刀深度 t,粗车时 $t=0.15\sim0.3\text{mm}$,精车时 $t<0.05\text{mm}$。

6. 切槽或切断

(1) 切槽

切槽是用切槽刀作横向移动在工件上车出环形的沟槽。切槽刀有一个主切削刃和两个副切削刃。为了减少摩擦,副切削刃磨出1°～2°的副偏角,如图 6.26 所示。车削宽度不大的沟槽时,可用刀尖宽度等于槽宽的车刀一次车出。较宽的沟槽,可用窄刀分几段依次车去槽的大部分余量(槽的两侧及底部应留出精车余量),最后根据尺寸进行精车。

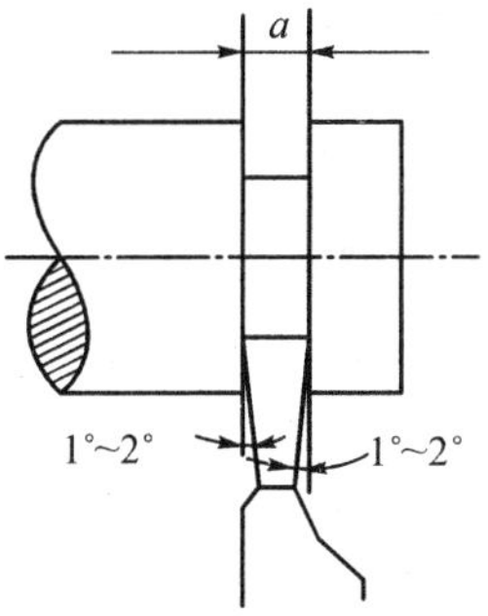

图 6.26　切槽

(2) 切断

切断一般是采用主轴正转,切断刀做横向进给进行车削。横向进给可以手动亦可自动。手动进给时,要注意进给的均匀性,不得中途停止进给,如果中途必须停止进给或停车,则应先将车刀退出。通常切断刀刀头的长度应大于工件半径 2～3mm,以保证能加工到中心。刀头宽度 a 可按下列经验公式选取:

$$a \approx 0.5\sqrt{D}$$

式中　D——工件直径(mm)。

7. 车内孔

在车床上加工内孔的方法很多,如钻孔、铰孔等用车刀加工内孔的方法通常称为镗孔。下面仅介绍有关镗孔的一些问题。

镗孔刀刀杆的长度和粗细受到孔深和孔径的限制,不能做得太短,也不能做得太粗,所以使刀具的刚性和强度受到一定的影响。同时,刀具在孔内的切削情况不能直接观察到,致使孔加工的质量和生产效率一般都较低。

镗孔及其所用的刀具如图 6.27 所示。镗孔刀的主偏角大于 90°,刀尖到刀杆背面的距离 a 只能小于孔径的一半,否则没法车平底面。

车削内沟槽及其所用的刀具,如图 6.28 所示。刀头的宽度可根据沟槽的宽度选取。

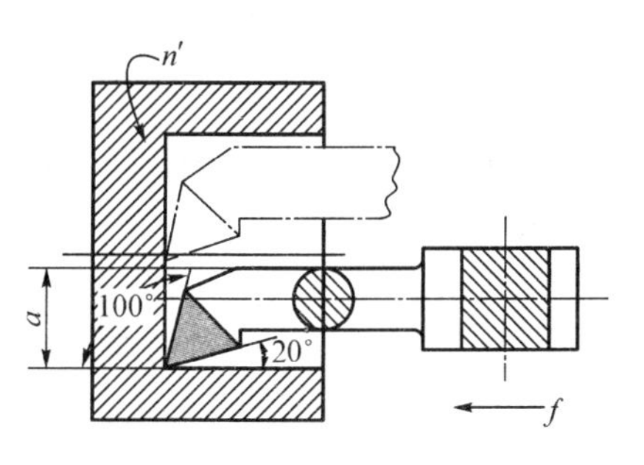

图 6.27　镗孔

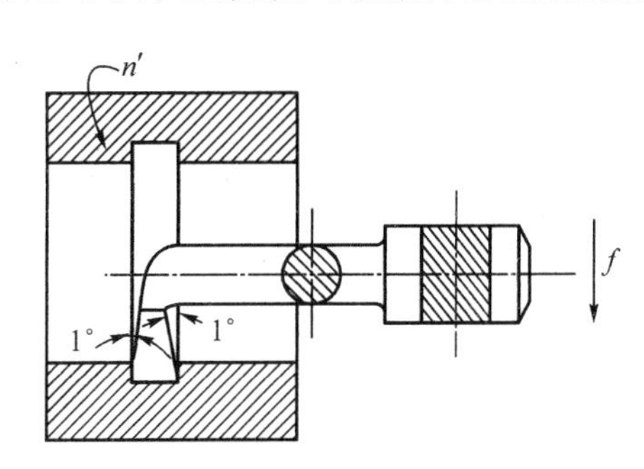

图 6.28　镗内沟槽

8. 滚花

滚花是用滚花刀挤压工件，使其表面产生塑性变形而形成花纹。滚花前，将滚花部分的直径车得小于工件所要求尺寸 0.15～0.8mm。然后将滚花刀固紧在刀架上，使滚花刀的表面与工件平行接触，并且要使滚花刀的中心与工件中心相一致，在滚花刀接触工件开始吃刀时，必须用较大的压力，而且要用力猛一些。等吃到一定深度后，再进行纵向自动进给。这样来回滚压 1～2 次，直到花纹滚好为止。为了减少开始滚花时的径向压力，可采取先将滚花刀表面宽度的一半与工件表面接触的方法挤压工件。

6.4.8 典型零件加工实例

图 6.29 为复杂的轴部件加工过程及车刀选择示意图。一般传动用的轴，各表面的尺寸精度、表面粗糙度和位置精度(主要是各外圆面对轴线的同轴度和台阶面对轴线的端面圆跳动)要求较高，长度和直径的比值较大，加工时不可能一次加工完全部表面，往往要多次调头安装，多次加工才能完成。为了保证零件的安装，并且使轴安装方便可靠，轴类零件一般都采用顶尖安装工件。

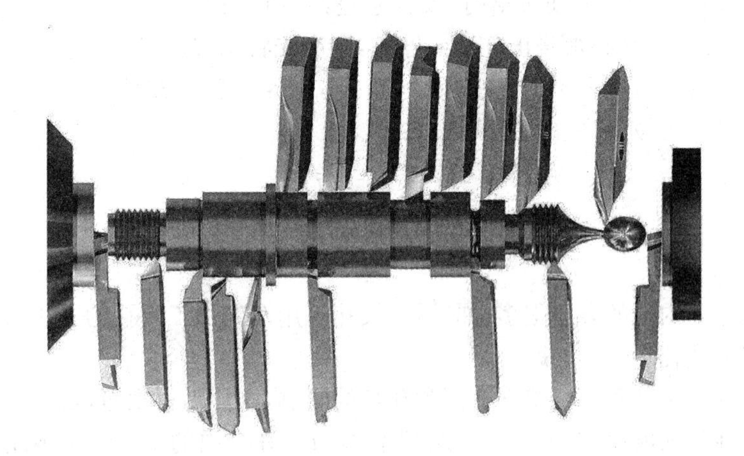

图 6.29 复杂轴的车削过程及车刀选择

6.5 铣削加工

(1) 实习目的

通过铣床的实际操作，了解平面、沟槽及分度表面的铣削方法、铣削加工特点、铣削所能达到的尺寸精度和表面粗糙度。能够正确地调整主轴转速和进给量，完成平面加工，包括选择刀具、附件、安装刀具、找正工件等。能用简单分度方法加工分度表面，包括安装工件、调整分度头、选择铣刀等。能安排简单零件的加工顺序，并能进行工艺分析。

(2) 实习要求

了解铣削生产的工艺过程、特点和应用，知道铣削加工常用的工具和设备名称及其应用。掌握卧式铣床的基本安全操作技能，了解立式铣床的方法、特点及应用。学习使用万能分度头和转盘，并能掌握顺铣和逆铣的工艺特点和应用，了解铣削生产安全技术及简单经济分析。

6.5.1 铣削加工概述

在铣床上用铣刀加工工件叫铣削，是金属切削加工中常用的方法之一。铣削加工的精度为IT9～IT8，表面粗糙度 Ra 值为1.6～6.3μm。铣削可用于加工平面、沟漕、V形槽、T形槽、螺旋槽、燕尾槽及成型表面，还可用于钻孔、加工齿轮和镗孔等，一些典型的铣削加工如图6.30所示。

铣削时，铣刀旋转，做主运动；工作台带动工件移动，做进给运动。

(1) 铣削刃速度 v_c

切削刃选定点相对于工件主运动的瞬时速度，一般指铣刀最大直径处的线速度(m/s或m/min)。

(2) 进给量 f

工件在进给的方向上，相对刀具的位移量，有三种表述和量度方法。

① 每齿进给量 f_z：铣刀每转过一个齿时，工件相对铣刀沿进给方向的位移(mm/z)。

② 每转进给量 f：铣刀每1转工件相对于铣刀沿进给方向的位移(mm/r)。

③ 每分进给量 v_f：每分钟工件相对铣刀沿进给方向的位移(mm/min)。

铣床标牌上所标出的进给量为每分进给量 v_f。

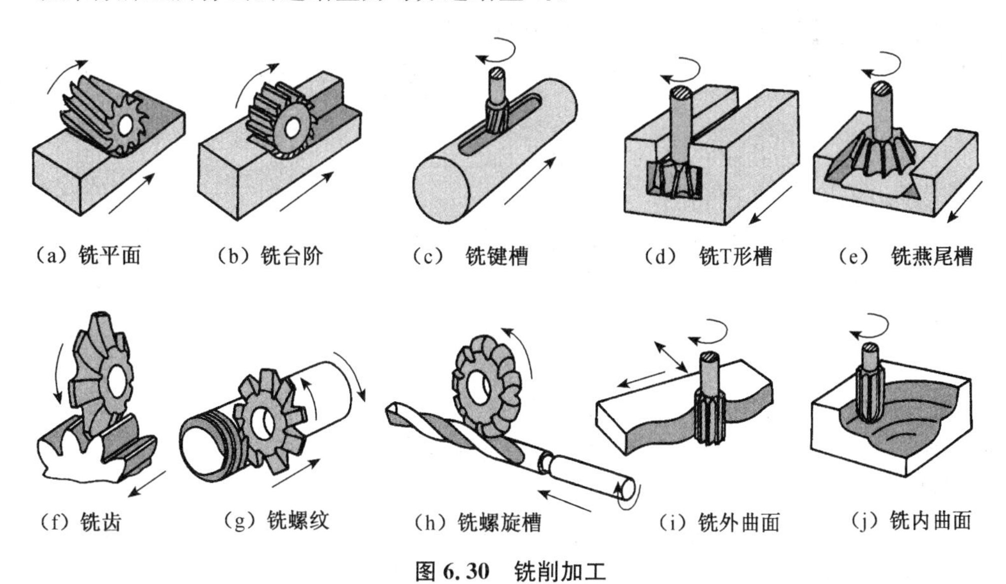

图6.30 铣削加工

(3) 背吃刀量 a_p

平行于铣刀轴线方向测量的切削层尺寸，即铣削深度(mm)。

(4) 侧吃刀量 a_c

垂直于铣刀轴线方向的切削层尺寸，即铣削宽度(mm)。

铣刀是多刃刀具。铣削中，每个刀齿依次切削工件，大部分时间在散热冷却，因此，可以选用较高的切削速度,获得较高的生产率。但铣削过程不平稳,有一定的冲击和振动。

6.5.2 铣床简介

1. 机床的型号

铣床的型号和车床相似,是由汉语拼音和阿拉伯数字组成,比如型号 X6132:X 表示铣床类别代号;6 表示卧式升降台铣床;1 表示万能升降台铣床;32 表示工作台工作面宽度的 1/10,即 320mm。再如型号 X5032:X 表示铣床类机床,50 表示立式升降台铣床,32 表示工作台面宽度的 1/10,即 320mm。

2. 常用的机床

铣床有许多品种,如:卧式铣床、立式铣床、工具铣床、龙门铣床、键槽铣床、仿形铣床、数控铣床等。

(1) 卧式铣床

卧式铣床是铣床中应用最多的一种,它的主轴是水平放置的,与工作台面平行。

X6132 卧式万能铣床的外形及各部分名称如图 6.31 所示。它由床身、横梁、升降台、纵向工作台、横向工作台、主轴、底座等部分组成。

① 床身是铣床的主体,用来连接安装机床的其他部件。它呈箱形,前壁有燕尾形垂直导轨,供升降台上下移动使用,床身顶部有燕尾形水平导轨,供横梁前后移动,床身内部装有主轴传动系统和主轴变速机构。

② 横梁通过挂架支承刀杆,减少切削中的振动。

③ 升降台带动工件做升降进给,内部做成空腔,装有进给传动系统和进给变速机构。

④ 纵向工作台安装工件,带动工件做纵向进给。

⑤ 横向工作台带动工件做横向进给。

⑥ 主轴是空心轴,是传递机床动力的主要部件,它带动刀具做旋转主运动。

⑦ 底座支承整个机床的重量,它通过地脚螺钉将机床固定在地面上,内部做成空腔,装有切削液。

(2) 立式铣床

立式铣床与卧式铣床的主要的区别是主轴与工作台台面垂直。有时根据加工的需要,可将立铣(包括主轴)左右扳转一定的角度,以便加工斜面等。图 6.32 所示为 X5032 立式升降台铣床。

立式铣床由于操作时观察、检查和调整铣刀位置等都比较方便,又便于装夹硬质合金端铣刀进行高速铣削,生产效率较高,故应用广泛。

(3) 落地龙门镗铣床

落地龙门镗铣床主要用来加工大型或较重的工件。它可以同时用多个铣头对工件的多个表面进行加工,故生产率较高,适合成批大量生产。落地龙门镗铣床有单轴、双轴、四轴等多种形式,图 6.33 是四轴落地龙门镗铣床。

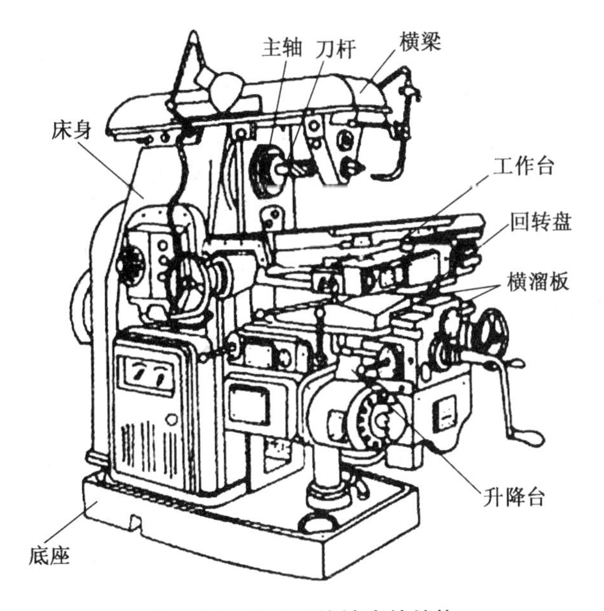

图 6.31　卧式万能铣床的结构

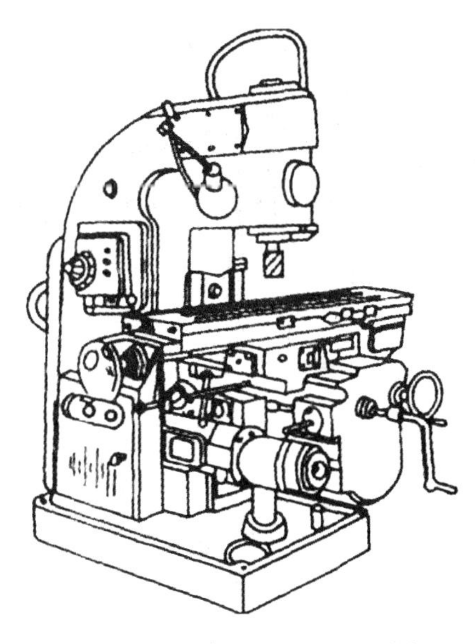
图 6.32　X5032 立式升降台铣床

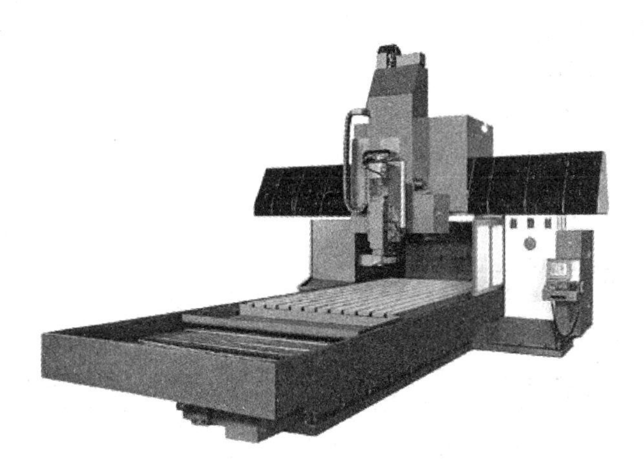
图 6.33　四轴落地龙门镗铣床

6.5.3　铣床附件及工件的安装

1. 铣床附件及安装

(1) 万能铣头

万能铣头用于卧式铣床，它不仅能完成立铣工作，还可以根据铣削的要求把铣头的主轴扳转为任意角度。

图 6.34(a)所示为万能铣头外形图，其底座用螺栓固定在铣床垂直导轨上。铣床主轴的运动通过铣头内两对锥齿轮传到铣头主轴上，因此主轴的转速级数与铣床的转速级数相同。铣头的壳体可绕铣床主轴轴线偏转任意角度，如图 6.34(b)所示。铣头主轴壳体还能在壳体上偏转任意角度，如图 6.34(c)所示。因此，铣头主轴能偏转所需要的任意角度，这样就可以扩大卧式铣床的加工范围。其可以通过回转工作台和分度

头等安装。

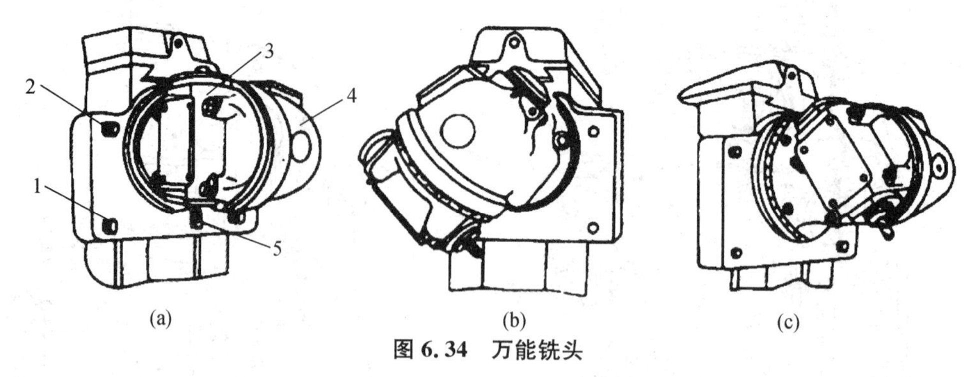

图 6.34　万能铣头

1—底座；2—螺栓；3—铣头主轴壳体；4—铣头壳体；5—铣头主轴

(2) 回转工作台

回转工作台又称转台或圆工作台，可以铣削圆形表面和曲线槽。有时用来做等分工作，在圆工作台上配上三爪自定心卡盘，就可以铣削四方、六方等工件，圆工作台有手动和机动等形式，如图 6.35 所示。回转工作台是立式铣床的标准附件，工作时转动手轮，通过蜗杆，即可使转台做旋转运动。在转盘的圆周上刻有 360°角度，在手轮上也装一个刻度环，可以用来观察和确定转台的位置。

如图 6.36 所示，铣圆弧槽时，工件安装在回转工作台上绕铣刀旋转，用手均匀缓慢地摇动回转工作台，而使工件铣出圆弧槽。

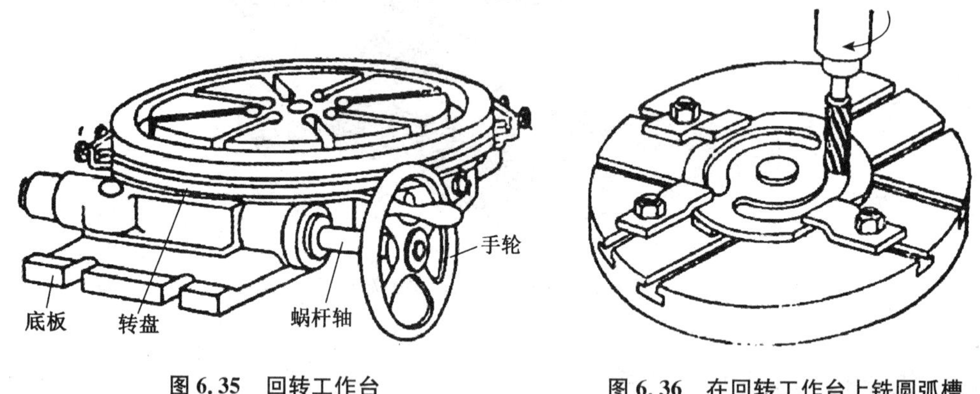

图 6.35　回转工作台

图 6.36　在回转工作台上铣圆弧槽

(3) 万能分度头

分度头是铣床的重要附件，可加工需要的各种工件。分度头的种类很多，有简单分度头、万能分度头、光学分度头、自动分度头等，其中用得较多的是万能分度头。

① 万能分度头的结构

万能分度头由底座、转动体、主轴和分度盘等组成，其结构示意图如图 6.37 所示。工作时，它的底座用螺钉紧固在工作台上，并利用导向键与工作台中间一条 T 形槽相配合，使分度头主轴轴心线平行于工作台纵向进给。分度头的前端锥孔内可安放顶尖，用来支撑工件；主轴外部有一段定位锥体与三爪自定心卡盘的法兰盘锥孔相连接，以便用三爪自定心卡盘装夹工件。其安装位置如图 6.38 所示。

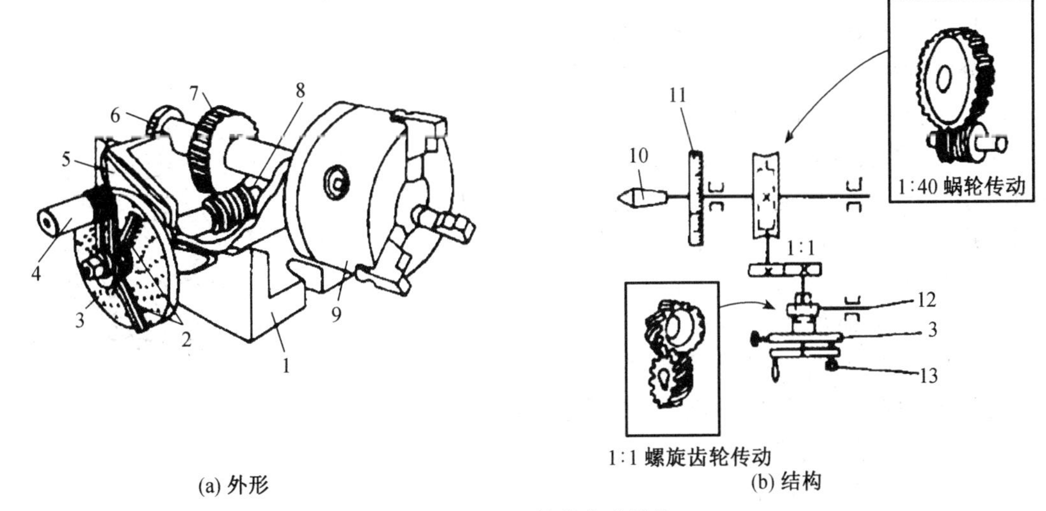

(a) 外形　　(b) 结构

图 6.37　万能分度头结构

1—基座；2—分度叉；3—分度盘；4—手柄；5—回转体；6—分度头主轴；
7—40 齿蜗轮；8—单头蜗杆；9—三爪自定心卡盘；10—主轴；11—刻度环；12—挂轮轴；13—定位销

图 6.38　分度盘的安装位置

分度头的传动系统如图 6.37(b)所示。分度时，摇动分度手柄，通过齿轮和蜗杆蜗轮传动带动分度头主轴和工件旋转进行分度。齿轮传动比为 1∶1，蜗轮齿数为 40，因此，手柄转一圈时，工件只转 1/40 圈。若工件圆周需分 z 等份，每分一份要求工件转过 $1/z$ 圈。则分度手柄的转数 n 可以由下列比例关系得

$$1:\frac{1}{40}=n:\frac{1}{z}$$

因此

$$n=\frac{40}{z}$$

② 分度方法

在分度头的分度工作中，分度方法有直接分度法、简单分度法、角度分度法和差动分度法等。

分度盘也叫眼盘、孔盘，一般情况下，每台分度头带两块，而每块分度盘有两个面，所以四个面上有孔，共有孔圈 22 种，其孔数第一块正面：24，25，28，30，34，37，第一块反面：

38，39，41，42，43，第二块正面：46，47，49，51，53，54，第二块反面：57，58，59，62，66。分度盘是用来解决分度中手柄须转分数转的。

在分度过程中，由于手柄的转数不可能都是整数，常出现分数转，如几整转另加几个孔距的情况。为了避免在转分数转时每分一次度都要数孔和减少数孔的错误，可利用分度叉。分度叉的内圈部分是两层装在一起的，用螺钉紧固，松开后两股就可以张开和合并，用时，只要将需要的孔（距）数置于两股之间，然后用螺钉紧固即可，如图 6.39 所示。

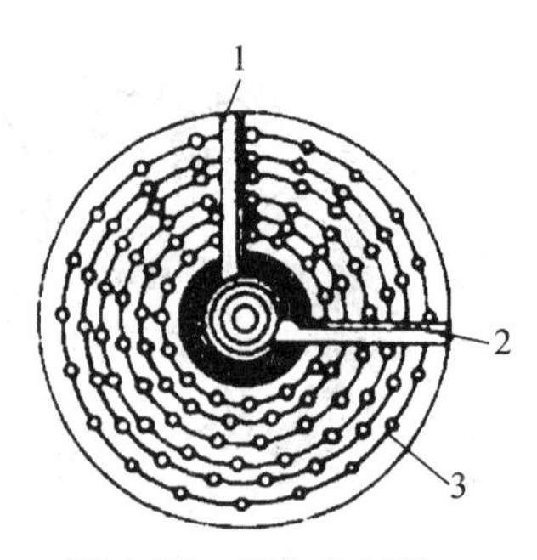

图 6.39 盘和分度叉

1，2—分度叉；3—分度盘

2. 专用夹具的安装

为了保证零件的加工质量，常用各种专用夹具安装工件。专用夹具就是根据工件的几何形状及加工方式特别设计的工艺装备。它不仅可以保证加工质量、提高劳动生产率、减轻劳动强度，并使许多通用机床可以加工形状复杂的零件。

图 6.40(a)所示是铣床夹具的实例，用来在一套筒零件上[图 6.40(b)]铣一条宽 14mm 的槽，以工件的外形 ϕA 和端面 B 作为主要定位基准，放在夹具的定位套筒内。为了保证所加工的槽和工件上原有四个孔之间的角向相对位置，还采用了一小孔作为角向定位基准，与夹具上的角向定位销相配。工件在被加工檐槽侧的凸缘上夹紧，夹紧机构采用螺旋杠杆联动机构，安装在夹具体上。夹具底面有两个定向键，以保持夹具和铣床工作台的相对位置。

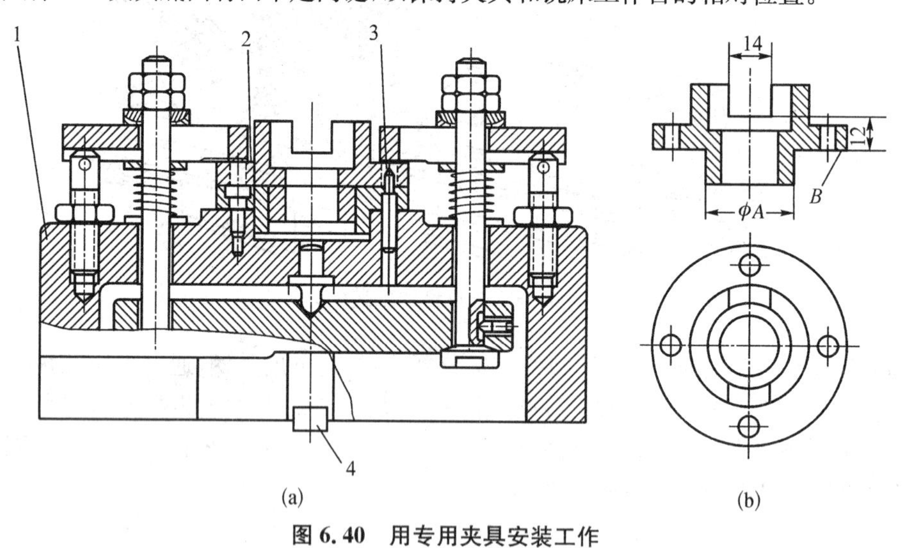

图 6.40 用专用夹具安装工作

1—类具体；2—定位套筒；3—定位销；4—定向键

3. 用组合夹具安装工件

现代工业发展迅速，产品种类繁多，结构形式变化很快，产品多属中、小批和试制生产。这种情况要求夹具既能适应工件的变化，保证加工质量的不断提高，又要尽量缩短生产准备时间。组合夹具就是为了解决专用夹具的专用性和产品品种的多变性之间的矛盾，按“积木”的方法而设想发展起来的。

组合夹具是由一套预先准备好的各种不同形状、不同规格尺寸的标准元件所组成。

可以根据工件形状和工序要求，装配成各种夹具。当每个夹具用完以后，便可拆开，并经清洗、油封后存放起来，需要时再重新组装成其他夹具。这种方法给生产带来极大的方便。

6.5.4　铣刀及其安装

1. 铣刀的种类

铣刀的种类很多，应用范围相当广泛，可用来加工各种平面、沟槽、斜面和成型表面。以下介绍几种常用的铣刀形状和用途。

(1) 圆柱铣刀

圆柱铣刀如图 6.41 所示，用在卧式铣床上加工平面，是以圆柱表面上的刀齿进行切削的)刀齿有直齿和斜齿(螺旋齿)两种。由于斜齿圆柱铣刀的每个刀齿工作时都是逐渐地切入和脱离工件的加工表面，所以工作平稳，铣出的工件表面光洁度好，应用比较普遍。直齿圆柱铣刀工作时，每个刀齿在其全部宽度上同时切入或脱离工件，由于切削力的不断变化，容易引起振动，使加工不够平稳，铣出的工件表面光洁度差，故应用较少。

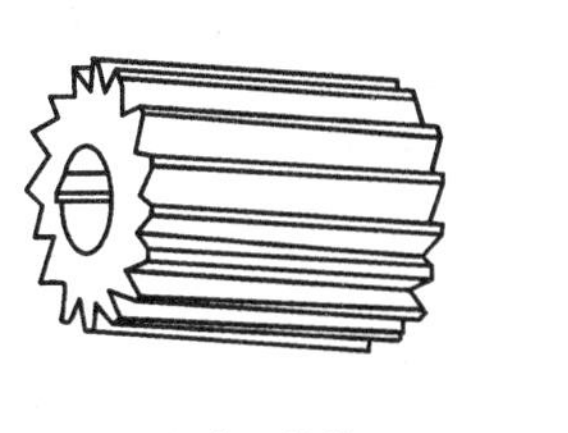

(a) 直齿圆柱铣刀

(b) 斜齿圆柱铣刀

图 6.41　圆柱铣刀

(2) 端铣刀

端铣刀如图 6.42 所示，适用于卧式或立式铣床上加工平面。其刀齿排列在刀体的端面上，刀杆部分很短，故刚性较好，常用于高速切削，能得到较好的光洁度，生产率也较高。

图 6.42　端铣刀

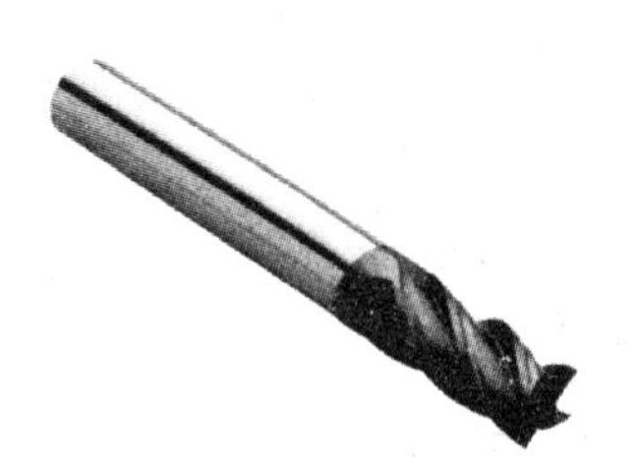

图 6.43　立铣刀

(3) 立铣刀

立铣刀如图 6.43 所示，它相当于一把带柄的圆柱铣刀，主要以分布在圆柱表面的刀齿进行切削。底面的刀齿(直径 4mm 以下的不开齿)，可起修光作用。立铣刀可分为直柄和锥柄两种。它除了可铣一般台阶面外,特别适用于两端不通的沟槽加工。

(4) 圆盘铣刀

圆盘铣刀如图 6.44 所示,它一般用在卧式铣床上加工沟槽、台阶和较窄的平面。它的直径大而厚度小,圆柱面和侧面均有刀齿,可以同时进行切削,故又称为三面刃铣刀。在铣床上做切断工作时,可用侧面没有刀刃的锯片铣刀,如图6.45所示。

图 6.44 圆盘铣刀

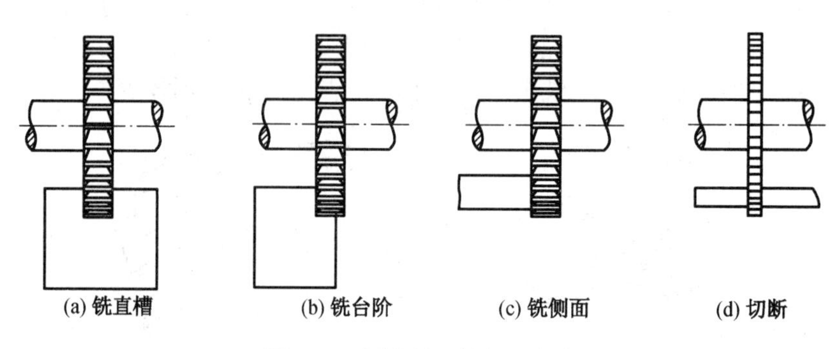

图 6.45 圆盘铣刀的加工方式

(5) 角度铣刀

角度铣刀如图 6.46 所示,可分为单角铣刀和双角铣刀两种,用于加工具有一定角度的构槽,如 V 形槽等。

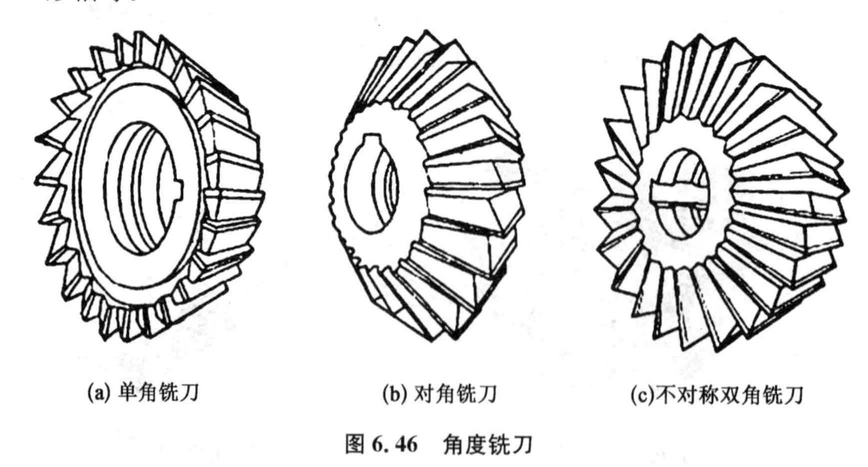

图 6.46 角度铣刀

(6) 键槽铣刀和 T 形铣刀

如图 6.47 及图 6.48 所示,是专门用来加工键槽和 T 形槽的铣刀。

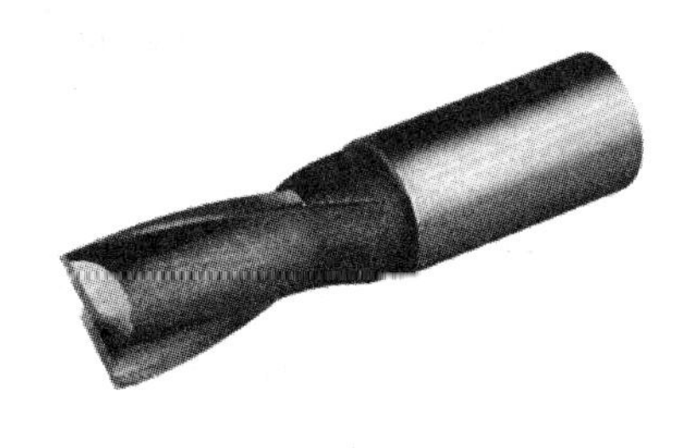

图 6.47　键槽铣刀

图 6.48　T 形铣刀

(7) 成型铣刀

成型铣刀，如图 6.49 所示，用来加工具有特殊外形的表面，如凸半圆，凹半圆和齿轮等。

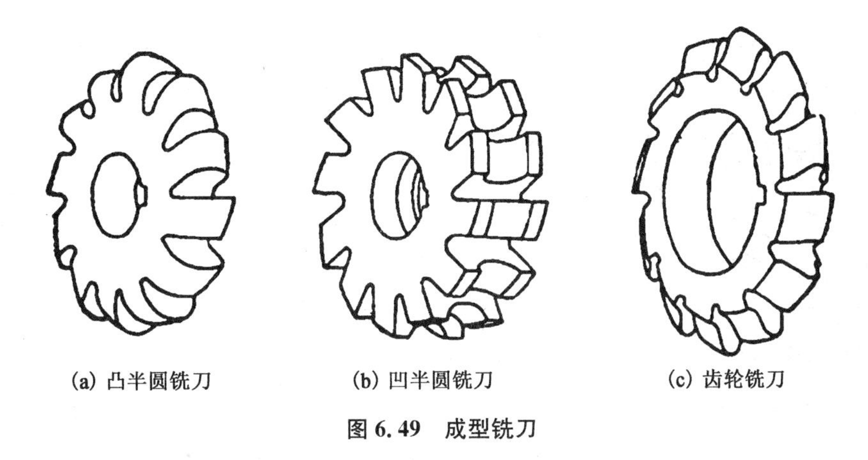

(a) 凸半圆铣刀　(b) 凹半圆铣刀　(c) 齿轮铣刀

图 6.49　成型铣刀

2. 铣刀的安装

(1) 带孔铣刀的安装

带孔铣刀中的圆柱形、圆盘形铣刀多用长刀杆安装，如图 6.50 所示。长刀杆一端有 7∶24锥度，是与铣床主轴孔配合，安装刀具的刀杆部分。根据刀孔的大小分几种型号，常用的有 ϕ16，ϕ22，ϕ27，ϕ32 等。用长刀杆安装带孔铣刀时，要注意以下两点：

① 铣刀应尽可能地靠近主轴或吊架，以保证铣刀有足够的刚性；套筒的端面与铣刀的端面必须擦干净，以减小铣刀的端跳；拧紧刀杆的压紧螺母时，必须先装上吊架，以防刀杆受力弯曲。

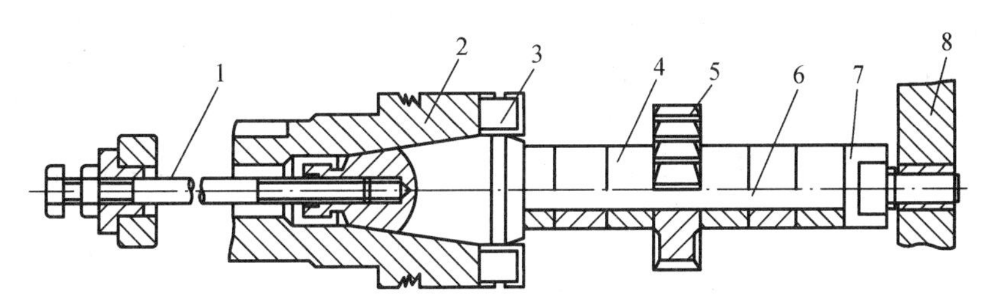

图 6.50　圆盘铣刀的安装

1—拉杆；2—铣床主轴；3—端面键；4—套筒；5—铣刀；6—刀杆；7—螺母；8—刀杆支架

② 斜齿圆柱铣刀所产生的轴向切削力应指向主轴轴承，主轴转向与铣刀旋向的选择见表 6.2。

表 6.2　主轴转向与斜齿圆柱铣刀旋向的选择

序号	安装简图	螺旋线方向	主旋转方向	轴向力的方向	说明
1		左旋	逆时针方向旋转	向着主轴轴承	正确
2		左旋	顺时针方向旋转	离开主轴轴承	不正确

带孔铣刀中的端铣刀多用短杆安装，如图 6.51 所示。

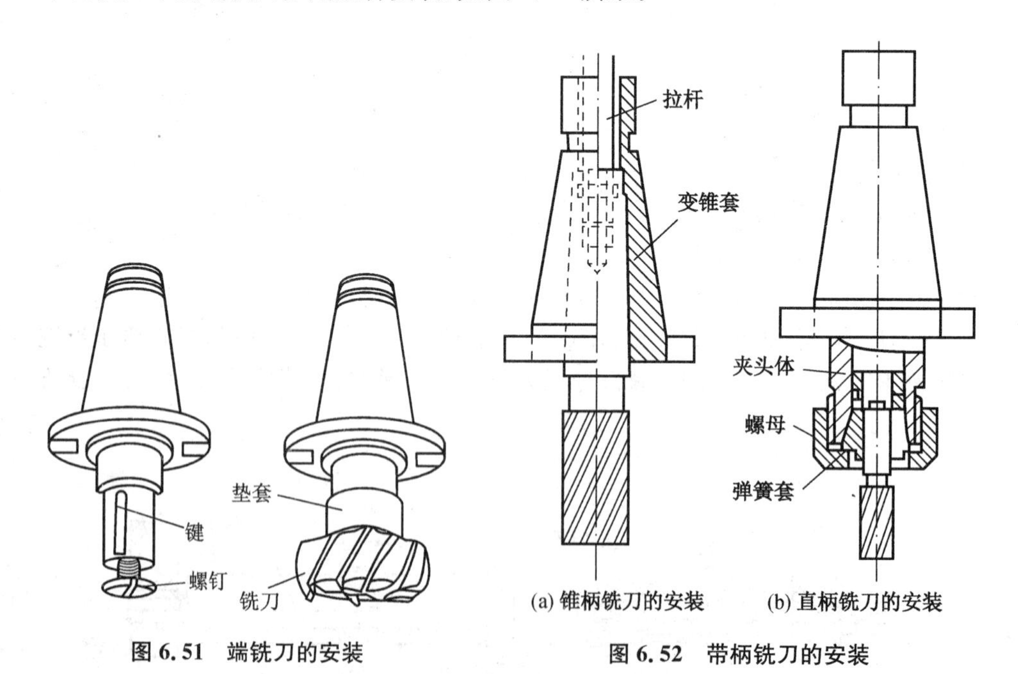

图 6.51　端铣刀的安装

图 6.52　带柄铣刀的安装

(2) 带柄铣刀的安装

① 锥柄铣刀的安装，如图 6.52(a)所示，根据铣刀锥柄的大小，选择合适的变锥套，将各配合表面擦净，然后用拉杆把铣刀及变锥套一起拉紧在主轴上。

② 直柄立铣刀的安装。这类铣刀多为小直径铣刀，一般不超过 20mm，多用弹簧夹头进行安装，如图 6.52(b)所示。铣刀的柱柄插入弹簧套的孔中，用螺母压弹簧套的端面，使弹簧套的外锥面受压而孔径缩小，即可将铣刀抱紧。弹簧套上有 3 个开口，故受力时能收缩。弹簧套有多种孔径，以适应各种尺寸的铣刀。

6.5.5 铣削操作

1. 铣平面

铣平面可以用圆柱铣刀、端铣刀或三面刃盘铣刀，在卧式铣床或立式铣床上进行铣削。

(1) 圆柱铣刀铣平面

圆柱铣刀一般用于卧式铣床铣平面。铣平面用的圆柱铣刀一般为螺旋齿圆柱铣刀，铣刀的宽度必须大于所铣平面的宽度，螺旋线的方向应使铣削时所产生的轴向力将铣刀推向主轴轴承方向。

圆柱铣刀通过长刀杆安装在卧式铣床的主轴上，刀杆上的锥柄与主轴上的锥孔相配，并用一拉杆拉紧。刀杆上的键槽与主轴上的方键相配，用来传递动力。安装铣刀时，先在刀杆上装几个垫圈，然后装上铣刀。应使铣刀切削刃的切削方向与主轴旋转方向一致，同时铣刀还应尽量装在靠近床身的地方。再在铣刀的另一侧套上垫圈，然后用手轻轻旋上压紧螺母。再安装吊架，使刀杆前端进入吊架轴承内，拧紧吊架的紧固螺钉。初步拧紧刀杆螺母，开车观察铣刀是否装正，然后用力拧紧螺母。

根据工艺卡的规定调整机床的转速和进给量，再根据加工余量来调整铣削深度，然后开始铣削。铣削时，先用手动进给使工作台纵向靠近铣刀，而后改为自动进给；进给行程尚未完毕时不要停止，否则铣刀在停止的地方切入金属就比较深，形成表面深啃现象；铣削铸铁时不加切削液(因铸铁中的石墨可起润滑作用)，铣削钢料时通常用含硫矿物油作切削液。

用螺旋齿铣刀铣削时，同时参加切削的刀齿数较多，每个刀齿工作时都是沿螺旋线方向逐渐地切入和脱离工作表面的，切削比较平稳。在单件、小批量生产的条件下，用圆柱铣刀在卧式铣床上铣平面仍是常用的方法。

(2) 端铣刀铣平面

端铣刀一般用于立式铣床上铣平面，有时也用于卧式铣床上铣侧面，如图 6.53 所示。端铣刀一般中间带有圆孔。通常先将铣刀装在短刀轴上，再将刀轴装入机床的主轴上，并用拉杆螺丝拉紧。

用端铣刀铣平面与用圆柱铣刀铣平面相比，其特点有：切削厚度变化较小，同时切削的刀齿较多，因此切削比较平稳；端铣刀的主切削刃担负着主要的切削工作，而副切削刃又有修光作用，所以加工的平面表面光整；端铣刀的刀齿易于镶装硬质合金刀片，可进行高速铣削，且其刀杆比圆柱铣刀的刀杆短些，刚性较好，能减少加工中的振动，有利于提高铣削用量。因此，端铣既提高了生产率，又提高了表面质量。所以在大批量生产中，端铣已成为加工平面的主要方式之一。

2. 铣斜面

工件上具有斜面的结构很常见，铣削斜面的方法也很多，下面介绍常用的几种方法。

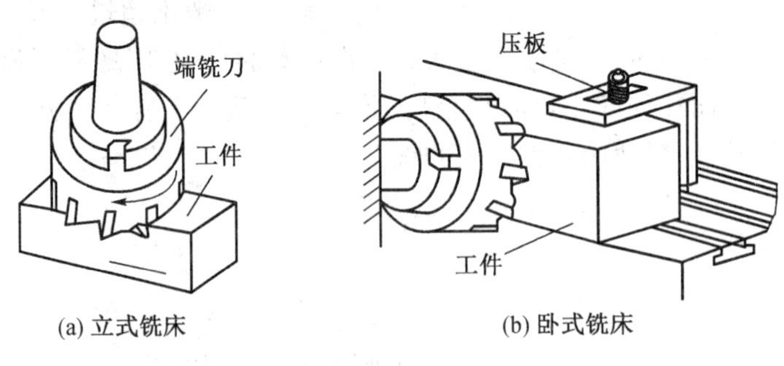

(a) 立式铣床 (b) 卧式铣床

图 6.53 端铣平面

(1) 倾斜垫铁铣斜面

在零件设计基准的下面垫一块倾斜的垫铁，则铣出的平面就与设计基准面成倾斜位置。改变倾斜垫铁的角度，即可加工不同角度的斜面，如图 6.54(a)所示。

(2) 万能铣头铣斜面

万能铣头能方便地改变刀轴的空间位置，可以转动铣头以使刀具相对工件倾斜一个角度来铣斜面，如图 6.54(b)所示。

(3) 角度铣刀铣斜面

较小的斜面可用合适的角度铣刀加工。当加工零件批量较大时，则常采用专用夹具铣斜面，如图 6.54(c)所示。

(4) 分度头铣斜面

在一些圆柱形和特殊形状的零件上加工斜面时，可利用分度头将工件转成所需位置而铣出斜面，如图 6.54(d)所示。

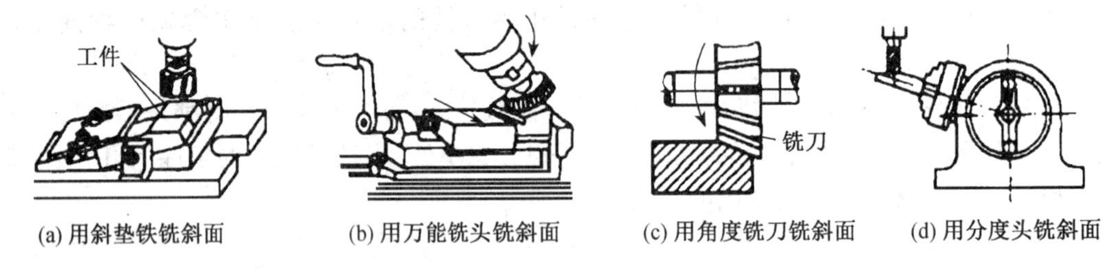

(a) 用斜垫铁铣斜面 (b) 用万能铣头铣斜面 (c) 用角度铣刀铣斜面 (d) 用分度头铣斜面

图 6.54 铣斜面的几种方法

3. 铣沟槽

在铣床上能加工的沟槽种类很多，如直槽、角度槽、T 形槽、燕尾槽和键槽等。

(1) 铣键槽

常见的键槽有封闭式和敞开式两种。在轴上铣封闭式键槽，一般用键槽铣刀加工，如图 6.55 所示。键槽铣刀一次轴向进给不能太大，切削时要注意逐层切下。敞开式键槽多在卧式铣床上用三面刃铣刀进行加工，如图 6.56 所示。注意在铣削键槽前，做好对刀工作，以保证键槽的对称度。

由于立铣刀中央无切削刃，不能向下进刀，若用立铣刀加工，必须预先在槽的一端钻一个落刀孔。对于直径为 3～20mm 的直柄立铣刀，可用弹簧夹头装夹，弹簧夹头可装入机床主轴孔中；对于直径为 10～50mm 的锥柄铣刀，可利用过渡套装入机床主轴孔中。对于敞开式键槽，可在卧式铣床上进行，一般采用三面刃铣刀加工。

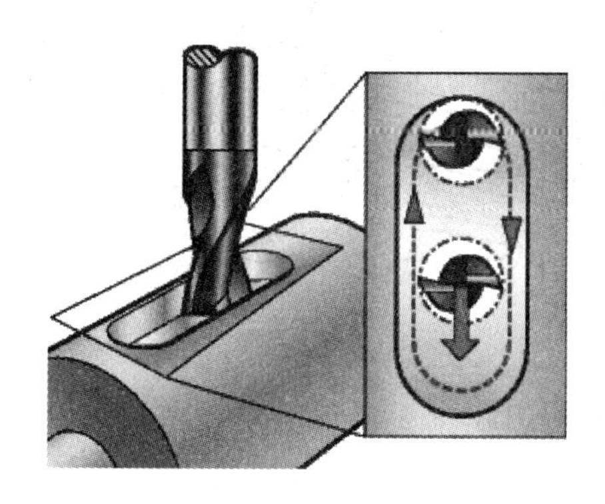

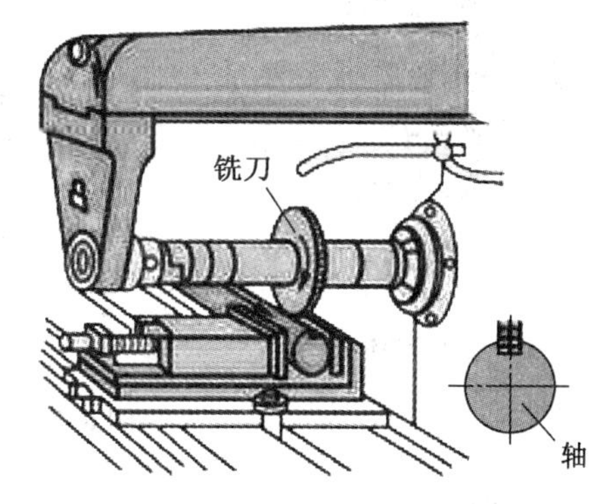

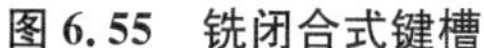
图 6.55　铣闭合式键槽

图 6.56　铣敞开式键槽

（2）铣 T 形槽及燕尾槽

T 形槽应用很多，如铣床和刨床的工作台上用来安放紧固螺栓的槽就是 T 形槽。要加工 T 形槽或燕尾槽，首先必须用立铣刀或三面刃铣刀铣出直角槽，然后在立铣上用 T 形槽铣刀铣削 T 形槽，或用燕尾槽铣刀铣削成型，如图 6.57 所示。由于 T 形槽铣刀工作时排屑困难，因此切削用量应选得小些，同时应多加冷却液，最后再用角度铣刀铣出倒角。

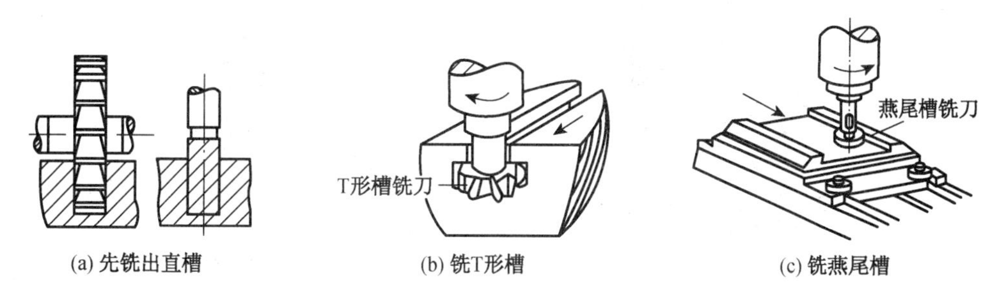

图 6.57　加工 T 形槽和燕尾槽

4. 铣成型面

零件的某一表面在截面上的轮廓线是由曲线和直线所组成，这个面就是成型面。成型面一般在卧式铣床上用成型铣刀来加工，如图 6.58(a)所示，成型铣刀的形状要与成型面的形状相吻合。若零件的外形轮廓是由不规则的直线和曲线组成，这种零件称为具有曲线外形表面的零件。这种零件一般在立式铣床上铣削，加工方法有按划线用手动进给铣削、用圆形工作台铣削、用靠模铣削，如图 6.58(b)所示。

对于要求不高的曲线外形表面，可按工件上划出的线迹移动工作台进行加工，顺着线迹将打出的样冲眼铣掉一半。在成批及大置生产中，可以采用靠模夹具或专用的靠模铣床来对曲线外形面进行加工。

5. 铣齿形

齿轮齿形的加工原理可分为两大类：展成法（又称范成法），利用齿轮刀具与被切齿轮的互相啮合运转切出齿形的方法，如插齿和滚齿加工等；成型法（又称型铣法），利用仿照与被齿轮齿槽形状相符的盘状铣刀或指状铣刀切出齿形的方法，如图 6.59 所示。在铣床上加

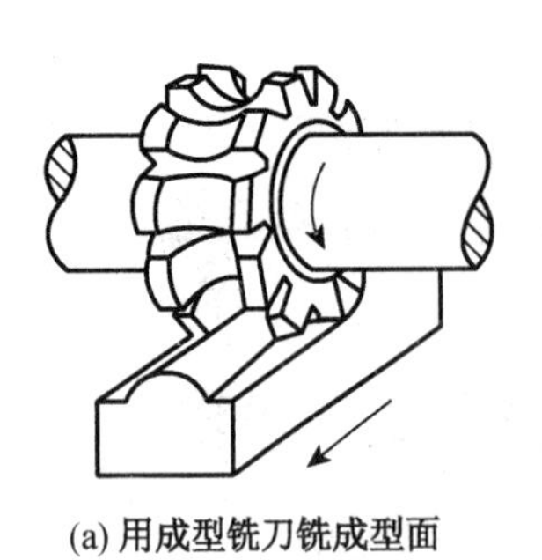
(a) 用成型铣刀铣成型面

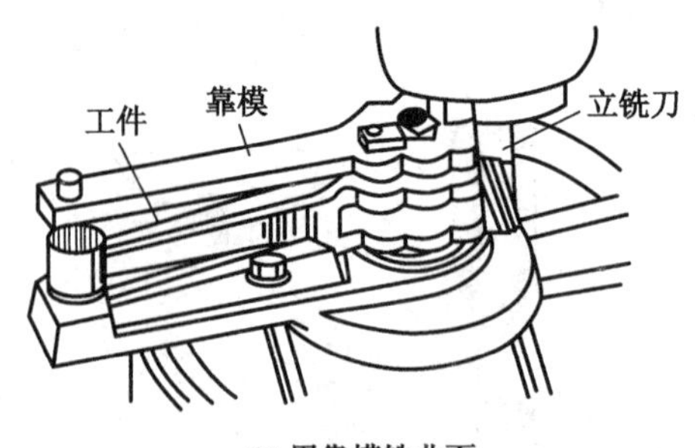

(b) 用靠模铣曲面

图 6.58 铣成型面

工齿形的方法属于成型法。

铣削时，常用分度头和尾架装夹工件，可用盘状模数铣刀在卧式铣床上铣齿，也可用指状模数铣刀在立式铣床上铣齿。

圆柱形齿轮和圆锥齿轮可在卧式铣床或立式铣床上加工；人字形齿轮在立式铣床上加工；蜗轮则可以在卧式铣床上加工。卧式铣床加工齿轮一般用盘状铣刀，而在立式铣床上，则使用指状铣刀。

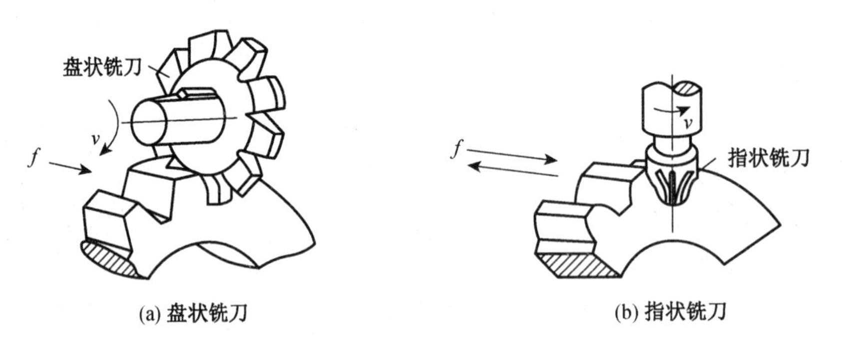

(a) 盘状铣刀　(b) 指状铣刀

图 6.59 铣齿轮

用成型法加工有如下特点：

① 设备简单，只用普通铣床即可，刀具成本低。

② 由于铣刀每切一齿槽都要重复消耗一段切入、退刀和分度的辅助时间，因此生产率较低。

③ 加工出的齿轮精度较低，只能达到 IT11～IT9 级。这是因为在实际生产中，不可能为每加工一种模数、一种齿数的齿轮就制造一把成型铣刀，而只能将模数相同、齿数不同的铣刀编号，每号铣刀有它规定的铣齿范围，刀齿轮廓只与该号范围的最小齿数齿槽的理论轮廓相一致，对其他齿数的齿轮只能获得近似齿形。

根据同一模数而齿数在一定的范围内，可将铣刀分成 8 把一套和 15 把一套两种规格。8 把一套适用于铣削模数为 0.3～8 的齿轮；15 把一套适用于铣削模数为 1～16 的齿轮，加工精度较高一些。铣刀号数小，加工的齿轮齿数少；反之刀号大，能加工的齿数就多。

根据以上特点，成型法铣齿一般多用于修配或单件制造某些转速低、精度要求不高的齿轮。大批量生产或精度要求较高的齿轮，都在专门的齿轮加工机床上加工。

齿轮铣刀的规格标示在其侧面上，包括铣削模数、压力角、加工何齿轮、铣刀号数、加工齿轮的齿数范围、何年制造和铣刀材料等。

6.5.6 典型零件加工实例

滚齿加工是展成法加工齿轮的一种。图6.60为滚齿加工原理图。滚齿时刀具为滚刀，其外形像一个蜗杆，在垂直于螺旋槽方向开出槽以形成切削刃[图6.60(a)]。其法向剖面具有齿条形状，因此当滚刀连续旋转时，滚刀的刀齿可以看成是一个无限长的齿条在移动[图6.60(b)]，同时刀刃由上而下完成切削任务，只要齿条(滚刀)和齿坯(被加工工件)之间能严格保持齿轮与齿条的啮合运动关系，滚刀就可在齿坯上切出渐开线齿形[图6.60(c)]。滚齿加工精度一般为IT8～IT7级，表面粗糙度 Ra 为1.6～3.2μm。

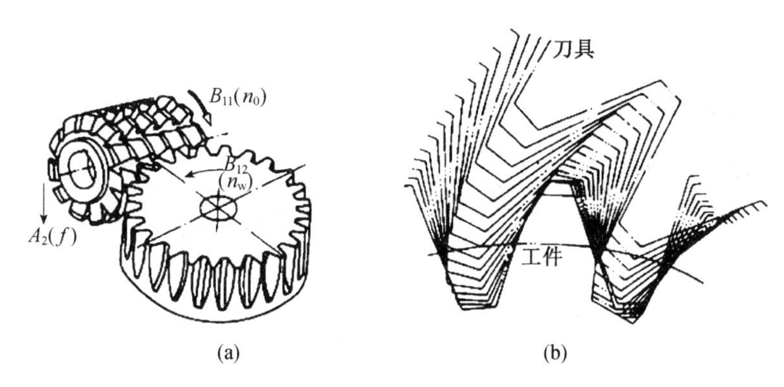

图6.60 滚齿加工原理

6.6 磨削加工

(1) 实习目的

磨削加工是一种重要的加工方式。通过参观学习，听取车间工人的介绍和拆装演示，使学生更具体的了解这种加工方式，包括磨床组件、磨削加工的方式等，并在实习过程中，强化学生的动手能力，发现问题、分析问题和解决问题的能力。

(2) 实习要求

要求学生全程严格遵循车间操作规范。认真听取专业人员的讲解并做好相关笔记，认识学习过程中要结合平时所学，深化理论知识，强化动手操作。对磨床及磨削加工要有立体的认识，并能进行简单零件的磨削加工。

6.6.1 磨削加工概述

磨削是用磨具(如砂轮、砂带、油石、研磨剂等)以较高的线速度对工件表面进行加工的方法，可用于加工各种表面，如内外圆柱面和圆锥面、平面及各种成型表面等，还可以刃磨刀具和进行切断等，工艺应用范围十分广泛。

磨削加工的特点是比较容易获得高加工精度和低表面粗糙度值，在一般加工条件下，尺寸公差等级为IT6～IT5，表面粗糙度 Ra 为0.32～1.25μm。另外，磨床可以加工其他机床不能或很难加工的高硬度材料，特别是淬硬零件的精加工。

6.6.2 磨床简介

磨床的种类很多，有外圆磨床、内圆磨床、平面磨床、导轨磨床、工具磨床、专门化磨床、精密磨床、砂带磨床及其他磨床。

1. 外圆磨床

图6.61是M1432A万能外圆磨床，主要由床身、工作台、头架、尾座和砂轮架等部件构成。

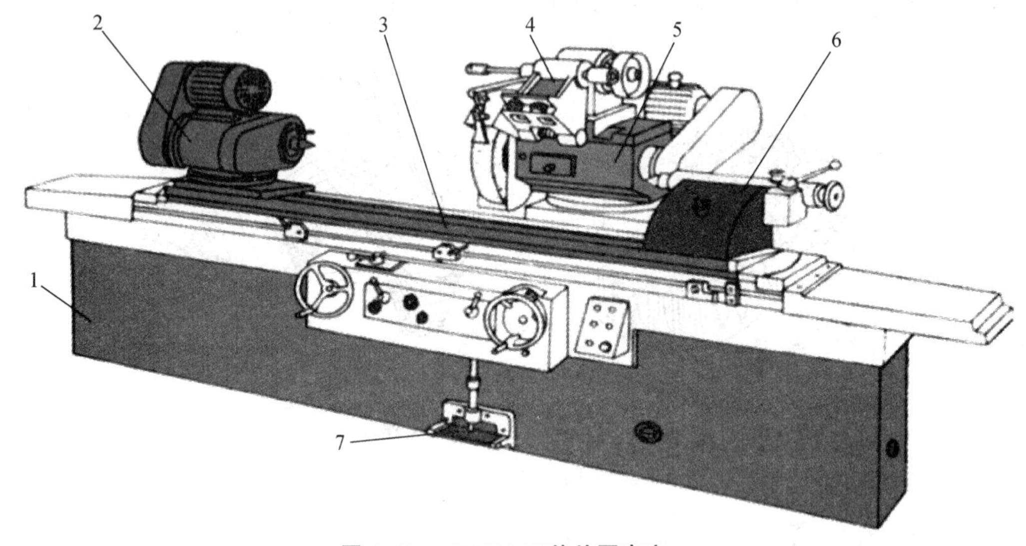

图6.61 M1432A万能外圆磨床

1—床身；2—头架；3—工作台；4—内磨装置；5—砂轮架；6—尾座；7—脚踏操纵板

(1) 床身：用于安装各部件，上部有工作台和砂轮架，内部装有液压传动系统。

(2) 工作台：工作台有两层，下工作台沿床身导轨做纵向往复运动，上工作台相对下工作台能做一定角度的回转，以便磨削圆锥面。

(3) 头架：头架上有主轴，可用顶尖或三爪自定心卡盘夹持工件旋转，头架由双速电动机带动，可以使工件获得不同的转速。

(4) 尾座：尾座是用于磨细长工件时支持工件的，它可以在工作台上做纵向调整，当调整到所需位置时将其紧固。当扳动尾座上的手柄时，顶尖套筒可以推出或者缩进，以便装夹或卸下工件。

(5) 砂轮架：砂轮装在砂轮架的主轴上，由单独的电动机经V带直接带动旋转，砂轮架可沿着床身后部的横向导轨前后移动，移动的方式有自动周期进给、快速引进和退出、手动三种，前两种是由液压传动实现的。

万能外圆磨床与普通外圆磨床所不同之处，只是在前者的砂轮架、头架和工作台上都装有转盘，能回转一定的角度，并增加了内圆磨具等附件，因此它不仅可以磨削外圆柱面，还可以磨削内圆柱面以及锥度较大的内、外圆锥面和端面。

2. 平面磨床

M7120A平面磨床如图6.62所示，主要由床身、工作台、立柱、磨头及砂轮修整器等部件构成。

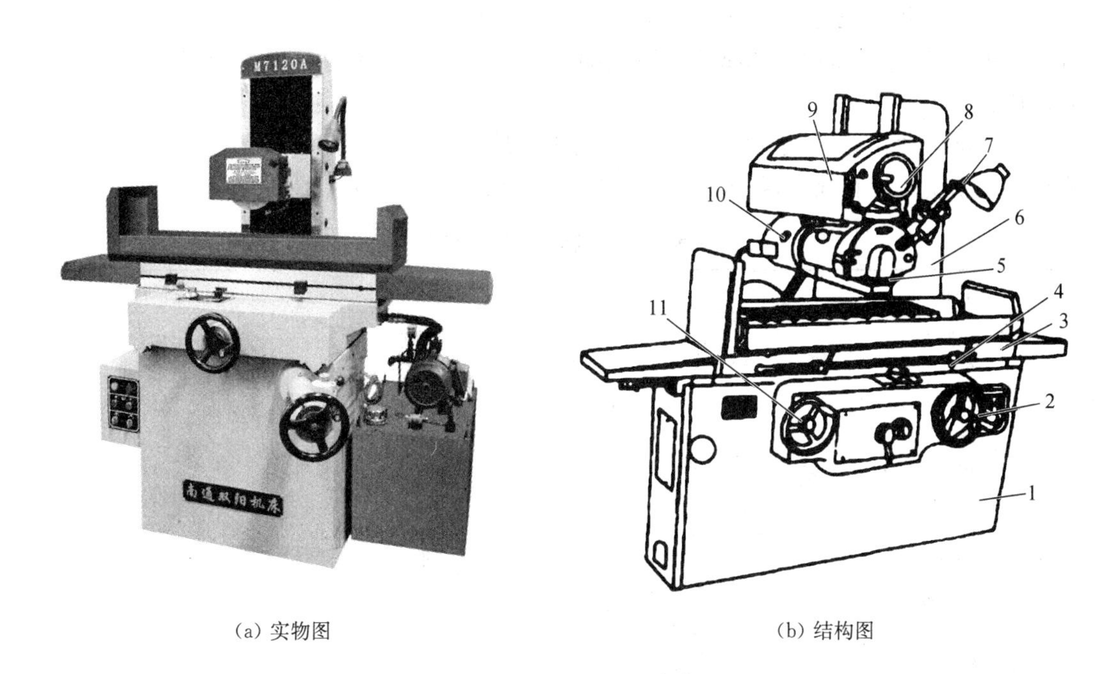

(a) 实物图　　(b) 结构图

图6.62　M7120A平面磨床

1—床身;2—手轮;3—工作台;4—换向撞块;5—砂轮;6—立柱;
7—砂轮架;8—手轮;9—滑板;10—回油管;11—手轮

(1) 工作台:工作台装在床身的导轨上，由液压驱动做往复运动，也可用手轮操纵，以进行必要的调整。工作台上装有电磁吸盘或其他夹具，用来装夹工件。

(2) 磨头:沿滑板的水平导轨做横向进给运动，也可由液压驱动或由手轮操纵。滑板可沿立柱的导轨做垂直移动，以调整磨头的高低位置及完成垂直进给运动，这一运动是通过转动进给手轮来实现的。砂轮由装在壳体内的电动机直接驱动旋转。

6.6.3　切削液

1. 切削液的作用

切削液主要用来降低磨削热和减小摩擦。合理地使用切削液，有利于降低磨削热，减小工件表面粗糙度和提高砂轮的寿命。切削液主要作用有以下4点:

(1) 冷却作用。通过切削液的热传导作用，能有效地改善散热条件，带走绝大部分磨削热，以降低磨削区域的温度，防止发生烧伤工件和工件的热变形。冷却作用的大小与切削液的种类、形态、用量和使用方法有关。

(2) 润滑作用。切削液能渗入到磨粒与工件的接触面之间，并黏附在金属表面上形成润滑膜，以减少磨粒与工件间的摩擦，提高砂轮寿命，并降低工件表面粗糙度。

(3) 清洗作用。切削液可将磨屑和脱落的磨粒冲洗掉，防止工件磨削表面被划伤。

(4) 防锈作用。在切削液中加入皂类和各种防锈添加剂,可以起到防锈作用,以免工件和机床被氧化锈蚀。

2. 切削液的种类及应用

切削液的化学成分要纯,化学性质要稳定,不宜变质,不应含有毒性物质;切削液的酸度应呈中性,以免刺激皮肤和腐蚀工件、砂轮、机床;切削液应具有较好的冷却润滑作用,而且还应有一定的透明度。

切削液分水溶性和油性两大类,常用的水溶性切削液有乳化液和合成液,油性切削液有全损耗系统用油和煤油,各种切削液的特点比较如表 6.3 所示。

表 6.3 各种切削液的特点

性能	油性	水溶性	合成液
润滑性	最好	比油差	比油差
冷却性	差	较好	好
稳定性	好	差	好
消洗性	差(轻质好)	较差	好
防锈性	好	差	较好
磨削用量	大	大	较好
砂轮寿命	好	好	中
磨削阻力	最小	小	小
表面粗糙度	最小	小	小
表面层变质	少	多	少
防火性	差	好	好
发泡性	较小	小	大
使用期	长	短	较长

(1) 乳化液

乳化液又称肥皂水。它由乳化油加水稀释而制成。乳化油有多种配方,常见的配方见表 6.4 所示。使用时,取 2%~5%的乳化油和 95%~98%的水配制即可。低温季节,可先用少量温水将乳化油溶化,然后再加入冷水调匀。根据不同的工件材料和加工要求,可适当调配其浓度。例如磨削不锈钢工件时,可采用较高浓度;磨削铝制工件时,如浓度过高,则会产生腐蚀作用;精磨时,乳化液的浓度比粗磨时高,有利于改善工件的表面粗糙度。

表 6.4 乳化液常见配方

配方	成分	比例
Ⅰ	石油硫酸钠(乳化剂)	12%
	石油硫酸钡(防锈剂)	1%
	环烷酸钠(乳化剂、防锈剂)	16%
	L-ANIO 全损耗系统用油	71%
Ⅱ	石油硫酸钡(防锈剂)	10%
	磺酸油(乳化剂)	10%
	三乙醇胺	10%
	油酸(乳化清洗剂)	2.4%
	氢氧化钾	0.6%
	水	3%
	L-AN15 全损耗系统用油	64%

（2）合成液

合成液是一种新型的切削液，由添加剂、防锈剂、低泡油性剂和清洗剂配制而成。磨削的工件表面粗糙度值 Ra 可达 0.025μm，砂轮的寿命可提高 1.5 倍，使用期在一个月左右。

（3）极压机械油

极压机械油为油性切削液，用于螺纹磨床，齿轮磨床等。

3. 切削液的使用

切削液在使用的过程中应注意以下 4 点：

（1）应直接浇注在砂轮与工件接触的部位。

（2）流量应充足，一般取 10～30L/min，并均匀地喷射到砂轮整个宽度上。

（3）应有一定的压力。

（4）应保持清洁，尽量减少切削液中杂质的含量，定期更换切削液，以防变质。

6.6.4　磨削操作

1. 外圆磨削

外圆磨削是用砂轮外圆周面来磨削工件的外回转表面，它能加工圆柱面、端面(台阶部分)、球面和特殊形状的外表面等。外圆磨削一般在外圆磨床或无心外圆磨床上进行，也可采用砂带磨床磨削。

(1) 在外圆磨床上磨削外圆

① 工件的装夹

在外圆磨床上，工件可以用以下 4 种方法装夹。

用两顶尖装夹工件。工件支承在前后顶尖上，由与带轮连接的拨盘上的拨杆拨动鸡心夹头带动工件旋转，实现圆周进给运动。这时需拧动螺杆顶紧摩擦环，使头架主轴和顶尖固定不动。这种装夹方式有助于提高工件的回旋精度和主轴的刚度，被称为“死顶尖”工作方式。这是外圆磨床上最常用的装夹方法，其特点是装夹方便、定位精度高。两顶尖固定在头架主轴和尾座套筒的锥孔中，磨削时顶尖不旋转，这样头架主轴的径向圆跳动误差和顶尖本身的同轴度误差就不再对工件的旋转运动产生影响。只要中心孔和顶尖的形状正确、装夹得当，就可以使工件的旋转轴线始终不变，获得较高的圆度和同轴度。

用三爪自定心卡盘或四爪单动卡盘装夹工件。在外圆磨床上可用三爪自定心卡盘装夹圆柱形工件，其他一些自动定心夹具也适于装夹圆柱形工件。四爪单动卡盘一般用来装夹截面形状不规则工件。在万能外圆磨床上，利用卡盘在一次装夹中磨削工件的内孔和外圆，可以保证内孔和外圆之间较高的同轴度。用卡盘装夹工件时应拧松螺杆并取出，使主轴可自动转动。卡盘装在法兰盘上，而法兰盘以其锥柄安装在主轴锥孔内，并通过主轴内孔的拉杆拉紧。旋转运动由拨盘上的螺钉传给法兰盘，同时主轴也随着一起转动。

用心轴装夹工件。磨削套类工件时，可以内孔为定位基准在心轴上装夹。

用卡盘和顶尖装夹工件。当工件较长，一端能钻中心孔，另一端不能钻中心孔时，可一端用卡盘，另一端用顶尖装夹工件。

② 外圆磨削方法

纵磨法。如图 6.63(a)所示。磨削时，工件一方面做圆周进给运动，同时随工作台做纵向进给运动,横向进给运动为周期性间歇进给。当每次纵向进程或往复行程结束后,砂轮做一次横向进给,磨削余量经多次进给后被磨去。纵磨法磨削效率低,但能获得较高的精度和较小的表面粗糙度。

横磨法。横磨法又称切入磨法,如图 6.63(b)所示。磨削时,工件做圆周进给运动,工作台不做纵向进给运动,横向进给运动为连续进给。砂轮的宽度大于磨削表面,并做慢速横向进给,直至磨到要求的尺寸。横磨法磨削效率高,但磨削力大,磨削温度高,必须供给充足的冷却液。

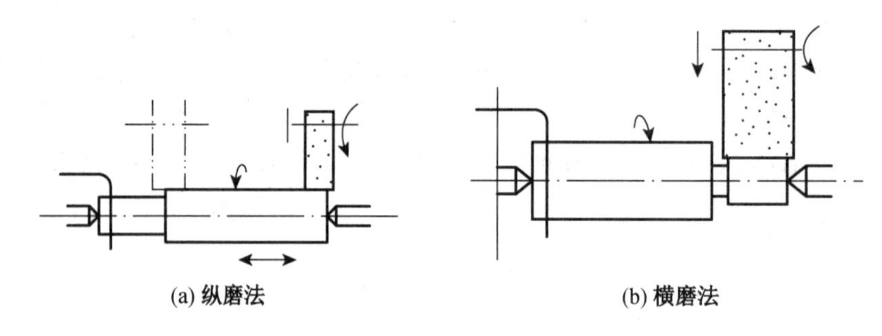

(a) 纵磨法　　(b) 横磨法

图 6.63　常用的外圆磨削方法

复合磨削法。复合磨削法是纵磨法和横磨法的综合运用。即先用横磨法将工件分段粗磨,各段留精磨余量,相邻两段有一定量的重叠,最后再用纵磨法进行精磨。复合磨削法兼有横磨法效率高、纵磨法质量好的优点。

深磨法。深磨法的特点是在一次纵向进给中磨去全部磨削余量。磨削时,砂轮修整成一端有锥面或阶梯状,如图 6.64 所示,工件的圆周进给速度与纵向进给速度都很慢。此方法生产率较高,但砂轮修整复杂,并且要求工件的结构必须保证砂轮有足够的切入和切出长度。

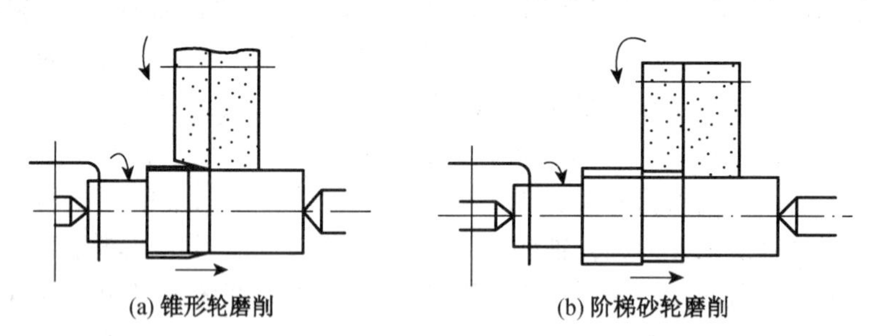

(a) 锥形轮磨削　　(b) 阶梯砂轮磨削

图 6.64　深磨法

(2) 在无心外圆磨床上磨削外圆

在无心外圆磨床上磨削外圆,如图 6.65 所示。工件置于砂轮和导轮之间的托板上,以待加工表面为定位基准,不需要定位中心孔。工件由转速低的导轮(没有切削能力、摩擦系数较大的树脂或橡胶结合剂砂轮)推向砂轮,靠导轮与工件间的摩擦力使工件旋转。改变导轮的转速,便可调节工件的圆周进给速度。砂轮有很高的转速,与工件间有很大的相对速度,故可对工件进行磨削。无心磨削的方式有贯穿法(纵磨法)和切入法(横磨法)两种。

采用无心外圆磨削,工件装卸简便迅速,生产率高,容易实现自动化。加工精度等级可达 IT6,表面粗糙度值 Ra 为 0.32～1.25μm。但是,无心磨削不易保证工件有关表面之间的相互位置精度，也不能用于磨削带有键槽或缺口的轴类零件。

此外，还可用砂带磨床磨削外圆。砂带磨削是用高速移动的砂带作为切削工具进行磨削。砂带由基体、黏结剂和磨粒组成。常用的基体材料是牛皮纸、布(斜纹布、尼龙纤维、涤纶纤维等)及纸-布组合体。纸基砂带平整，磨出的工件表面粗糙度值小；布基砂带承载能力大；纸-布基砂带介于两者之间。结合剂(一般为树脂)有两层，经过静电植砂使磨粒锋刃向外黏在底胶上，将其烘干，再涂上一定厚度的复胶，以固定磨粒间的位置，就制成了砂带。砂带上只有一层经过筛选的粒度均匀的磨粒，使切削刃具有良好的等高性，加工质量较好。

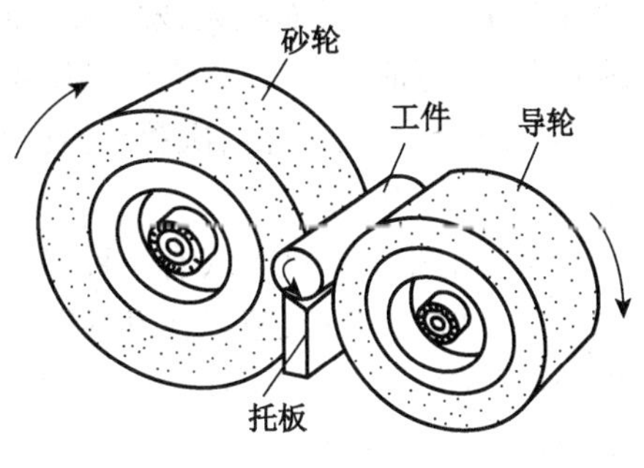

图 6.65　无心磨削

2. 内圆磨削

内圆磨削可以在专用的内圆磨床上进行，也可以在具备内圆磨头的万能外圆磨床上实现。内圆磨削方式分为普通内圆磨削、无心内圆磨削和行星内圆磨削。

普通内圆磨床上的磨削加工，如图 6.66 所示，砂轮高速旋转做主运动，工件旋转做圆周进给运动，砂轮还做径向进给运动。采用纵磨法磨长孔时，砂轮或工件还要沿轴向往复移动做纵向进给运动。

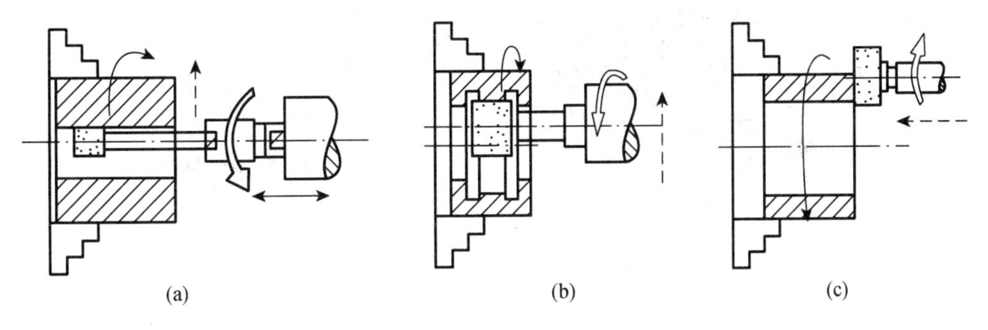

图 6.66　普通内圆磨床的磨削方法

无心内圆磨削的工作原理，如图 6.67 所示。磨削时，工件支承在滚轮和导轮上，压紧轮使工件靠紧导轮，工件由导轮带动旋转，实现圆周进给运动。砂轮除了完成主运动外，还做纵向进给运动和周期性横向进给运动。加工结束时，压紧轮沿箭头方向 A 摆开，以便装卸工件。无心内圆磨削适用于大批量加工薄壁类零件，如轴承套圈等。

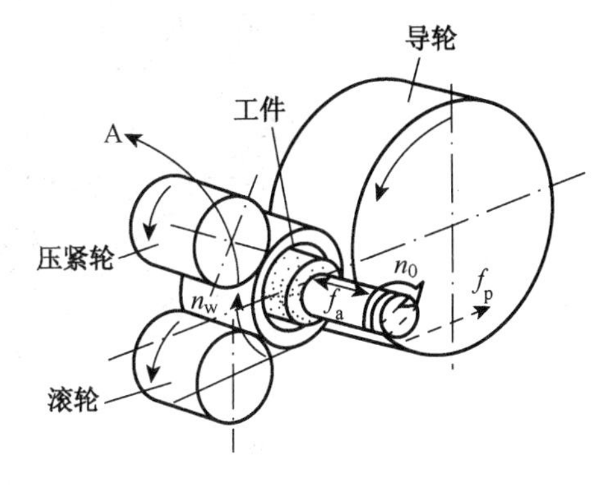

图 6.67　无心内圆磨削的工作原理

与外圆磨削相比，内圆磨削所用的砂轮和砂轮轴的直径都比较小。为了获得所要求的砂轮线速度，就必须大大提高砂轮主轴的转速，这样容易引起振动，影响工件的加工质量。此外，内圆磨削时砂轮与工件的接触面积大、发热量集中、冷却条件差,所以工件热变形大。特别是砂轮主轴刚性差、易弯曲变形,所以内圆磨削不如外圆磨削的加工精度高。在实际生产中,常采用减少横向进给量、增加光磨次数等措施来提高内孔的加工质量。

3. 平面磨削

常见的平面磨削方式有 4 种,如图 6.68 所示。工件安装在具有电磁吸盘的矩形或圆形工作台上做纵向往复直线运动或圆周进给运动。砂轮除做旋转主运动外,还要沿轴线方向做横向进给运动。为了逐步地切除全部余量,砂轮还需周期性地沿垂直于工件被磨削表面的方向做进给运动。

图 6.68(a)和(b)属于圆周磨削。这时砂轮与工件的接触面积小,磨削力小,排屑及冷却条件好,工件受热变形小,且砂轮磨损均匀,所以加工精度较高。然而,砂轮主轴呈悬臂状态,刚性差,不能采用较大的磨削用量,生产率较低。

图 6.68(c)和(d)用端面磨削,砂轮与工件的接触面积大,同时参加磨削的磨粒多。另外,磨削时主轴受轴向压力,刚性较好,允许采用较大的磨削用量,故生产率高。但是,在磨削过程中,磨削力大、发热量大、冷却条件差、排屑不畅,造成工件的热变形较大,且砂轮端面沿径向各点的线速度不等,使砂轮磨损不均匀,所以这种磨削方法的加工精度不高。

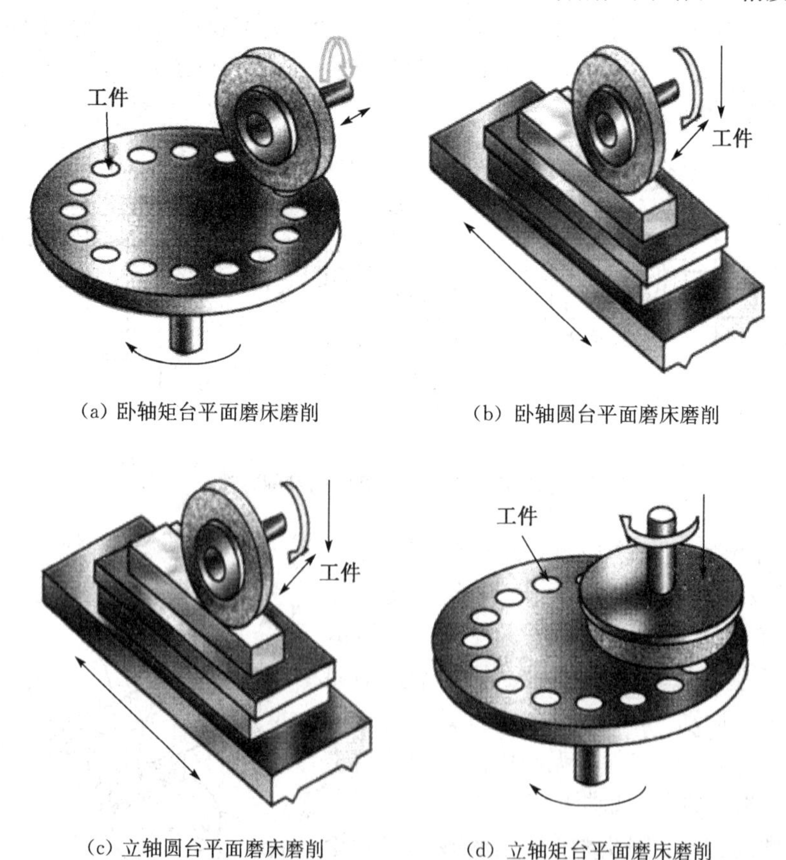

(a) 卧轴矩台平面磨床磨削　(b) 卧轴圆台平面磨床磨削

(c) 立轴圆台平面磨床磨削　(d) 立轴矩台平面磨床磨削

图 6.68　平面磨削方式

6.6.5　典型零件加工实例——光轴磨削

(1) 磨削用量的选择

① 砂轮圆周速度:外圆磨床的砂轮圆周速度一般为 30～35m/s,砂轮在使用过程中因磨损,直径逐渐减小,砂轮圆周速度也随之下降。

② 工件圆周速度:以 M1432A 万能外圆磨床为例,工件的转速可按表 6.5 来选择(加工时通常需要确定工件转速,为此可将圆周速度变换为转速)。

细长工件磨削时,工件转速应低一些,以减少振动,保证磨削加工的质量。

表 6.5　工件转速的选择

工件直径/mm	>250	>150～250	>80～150	>50～80	>25～50	<25
工件转速/($r \cdot min^{-1}$)	25	50	80	112	160	224

③ 工件纵向进给量 $f_{纵}$,单位为 mm/r。

粗磨时,$f_{纵}=(0.5～0.8)\ B$

精磨时,$f_{纵}=(0.2～0.3)\ B$

式中　B——砂轮的宽度(mm)。

在实际磨削工作中,工件纵向进给量大小的控制,一般都是通过调节工作台的运动速度来实现的。

④ 背吃刀量 a_p,单位为 mm。

粗磨时,$a_p=0.02～0.05$

精磨时,$a_p=0.005～0.01$

精磨时,为了提高工件精度,减小表面粗糙度,在精磨的最后阶段,可在不进刀的情况下光磨几次,使磨削火花减小甚至消失。

(2) 粗、精磨时磨削余量的选择

毛坯经其他工序粗加工、半精加工后留下的要在磨削工序中切除的那一部分余量,称为磨削余量。为了提高生产效率,一般可将磨削余量分为粗磨磨削余量和精磨磨削余量两部分。精磨余量一般是全部余量的 1/10 左右,约为 0.05mm。

(3)光轴的磨削方法及加工步骤

光轴的磨削方法及加工步骤如下(图 6.69 为光轴磨削实例,表 6.6 为光轴磨削加工各步尺寸要求):

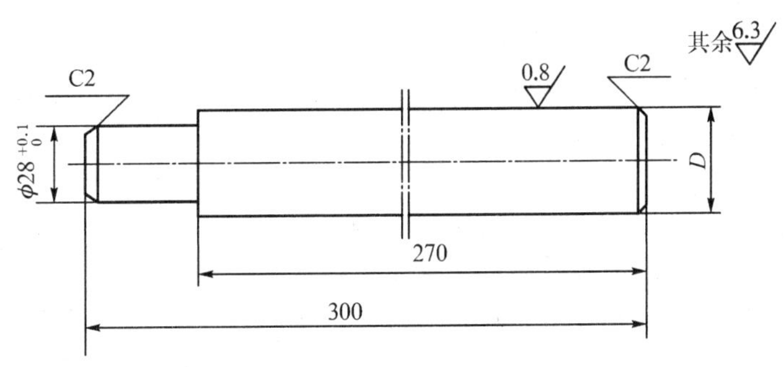

图 6.69　光轴磨削实例

① 测量工件尺寸，计算磨削余量和圆柱度误差值；
② 在光轴一端(有小外圆一端)装上大小适中的夹头；
③ 擦净工件中心孔，并加润滑脂或润滑油；
④ 根据工件长度调整头架、尾座距离；
⑤ 调整拨销位置，使拨销能带动工件旋转；
⑥ 调整工作台行程挡铁位置；
⑦ 对刀磨削，找正后符合工件圆柱度公差要求；
⑧ 磨去余量，使尺寸符合图样要求。

表 6.6 光轴磨削加工各步尺寸要求

次数	直径 D/mm	圆柱度公差	次数	直径 D/mm	圆柱度公差
1	$\phi 33.5\pm 0.02$	0.02	4	$\phi 32_{-0.0014}^{0}$	0.007
2	$\phi 33.0\pm 0.015$	0.015	5	$\phi 32_{-0.0014}^{0}$	0.005
3	$\phi 32.5\pm 0.01$	0.01			

6.7 电火花加工

(1) 实习目的

通过参观、讲解，使学生对特种加工工业技术有一定的认识，特别是对电火花加工的发展、原理、种类、特点有清晰的认识。了解电火花加工中的高速走丝和中速走丝在我国工业发展中的特殊位置。

(2) 实习要求

实习过程中，学生应积极参与，结合日常所学理论知识去理解电火花加工的原理和本质。重点学习电火花控制设备，并熟悉基本操作。自主设计零件形状，在专业人员的帮助下完成一次电火花切割。分析其中出现的问题，提出相关的解决方法。

6.7.1 电火花加工原理与特点

电火花加工是一种利用电极之间脉冲放电时所产生的电力腐蚀现象进行加工的方法。在加工过程中，工具与工件之间不断产生脉冲性的火花放电，靠放电使局部瞬间产生的高温蚀除工件多余材料。随着电火花加工技术的发展，逐步在成型加工方面形成两种主要加工方式：电火花成型加工和电火花线切割加工。

1. 电火花加工原理

电火花加工又称为电腐蚀加工，其加工原理见图 6.70 所示。电火花加工时，工具电极和被加工工件放入绝缘液体中，在两者之间加 100V 左右的电压。因

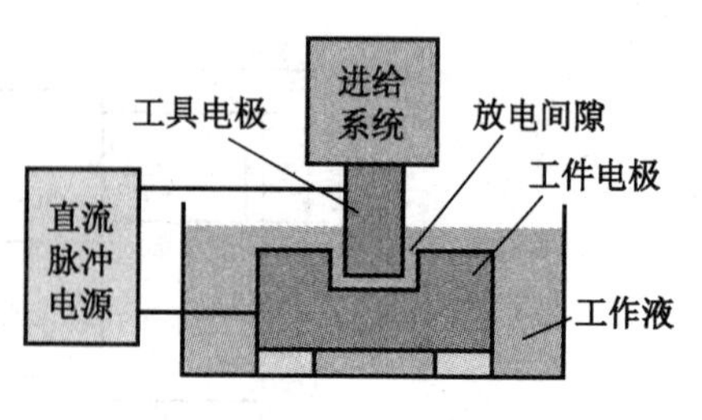

图 6.70 电火花加工原理

为工具电极和工件的表面不是完全平滑的，存在着无数个凹凸不平处，所以当两者逐渐接近、间隙变小时，在工具电极和工件表面的某些点上，电场强度急剧增大引起绝缘液体的局部电离，通过这些间隙发生火花放电。

电火花加工时，一秒钟会发生数十万次脉冲放电，每次放电都由 $10^{-5}\sim10^{-4}$ms 的火花放电及持续 $10^{-3}\sim1$ms 的过渡电弧构成。火花的温度高达5 000℃，火花发生的微小区域（放电点）内，工件材料被熔化和气化。同时，该处的绝缘液体也被局部加热，急速地气化，体积发生膨胀随之产生很高的压力。在这种高压力的作用下，已经熔化、气化的材料就从工件的表面迅速地被除去。每次放电后，工件表面上产生微小放电痕，这些放电痕的大量积累就实现了工件的加工。电火花加工中的放电具有放电间隙小、温度高、放电点电流密度大等特点。

2. 电火花加工的特点

电火花加工有以下特点：

(1) 可以加工任何硬、脆、韧、软、高熔点的导电材料，在一定条件下，还可以加工半导体材料和非导电材料。

(2) 加工时"无切削力"，有利于小孔，薄壁、窄槽以及各种复杂形状的孔、螺旋孔、型腔等零件的加工，也适合于精密微细加工。

(3) 当脉冲宽度不大时，对整个工件而言，几乎不受热的影响，因此可以减少热影响层，提高加工后的表面质量，也适于加工热敏感的材料。

(4) 可以任意调节脉冲参数，在一台机床上连续进行粗、半精、精加工。精加工时精度为0.01mm，表面粗糙度 Ra 值为 0.8μm。精微加工时精度可达 0.002～0.004mm，表面粗糙度 Ra 值为 0.055～0.1μm。

6.7.2　中走丝线切割机床简介

具有我国自主知识产权的高速走丝线切割机床由于性价比高、运行成本低而深受国内用户的喜爱。另外由于电极丝运动速度快，使得排屑条件好，有利于切割大厚度工件和大电流切割，况且机床的制造成本低，数控程度相对较高，使得高速走丝线切割在模具粗加工领域应用极为广泛。但走丝速度高就会引起运丝系统的振动和磨损，严重影响加工质量。随着模具制造工业的发展，模具界的用户都要求大大改善高速走丝电火花线切割加工质量，减小由于电极丝往返切割时产生的黑白条纹，提高线切割加工表面质量。我国技术人员进行大量的切割工艺试验，确认多次切割是提高线切割机加工表面质量的最有效方法。

为了满足模具行业大型模具和级进模加工需要，也为了进一步提高高速走丝线切割机床的市场竞争力，自 2005 年以来，随着运丝速度、电极丝张力可以自动调节，并可以实现自动改变脉冲参数、自动沿设计轨迹多次切割功能的高速走丝电火花线切割机床问世，而具有这些功能的高速走丝线切割机床在行业中被称为"中走丝线切割机床"。

图 6.71 为一种中走丝线切割机床的外形图。电火花切割机床主要由机床本体、脉冲电源、控制箱、工作液循环系统及机床附件等部分组成，如图 6.72 所示。

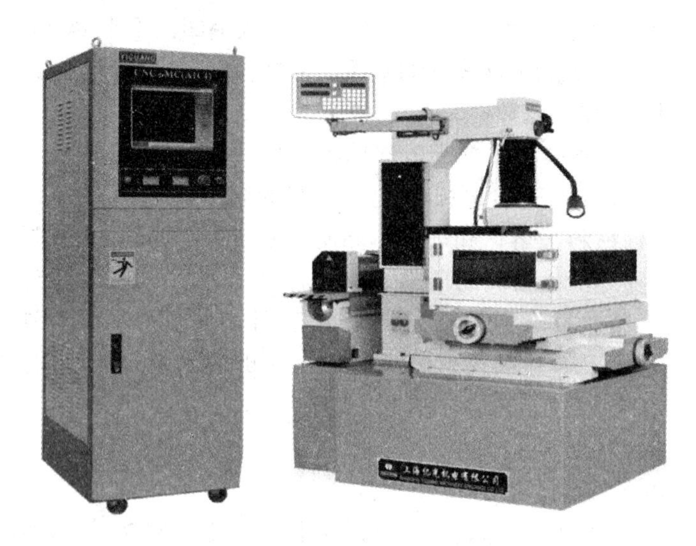

图 6.71　中走丝线切割机床

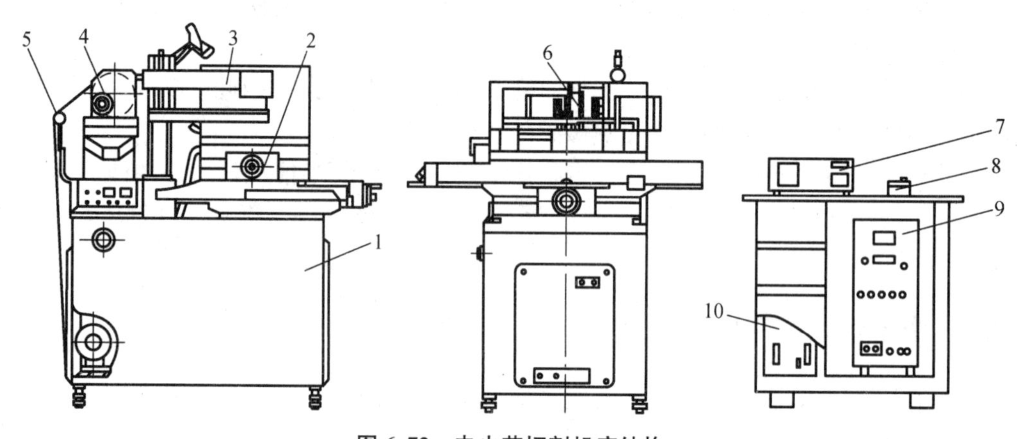

图 6.72　电火花切割机床结构

1—床身；2—工作台；3—导丝架；4—储丝筒；5—紧丝装置；
6—工作液循环系统；7—控制箱；8—程控机头；9—脉冲电源；10—驱动电源

6.7.3　电火花切割机床基本操作

1. 准备

（1）检查设备外壳接地是否可靠。

（2）清洁导轮及导电块。

（3）测量钼丝直径，一般直径小于 0.13mm 时需更换钼丝，检查导电块、导轮、导轮轴承的磨损情况，若磨损严重需及时进行更换。

（4）检查行程定位是否紧固好，各按键、手柄及运动部位是否灵活正常，查看钼丝是否放在导轮内且贴在导电块上。检查调整钼丝垂直度，开启走丝开关，检查钼丝是否抖动。

（5）检查工作液的清洁度和水位高度是否在规定范围内。

2. 加工

(1) 开机。接通电源,按下电源开关。

(2) 把加工程序输入控制器。

(3) 安装待加工工件,合理调整余量,确保加工过程中无发生干涉和碰撞的可能。

(4) 开运丝。按下运丝电源开关,让电极丝滚筒空运转,检查电极丝抖动情况和松紧程度。若电极丝过松,则应用张紧轮均匀用力紧丝。

(5) 接通控制柜电源,打开电脑中 Auto Cut 软件,根据切割样件尺寸绘制图样,检查图样无误后生成加工轨迹并发送虚拟卡进行切割模拟,如切割任务能顺利完成则将加工任务发至 Auto Cut 软件 1 号卡。

(6) 按电机按钮,先走丝 2min,然后通过转动手柄移动工作台,将工件移至切入点位置。

(7) 开水泵,调整喷水量。开水泵时,请先把调节阀调至关闭状态,然后逐渐开启,调节至上下喷水柱包容电极丝,水柱射向切割区,水量不必太大。

(8) 接通脉冲电源,选择电参数。用户应根据对切割效率、精度、表面粗糙度的要求,选择最佳的电参数。电极丝切入工件时,把脉冲间隔拉开,等切入后,稳定时再调节脉冲间隔,使加工电流满足要求。

(9) 开启控制机,进入加工状态。观察电流表在切割过程中,指针是否稳定,精心调节,切忌短路。

(10) 喷水、开高频、根据加工方向旋转加工图样,确认无误后点击软件界面的开始任务选项,开始加工。

(11) 加工过程中要注意观察加工轨迹、加工状态有无异常,以便及时修正。

(12) 加工过程中出现意外情况时必须先关掉高频电源让加工过程保持暂停状态再进行问题处理。

(13) 加工结束后应先关闭水泵电机,再关闭运丝电机,检查 X, Y, U, V 坐标是否到终点。到终点时拆下工件,清洗并检查质量;未到终点应检查程序是否有错或控制机是否有故障,及时采取补救措施,以免工件报废。

机床控制面板上有红色急停按钮开关,工件中如有意外情况,按下此开关后可断电停机并进行保护。

3. 注意事项

(1) 使用机床时注意用电安全,若遇雷雨天气,应及时关掉机床,断电。

(2) 必须加接一根保护接地线。

(3) 机床动作时不要用手触摸工件、钼丝放电部位。

(4) 机床工作前必须盖好各个部位的防护罩。

(5) 各润滑部位及时加油。

(6) 工作台运动时不要超出标尺刻度有效行程范围。

(7) 安装和拆卸工件、模板或夹具要小心谨慎,防止失稳跌落,废料或工件切断后应及时取出,以免移动工作台时产生碰撞。

(8) 加工过程中水基液一定要包着钼丝,来保证排屑及冷却钼丝。

(9) 在钼丝运转情况下,才可开高频电源,停机时,先关高频电源。

6.7.4 常见问题及分析处理

1. 切割的效率低、频繁断丝

高速走丝线切割加工效率受两大因素的影响，一是，电极丝承载电流的能力；二是，放电间隙中的电阻率。当切缝中的蚀除物不能及时清除，它的导电作用消耗掉了脉冲能量。有人对快速走丝机床的切割效率做过许多的典型试验，结果证明，钼丝承载电流量达到150A/mm^{2}时，其抗拉强度将被降低到原有强度的1/4～1/3，这个电流值被视作切割时钼丝载流的极限。以此算来，线径ϕ0.12mm载流1.74A，线径ϕ0.15mm载流2.65A，线径ϕ0.18mm载流3.82A时即达到了用钼丝切割的极限值。再加大载流量，无疑会使丝的寿命缩短。因此，丝径加粗即可加大承载电流量，平均电流加大了效率也可相应提高。但是，快速往复走丝的线切割是不允许(排丝，挠度，损耗等原因)把丝径加大到0.23mm以上的，且因蚀除物排出速度所限，当电流加大到均值8.0A时，间隙将出现短路或电弧放电，勉强维持的短时火花放电也将使钼丝损耗急剧增加，所以一味增加丝径和加大电流的办法是不可取的。当切割材料厚度加大，蚀除物排出更为困难的时候，能量损失大得多，有效的加工脉冲会更少，放电电流变成了线性负载电流，不形成加工而只加热了钼丝，这是能量被损失和断丝的主要原因。

针对影响加工效率这两大主要原因，提高加工速度则应在以下7个方面做努力：

(1) 加大单个脉冲的能量，即脉冲幅值和峰值电流，为不使丝的载流量负担过大，则应相应加大脉冲间隔，使电流平均值不致增加太多；

(2) 保持工作液的介电系数和绝缘强度，维持较高的火花爆炸力和清洗能力，使蚀除物对脉冲的短路作用减到最小；

(3) 提高运丝导丝系统的机械精度，因为窄缝总比宽缝走得快，直缝总比折线缝走得快；

(4) 适当地提高丝速，使丝向缝隙内带入的工作液加快，工作液量加大，蚀除物更有效地排出；

(5) 增加工作液在缝隙外对丝的包络性，即让工作液在丝的带动下迅速流动，高速流动的工作液对间隙的清洗作用是较强的；

(6) 改善变频跟踪灵敏度，增加脉冲利用率；

(7) 减少走丝电机的换向时间，启动更快，增加有效的加工时间。

2. 工件表面有犬牙状黑白条纹

由电蚀原理决定，放电电离产生高温，工作液内的碳氢化合物被热分解，产生大量的碳黑，在电场的作用下，镀覆于接阳极的工件上。这一现象在电火花成型加工中被利用作电极的补偿。在线切割中，一部分被丝带出缝隙，也总有一部分镀覆于工件表面，其特点是丝的入口处少，出口处多。这就是产生犬牙状黑白交错条纹的原因。这种镀层的附着度随工件主体与放电通道间的温差变化，与极间电场强度有关。就是说，镀覆碳黑的现象是电蚀加工的伴生物，只要有加工就会有条纹。碳黑附着层的厚度通常是0.01～2.0μm，因放电凹坑的峰谷间都有，所以擦除是很困难的，要随着表面的抛光和凹坑的去除才能彻底打磨干净。只要不是伴随着切割面的搓板状，没有形状的凸凹，仅仅是碳黑的附着，大可不必烦恼。因为切割效率,尺寸精度,金属基体的表面粗糙度才是我们所追求的。

为使视觉效果好一些,设法使条纹浅一点,可以采取以下措施:将工作液勾兑的较稀;加工电压尽可能地降低一点;变频跟踪略微紧一点;采用单项切割,往复运动时,让丝在一个方向运丝时停止脉冲放电和进给;将加工乳化液改为纯净水。

目前去掉换向条纹最有效的办法仍然是多次切割,即前面提到的中速走丝线切割加工。也就是沿轮廓线0.005～0.02mm的加工量把切割轨迹修正后再切一遍,接着不留量沿上次轨迹再重复一遍。这样的重复切割,并伴随脉冲加工参数的调整,就会把换向的条纹完全去除干净,且可提高加工精度和表面质量。

3. 工件表面有搓板状条纹

随着钼丝的一次换向,切割面产生一次凸凹,在切割面上出现有规律的搓板状,通常称搓板纹,也称为换向条纹。如果不仅仅是黑白颜色的换向条纹,而产生有凸凹尺寸差异,这是不允许的。应从如下5个方面查找原因。

(1) 丝松或丝筒两端丝松紧有明显差异,这造成了运行中的丝大幅抖摆,换向瞬间明显的挠性弯曲,也必然出现超进给和短路停进给。

(2) 导轮轴承运转不够灵活、不够平稳,造成正反转时阻力不一或是轴向窜动。

(3) 导电块或一个导轮给丝的阻力太大,造成丝在工作区内正反张力出现严重差异(两工作导轮间称工作区)。

(4) 导轮或是丝架造成的导轮工作位置不正,V形面不对称,两V形延长线的分离或交叉。

(5) 与走丝换向相关的进给不匀造成的超前或滞后会在斜线和圆弧上形成台阶状,也类似搓板纹。

总之,凡出现搓板纹,一个最主要原因是丝在工作区(两导轮间称工作区)上、下走的不是同一条道,两条道的差值就造成了搓板凸凹的幅度,机械原因是搓板纹的根本。导轮、轴承、导电块和丝运行轨迹是主要成因。进给不匀造成的超前或滞后当然也是成因之一。

还有一种搓板纹,它的周期规律不是按钼丝换向,而是以 X, Y 丝杠的周期变化,成因是丝杠推动拖板运动的台阶或轴承运转不够稳定产生了端面圆跳动,或是间隙较大,存有异物出现了端面跳动的效果。搓板纹不仅会造成表面粗糙度高,同时会使效率变低,频繁短路开路断丝,瞬间的超进给产生短路,甚至停止加工。

4. 大厚度切割无法进行

大厚度的切割是比较困难的,可不是丝架能升多高,就能切多厚。受放电加工蚀除条件的制约,工件厚度到一定程度,加工就会很不稳定,直至有电流无放电的短路发生。伴随着拉弧烧伤很快会断丝,在很不稳定的加工中,切割面也会形成沟槽,表面质量严重破坏。切缝里充塞着极黏稠的蚀除物,甚至是近乎于粉状的碳黑及蚀除物微粒。大厚度通常是指200mm以上的钢,电导率更高、导热系数更高或耐高温的其他材料则不到200mm,如纯铜、硬质合金、纯钨、纯钼等,70mm厚时已切割很困难。

(1) 大厚度切割的主要矛盾

① 没有足够的工作液进入和交换,间隙内不能清除蚀物,不能恢复绝缘,也就无法形成放电;

② 间隙内的充塞物以电阻的形式分流了脉冲源的能置,使丝与工件间失去了足够的击

穿电压和单个脉冲能量；

③ 钼丝自身的载流量所限，不可能有更大的脉冲能量传递到间隙中；

④ 切缝中间部位排出蚀除物的路程太长，衰减了的火花放电，已不能产生足够的爆炸力和排污力；

⑤ 材料方面的原因，大厚度材料存在杂质和内应力的可能性大为增强，切缝的局部异常和形变机率也就大了，虽然失去了切割冲击力，却增大了被短路的可能性。

(2) 解决大厚度切割主要矛盾的措施

① 加大单个脉冲的能量(单个脉冲的电压、电流、脉宽这三者的乘积就是单个脉冲的能量)。加大脉冲间隔，目的是在钼丝载流量平均值不增大的前提下，形成火花放电的能力，增强火花的爆炸力。

② 选用介电系数更高、恢复绝缘能力更强、流动性和排污解力更强的工作液。

③ 大幅度提高脉冲电压，使放电间隙加大，这样工作液进入和排出也就比较容易。

④ 事先作好被切材料的预处理，如以反复锻造的办法均匀组织，清除杂质，以退火和时效处理的办法去除材料的内应力。

⑤ 提高走丝速度，更平稳地运丝，便携工作液和抗短路的能力增强。

⑥ 人为地编制折线进给或自动进二退一的进给方式，有效扩大间隙。

5. 电极丝“花丝”现象

切割一段时间后，钼丝会出现黑斑，黑斑通常有几毫米到十几毫米长，黑斑的间隔通常有几厘米到几十厘米。黑斑是经过了一段时间的连续电弧放电，烧伤并碳化的结果。变细变脆和碳化后就很容易断。黑斑在丝筒上形成一个个黑点，有时还按一定规律排列形成花纹，故称为“花丝”。

花丝现象的成因如下：不能有效消除电离造成连续电弧放电，电弧的电阻热析出大量碳结成碳晶粒，钼丝也被碳化；工件较厚(放电间隙长)；工作液的介电系数低(恢复绝缘能力差)、脉冲源带有一个延迟灭弧的直流分量(大于 10mA)。以上这三条都是花丝现象的基本条件。放电间隙内带进(或工件内固有)一个影响火花放电的杂质便可诱发花丝现象。花丝与火花放电加工的拉弧烧伤是同一道理，间隙内的拉弧烧伤一旦形成，工件和电极同时会被烧出蚀坑并形成积碳，积碳颗粒不清除干净就无法继续加工。细小的碳颗粒粘到哪里，哪里就要拉弧烧伤，面积越来越大，不会自行消失。如果工件和电极发生位移，各自与对面都会导致新的拉弧烧伤，一处变两处，唯一办法是手工清理。

花丝现象一旦发生，就要从成因的三个要素入手解决。首先要确认脉冲发生器的质量，只要没有阻止灭弧的直流分量，通常不会导致花丝断丝。其次要注意工作液不能被污染、稀释，导致有效成分减少等，更不能含盐、碱等有碍介电绝缘的成分。最后还是材料的厚度问题，薄的材料即便出现拉弧烧伤的诱因，但因工作液的交换速度比较快，蚀除物和杂质容易排除，瞬间“闯”过去。然而，材料一旦变厚，拉弧烧伤的诱因则很容易产生且极不容易排出。特别是带氧化黑皮、锻轧夹层、原料未经锻造调质就经过淬火的工件，造成花丝的几率是很高的。花丝后的料、丝、工作液只要保留其一，再次花丝的可能性仍很大。

6. 切割过程突然断丝

(1) 断丝原因

断丝的主要原因有：选择电参数不当，电流过大；进给调节不当，忽快、忽慢，开路、短路频繁；工作液使用不当（如错误使用普通机床乳化液），乳化液太稀、使用时间长、太脏；管道堵塞，工作液流量大减；导电块未能与钼丝接触或已被钼丝拉出凹痕，造成接触不良；切割厚件时，脉冲停歇时间过小或使用不适合切厚件的工作液；脉冲电源削弱，二极管性能变差，加工中负波较大，使钼丝短时间内损耗加大；钼丝质量差或保管不善，产生氧化，或上丝时用小铁棒等不恰当工具张丝，使丝产生损伤；储丝筒转速太慢，使钼丝在工作区停留时间过长；切割工件时钼丝直径选择不当。

通常，解决断丝的方法有：将脉宽挡调小，间歇挡调大，或减少功率管个数；提高操作水平，进给调节合适，调节送给电位器，使进给稳定；使用线切割专用工作液清洗输液管道；更换或将导电块移一个位置；选择合适的间歇，使用适合厚件切割的工作液；更换削波二极管；更换钼丝，使用上丝轮上丝；合理选择丝速。

7. 工件接近切割完时断丝

工件接近切割完时，也会出现断丝现象，主要原因有：工件材料变形，夹断钼丝；工件跌落时，撞断钼丝。其解决方法有：选择合适的切割路线、材料及热处理工艺，使变形尽量小；快割完时用小磁铁吸住工件或用工具托住工件不致下落。

思考题

(1) 试阐述机械加工实习时的安全须知。

(2) 列出金属切削加工工种并分析其特点。

(3) 试阐述塞规的使用方法。

(4) 列出两种常用作刀具的材料并分析其特点。

(5) 车削时工件和车刀的运动中，哪些是主运动，哪些是进给运动？

(6) 试说出两种以上车床上装夹工件的方法。

(7) 简述顶尖的安装方法。

(8) 试举出两种以上既能在铣床又能在车床上加工表面的例子，并分析各自的主运动和进给运动。

(9) 外圆磨床由哪几部分组成？各有何功能？

(10) 试阐述磨削加工的特点。

(11) 简述电火花加工的原理和特点。

(12) 试阐述电火花加工时工件表面出现的两种条纹——“犬牙状黑白条纹”和“搓板状条纹”的区别。

第7章 电子陶瓷企业生产实习

7.1 实习目的与要求

(1) 使学生在课程理论知识学习的基础上，进一步了解电子陶瓷材料与器件生产工艺的基本原理，认识生产电子陶瓷材料与器件常用的机械设备及其组成和功能，熟知电子陶瓷材料成型工艺及其制品的应用领域。

(2) 熟悉电子陶瓷材料成型设备或生产线车间的布局、特点、设备操作规范与要求，了解生产设备的维护技术及具体制品在生产过程中的工艺技术特点和详细操作，并思考每一步工艺的优缺点及其改进的可能性。

7.2 概述

电子陶瓷是指具有电、磁、光、声、超导、化学、生物等特性，且具有相互转化功能的一类陶瓷，包括装置瓷、电容器瓷、磁性瓷、压电陶瓷、半导性陶瓷、传感器陶瓷、透明陶瓷、生物与抗菌陶瓷、发光与红外辐射陶瓷、高锝超导陶瓷、多孔陶瓷等。表 7.1 是根据功能分类的陶瓷产品，表 7.2 是陶瓷工业生产的一些具体产品。根据陶瓷产品的不同，陶瓷材料的具体工艺流程也不同，但一般都包括粉体制备—成型—烧结这些步骤。图 7.1 对陶瓷工艺技术进行了总结。

表 7.1 根据功能分类的陶瓷产品

功能	分类	名义组分
电性能	绝缘体	α-Al_2O_3，MgO 瓷
	铁电体	$BaTiO_3$，$SrTiO_3$
	压电体	$PbZr_{0.15}Ti_{0.5}O_3$
磁性能	快离子导体	β-Al_2O_3，掺杂 ZrO_2
	超导体	Ba_2YCu_3O
	软铁氧体	$Mn_{0.4}Zn_{0.6}Fe_2O_4$
	硬铁氧体	$BaFe_{12}O_{19}$，$BaFe_{12}O_{19}$

（续表）

功能	分类	名义组分
核能	核燃料	UO_2，UO_2-PuO_2
	包覆/屏蔽	SiC，B_4C
光性	透明灯管	α-Al_2O_3，$MgAl_2O_4$
	光存储	掺杂 $PbZr_{0.5}Ti_{0.5}O_3$
	色泽(装饰件)	掺杂 $ZrSiO_4$，掺杂 ZrO_2，掺杂 Al_2O_3
机械	耐火结构	α-Al_2O_3，MgO，SiC，Si_3N_4
	耐磨件	α-Al_2O_3，ZrO_2，SiC，Si_3N_4
	切削材料	α-Al_2O_3，ZrO_2，TiC，Si_3N_4，Sialon
	磨料	α-Al_2O_3，SiC，B_4C
热性	绝缘	α-Al_2O_3，ZrO_2，SiO_2，$Al_6Si_2O_{13}$
	辐射	ZrO_2，TiO_2
化学	气体传感器	ZrO_2，ZnO，SnO_2，Fe_2O_3
	催化剂载体	$Mg_2Al_4Si_5O_{18}$，Al_2O_3
	电极	TiO_2，TiB_2，SnO_2，ZnO_2
	过滤器	SiO_2，α-Al_2O_3，SiC
生物学	结构假肢	α-Al_2O_3瓷，HAP，ZrO_2，HAP/Ti
	牙种植体	玻璃，HAP，HAP/Ti

表 7.2　陶瓷工业生产的产品

电子学方面	基片、硅片支架、电子封套、电容器、感应器、电阻，电绝缘、换能器、电极、点火、汽车磁铁、火花塞、滤波器
先进结构材料	切削刀具、耐磨插入件、发动机部件、阻抗涂层，齿科和骨科材料、高效灯具、轴承、喷嘴
化学工程部件	离子交换介质、排气控制部件、催化剂载体、液化气过滤器
耐火结构部件	炉衬材料、热绝缘、窑具、蓄热器、再生器、坩埚、金属处理材料、过滤器、模具、发热元件

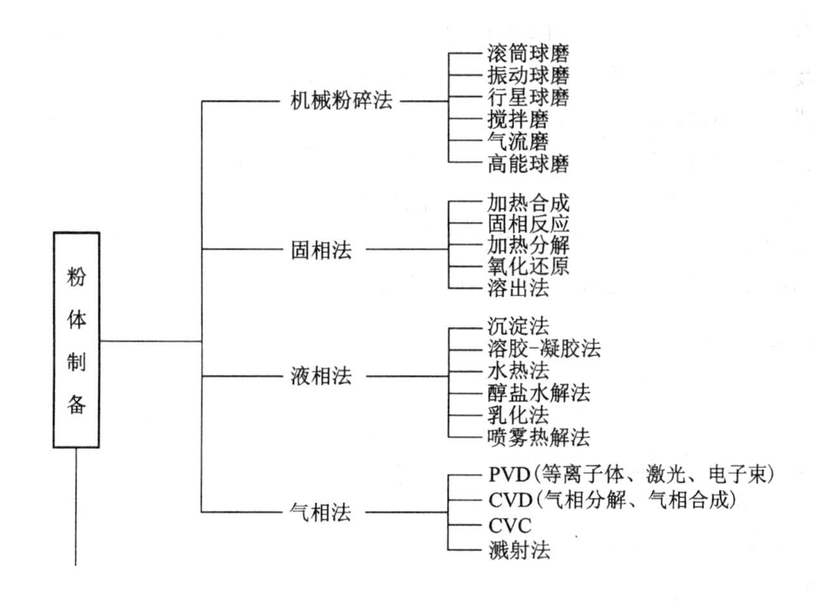

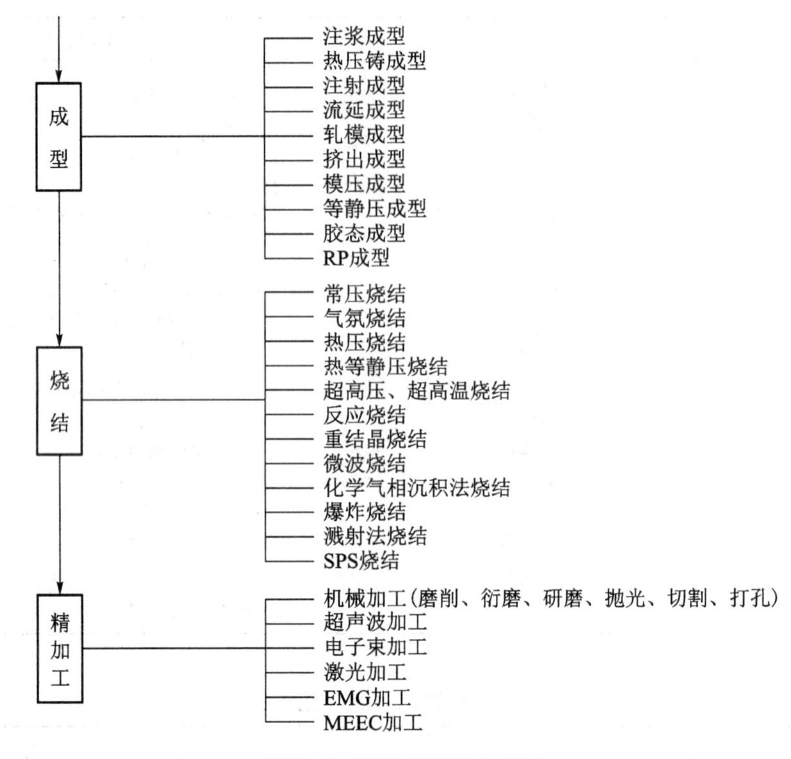

图 7.1 陶瓷工艺技术总结

7.3 电子陶瓷粉体制备常用方法

为获得某一特殊的性能，电子陶瓷材料一般以某一组分为主成分，并在此基础上加入次要成分以及微量成分。电子陶瓷材料的起始原料一般为经过提纯、加工的具有较高纯度的化学试剂或工业用化学原料。由起始原料经化学反应合成符合要求(化学组分、相组分、纯度、颗粒度、流动性等)的粉体。粉体合成方法可以用使颗粒细化的机械粉碎法，也可用颗粒在介质中成核生长的化学方法制备。化学法可根据化学反应的相态不同分为液相法、气相法和固相法等。如果合成的粉体不符合设计和后续工艺的要求，则需要对粉体进行调整。如粉体的细度不够或含有较大团聚体时，需要研磨。

7.3.1 机械粉碎法

机械粉碎法制得的粉体粒径一般在 0.1～1μm 之间。从能量的角度来看，机械法制粉是一种机械能转变为表面能的能量转换过程，即粉碎机械的动能或所做的机械功，通过与粉体之间的撞击、碾压、摩擦，将粉体砸碎，使粉体的比表面积增加，从而使表面自由能增加。机械法制粉的粉碎手段主要有行星磨、振动磨、搅拌磨(高能球磨)、气流磨等。

(1) 行星磨

行星磨是将相似的几个磨罐置于同一旋转的圆盘上，圆盘具有转速为 ω_2，是公转；此外各磨罐仍绕其自身中心以角速 ω_1 旋转，这是自转。公转用以模拟重力作用，当 ω_2 足够大时，其离心力可大大地超过地心吸引力，因而自转角速 ω_1 也可相应提高，磨球仍不至于贴附罐壁不动。这就克服了旧式球磨中所谓临界转速或极限转速的难题。因而大大提高了研磨效率，其混合效果也好。行星磨的粉碎细度极限，介于球磨与振动磨之间。

(2) 振动磨

利用高频振动产生球对球的冲击来粉碎粉体。振动球磨机在上下振动的同时，筒体还进行自旋运动，因此效率远远高于普通滚动球磨。影响振动球磨效率的主要因素有：振动频率、填充率、球料比和研磨介质等。一般，振动频率越高，则粉碎效率越高。

(3) 搅拌磨(高能球磨)

搅拌磨亦称高能球磨。它利用内壁不带齿的搅拌球磨机进行粒子粉碎。球磨筒采用水冷却。与滚动球磨和振动球磨不同，它的球磨筒是固定的。芯轴上装有许多钢制转靶，当芯轴转动时，与轴相垂直的钢靶搅动物料，使研磨体以相当大的加速度冲击物料，从而产生很强的研磨作用。

(4) 气流磨

气流磨的特点是利用高速气流的强烈冲击使物料相互撞击来粉碎物料。高压气体分两路进入粉碎机，一路通过成对、成排的喷嘴后，成为音速或超音速的射流喷射到粉碎区；另一路从加料器进入，将物料喷到粉碎区，物料粒子在由射流形成的涡流中相互撞击、摩擦以及受到气流的剪切作用而被粉碎。气流粉碎的最大优点是可以连续操作，由于没有研磨体，物料不会受到杂质污染。气流粉碎的缺点是由于物料与气流的充分接触，粉碎后物料吸附的气体较多，增加了粉体使用前排除吸附气体的工序。

机械粉碎的不足之处在于不能保证两相组分的分散均匀性。特别是球磨本身不能完全避免粒子的团聚。在球磨之后的干燥过程中，由于已分散的粒子的团聚和沉降还会进一步造成不均匀性。

7.3.2 固相煅烧法

该方法从固相出发制备陶瓷粉体。固相煅烧法是指将粉体的先驱体化合物在一定条件下加热使其分解来制备粉体。

7.3.3 液相合成法

液相法制备陶瓷粉体是以溶液为出发点，通过各种途径使溶质和溶剂分离，溶质形成一定形状和大小的颗粒，得到所需粉体的前驱体，热解后得到氧化物粉末。根据溶质和溶剂分离方法的不同，可将溶液法分为溶胶-凝胶法、水热合成法、熔盐法和共沉淀法等。

(1) 溶胶-凝胶(sol-gel)法

溶胶-凝胶法采用胶体化学原理制备粉体，也称为湿化学法。主要用于制备多组分氧化物玻璃、高纯陶瓷粉末等。其基本原理是：以液体化学试剂配制金属醇盐或金属无机盐先驱体，先驱体溶于溶剂中形成均匀的溶液，溶质与溶剂产生水解或醇解反应，反应生成物经聚集后，一般生成1nm左右的粒子并形成溶胶。通常要求反应物在液相下混合，均匀反应，且反应生成物是稳定的溶胶体系，反应过程中不应该有沉淀发生。经过长时间的放置或干燥处理,溶胶会转化为凝胶。再经萃取或蒸发除去凝胶中的大量液相,在远低于传统的烧结温度下热处理,最后形成相应物质化合物颗粒。控制溶胶-凝胶过程的参数主要有溶液的 pH 值、溶液的浓度、反应温度和反应时间。

溶胶-凝胶法的特点有:化学均匀性好,由于在溶胶-凝胶过程中,溶胶由溶液制得,故胶粒内及胶粒间化学成分完全一致;纯度高,粉体(特别是多组分粉体)制备过程中无需机械混合;粒度细,胶粒尺寸小于 0.1μm;可容纳不溶性组分或不沉淀组分,不溶性颗粒均匀地分散在含不产生沉淀的组分的溶液中,经凝胶化,不溶性组分可自然固定在凝胶体系中,不溶性组分颗粒越细,体系化学均匀性越好;烘干后的球形凝胶颗粒自身烧结温度低,但凝胶颗粒之间烧结性差;干燥时收缩大。

(2) 水热法

水热法为在高温(100℃~300℃)、高压环境下,使无机或有机化合物在水(水溶液)或水蒸气中进行化学反应制备超微粉体的方法。其基本原理是在常温常压下,溶液中不容易被氧化的物质或者不容易合成的物质,可以通过将物料置于高温高压条件下来加速氧化反应进行。其主要特点有 3 个方面:粒子在水溶液条件下混合,均匀性好;水随着温度的升高压力增大,在高温高压下,水处于超临界状态,具有非常大的解聚能力和较强的氧化能力,因而水热物料在有一定促进剂存在的情况下化学反应速度快,能制备出超细结晶粉体;水热条件下,离子容易按化学计量反应,晶粒按其结晶习性生长,从而成为完整的理想晶粒。用水热法制备的超细粉体,最小粒径已经可达到数纳米的水平。

(3) 熔盐法

熔盐法通常采用一种或数种低熔点的盐类作为反应介质,反应物在熔盐中有一定的溶解度,使得反应在原子级进行。反应结束后,采用合适的溶剂将盐类溶解,经过滤洗涤后即可得到合成产物。

(4) 共沉淀法

共沉淀法是指在包含多种阳离子的溶液中加入沉淀剂后,所有离子完全沉淀的方法。这种方法能使各种阳离子在溶液中实现原子级的混合。其主要思想是使溶液中某些特定的离子分别沉淀时,共存于溶液中的其他离子也和特定的离子一起沉淀。从化学平衡理论来看,溶液的 pH 值是一个主要的操作参数。通常使用氢氧化物、碳酸盐、草酸盐等这些物质配成共沉淀溶液,其 pH 值具有很灵活的调节范围。它可分为化合物共沉淀和混合物共沉淀。

7.3.4 气相合成法

气相合成法制备电子陶瓷粉体是利用挥发性的金属化合物的蒸气,通过化学反应生成需要的化合物。在保护气体(氩、氦等)环境下快速冷凝,从而制备各类物质的超微粉体。气相法制备粉体具有很多优点,如颗粒均匀、纯度高、粒度小、分散性好、化学反应性和活性高等。其主要可分为化学气相沉积(CVD)、物理气相沉积(PVD)、磁控溅射 3 类。

(1) 化学气相沉积

CVD 法是将准备在其表面沉积一层陶瓷薄膜的物质置于真空室中,加热至一定的温度,然后将被覆瓷料的气态化合物通过加热载体的表面,在某一特定的温度下,气体与加热基体接触后,气相发生分解反应,并将瓷料沉积于基体表面。随着分解产物的不断沉积,晶粒不断长大,直到形成致密多晶的结构。适当地控制基体表面温度和气体流量,可以控制瓷料在基体表面的成核速率,从而控制最终瓷膜的晶粒粗细。成核多则最终形成的晶粒细,成核少则最终形成的晶粒粗。虽然气相沉积成瓷的速率比较慢,通常小于每小时250μm,但这种工艺可获得质量极高的陶瓷膜,具有晶粒细小、高度致密、高纯度、高硬度和高耐磨等优点。

通过CVD法形成的瓷膜,具有晶粒定向的特性,其晶粒生长时,通常都按某一晶轴垂直于基体表面的方式长大。通常是不希望得到晶粒定向生长太大的瓷膜。

(2) 物理气相沉积(PVD)

PVD法是用一种被覆用的陶瓷碎粒,经加热后作为蒸发源,通过升华再沉积于基片上,适当控制温度与气氛,可得一层致密牢靠的瓷膜。由于整个过程中没有新的化学反应,故这种沉积方法被称为物理气相沉积。

(3) 磁控溅射

磁控溅射是与气体放电现象相联系的一种薄膜淀积技术。若在真空室内充入放电所需要的惰性气体(常用氩气),在被溅射的靶区加上正交磁场,则在磁场作用下氩气电离成为正离子。由于靶上有较高的负电压,氩离子在洛仑兹力的作用下加速飞向靶面,以很高的速度轰击靶面上的源材料。根据动量守恒原理,靶表面的原子或分子获得较高的动能脱离靶面,以高速溅射到硅片上并淀积成薄膜,这种薄膜淀积技术称为磁控溅射。

7.4 电子陶瓷粉体主要成型方法

成型前需要对粉体进行调整,包括加入为适合成型的有机添加剂、调整湿度、造粒、调整泥料(塑性物料)和浆料、混练等。用于压制法成型(干压、等静压)的粉体需造粒以改善其流动性和模具填充性,并使之具有一定的湿度(根据颗粒大小需1%~15%不等)和添加剂含量;塑性物料的调制用于塑性成型方法(挤压、注射成型),塑性物料中液相饱和度(液相占颗粒间气孔百分数)接近于1,物料呈塑性;浆料的调制用于烧注成型,浆料的液相饱和度大于1,具有流动性。喷雾干燥造粒也从浆料开始。

成型是将一个分散体系(粉体、塑性物料和浆料)转变成具有一定几何形状、体积和强度的坯体。不同形态的物料适合不同的成型方法。成型的任务是将调整好的粉体通过压制、粉浆浇注、注射、挤压、轧制等方法制成具有要求形状的坯体,以便进行烧结。

7.4.1 压制成型

压制成型包括干压(金属模压)和等静压两种坯体成型工艺,它们的共同特点是都采用干粉体,在粉体中只含有百分之几的有机黏合剂。

1. 干压成型

干压成型(也称金属模压成型、单轴向压制成型)是一种最简单、最直观的成型方法,适用于压制形状简单、尺寸较小制品的坯体。成型时将经过造粒、流动性好、粒径配比合适的粉体倒入一定形状的钢模内,借助于模塞,通过外加压力,将粉体压制成一定形状的坯体。

压制时，在压头作用下粉体向模腔壁施加侧压力。由于粉体与模腔壁之间摩擦力的影响，压头的压力对坯件的作用不均匀，靠近压头的粉体受到的压力大，越靠近坯件中心的粉体受到的压力越小，会造成坯体各部分密度不均匀。

2. 等静压成型

等静压成型是指对粉体从各个方向施加相等的压力。这样可以减少由于模具壁和粉体摩擦而产生的不均匀问题，并且有可能使大体积的粉末均匀压实，包括长径比大的形状均可压实。等静压成型方式有湿式等静压和干式等静压。

等静压成型工艺的优点包括：能压制具有凹形、空心、大而细长以及其他复杂形状的坯体；摩擦损耗小，成型压力低；坯体密度分布均匀，强度高；模具成本较低；湿式等静压成型可以同时放入几个模具，还可以同时压制不同形状的坯体。

7.4.2 塑法成型

塑法成型包括挤出成型、轧膜成型和注射成型。这类成型方法的共同持点是要求泥料必须具有足够的可塑性。

1. 挤出成型

挤出成型是将已经炼好并通过真空排气的泥料，置于挤制机内，通过活塞对泥料施加压力，使泥料从机嘴挤出的成型方式。通过更换挤制机的机嘴，能挤出各种形状的坯体，挤出成型适于连续化批量生产，生产效率高，环境污染小，但机嘴结构复杂，加工精度要求高，耗泥量多，制品烧成收缩大。

挤出成型一般用于挤制直径 1～30mm 的管、棒制品。近年来已用于挤制径幅800mm，100～200 孔/mm^2的蜂窝状穿孔瓷筒等。

2. 轧膜成型

轧膜成型是将准备好的陶瓷粉体，拌以一定的有机黏合剂和溶剂，通过粗轧和精轧成膜片后再进行冲片成型，其工艺流程：瓷粉、黏合剂、增塑剂、水→混合、粉碎→干燥→粗轧→精轧。

粗轧时将粉体、黏合剂和溶剂等成分置于两棍轴之间充分混合混炼均匀，伴随着吹风，使溶剂逐渐挥发，形成一层厚膜。精轧是逐步调近轧棍间距，多次折叠，反复轧炼，达到良好的均匀度、致密度、光洁度和厚度。轧好的坯片在冲片机上冲压成型。

轧膜成型的工艺特点：工艺简单，生产效率高，膜片厚度均匀，生产设备简单，粉尘污染小，能成型厚度很薄的膜片等，但用该法成型的产品干燥收缩和烧成收缩较大。

3. 注射成型

注射成型是将陶瓷粉体与有机黏合剂混合后，经注射成型机，在 130℃～300℃下将瓷料注射到金属模腔内。待冷却后，黏结剂固化，便可取出毛坯。

注射成型的主要优点有：可快速而自动地进行批量生产，且对工艺过程可以进行精确控制；可成型尺寸精确、形状复杂的陶瓷部件。不足之处在于：一次性设备投资与加工成本高，仅适于在大批量生产中采用；由于烧结前的固化及有机物的排除存在的不均匀性问题，故成型体的界面尺寸受限制。

7.4.3　流法成型

流法成型包括流延成型和注浆成型。这类成型方法的共同特点是浆料必须具有足够的流动性，以满足工艺的要求。

1. 流延成型

流延成型法又称刮刀法，是一种目前比较成熟的能获得高质量、超薄型瓷片的成型方法。成型时，浆料从料斗下部流至下方向前移动的薄膜载体上，膜片的厚度由刮刀控制。膜片连同载体进入巡回热风烘干室，烘干温度必须控制在浆料溶剂的沸点之下，否则会使膜片出现起泡，或由于湿度梯度太大而产生裂纹。从烘干室出来的膜片中还保留一定的溶剂，连同载体一起卷轴待用，并在储存过程中使膜片中的溶剂分布均匀，消除湿度梯度。最后用流延的膜片按所需形状进行切割、冲片或打孔。

流延成型的特点：设备不太复杂，工艺稳定，可连续操作，生产效率高，自动化水平高，膜片性能均匀一致且易于控制。但流延成型的坯料因溶剂和黏合剂等含量高，坯体密度小，烧成收缩率有时高达 20%。

2. 注浆成型

注浆成型是一种不施加外力的坯件成型工艺。其基本原理是在原料粉末中加入适量的水或有机液体以及少量的电解质，形成相对稳定的悬浮液，注入石膏模中，让石膏吸取水分后，取出固体坯件并烘干即成。

注浆成型所得生坯应具有如下特性：生坯内部颗粒分布均匀；生坯密度较高；容易脱模；在成型状态具有高的强度；有良好的表面光洁度；脱模后具有良好的加工性能；干燥和烧结过程中收缩均匀（最好是收缩小）。注浆成型法适于制造形状复杂、尺寸大的各种坯体，其操作技术简单，但劳动强度高，生产周期长，不易自动化和机械化操作。

7.5　电子陶瓷烧结主要方法

7.5.1　烧结前预处理

由于坯体中含有一定量有机添加剂和溶剂，因此烧结前一般需经干燥和有机添加剂的烧失处理（排塑）。干燥必须在较低温度下以较慢速度进行，以免速度过快造成坯体的开裂。有机物烧失处理一般选择在有机物分解或氧化温度以上，但温度不能过高，避免烧失过快引入缺陷。一般的烧失选择氧化气氛，以尽量减少碳的残余。某些情况下，需先在非氧化气氛中分解后再在氧化气氛中脱碳，这样可防止直接氧化时气体过多过快的产生。

排塑的目的和作用：成型后的坯体中往往含有大量的塑化剂或黏合剂，这些物质在烧成前若不预先排除，烧结时会由于黏合剂的挥发和软化，造成坯体严重变形，或坯体中出现较多的气孔，或机械强度降低。有时由于黏合剂中含碳较多，当氧气不足产生还原气氛时，会影响烧结质量，增加烧银、极化的困难，降低产品的最终性能。排塑时必须严格控制排塑温度,使坯料中的塑化剂、黏合剂等全部或部分挥发,从而使坯体具有一定的强度。

7.5.2 常压反应烧结

烧结是指在一定温度、压力下使坯体发生显微结构变化并使其体积收缩、密度升高的过程。最常用的方法为常压烧结法。使用压力的烧结方法分为热压法和热等静压法。此外还有新发展起来的各种快速烧结方法(如微波烧结法)。烧结是陶瓷材料制造的关键步骤,通过烧结,材料不仅变得致密,而且能获得强度等力学性能和其他功能。

烧结阶段可划分为三个阶段:第一阶段即烧结初期,指自烧结开始到粉粒接触处出现局部烧结面(颈部长大),但没有出现明显的晶粒长大或收缩的时期。第二阶段即烧结中期,始于晶粒生长开始之时,并伴随颗粒间界面广泛形成,但气孔仍是相互连通形成连续网络,而颗粒之间的晶界面仍是相互孤立而不形成连续网络。大部分的致密化过程和部分的显微结构发展产生于这一阶段。随着烧结过程中气孔孤立而晶界开始形成连续网络,烧结进入第三阶段即烧结后期。在这一阶段,孤立的气孔常位于两晶粒界面、三晶粒界线或多晶粒的接点处,也可能被包裹在晶粒中。烧结后期致密化速率明显减慢,而显微结构的发展如晶粒生长则较迅速。

在电子陶瓷的生产过程中,处理固相反应和固相烧结,通常是分两步进行的。第一步是预烧;第二步是烧成,也就是成瓷的烧结。一般情况下,预烧温度比烧结温度略低。粉体的预烧不能达到烧结程度,预烧过程中的反应生成物并不要求完全彻底,也不一定具有完整的晶粒结构,这样将更有利于粉碎和成型。

常压烧结为常用烧结方法,无需特殊的气氛。在常压下烧结,适用于无特殊要求的电子陶瓷制品的生产。为了降低烧结温度,缩短烧结时间,需引入添加剂和使用已烧结的粉体。常压烧结工艺简单,成本低,易于制造形状复杂的制品,并便于批量生产。

7.5.3 气氛烧结

对于空气中很难烧结的制品,可在炉腔内通入一定量的某种气体或采用某些方式控制挥发性物质的挥发,这种在特定气氛下的烧结称为气氛烧结。

通入适当气体,使窑炉中保持所要求的气氛,可促进瓷体的烧结或控制晶粒长大,使晶粒氧化或还原等,在电子陶瓷烧成工艺中已普遍应用。通常采用一种与大气分隔的烧结室(坩埚),并在烧结过程中不断通入所需的气体,例如通入 H_2 或 CO,可得强还原气氛;通入 N_2 或 Ar,可得中性气氛;通入 O_2,可得强氧化气氛;N_2 和 H_2 搭配,或 N_2 和 O_2 搭配,可获得不同程度的还原或氧化气氛。

当氧含量4%～5%时为氧化气氛,小于1%时为还原气氛,1%～1.5%时为中性气氛。在还原气氛下,由于在燃烧产物中氧分压低,晶体中的氧便可直接从表面逸出,加速了氧在晶格中的扩散而促进烧结。在氧化气氛中,由于燃烧产物中氧分压较高,在氧化物晶体表面上,氧的吸附量增多,加速了晶体中阳离子的扩散而促进烧结。因此,对于由阳离子的迁移控制传质作用的烧结,采用氧化气氛有利;对于由阴离子的迁移控制传质作用的烧结,采用还原气氛有利。

7.5.4　热压烧结

热压烧结是对较难烧结的粉体在模具内施加压力，同时升温烧结的工艺。把原料粉末装人金属或高强石墨模腔内，在加压的同时，加热到正常烧结温度或稍低[一般为 0.5～0.8 熔点(K)]，在短时间内粉末被烧结成致密、均匀、晶粒细小的陶瓷材料。热压烧结用的模具材料有石墨、氧化铜和碳化硅等。热压烧结的加热方式有电阻直接加热法、电阻间接加热法、感应加热法三种。

热压烧结的优点包括：成型压力低，仅为干压成型的 1/10 左右；烧结温度较低；烧结时间短(一般为 30～50min)，连续热压烧结的时间更短(10～15min)；制品密度高，晶粒尺寸小(连续热压烧结制品的晶粒尺寸仅为 1～1.5μm)，因此可以制得几乎接近理论密度的制品；不同粒度和不同硬度的粉体，其热压工艺无显著差别。

热压工艺的主要缺点有：采用高纯高强石墨压模材料时，模具的损耗大，寿命短；能耗大、效率低，难以形成规模化生产；不易制造形状过分复杂的制品。

7.5.5　微波烧结

微波烧结是利用微波具有的特殊波段与材料的基本细微结构耦合而产生热量，材料的介质损耗使材料整体加热至烧结温度而实现致密化的方法。微波烧结是一种材料烧结工艺的新方法，它具有升温速度快、能源利用率高、加热效率高和安全卫生无污染等特点，并能提高产品的均匀性和成品率，改善被烧结材料的微观结构和性能，已经成为材料烧结领域里新的研究热点。

7.6　电子陶瓷烧结后处理

对电子瓷表面光洁度方面的加工，有 3 种途径，即机械研磨、化学处理与施釉。电子瓷表面的机械加工，通常可以分为粗磨、细磨及抛光 3 个步骤。至于钻孔或其他形式的加工，当其线度小于 1mm 时，可以采用电子束加工。

电子束加工，就是将经过加速、聚焦后的阴极射线电子束，直接轰击到瓷体所需要加工的部位，由于电子束有高度集中的能量(最大功率可达 $1\sim100\text{MW/cm}^2$)，能有效地使瓷体熔融、挥发，特别适合于加工高硬度、高耐火度的瓷件，电子束加工的最小加工面积可达 10^{-7}cm^2。虽然电子束加工有很多的优点，但其结构复杂，特别是加工必须在 $10^{-4}\sim10^{-3}$ 大气压的真空下进行，操作控制均较困难，故随着近代激光技术的发展，电子束加工有被激光加工取代的趋势。

7.7　表面金属化

为了实现电子陶瓷与金属的焊接，需要在烧结后的陶瓷表面牢固地黏附一层金属薄膜，这种过程称为电子陶瓷的表面金属化。目前的陶瓷材料表面金属化的方法主要有被银法、电镀浸锡法等。

被银法又称烧渗银法，是指在陶瓷表面烧渗一层银，作为电容器、滤波器的电极或集成电路基片的导电网络。对于电性能要求较高的材料，如在高温、高湿和直流电场作用下使用，则不宜采用被银法。

烧渗银法使用的电子浆料根据不同用途有如下性能要求：

(1) 具有一定的导电性。新型陶瓷用的电子浆料需保证烧渗金属层有一定厚度(约10μm)，要求金属含量在65%左右。

(2) 具有适宜的烧渗温度。通常低温银电极浆料的烧渗温度约为400℃，中温烧渗温度为650℃～750℃，高温烧渗温度为900℃。对于钯浆料、铂浆料等的烧渗温度可高达1 400℃左右。

(3) 具有一定的黏度以满足均匀涂覆的要求。

(4) 配方应尽可能简单，操作方便，能长期存放，连续使用。

(5) 无毒、无恶臭，以确保操作人员身心健康。

浆料烧渗后应符合下列要求：金属层外表平整光滑，厚度均匀；金属的方阻符合使用要求，一般不大于0.05 Ω/cm^2；金属层与陶瓷表面的附着力良好；金属层应有较高的抗氧化性能，并具有良好的可焊性。

7.8 电子元器件封装

从封装材料、工艺条件、结构方式上看，电子元器件封装工艺基本上可分为3种类型：玻璃釉封接、金属化焊料封接以及活化金属封接。作为电子器件的封接，不管采用哪种类型的封接工艺，都必须满足下列性能要求：

(1) 热稳定性好，能够承受高温和热冲击的作用，具有合适的线胀系数；

(2) 可靠性高，包括足够的气密性、防潮性和抗风化作用等；

(3) 电气特性优良，包括耐高电压、抗飞弧，具有足够的绝缘、介电能力等；

(4) 化学稳定性高，能抗耐适当的酸、碱清洗，不分解、不腐蚀。

7.9 企业实例介绍

陶瓷电容器生产包括3个环节，即陶瓷电容器瓷粉生产、陶瓷电容器芯片生产、陶瓷电容器包封。三个环节分工独立，但又相互联系，相辅相成共同构成整个陶瓷电容器生产产业链。昆山长丰电子材料有限公司主营第一个环节——瓷粉生产，昆山万丰电子有限公司主营第二个环节——陶瓷芯片生产和压敏电阻芯片生产，昆山微容电子企业有限公司主营第三个环节——安规电容器和压敏电阻的包封。

7.9.1 昆山长丰电子材料有限公司

1. 企业简介

昆山长丰电子材料有限公司(以下简称长丰电子)，是一家专业制造瓷介电容器粉体的香港独资企业，公司创建于 2002 年 5 月，投产于 2002 年 8 月，总占地面积 4 500m^2，厂房建筑面积 3 000m^2。公司以生产 Y5V，Y5U 系列瓷料为主，其他瓷料为辅，是陶瓷电容器产业链的上游企业，设计生产能力为 1 000t，市场占有率近 25%。专用的生产制造设备避免了交叉污染，完善的检测手段确保了产品质量稳定可靠。

长丰电子主要生产以 $BaTiO_3$ 为主要成分的陶瓷电容器瓷粉，所用原料主要为 $BaCO_3$，TiO_2 化工原料，基本化学原理为 $BaCO_3 + TiO_2 = BaTiO_3 + CO_2$，产物 $BaTiO_3$ 在居里点左右具有很高的介电系数，如图 7.2 所示，用 $BaTiO_3$ 粉体就可以制成高介电系数的陶瓷芯片。

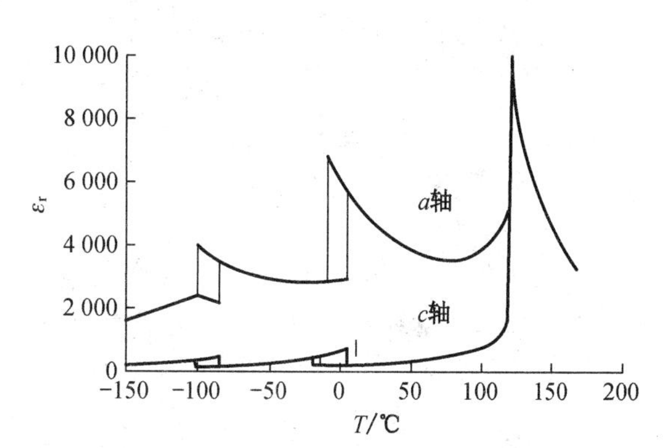

图 7.2　$BaTiO_3$ 相对介电系数与温度的关系

长丰电子生产的陶瓷电容器瓷料分为半成品和成品。$BaCO_3$ 和 TiO_2 作为主要原料，另外加入少量的金属如稀土元素称作小料，进行改性。小料的加入可以调整居里点，改变材料的介电性。将 $BaCO_3$ 改为 $CaCO_3$ 或 $SrCO_3$，可得到 $CaTiO_3$ 或 $SrTiO_3$ 的半成品。经过混料研磨等工序在 1 000℃进行烧结再经二次破碎得到半成品。

半成品进一步经研磨搅拌，加胶造粒过筛等工序得到符合粒度要求的粉料即成品。通过改变小料的成分和含量可以改变产品的性能，如耐压性等。

2. 瓷粉生产流程

陶瓷电容器瓷粉生产流程分为半成品和成品两部分。

(1) 半成品生产流程

半成品的生产流程：配料→混料(搅拌磨)→压滤→干燥→摇摆筛→压块→烧成→粉碎(颚式破碎机)→半成品。

① 配料：将 $BaCO_3$ 和 TiO_2 等原料按配方比例准确称量。

② 混料：将称好的原料倒入搅拌磨中，控制料：水：球=1：1：3，开机搅拌 4 h 左右。

③ 压滤：将搅拌磨中的浆料抽入压滤机中，进行压滤，至没有水流出后卸下物料。

④ 干燥：将从压滤机上卸下的物料放入烘箱中干燥，令水分降至 10%左右。

⑤ 摇摆筛：将干燥后结块的原料放入摇摆筛，打碎至一定粒度。

⑥ 压块：将经过摇摆筛振动后的原料压成短圆柱状，堆叠好入窑烧结。

⑦ 烧成：所用设备是隧道窑，烧结温度在 1 300℃，烧成前的压块能够使原料呈现一定的形状，从而避免了匣钵的使用，能量的利用率更高。

⑧ 粉碎：烧好的原料经过颚式破碎机破碎后即可制得半成品。

(2) 成品生产流程

成品的生产流程：配料(半成品+小料添加剂)→混料(搅拌磨，粗磨)→混料(卧式球磨机，细磨)→造粒塔(加胶，干燥，粒化)→筛分→混料→包装。

① 配料：将半成品和小料添加剂按配方比例准确称量。

② 混料(粗磨)：将称好的原料倒入搅拌磨中，控制料：水：球=1：1：3，开机搅拌 4 h 左右。

③ 混料(细磨):将搅拌磨中的浆料抽出,引入卧式球磨机中进一步细磨。

④ 造粒塔:卧式球磨机中的物料按比例加入一定的胶后,在造粒塔中进行喷雾造粒。

⑤ 筛分:将造粒粉过筛,控制粒径在 120～250 目。

⑥ 混料:在成品包装前,还需进行均化混料,以保证产品质量稳定。

⑦ 包装:将产品装袋入库。

生产中用到的水都是不导电的纯水,自来水经过活性炭、阴阳树脂过滤等系列操作得到纯水,目的是防止水中的铁等元素混入粉料中影响粉料性能。

3. 操作及设备工艺

(1) 配料

工厂使用的工具有带盖桶(盛装各原料),较大型的电子天平精确到 1g,通过 $BaCO_3$ 和 TiO_2 的摩尔质量结合原料中的实际含量换算到实际质量进行配料。

(2) 搅拌磨

搅拌磨中心为圆柱状棒与最底部距离1cm左右,棒周围分布有片,搅拌磨内一侧有隔层,隔层中可通冷凝水,图 7.3 为搅拌磨示意图。搅拌磨中水∶粉料∶ZrO_2颗粒比例为1∶1∶3。ZrO_2颗粒直径为 5mm,硬度大,磨损较小,研磨效果好,但是 ZrO_2 颗粒价格比较昂贵,在市场中的单价为 170 元/kg,长丰电子的大型搅拌磨需使用 1.3t ZrO_2颗粒,比一台搅拌磨的价格都要昂贵。

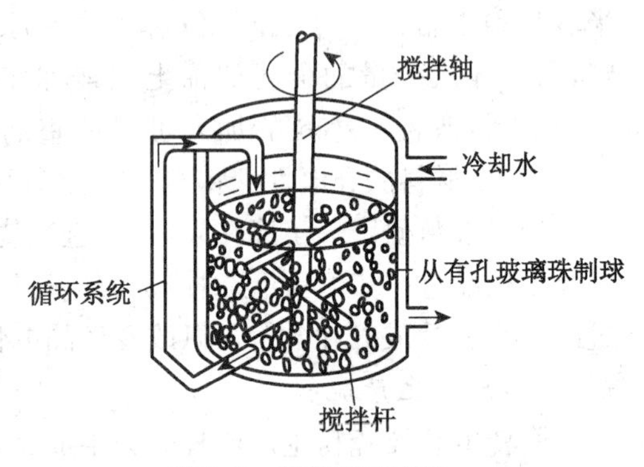

图 7.3 搅拌磨示意图

在实际操作中,先加水到指定线处,然后加入配料(每加入一桶 TiO_2,加入三桶 $BaCO_3$),将搅拌磨的盖子盖好,研磨约 2h。

(3) 压滤

搅拌磨研磨过后的浆料直接通过管道被抽入压滤机中,滤出的水被回收使用。每个滤板都可拆卸,互相之间有一个连通的孔,当所有阀门不再滴水说明滤板中这一批的浆料已达到压滤的要求成板状,此时含水量为 10%。

(4) 烘干

将压滤之后的板料拆卸下来放入烘板上,每个烘板装料后约 35kg,然后放入烘箱中烘干,2h 后取出。

(5) 摇摆筛

摇摆筛为 6 目(3mm),将烘干过后的料倒入筛中,经左右摇摆筛成粉状。

(6) 压块

压块环节,操作较简单,即将筛后的粉料压成直径 5cm 左右的块状。压块不能太松以免在取放的过程中散落,亦不能太紧使得之后的烧结不够充分。该环节是长丰电子经过长期的生产实践自己总结添加的工序,操作简便,且将工厂的生产量提高了 3 倍以上。

(7) 高温烧结

烧结过程是粉料生产的关键环节。车间生产使用的是隧道炉,全长 20.5m,高温可达

1 300℃,该炉为单向炉,一端放入,烧结 20h,固相反应完成后从另一端取出。两端均为冷端,放入一端有蒸发水的排管,炉体中部为高温区,有碳棒加热,在不同区有温度显示。块料以一定的速率向前,进入不同的温区完成固相反应、冷却等阶段。图 7.4 为隧道窑的实物图。

图 7.4　隧道窑

除隧道炉外还有立式炉和箱式炉,在配方调整时进行模拟生产。其中立式炉(窑式炉)使用碳棒加热,碳棒两端冷中间热,使得炉中有高温低温区段,通过调整料片运动的速度对物料进行加热。箱式炉与窑式炉不同,物料不动,将电流由小变大使得温度变化从而加热物料。另外,长丰电子的小实验室将最终成品粉料烧结成片,并检验在不同温度下烧结出的陶瓷片性能,向客户推荐最适宜烧结温度。

(8) 离心造粒塔

空气经过滤和加热,进入干燥器顶部空气分配器,热空气呈螺旋状均匀地进入干燥室。料液经塔体顶部的高速离心雾化器或高压雾化器,喷雾成极细微的雾状液珠,与空气流接触,在极短的时间内可干燥为成品,成品连续地由干燥塔底部和旋风分离器中输出,微尘物料由脉冲布袋收集器收集,废气由风机排空,最终达到加胶并干燥的目的,这一过程均在离心造粒塔中完成(图 7.5)。胶以雾状与粉料混合,经过离心成球状空心颗粒,空心颗粒便于后续工艺中的排胶,若为实心则胶无法排出,做出的陶瓷片会胀裂。造粒之前的产品颗粒 $D_{98}=2.0\mu m$, $D_{50}=1.0\mu m$,造粒之后 $D_{50}=0.6\mu m$。

图 7.5　造粒塔

(9) 储料库

在储料库中有很多小料,如 MnO_2, Mn_2O_3, ZnO, SiO_2, SrO, CuO, Sn_2O_3,还有甘油可以保湿。

生产出的成品主要分为三部分,一部分送往江苏附近的客户如昆山万丰电子有限公司,装货的桶可回收,价格最低;第二部分送往广东等较远地区,价格稍高;另外一部分包装最精且用桶(20元/只)装,出口到印度尼西亚等地,价格最高。

(10) 配方室

原料:纳米级 $BaCO_3$。

操作步骤:研磨其他原料+ZrO_2+水;将浆液滤出,放入烘箱;刮粉;加胶搅匀;放入烘箱(289℃)中;取出后成片状,铲碎,使用研钵刮粉(由于加胶之后韧性增加,硬度增加,研磨的难度增加);直接压片,涂银。

(11) 检测室

对原料的检测:检测原料中元素含量。如:可以用滴定法测定Ba的总含量,用盐酸滴定测定不溶于盐酸的Ba的含量。

性能测试:耐压性测试(测定击穿电压),击穿部位边缘银灰变焦黄,击穿处有洞(利用YD2665耐压测试仪);

容量测试:用小实验室中做出的陶瓷片两面镀上电极,测定容量和损耗随温度的变化。

7.9.2 昆山万丰电子有限公司

昆山万丰电子有限公司,于1990年年底正式成立,总投资1 300万元,由初期全套引进日本、美国的先进生产线及测试设备,历经20多年的持续技术创新和设备改造,掌控了先进的单层瓷介电容器和压敏电阻器生产工艺和技术。产品质量符合国家标准,并达到了美国EIA标准。目前月产量在6亿片以上,低压、中高压和安规涂银瓷片共计600余种,氧化锌压敏电阻器用涂银芯片100余种。产品行销全国,并远销美国、日韩、印尼等东南亚等地。为氧化锌压敏电阻器芯片专业大型生产厂家。

昆山万丰共有四个分厂,分工明确,各司其职。五大生产环节分别为采购瓷粉(入厂检验)→成型(低压:湿法成型;中高压:干法成型)→烧结→印刷(及表面金属化,主要为湿法印刷)→出厂(质量检验)。三大管理体系分别为ISO 9000质量管理体系、ISO 14000环境管理体系、AQ/T9006安全生产标准化管理体系。两大产品分别为陶瓷电容(用于节能灯、苹果充电器)和压敏电阻(用于电路电网的保护)。

1. 生产流程

(1) 原料入厂检验

原料的品质直接影响最终制品的质量,因此要对入厂的原料进行检验。

(2) 成型

① 干压成型

从陶瓷电容器瓷粉生产厂商购进的造粒粉经过旋转压机压制后即可得到所需的生片,干压成型的过程中需要定时检查生片,以便发现设备以及原料的问题。

点检:外观检查有无分层、杂质、鼓包、毛刺、缺角及单重不达标。

合格品指:外观圆整,无分层、缺角和杂质现象;尺寸合格,包括直径和厚度;单重在允许范围内。

干压成型的生片整齐排列在匣钵的操作称为排片,以便入窑烧结排片时互相之间需留有缝隙便于排胶。厚而直径小的片在烧结后变形小,合格率高;薄而大的变形大,合格率较低。

② 湿法成型(挤膜)

湿法成型流程：不加胶的粉料＋甘油、水、甲基纤维素→搅拌 1.5h→辊压(将大块碾碎成面团状)→陈腐(放入 4℃～8℃的冰柜中 48h，使得韧性和弹性增强)→挤膜(180℃，含水 4%)：首先进行烘干，除去气泡和水，若在挤出的膜中发现有气泡则为不合格，需重新放入搅拌机中加水等，重复辊压和之后的操作重新挤膜→冲片：通过控制直径可改变容量→分选：将外形有缺损、多余等不合格的产品筛选出来→排片：包括平排和立排，平排适用于直径较大较薄的片，立排效率更高，用的更广。排片用的匣钵为莫来石或堇青石，底板为锆板，缝隙中插条为耐火材料，生片要与隔离粉锆粉混合，防止在烧结过程中发生变形粘片等。图 7.6 所示为挤膜机。

图 7.6　挤膜机

(3) 烧结

① 电容烧结

烧结采用隧道窑，隧道窑有不同的温度区并显示有温度。排胶阶段温度基本为 220℃，300℃，400℃，520℃；高温阶段为 650℃，830℃，1 000℃，1 120℃，1 170℃，1 170℃。每台窑炉烧结的产品原料材质相同，规格可以不同。承烧板底部放置的锆板每用一次需翻面，否则会拱起。

烧结之后的瓷片首先进入分选间，经过外观筛选出裙边、倒片落在匣钵中的产品；然后进入剥离间，经超声波清洗机洗去表面的锆粉等，并将粘连在一起的产品剥离开，可以晾一段时间使得产品中不再滴水时放到窑炉顶上利用窑顶的温度烘干。

② 压敏烧结

压敏烧结多为 ZnO 电阻，不同于长丰电子的离心造粒，压敏电阻的生产适用的是喷雾造粒。排胶和高温烧结在两个窑中，排胶一般在 250℃～380℃保持 4h，最高温为 600℃，排胶时间一共 12h，必须充分将胶排出来。烧结温度 1 050℃左右，而且密封烧结，正因为需要密封烧结才需要提前排胶。

压敏电阻粉料采用干压成型，生片四周有倒角，烧结温度需精确到 1℃以下。压敏电阻的静态值参数有压敏电压 α、漏电流 I，动态值参数为冲击电流。若烧结出的电阻漏电流不合格，则会影响其他参数值，使用热处理即重烧可重新得到合格的电阻。

(4) 印刷

印刷流程：排版→丝网刷 Ag_2O(200℃烘干一面，再烘干另一面)→银还原→分选→包装。其中，银还原过程中电容为 800℃，压敏电阻为 600℃。

进入印刷间有一股刺鼻的气味，气味来源于银粉、玻璃体与其他易于附着易于烧结的有机物的混合物，对人体基本无害。

(5) 电性能测试耐压

压敏电阻测介电常数，控力仪测定连接引线时电容与银浆之间的附着力，冲击电流测试仪测定压敏电阻的三参数。

2. 工艺设备

(1) 旋转式压片机

旋转式压片机压片时，转盘的速度、物料的充填深度、压片厚度可调节。机上的机械缓冲装置可避免因过载而引起的机件损坏。机内配有吸粉箱。通过吸嘴可吸取机器转动时所产生的粉尘，避免黏结堵塞，并可回收原料重新使用。图 7.7 为旋转式压片机实物图。

图 7.7　旋转式压片机

旋转式压片机结构特征：本机的上半部为压片结构，它的组成主要为上冲、中模、下冲三个部分连成一体，周围 19 副冲模均匀排列在转盘的边缘上，上下冲杆的尾部嵌在固定的曲线导轨上，当转盘做旋转运动时，上下冲即随着曲线导轨做升降运动而达到压片的目的。

主要工作过程分为充填、压片、出片。三道程序连续进行，充填和压片有调节控制机构，附有标牌说明，操作简易。

(2) 三辊研磨机

三辊研磨机简称三辊机，可分为实验三辊研磨机和生产三辊研磨机两种。主要适用于油漆、油墨、颜料、塑料等浆料的制造。工作原理：通过水平的三根辊筒的表面相互挤压及不同速度的摩擦而达到研磨效果。三辊研磨机是高黏度物料最有效的研磨、分散设备。使用时，将瓷粉混合均匀后放入三辊机中研磨 4 遍，用保鲜膜包住，每包 10～12kg。图 7.8 为三辊研磨机的示意图。

(3) 混合搅拌机

双轴搅拌机利用两根呈对称状的螺旋轴的同步旋转，在输送干灰等粉状物料的同时加水搅拌，均匀加湿干灰粉状物料，达到使加湿物料不冒干灰又不会渗出水滴的目的(图 7.9)。

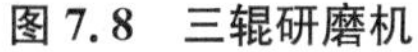

图 7.8 三辊研磨机

图 7.9 双轴搅拌机

3. 技术分析

(1) 生产陶瓷电容的重要环节为成型和烧结。成型时的直径决定了电容的容量，厚度决定了电容的耐压性。压敏电阻的生产规格较为固定，关键环节为烧结过程，需保证漏电流合格，其他参数才有可能合格。

(2) 耐压性较低的适合挤膜；耐压性能在中高档次的适合干压。

(3) 干压成型的难点在于太薄压片的干压无法完成，太厚的压片干压可能会导致厚度不均匀。

(4) 压敏电阻与电容的区别：压敏电阻(3.3g/cm^3)比电容密度(3.9g/cm^3)小、加胶少、强度等要求少。

(5) 印刷环节将银换为铜的难点在于铜与陶瓷的接触不良，镀铜时铜易氧化。

7.9.3 昆山微容电子企业有限公司

昆山微容电子企业有限公司(简称微容电子)，成立于2002年，系台湾永嘉电子公司(成立于1973年)技术转移，生产电子类超高压陶瓷电容器，总投资额800万美元。公司主要从事安规电容(Y1, Y2)、压敏电阻(7D-20D)的制造以及销售。2007年，Apple领先全球倡导并推行产品无卤化的环保理念，微容电子紧跟Apple的脚步，迅速做出调整，研发出无卤环保型产品。2008年已完全实现量产化，且得到众多国际大厂的支持和认可，2009年实现全厂无卤化。公司拥有Apple, HP, NEC, Delta, Flextronics, Foxlink, Emerson, Liteon等世界一级大厂客户的支持。

1. 生产流程

微容电子主打两大产品：安规陶瓷电容和压敏电阻。陶瓷电容和压敏电阻虽然是不同的产品，有不同的功能，但工艺流程大同小异，基本按照如下过程进行：打线→包封、涂装→激光打印→耐压性容量性能测试→检查→包装→自动线→入库→品保出货。

(1) 打线

打线是整个生产中最重要的一环，因为这道工序将固化产品性能，具体过程为：将镀锡钢线切割成U形→用高温胶带将其粘在牛皮纸带上→将U形钢线两端压扁→在压扁的钢线两端浇锡液→再将浇了锡液的钢线压扁→将U形两端压成一个弧形,使之不在一个平面上→使U形钢线闭合→在两端浇助焊剂→将陶瓷芯片插入U形钢线两端→预热→焊接:U形钢线两端的锡液融化将钢线和陶瓷芯片银面黏合在一起,完成焊接→冷却→检验:主要检查成型以及焊接的好坏。

(2) 涂装

将环氧树脂材料包封在电容器上的过程称为涂装,具体过程:230℃左右预热焊接好的电容器→让电容器从环氧树脂粉中穿过并使电容器吸附环氧树脂粉→加热吸附了环氧树脂粉的电容至380℃左右,使环氧树脂粉融化→以上三个步骤重复三次→200℃左右加热使表面光滑→收装成盘→150℃烘箱中烘干30min,使环氧树脂充分固化。

(3) 激光打印

将电容器规格等参数激光打印至电容器环氧树脂上。

(4) 电性能测试

测试电容器性能,如电容量测试,耐压测试AV 4kV,耐压测试AV 3.8kV,耐压测试DV 6kV,绝缘电阻测试等。

(5) 检查、包装、入库、出货

检查外观、卤素及重金属含量等,包装入库。

2. 工艺设备

WF-168自动引线成型-插片-焊接三联机如图7.10所示。

图7.10 成型-插片-焊接三联机

思考题

电子陶瓷材料与器件的主要生产工艺流程有哪些?并简述其原理。

第8章 半导体材料与器件企业生产实习

8.1 实习目的与要求

(1) 使学生在课程理论知识学习的基础上,进一步了解半导体材料与器件生产工艺的基本原理,认识生产半导体材料与器件常用的机械设备及设备的组成和功能,熟知半导体材料成型工艺及其制品的应用领域。

(2) 熟悉半导体材料成型设备或生产线车间的布局、特点、设备操作规范与要求,了解生产设备的维护技术,认识实习单位具体制品生产过程中的工艺技术特点和详细操作,并思考每一步工艺的优缺点及其改进的可能性。

8.2 概述

半导体硅单晶和锗单晶是第一代半导体材料,硅是现代最主要的半导体材料,锗是现代最重要的半导体材料之一。目前,硅单晶片的质量几乎达到了无缺陷的水平。以单晶硅为基底的集成电路技术,最小线宽已经达到深亚微米尺度,集成度达到每平方厘米几十兆个晶体管的水平。

集成电路(integrated circuit, IC)集成了许多晶体管和电阻、电容等元件,具有复杂的电子功能。刻有集成电路的芯片被广泛应用于各行各业,它的发展使现代高科技产业成为可能。芯片的前身是硅片(wafer),芯片的制造包括硅片制备(wafer preparation)、硅片制造(wafer fabrication)、硅片测试与拣选(wafer test and sort)、装配与封装(assembly and packaging)、终测(final test)五个环节。许多情况下,生产电子设备的厂家并不直接生产集成电路,而是交由半导体代工厂生产,后者仅为其他公司生产芯片而自己不生产电子设备。由于建设和维护一家硅片制造厂的成本极高,因此代工厂现在越来越常见。代工厂主要负责第二个环节——硅片制造。这个环节的目的是使裸露的硅片经过加工具有永久蚀刻在硅片上的一整套集成电路。

硅片是很薄的圆盘,厚度仅有 0.75mm 左右。现在半导体制造业生产的主要是 12in 硅片(盘面直径为 304.8mm)以及 8in 硅片(盘面直径为 203.2mm)。半导体生产的原材料通常是高纯硅的单晶切片,这种高纯硅被称作“半导体级硅”(semiconductor-grade silicon,SGS)。每一片硅片上都周期性重复排列着若干矩形小单位,它们就是晶粒(die),同一片硅片上的各晶粒的构造、功能完全相同,它们经过切割和封装后就成为独立的芯片。硅片与其上的晶粒如图 8.1 所示。

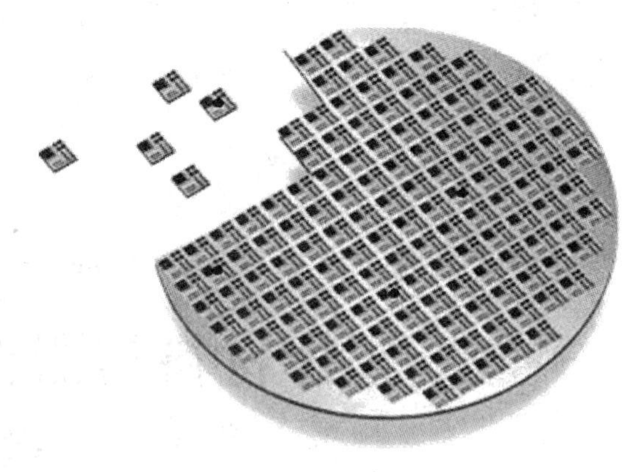

图 8.1　硅片示意图

8.3　洁净室

半导体芯片制造,尤其是随着高度集成复杂电路和微波器件的发展,要求获得细线条、高精度、大面积的图形,各种形式的污染都将严重影响半导体芯片成品率和可靠性。生产中的污染,除了由化学试剂不纯、气体纯化不良、去离子质量不佳引入之外,环境中的尘埃、杂质及有害气体,工作人员、设备、工具、日用杂品等引入的尘埃、毛发、皮屑、油脂、手汗、烟雾等都是重要污染来源。例如,PN 结表面污染上尘埃、皮屑、油脂等将引起反向漏电或表面沟道;手汗引起的钠离子沾污会使 MOS 器件阈值电压漂移,甚至导致晶体管电流放大系数不稳定;空气中尘埃的沾污将引起器件性能下降,以致失效;光刻涂胶后尘埃的沾污将使二氧化硅层形成针孔或小岛;大颗粒尘埃附着在光刻胶表面,会使掩膜版与芯片间距不一致,使光刻图形模糊;高温扩散过程中,附着在硅片上的尘埃将引起局部掺杂和快速扩散,使结特性变坏。所以洁净技术是半导体芯片制造过程中一项重要的技术。

现在的集成电路集成度都非常高,例如华虹宏力主要生产的 8in 硅片上容纳了数百个集成了数亿元件的芯片,因此硅片生产的过程中对于颗粒数量的要求非常严格,哪怕是肉眼不可见的极细小颗粒也可能导致制造产品出现缺陷或元件发生短路。正因如此,半导体的制造是在洁净室(cleanroom,CR)中进行的,洁净室中颗粒的大小及数量、温度、湿度、空调分布及噪音振动等都被控制在一定范围内,因此,可以通过设立洁净室将一定空间范围内的空气中的有害物和污染物排除。任何人在进入洁净室之前都要先在更衣室(gowning room)中穿上洁净服(cleanroom garment),并在空气洗净室(air shower)中利用强风将身上所附着的颗粒吹除。

但是即便是这样,由于人员的进出和活动,洁净室中的颗粒数仍然离硅片生产时所要求的标准相差较远。美国曾对环境中的颗粒数进行了分级,例如 10 级指的是环境中每立方英尺($1ft^3=0.028m^3$)空间内直径大于等于 0.5μm 的微尘不超过 10 个。硅片生产所要求的环境是 1 级环境,而洁净室环境是 100 级环境。因此在生产中,所有的硅片都要用承片架(cassette)装载,并且承片架要被放在硅片盒(pod)中。硅片盒在关上后是完全密闭的,其内部环境是1级环境。华虹宏力所用的承片架上有25个沟槽,可以装25片硅片,因此生产中将这样的25片硅片称为“1批货”。在每一个硅片盒上还附有智能标签(smart tag),它包括1块电子显示屏,不仅可以向操作者提供每批货的实时信息,也可以向电脑提供这批货传送至下一道工序所需的信息。智能标签取代纸本记录可以大幅减少错误,提高效率。硅片盒分两种,一种适用于前端工序(front end operation line, FEOL),另一种适用于后端工序(back end operation line, BEOL),2种硅片盒用不同颜色区分,机台也是如此。这样可以防止前端工序中的硅片受到Co的污染,因为后端工序中的硅片表面淀积有金属Co,而Co在器件中有极强的扩散作用。

既然要求晶片与洁净室环境隔离,那么如何将硅片放入机台加工呢?这时就需要用到标准机械接口(standard mechanical interface, SMIF)。标准机械接口是将硅片从硅片盒中取出并传送到机台加工所需的传送接口,它先将整个硅片盒通过机械系统送入与洁净室环境隔离的机台内部,再打开硅片盒,通过机械手取出硅片放到机台内指定位置进行加工。对于少部分无法安装标准机械接口的机台,则通过营造微环境解决这个问题。这样的机台一般会被放在一个带有橡胶门帘的小房间中,且小房间中只允许两个人同时在内,这样的小房间可以被视作微环境,其内部颗粒数也能达到1级。

8.4　晶圆制造

8.4.1　硅的晶体结构与缺陷

硅位于元素周期表中的第Ⅳ族,具有金刚石结构,呈银灰色金属光泽,性脆易碎,比重较小,硬度较大。其熔点为1 417℃、沸点为2 600℃,在液态时,表面张力比锗大,从液态凝成固态时,膨胀系数比锗大2倍,因此,硅在石英容器内凝固时常使容器胀裂。

在常温下,硅的化学性质很不活泼,但是在高温下,硅的化学性质将变得很活泼。在红热的温度下,硅可以和氧发生作用,在600℃时可以与硫反应。硅不易提纯,因为它在熔点附近有高度的活泼性,所以杂质难以除去。杂质的存在,使电阻率大为降低。其常温下本征电阻率约为230 000 Ω·cm,而杂质含量为1×10^{-9}的硅,电阻率约为300 Ω·cm。目前电子器件要求材料的电阻率大多在0.001～10 000 Ω·cm的范围。

8.4.2　单晶硅生长

国内外广泛采用四氯化硅($SiCl_4$)和三氯氢硅($SiHCl_3$)的氢还原法生产多晶硅。区域提纯法提高多晶硅的纯度,然后直拉法生长硅单晶。这种方法把籽晶接触于硅熔液中,在向上提拉的过程中生长单晶。

8.4.3　硅片制备

半导体器件的管芯大部分做在硅单晶片(以下简称硅片)上。为了提高管芯的一致性及生产效率,可采用大直径硅片。要提高元器件的合格率必须采用无缺陷的完美硅片,且硅片的晶向、导电类型、电阻率、片厚、平行度、表面粗糙度等都必须符合元器件设计的要求。为此要对硅单晶进行加工，一般需经定向、切片、磨片、倒角、腐蚀、抛光、清洗等，才能成为相应元器件工艺所要求的衬底硅片。

1. 切片

对于不同的半导体器件，所要求的晶向不同，因此在切片前必须对单晶锭进行定向。目前常用激光光图定向法和X射线衍射定向法。

划片是将单晶锭按一定的晶向切成单晶片。对晶片的要求是厚度符合要求，平行度和翘度要小，无缺损，无裂缝和刀痕浅等。

将经过外径滚磨（保证所需直径）、定向（保证晶向）和研磨基准面（划片基准）的单晶锭黏在切片架上，用外圆切割机或带式切割机试切定向。当晶向达到公差要求时，切片机即可转入正常运行，并且每切5片，测量一次厚度和翘度，并验查硅片表面质量。若不符合要求，随时修整刀片与调整切割速度。

切片速度与单晶粗细有关。对于直径为ϕ62～75mm的单晶，切片速度宜控制在40～60mm/min；对于直径为ϕ100mm的单晶，切片速度应为30～45mm/min。大直径单晶最好用带式切割机切片，以减少切割损耗。

切好的硅片经超声清洗和离心干燥以后，检测厚度公差、翘度、平行度、电阻率和导电类型。

2. 磨片和倒角

(1) 磨片

磨片是在一定的压力下，使硅片表面不断与研磨剂进行重复的机械摩擦，磨去硅片表面的弯曲部分和切片损伤层。

磨片机通常为行星式结构，其中存在四种运动，即上磨盘自转、上磨盘公转、下磨盘自转和硅片自转，用这种机器可以对硅片正反两面同时实现均匀研磨。上磨盘压力应逐步增大，最终使硅片承受的压力达到10kPa。磨料的硬度要比硅高，主要材料有Al_2O_3，SiC，SiO_2，B_4C，ZrO_2等，其中以Al_2O_3和B_4C应用较普遍。

经过研磨的硅片从表面向内可粗略地划分为多晶层、镶嵌层、高缺陷层和完整晶体层等层次。其中多晶层和镶嵌层通常合称为加工损伤层，其深度约与磨料颗粒的平均粒径相当。

磨片工艺较常出现的质量问题有如下3个方面。

① 硅片表面出现浅而粗短的划伤，这种划伤主要是磨料颗粒不均引起的。为了防止出现这种划伤，要求磨料粒径均匀，并注意器具与设备的清洁。

② 硅片表面出现深而细长的划痕。这种划痕可能是磨料中混入了尖硬的其他颗粒或磨盘表面存在毛刺。

③ 硅片表面有裂纹。出现这种缺陷时应检查磨盘压力是否过大。

(2) 倒角

倒角就是用具有特定刃部轮廓的砂轮磨去硅圆片周围锋利的棱角。边缘棱角会给以后表面加工和集成电路工艺带来以下危害：

① 硅片在加工和夹持过程中容易产生碎屑，这些碎屑可能会擦伤硅片表面，损坏光刻掩模，或滞留在光刻胶中，使图形产生针孔等缺陷。

② 在硅片热加工（如高温氧化、扩散等）过程中，棱角上的损伤可能在硅片中产生位错，

这些位错通过滑移线增殖会向晶体内部延伸。

③ 棱角存在还会影响匀胶质量，使光刻胶在硅片边缘堆积起来。

倒角工艺可在磨片之前进行，也可以安排在磨片以后、化学腐蚀之前进行。

3. 腐蚀和抛光

(1) 腐蚀

腐蚀的目的是去除硅片表面在机械加工过程中产生的加工损伤层和沾污层。腐蚀还能暴露磨片过程中产生的不易观察的划痕等缺陷。

(2) 抛光

抛光是硅片表面的最后一道重要加工，也是最精细的表面加工。抛光后的硅片应当是洁净的，表面平整光亮呈镜面，无麻坑、橘皮状、波纹、划痕、雾状等缺陷。

目前抛光常用化学-机械抛光法。抛光液是由抛光粉和氢氧化钠溶液配成的胶体溶液。抛光粉通常为 SiO_2 或 ZrO_2，不宜用硬度太高的材料。对于 5μm 集成电路工艺，粒径为 ϕ0.05～0.24μm；对于 2μm 工艺，粒径应控制在 ϕ0.01μm 左右。抛光液 pH 值为 10～11。

8.5　芯片制造——前半制程

8.5.1　清洗

合理的清洗是保证硅片表面质量的重要条件。由于硅片上关键尺寸持续缩小，硅片表面在经受工艺之前必须是洁净的。硅片表面清洗的主要方法是湿化学法，单个硅片表面要湿法清洗上百次，例如切片或倒角后的清洗，磨片后的清洗，抛光后的清洗以及热氧化生长之前进行的清洗。一般而言，硅晶片上可能的污染大约可分为微粒子、金属、有机物、表面微粗糙度及自然生成氧化层等五大类。

工业标准湿法清洗由美国无线电公司(Radio Corporation of America，RCA)的克恩和波蒂宁两人于 20 世纪 60 年代最先提出，因此又被称为"美国无线电公司清洗"(Radio Corporation of America clean, RCA clean)。其核心就在于清洗过程中用到了两种特殊的清洗液。

1 号标准清洗液(Standard Clean 1, SC-1)：由 29% NH_4OH，30% H_2O_2 和 H_2O 以 1∶1∶5～1∶2∶7 的体积比混合而成。它是碱性溶液，能去除颗粒和有机物沾污，使用温度为 75℃～85℃，使用时间为 10～20min。1 号标准清洗液的作用过程分 2 步：首先，强氧化剂 H_2O_2 氧化硅片和颗粒，在硅片和颗粒的表面形成氧化层，削弱颗粒在硅片表面的附着力；其次，NH_4OH 的 OH^- 轻微侵蚀硅片表面，并从颗粒下部切入，同时 OH^- 也在硅片和颗粒的表面积累负电荷，表面和颗粒上的负电荷使得颗粒与硅片表面相互排斥，从而离开表面进入溶液，表面负电荷的存在还阻止了颗粒重新淀积。但在氧化的同时，由于 OH^- 的轻微侵蚀作用，硅片表面会变得不平整，这会导致之后热氧化层生长困难，因此在清洗后有时还要对表面进行平坦化处理。

2 号标准清洗液(Standard Clean 2, SC-2)：由 37% HCl，30% H_2O_2 和 H_2O 以

1∶1∶6～1∶2∶8 的体积比混合而成，使用温度为 75℃～85℃，使用时间为 10～20min。它是酸性溶液，能去除金属沾污。2 号标准清洗液的作用过程如下：强氧化剂 H_2O_2 俘获金属中的电子并将其氧化，随后 HCl 和金属氧化物反应将其变为离子溶解于酸液中。

现在对工业标准湿法清洗的改进首先在于清洗液的混合比和使用条件，其次在于加入了用 H_2SO_4 与 H_2O_2 混合液和稀 HF 清洗硅片的步骤。1 号标准清洗液的混合比被改作 1∶1∶5～1∶2∶50，2 号标准清洗液的混合比被改作 1∶1∶5～1∶1∶50，二者的使用温度都降为 25℃～40℃。H_2SO_4 与 H_2O_2 混合液由 96% H_2SO_4 和 30% H_2O_2 以 1∶4 的体积比混合而成，能去除光刻胶，使用温度为 130℃，使用时间为 10min；稀 HF 由 49% HF 和 H_2O 以 1∶50 的体积比混合而成，能去除自然氧化层，使用温度为室温，使用时间为 15s。

8.5.2 干燥

在集成电路中，水分子也能成为重要污染源，清洗后的干燥过程自然也不能缺少。干燥方法主要有如下 3 种：

(1) 旋转干燥(spin dry)：表面被喷吹加热的硅片高速旋转，水被甩出并随气流除去。此方法很难除去孔穴中的水，且高速旋转易导致电荷积累从而由于静电吸引而引入杂质。

(2) $(CH_3)_2CHOH$ 蒸汽干燥($(CH_3)_2CHOH$ vapor dry)：$(CH_3)_2CHOH$ 可与水混溶，因此，在一个槽中加热 $(CH_3)_2CHOH$，而硅片被悬挂于液面之上，蒸发的 $(CH_3)_2CHOH$ 会带走硅片表面的水。此方法干燥效果较好，但生产能力较低，且引入的 $(CH_3)_2CHOH$ 属易燃危险品。

(3) 马伦哥尼干燥(Marangoni dry)：硅片在最后一次用去离子水清洗后，在水上方通 N_2 和 $(CH_3)_2CHOH$ 混合气体，由于存在表面张力梯度，在马伦哥尼效应(Marangoni effect)的作用下，从水中提出硅片时，水会自发从硅片上流下。此方法由于克服了分子间力的作用，干燥效果最好，但生产能力较低，成本较高，且引入的 $(CH_3)_2CHOH$ 属易燃危险品。其原理如图 8.2 所示。

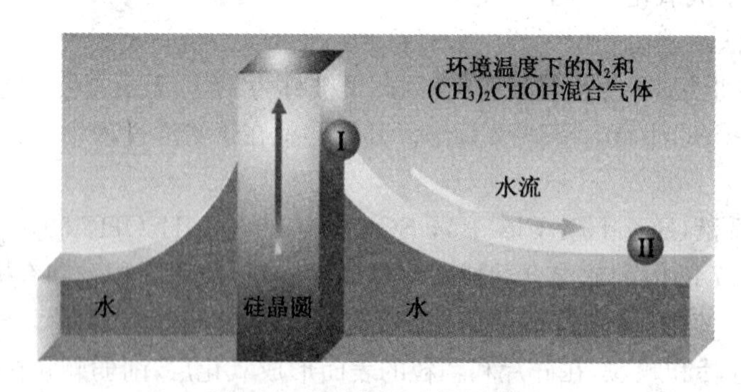

图 8.2 马伦哥尼干燥原理图

以上三种干燥方法中，最常用的是马伦哥尼干燥。

8.5.3 氧化扩散

氧化工艺是一种在硅片表面上生长 SiO_2 薄膜的技术。它是半导体器件制造中的基本工艺。随着生产的发展，氧化技术也不断发展，至今已出现了多种制备SiO_2膜的方法，如加热氧化法、掺氯氧化法、氢氧合成法及高压氧化法等。

SiO_2膜在半导体器件生产中有着十分重要的作用，SiO_2能阻挡B，P等杂质向硅中扩散，利用这一性质和光刻技术可创造硅器件平面工艺。SiO_2可成为器件表面的保护层和钝化膜，用于电极引线与硅器件之间的绝缘，还可用作MOS器件栅极的介质层，在集成电路介质隔离中起电绝缘作用，以及用作电容器的绝缘介质等。

扩散是一种最常用的掺杂方法，可以进行深结高浓度掺杂。离子注入则主要用于浅结高精度掺杂。扩散工艺常见质量问题有硅片表面不良、漏电流大、薄层电阻偏差及器件特性异常等。

8.5.4 外延层淀积/成膜

外延技术就是使单晶衬底上生长一层晶向与衬底材料相同的单晶层的技术。外延层材料与衬底材料相同时称为"同质外延"，不同时称为"异质外延"。

在外延生长过程中，可以通过调整反应气流中的杂质类型、杂质含量来控制外延层的导电类型和杂质浓度。利用外延技术可以使外延层和衬底之间形成杂质浓度分布接近于理想的突变结，还可以使重掺杂衬底上生长轻掺杂或不掺杂的外延层。

1. 外延设备及工艺流程

在工业生产中，硅的外延通常采用气相外延法，GaAs材料有时采用液相外延。当制作特种器件或用于科学研究工作中的超薄外延层时，为精确地控制膜厚、组分和掺杂浓度，往往采用分子束外延。

(1) 气相外延设备

为获得良好的外延层，外延制备系统应满足下列要求：气密性好；温度均匀且精确可控，能保证衬底均匀地升温与降温；气流分布均匀；反应剂与掺杂剂的浓度及流量精确可控；外延前能对衬底作气相抛光。外延设备包括气体分配、反应、加热和废气处理四部分。

(2) 外延工艺流程

外延的工艺流程：基座处理→衬底清洗处理及装片→通气→升温→腐蚀衬底表面→外延生长→冷却取片。

外延层的检测项目包括缺陷密度、电阻率、厚度、少子寿命、迁移率及纵向杂质分布。衬底状况不佳、工艺控制不当及工艺卫生不良等是造成外延层缺陷的主要原因。当衬底表面存在沾污或有伤痕就会产生层错与位错。外延生长温度太低就容易产生角锥体、麻坑及图畸变。当衬底上落上尘粒，就会产生小丘。衬底表面残留有机溶剂，退热分解出碳，形成碳化硅星状体。当气体不纯时会产生雾状缺陷。

2. 外延层制作工艺

半导体器件的制作需要在衬底上制备各种薄膜，以用作固态掺杂源、掺杂掩蔽膜、腐蚀掩蔽膜、介质膜、钝化膜、MOS管栅极材料、电极及互连线等。

薄膜的制备方法主要有两类，化学淀积与物理淀积。物理淀积有真空蒸发、阴极溅射、分子束外延等。利用化学反应过程的生长方法称化学淀积法，它分化学液相淀积与化学气相淀积两类。电镀等属化学液相淀积，硅外延是一种化学气相淀积技术。

(1) 化学淀积

化学气相淀积是用各种不同的能源(电阻或高频加热、辉光放电等离子体以及光量子能等),将气态物质激活后,在衬底表面发生化学反应。淀积出所需固态薄膜的生长技术。其英文为 chemical vapour deposition,简称 CVD。CVD 技术具有淀积温度低、薄膜成分与厚度易控制、膜厚与淀积时间成正比,均匀性与重复性较好、台阶覆盖优良、操作简便、适用范围广等特点。

低压化学气相淀积(LPCVD)是将压强由 1×10^5 Pa 下降到约 1×10^2 Pa,在这样的压力下,分子的平均自由程、扩散系数、气体质量传输系数增加了约 1 000 倍,但化学反应速率基本不变。LPCVD 主要用于生长多晶硅与氮化硅。

等离子增强化学气相淀积(PECVD)是在低压气体上施加一个高频电场,使气体电离,产生光子、电子、离子、受激分子和原子构成等离子体。电子和离子由于带电而在等离子体中不断旋转和运行,在电场中获得能量而被加速。这些高能粒子与反应气体分子、原子碰撞,使反应气体电离或激活成为化学性质十分活泼的活性基团。等离子体分子、原子、离子或活性基团与周围环境温度相同,而其非平衡电子由于质量很小,且具有较高的能量,其平均温度可以比其他粒子大 1~2 个数量级。因此,通常要在高温条件下才能实现的反应,就能在低温(甚至室温)下实现。例如,LPCVD 淀积 Si_3N_4 通常要在 750℃~900℃下才能生长,而使用 PECVD 技术在 200℃~350℃就能生长出质量较好的薄膜。在 PECVD 的表面反应中,高能粒子流碰击到吸附在晶片表面上的反应气体,使反应气体获得能量,导致结合键破裂而成为活性物质(激活),这些活性物质反应形成薄膜于晶片表面。PECVD 具有衬底温度低和淀积速率高的优点,因此有可能在热稳定性差而不能进行高温淀积的衬底上淀积薄膜。PECVD 主要用于生长钝化与多层布线介质用的 Si_3N_4 与 SiO_2 等。

(2) 物理淀积

物理气相淀积(Physical vapour deposition,PVD)是以物理方法进行薄膜沉积的一种技术,主要分为蒸镀法和溅射法。在半导体制备中较为常用的是溅射法。溅射是一个物理过程,在溅射过程中,高能粒子撞击具有高纯度的靶材料固体平板,按物理过程撞击出原子。这些被撞击出的原子穿过真空,最后沉积在硅片上。溅射法溅射面积大、膜厚均匀、容易控制,但无法提供一个阶梯覆盖良好的沉积膜,大多数金属沉积于晶片表面,造成填塞不良。PVD 法用于半导体生产中的金属化过程,即沉积导电金属薄膜。溅射法常用于制作 Al_2O_3,SiO_2等钝化膜,并可在低温下把高熔点金属如铂、钼、钛制成薄膜。

磁控溅射技术在整个溅射过程中杜绝了钠离子的沾污。不仅可溅射各种合金和难熔金属,而且在溅射金属时可避免淀积层合金组分的偏离。磁控溅射中衬底可不加热,而且由于磁控溅射设备中设置了二次电子陷阱,可以有效地避免二次电子对硅片造成的损伤,这对浅结器件有着特别重要的意义。又由于磁控溅射设备配置两组独立的溅射电源,它可以同时或先后溅射不同的金属以形成合金膜或多层复合膜。由于电磁场的作用,提高了气体分子的离化率,因而磁控溅射可以在较低的气压下工作,这有利于提高膜的纯度。磁控溅射膜具有较好的均匀性和重复性以及良好的台阶覆盖,因此在半导体分立器件和集成电路,特别是在超大规模集成电路(VLSI)工艺中得到广泛的应用。

分子束外延是在高真空条件下,一种或多种加热原子或分子束与晶体表面进行反应生长外延层的方法。分子束外延最突出的优点是能精确地控制外延层的化学配比和掺杂分布。

8.5.5　光刻与刻蚀

图形工艺是一种图形转移技术与图形刻蚀技术相结合的综合性工艺。它先用照相复印的方法，将掩模的图形精确地复印到涂在待刻蚀材料（SiO_2，Al 或多晶硅等薄层）表面的光致抗蚀剂（亦称光刻胶）上，然后在抗蚀剂的保护下对待刻材料进行选择性刻蚀，从而在待刻蚀材料上得到所需要的图形，以实现选择性扩散和金属薄膜布线的目的。在半导体器件制造过程中需要经过多次图形转移和刻蚀，图形工艺质量是影响器件性能、成品率以及可靠性的关键因素之一。

1. 光刻

用紫外光曝光完成对硅芯片的图形转移和刻蚀，俗称光刻。光刻曝光的方式有光学曝光、X 射线曝光及电子束曝光等。在硅片上制作器件或电路时，为进行定域掺杂与互联等，需进行多次光刻。各次光刻的工艺条件略有差异，但一般要经过涂胶、前烘、曝光、显影、后烘、刻蚀和去胶 7 个步骤。光刻的每个步骤对质量都有直接影响。为了确保光刻图形准确、清晰、无钻蚀、无毛刺、无针孔和小岛等，应了解影响光刻质量的工艺因素，并严格按照最佳工艺条件操作。

在光刻过程中引入缺陷的因素主要有空气中灰尘和胶中不溶颗粒引起的点缺陷，光刻胶中的针孔缺陷、光刻工艺机械碰伤以及掩模版缺陷等。

在硅片制造厂中，光刻区通常使用黄色荧光管照明。这是因为光刻胶是一种光敏的化学物质，它只对特定波长的光线敏感，如深紫外线和白光，而对黄光不敏感。

2. 刻蚀

图形刻蚀是去除显影后裸露出来的介质层（SiO_2、铝层、钝化膜等）。图形刻蚀的方法有湿法刻蚀和干法刻蚀两大类。

（1）湿法刻蚀

湿法刻蚀是用腐蚀液去除要刻蚀的介质。湿法刻蚀工艺需使用大量有毒与腐蚀性强的化学物品（HF，NHO_3，H_3PO_4等），不利于安全操作和环境保护。由于侧向腐蚀和胶的黏附性不良而产生的钻蚀现象，使分辨率和线宽公差受到限制，腐蚀后需要立即进行高纯水漂洗和去胶。腐蚀 Si_3N_4 和多晶硅时，由于作为掩模的光刻胶对高温 H_3PO_4或 HNO_3-HF 的抗蚀性差，容易产生钻蚀和针孔，必须生长一层 SiO_2作为中间掩模。为克服上述缺点，发展了干法腐蚀工艺。湿法刻蚀在现今的集成电路（IC）制造中基本被干法刻蚀所替代，但仍然用于 SiO_2 去除、湿法清洗和剥离技术。

（2）干法刻蚀

干法刻蚀具有分辨率高、各向异性腐蚀能力强、不同材料之间的腐蚀选择比大、腐蚀均匀性和重复性好以及易于实现连续自动操作等优点。目前，干法刻蚀已成为制造大规模集成电路（LSI）与超大规模集成电路（VLSI）最常用的刻蚀技术。干法刻蚀包括等离子体刻蚀和反应离子刻蚀。

8.5.6　掺杂与离子注入

纯硅的导电性能很差，只有当硅中加入少量杂质，使其结构和电导率发生改变时，硅才成为一种有用的半导体,这个过程被称为掺杂。在半导体制造刚刚开始的阶段,热扩散是晶片掺杂的主要手段。然而,随着特征尺寸的不断减小和相应的器件缩小,现代晶片制造中几乎所有掺杂工艺都是由离子注入实现的。

掺杂是将所需杂质以某种方法掺入半导体基片内,达到所要求的杂质浓度和分布,从而改变基片电学性能,形成设计要求的各种结构或器件。如制作 PN 结、电阻器、欧姆接触区、过桥电阻或用作表面层浓度调整。

离子注入就是先使待掺杂的原子(或分子)电离,再加速到一定能量,使之"注入"到晶体中,然后经过退火使杂质激活,达到掺杂的目的。

离子注入法是将待掺杂的杂质源(常用硼、磷的气态化合物)原子经过离子化变成离子,然后用强电场使离子加速,这些具有一定能量的离子直接轰击硅片表面,并随即穿过硅片表面进入体内,注入过程中不断与硅原子相撞,并在硅中获得电子,能量逐步减少,最后停留在晶体中形成一定的杂质分布。因此离子注入和扩散一样,也能起到掺杂的目的,只是两者的物理过程不一样,扩散是一种与温度有关的物理现象,而离子注入主要依赖于被加速的离子的动能。

离子注入工艺显示出多方面的优越性:

(1) 可以分别控制注入离子的能量、数量,精确地控制掺杂的深度和浓度,保证了掺杂的精确度和重复性。

(2) 基本上不存在横向扩散问题,从而使器件达到更高的集成度。

(3) 可以实现大面积均匀掺杂。

(4) 可以有效地注入多种元素的离子,并能在高温、室温和低温条件下进行。特别是对化合物半导体的掺杂,则更显示出其独特的优点。

(5) 可以做到高纯度的掺杂,避免有害杂质进入半导体基片内,因而可以提高半导体器件的性能。

离子注入会将原子撞击出晶格结构而损伤硅片晶格。这时,使用快速热退火(RTA)的方法可以修复晶格缺陷激活杂质。离子注入时还应考虑沟道效应的影响,可以采用倾斜硅片、遮蔽氧化层或使用质量较大的原子的方法。

8.5.7 化学机械抛光

化学机械抛光(Chemical Mechanic Polishing, CMP)原本是指化学机械平坦化(Chemical Mechanic Planarization),但是,CMP 技术发展到现在,"平坦化"已经不足以概括 CMP 的应用,所以 CMP 也可以定义为化学机械研磨(Chemical Mechanic Polishing)。

CMP 可以分为两个大类:第一类是平坦化工艺。在 19 世纪 80 年代末,CMP 制程的研发是为了满足 Photo 制程的要求,其目的是去除晶圆表面起伏,也就是实现表面平坦化,典型的制程是目前芯片生产厂(Fab)内常用的层间介质平坦化(ILD CMP)和金属间介质平坦化(IMD CMP)。第二类是大马士革工艺。大马士革 CMP 工艺开发于 19 世纪 90 年代后期,首先是应用在 STI 的制作,通过去除不需要的材料而形成各种结构,如形成沟槽和通孔的填充。采用大马士革工艺的 CMP 制程有浅槽隔离抛光(STI CMP)、多晶硅抛光(Poly

CMP)、钨抛光(W CMP)、铜抛光(Cu CMP)以及金属栅(Metal gate)等。大马士革工艺的应用比平坦化工艺更为广泛。

8.6 封装测试——后半制程

8.6.1 贴膜、打磨、去膜、切割

贴膜的目的是提高划片质量,便于自动装片。贴膜就是将圆片背面贴在加热到170℃左右的塑料薄膜上(也有不需加温的贴膜),同时用滚轮赶走薄膜与圆片之间的空气,保证圆片与薄膜之间无空隙、气泡。划片是用砂轮刀片高速切割,同时用高压去离子水冲洗,冷却并去除硅屑。金刚砂轮片的转速根据砂轮片厚度、直径调整。冷却水压力约390 kPa,流量为4L/min。划片时必须控制切割深度,保证管芯不伤、不掉。切割完毕立刻清洗,再用100℃烘箱烘干。

8.6.2 芯片测试与拣选

测试是通过测量或比较来确定或评估产品性能的过程,是检验设计、监督生产、保证质量、分析失效和指导应用的重要手段,因此,在半导体器件的研制、生产和使用中,测试是非常重要的一道工序。

芯片测试是在划片以前从圆片上挑选出合格芯片,统计出芯片合格率、不合格芯片的位置和各类失效发生率等。

8.6.3 键合

用细金属丝(Al, Au等)将芯片上的电极引线和底座外引线相连的过程称为键合。目前生产中使用较多的有热压键合和超声键合两种。

热压键合是利用加热和加压,使金属引线和管芯的铝层键合在一起,并将管芯的电极引线和管座相应的电极外引线连接起来,其原理是金属丝和管芯上的铝层同时受热受压,接触面便产生塑性形变并破坏了界面的氧化膜,使两者的接触面接近到原子引力的范围,金属丝表面原子和铝层表面原子之间便产生吸引力而达到键合。其次,金属引线和金属铝表面不平整,加压后高低不平处相互填充而产生弹性嵌合作用,使两者紧密结合在一起。因此,加压后接触面积越大,键合牢固度也越好。

超声键合是利用超声波的能量,将铝丝与铝电极在不加热的情况下直接键合的一种方法。其原理为当劈刀加上超声功率时,劈刀产生机械运动,在负荷的同时作用下破坏了铝表面的氧化物,使金属丝和铝压焊区露出新鲜的表面层,压力使两个纯净的金属面紧密接触,形成牢固的焊接。超声键合与热压键合相比具有不需加温、可键合粗细不等的铝丝和铝带的优点,因此,有利于提高器件性能与键合强度。

8.7 企业实例介绍

上海华虹宏力半导体制造有限公司(以下简称华虹宏力),由原上海华虹 NEC 电子有限公司和上海宏力半导体制造有限公司新设合并而成,是世界领先的 8 英寸晶圆代工厂。华虹宏力在上海张江和金桥现已运营 3 条 8 英寸集成电路生产线,月产能达 14 万片。公司总部位于中国上海,在中国台湾地区,甚至海外的日本、北美和欧洲等地均提供销售与技术支持。

(1)“超越摩尔定律”的特色工艺技术

华虹宏力工艺技术覆盖 1μm～90nm 各节点,在标准逻辑、嵌入式非易失性存储器、混合信号、射频、高压、图像传感器、电源管理、功率器件工艺等领域形成了具有竞争力的先进工艺平台,并正在建立微机电系统(MEMS)工艺平台。

(2) 领先的生产制造能力

华虹宏力现已运营 8 英寸晶圆厂三座,洁净室面积达 34 000m^2,厂区面积约 30 万 m^2,具备充足的发展空间,其中 Fab1 和 Fab2 产能合计达 9 万片/月,Fab3 产能达5 万片/月,产能规模位居国内 8 英寸 IC 制造行业首位。

(3) 一站式全程服务

华虹宏力为客户提供各类 IP 库、设计流程支持、版图设计等芯片设计服务,并依托强大的自有晶圆级芯片测试能力,为客户提供一站式服务。

思考题

半导体材料与器件的主要生产工艺流程有哪些?分别简述其原理。

第9章 新材料技术领域实践训练

9.1 实习目的与要求

(1) 使学生在了解材料制备方法的基础上,能够自行设计和制备相关功能材料,明确制备步骤并熟练掌握测试仪器的操作。

(2) 能够分析和总结实验数据,同时提出优化材料设计和制备工艺的方法。

(3) 明确并严格遵守实验室的安全规章制度。

9.2 新材料制备方法与设备简介

新材料是指新出现的或正在发展中,具有传统材料所不具备的优异性能和特殊功能的材料,也指那些采用新技术、新工艺或新设备装备制备的,使传统材料性能有明显提高或产生新功能的材料。此外,满足高技术产业发展需要的一些关键材料也属于新材料的范畴。本章节将主要介绍新材料的制备方法及仪器,主要包括粉体材料、薄膜材料、纳米材料等。同时,对于新材料相关性能的检测仪器也简单地予以介绍。

9.2.1 材料制备方法

1. 高温固相法

高温固相合成是在高温(1 000℃～1 500℃)下,固体界面间经过接触、反应、成核、晶体生长反应而生成一大批复合氧化物,含氧酸盐类、二元或多元陶瓷化合物等。高温固相反应法是应用最早且最多的合成发光材料的方法,也是目前实现工业化生产的方法。用高温固相反应法合成发光材料主要包括以下过程:

① 原料的选取。对于固相反应,原料的纯度和性质是决定反应温度和速度以及产物的重要因素,因此原料的选择十分关键。

② 配料。按确定的配方精确称取原料,同时有些高温固相反应还需要少量助熔剂的参

与，掺杂原料比如激活剂、敏化剂等要精确称量。

③ 混料。利用球磨机将反应物研磨并充分并混合均匀，这样可增大反应物之间的接触面积，使原子或离子的扩散输运比较容易进行，以增大反应速率。

④ 合成反应。灼烧是形成发光中心的关键步骤，合成的温度主要取决于各组分的熔点、扩散速度和结晶能力以及助熔剂的使用情况。

2. 物理气相沉积法

物理气相沉积技术早在20世纪初已有些应用，目前已成为一门极具广阔应用前景的新技术，并向着环保型、清洁型趋势发展。物理气相沉积技术是指在真空条件下采用物理方法，将材料表面气化成气态原子、分子或部分电离成离子，并通过低压气体或等离子体过程，在基体表面沉积具有某种特殊功能的薄膜的技术。物理气相沉积的主要方法有真空蒸镀、溅射镀膜、电弧等离子体镀、离子镀膜，及分子束外延等。发展到目前，物理气相沉积技术不仅可沉积金属膜、合金膜，还可以沉积化合物、陶瓷、半导体、聚合物膜等。物理气相沉积技术基本原理可分3个工艺步骤：

(1) 镀料的气化：即使镀料蒸发、异华或被溅射，也就是通过镀料的气化源。

(2) 镀料原子、分子或离子的迁移：由气化源供出的原子、分子或离子经过碰撞后，产生多种反应。

(3) 镀料原子、分子或离子在基体上沉积。

物理气相沉积技术工艺过程简单，环保无污染，耗材少，成膜均匀致密，与基体的结合力强。该技术广泛应用于航空航天、光学、机械、轻工、建筑、电子、冶金、材料等领域，可制备具有耐磨、耐腐蚀、压电、磁性、润滑、超导、绝缘、光导等特性的膜层。随着高科技及新兴工业发展，物理气相沉积技术出现了不少新的先进的亮点，如多弧离子镀与磁控溅射兼容技术、大型矩形长弧靶和溅射靶、非平衡磁控溅射靶、孪生靶技术、带状泡沫多弧沉积卷绕镀层技术、条状纤维织物卷绕镀层技术等，使用的镀层成套设备，向计算机全自动、大型化工业规模方向发展。

3. 化学气相沉积法

现代科学和技术需要使用大量功能各异的无机新材料，这些功能材料必须是高纯的，或者是在高纯材料中有意地掺入某种杂质形成的掺杂材料。但是，我们过去所熟悉的许多制备方法如高温熔炼、水溶液中沉淀和结晶等往往难以满足这些要求，也难以保证得到高纯度的产品。化学气相沉积是一种制备材料的气相生长方法，是将一种或几种含有构成薄膜元素的化合物、单质气体通入放置有基材的反应室，借助空间气相化学反应在基体表面上沉积固态薄膜的工艺技术。

化学气相淀积是近几十年发展起来的制备无机材料的新技术，已经广泛用于提纯物质、研制新晶体、淀积各种单晶、多晶或玻璃态无机薄膜材料。这些材料可以是氧化物、硫化物、氮化物、碳化物，也可以是III-V, II-IV, IV-VI族中的二元或多元的元素间化合物，而且它们的物理功能可以通过气相掺杂的淀积过程精确控制。目前，化学气相淀积已成为无机合成化学的一个新领域。化学气相沉积特点：

① 在中温或高温下，通过气态初始化合物之间的气相化学反应而形成固体物质沉积在基体上；

② 可以在常压或者真空条件下(负压进行沉积，通常真空沉积膜层质量较好)进行；

③ 采用等离子和激光辅助技术可以显著地促进化学反应，使沉积可在较低的温度下进行；

④ 涂层的化学成分可以随气相组成的改变而变化，从而获得梯度沉积物或者得到混合镀层；

⑤ 可以控制涂层的密度和涂层纯度；

⑥ 绕镀件好，可在复杂形状的基体上以及颗粒材料上镀膜，适合涂覆各种复杂形状的工件，由于它的绕镀性能好，所以可涂覆带有槽、沟、孔，甚至是盲孔的工件；

⑦ 沉积层通常具有柱状晶体结构，不耐弯曲，但可通过各种技术对化学反应进行气相扰动，以改善其结构；

⑧ 可以通过各种反应形成多种金属、合金、陶瓷和化合物涂层。

4. 溶胶-凝胶法

溶胶-凝胶法是一种条件温和的材料制备方法，是将含高化学活性组分的化合物经过溶液、溶胶、凝胶而固化，再经热处理而形成氧化物或其他化合物固体的方法。该方法主要是以无机物或金属醇盐作前驱体，在液相将这些原料均匀混合，并进行水解、缩合化学反应，在溶液中形成稳定的透明溶胶体系，溶胶经陈化，胶粒间缓慢聚合，形成三维空间网络结构的凝胶，凝胶网络间充满了失去流动性的溶剂，形成凝胶。凝胶经过干燥、烧结固化制备出分子乃至纳米亚结构的材料。近年来，溶胶-凝胶技术在玻璃、氧化物涂层和功能陶瓷粉料，尤其是传统方法难以制备的复合氧化物材料、高临界温度氧化物超导材料的合成中均得到成功的应用。

溶胶-凝胶法与其他方法相比具有许多独特的优点：与固相反应相比，化学反应将容易进行，而且仅需要较低的合成温度；由于经过溶液反应步骤，因此较容易均匀定量地掺入一些微量元素，实现分子水平上的均匀掺杂；在形成凝胶时，反应物之间可以在分子水平上被均匀地混合；选择合适的条件可以制备各种新型材料。但溶胶-凝胶法也不可避免地存在一些问题，例如：原料金属醇盐成本较高；有机溶剂对人体有一定的危害性；整个溶胶-凝胶过程所需时间常需要几天或好几周；存在残留小孔洞，存在残留的碳；在干燥过程中会逸出气体及有机物并产生收缩等。目前，很多问题已经得到一定程度上的解决，比如在干燥介质临界温度和临界压力的条件下进行干燥，可以避免物料在干燥过程中的收缩和碎裂，从而保持物料原有的结构与状态，防止初级纳米粒子的团聚和凝聚；将前驱体由金属醇盐改为金属无机盐，可以有效降低原料的成本；柠檬酸-硝酸盐法中利用自燃烧的方法可以减少反应时间和残留的碳含量等。

5. 水热法

水热法又称热液法，是指在密封的压力容器中以水为溶剂，在高温高压的条件下进行的化学反应，属液相化学法的范畴。水热反应依据反应类型的不同可分为水热氧化、水热还原、水热沉淀、水热合成、水热水解、水热结晶等。

水热反应过程是指在一定的温度和压力下，在水、水溶液或蒸汽等流体中所进行有关化学反应的总称。按水热反应的温度进行分类，可以分为亚临界反应和超临界反应，前者反应温度在100℃～240℃之间，适于工业或实验室操作；后者实验温度已高达1 000℃，压强高达0.3GPa，作为反应介质的水在超临界状态下的性质和反应物质在高温高压水热条件下的特殊性质进行合成反应。在水热条件下，水可以作为一种化学组分起作用并参加反应,既是溶剂又是矿化剂,同时还可作为压力传递介质,通过参加渗析反应和控制物理化学因素等,实现无机化合物的形成和改性。水热法的特点:既可制备单组分微小晶体,又可制备双组分或多组分的特殊化合物粉末;克服某些高温制备不可避免的硬团聚等;其产物尺度小、纯度高、分散性好、无团聚、晶型好、形状可控并利于环境净化。

6. 溶剂热法

溶剂热法是由水热法发展的一种液相化学反应法,它与水热法的不同之处在于所使用的溶剂为有机溶剂而不是水。在溶剂热反应中,通过将一种或几种前驱体溶解在非水溶剂,在液相或超临界条件下,反应物分散在溶液中并且变的比较活泼,反应发生,产物缓慢生成。该过程相对简单而且易于控制,并且在密闭体系中可以有效地防止有毒物质的挥发和制备对空气敏感的前驱体。在溶剂热条件下,溶剂的性质(密度、黏度、分散作用)相互影响,变化很大,且其性质与通常条件相差很大,相应的,反应物(通常是固体)的溶解、分散及化学反应活性大大地提高或增强,这使得反应能够在较低的温度下发生。由溶剂热法制备获得的纳米级产物,其物相的形成、粒径的大小、形态也能够较好控制,产物的分散性也较好。

7. 喷射成型

喷射成型是用高压惰性气体将合金液流雾化成细小熔滴,在高速气流下飞行并冷却,在尚未完全凝固前沉积成坯件的一种工艺。它具有所获得材料晶粒细小、组织均匀、能够抑制宏观偏析等快速凝固技术的各种优点。

喷射成型是把金属熔融、液态金属雾化、快速凝固、喷射沉积成型集成在一个冶金操作流程中制成金属材料产品的新工艺技术,对发展新材料、改革传统工艺、提升材料性能、节约能耗、减少环境污染都具有重大作用。这种方法最早由英国奥斯普瑞(Osprey)金属公司获得专利权,故国际上通称其为 Osprey 工艺。由于快速凝固的作用,所获金属材料成分均匀、组织细化、无宏观偏析,且含氧量低。与传统的铸-锻工艺和粉末冶金工艺相比较,喷射成型工艺流程短、工序简化、沉积效率高,不仅是一种先进的制取坯料技术,还正在发展成为直接制造金属零件的制程。现已成为世界新材料开发与应用的一个热点。

喷射成型和气雾化制粉法相似,先将熔融的金属或合金液体用氮气或氩气雾化为细小液滴,只是不待凝固为粉时便直接喷射沉积成预形坯,其相对密度可达 96%以上,经后续热加工(锻、轧、挤或热等静压)成全致密产品。这种喷射成型产品因受快速凝固作用,其结晶结构细,成分均匀而无宏观偏析,具有粉末冶金制品的优点,但可省去制粉、筛分、压制和烧结等工序,降低了生产成本。喷射成型主要应用在钢铁产品以及高强度铝合金方面。喷射成型工艺在轧辊发面的应用已经表现出突出的优势。例如,日本住友重工铸锻公司利用喷射成型技术使得轧辊的寿命提高了 3~20 倍;已向实际生产部门提供了 2 000 多个型钢和线材轧辊,最大尺寸为外径 800mm,长 500mm。英国制辊公司及 Osprey 金属公司等单位的一项联合研究表明,采用芯棒预热以及多喷嘴技术,能够将轧辊合金直接结合在钢质芯棒上,从而解决了先生产环状轧辊坯,再装配到轧辊芯棒上的复杂工艺问题,并在 17Cr 铸铁和 018V315Cr 钢的轧辊生产上得到了应用。

喷射成型工艺在特殊钢管的制备方面也获得重要进展。比如,瑞典 Sandvik 公司已应用喷射成型技术开发出直径达 400mm、长 8 000mm、壁厚 50mm 的不锈钢管及高合金无缝钢管,而且正在开展特殊用途耐热合金无缝管的制造。

喷射成型工艺在复层钢板方面也显示出应用前景。Mannesmann Demag 公司采用该工艺已研制出一次形成的宽 1 200mm、长 2 000mm、厚 8～50mm 的复层钢板，具有明显的经济性而受美国能源部的重视。

下面简单介绍 5 种喷射成型的铝合金。

(1) 高强铝合金。如 Al-Zn 系超高强铝合金。由于 Al-Zn 系合金的凝固结晶范围宽，比重差异大，采用传统铸造方法生产时，易产生宏观偏析且热裂倾向大。喷射成型技术的快速凝固特性可很好解决这一问题。在发达国家，高强铝合金 Al-Zn 已被应用于航空航天飞行器部件以及汽车发动机的连杆、轴支撑座等关键部件。

(2) 高比强、高比模量铝合金。Al-Li 合金具有密度小、弹性模量高等特点，是一种具有发展潜力的航空、航天用结构材料。铸锭冶金法在一定程度上限制了 Al-Li 合金性能潜力的充分发挥。喷射成型快速凝固技术为 Al-Li 合金的发展开辟了一条新的途径。

(3) 低膨胀、耐磨铝合金。如过共晶 Al-Si 系高强耐磨铝合金。该合金具有热膨胀系数低、耐磨性好等优点，但采用传统铸造工艺时，会形成粗大的初生硅相，导致材料性能恶化。喷射成型有效地克服了这个问题。喷射成型 Al-Si 合金在发达国家已被制成轿车发动机气缸内衬套等部件。

(4) 耐热铝合金。如 Al-Fe-V-Si 系耐热铝合金。该合金具有良好室温和高温强韧性、良好的抗蚀性，可以在 150℃～300℃甚至更高的温度范围使用，部分替代在这一温度范围工作的钛合金和耐热钢，以减轻重量、降低成本。喷射成型工艺可以通过最少的工序直接从液态金属制取具有快速凝固组织特征、整体致密、尺寸较大的坯件，从而可以解决传统工艺存在的问题。

(5) 铝基复合材料。将喷射成形技术与铝基复合材料制备技术结合在一起，开发出一种“喷射共成型”(Sprayco-deposiion)技术，很好地解决了增强粒子的偏析问题。

8. 连续铸造

连续铸造是一种先进的铸造方法，其原理是将熔融的金属，不断浇入一种结晶器的特殊金属型中，凝固(结壳)的铸件连续不断地从结晶器的另一端拉出，可获得任意长或特定的长度的铸件。连续铸造在国内外已经被广泛采用，如连续铸锭(钢或有色金属锭)、连续铸管等。连续铸造和普通铸造比较有下述优点：

(1) 由于金属被迅速冷却，结晶致密、组织均匀，机械性能较好；

(2) 连续铸造时，铸件上没有浇注系统的冒口，故连续铸锭在轧制时不用切头去尾，节约了金属，提高了收得率；

(3) 简化了工序，免除造型及其他工序，因而减轻了劳动强度，所需生产面积也大为减少；

(4) 连续铸造生产易于实现机械化和自动化，铸锭时还能实现连铸连轧，大大提高了生产效率。

9. 金属半固态加工

在金属凝固过程中，进行剧烈搅拌，或控制固-液态温度区间，得到一种液态金属母液中均匀地悬浮着一定固相组分的固-液混合浆料(固相组分甚至高达 60%)，这种半固态的金属浆料具有某种流变特性，采用这种既非完全液态又非完全固态的金属浆料加工成型的方法即为金属的半固态加工。凡具有固液两相区的合金均可实现半固态加工，应用范围广，可适用于多种加工工艺，如铸造、轧制、挤压和锻压等，并可进行材料的复合及成型。在20世纪70年代初，D. B. Spencer在测量Sn-15Pb合金的高温黏度时发现了金属的半固态力学行为，并立即引起重视，开始了广泛的研究，较完善地提出了半固态铸造(Partialy Solidified Casting)这一新的成型工艺。20世纪70年代初，美国麻省理工学院的Flemings教授等提出了一种金属成型的新方法，即半固态加工技术(semi-solid metallurgy or semi-solid forming，简称SSM或SSF)。到70年代末，这项技术进入了新的阶段，对流变机理的研究开拓了金属流变学这一全新的学科，相应工艺和装备的开发，使这项技术进入生产阶段，逐渐成为金属加工领域的综合学科。20世纪80年代后期以来，半固态加工技术得到了各国科技工作者的普遍重视，目前已经针对这种技术开展了许多工艺实验和理论研究。从研究的材料来看，可分为有色金属及其合金的低熔点材料半固态加工和钢铁材料等高熔点金属材料及复合材料的半固态加工，其应用领域也在逐渐扩大。美国、日本和意大利等国，采用半固态加工技术生产铝合金、镁合金成型件的企业发展迅速，半固态加工金属部件产品在汽车、通信、电器、航空航天和医疗器械等领域得到应用。

9.2.2 材料制备装置及设备

1. 高温炉

高温炉是高温固相法合成粉体样品或熔制玻璃样品所必需的设备。高温炉应具备升温速度快、保温性能好、温度分布均匀、控温准确、内部采用耐高温陶瓷板不易变形等特点。目前，根据实际应用的需要，常用的高温炉大致有箱式炉、管式炉、升降炉、气氛炉、真空炉等几种形式，图9.1和图9.2分别是箱式炉和管式炉的示意图。根据不同需求，高温炉的最高温度一般可在1 100℃～1 700℃范围之间，其升温速度、保温时间、降温速度可以通过程序设定。在使用高温炉前要做好准备工作，需检查电源线接触是否良好、连接线是否正常、冷却水是否正常、密封性是否正常，同时准备帆布手套、作业手套、口罩、耐高温手套等。特别是利用高温炉熔融玻璃样品，需要“热进热出”的时候，一定要严格按照操作规程做好安全防护工作。

图9.1　箱式电阻炉

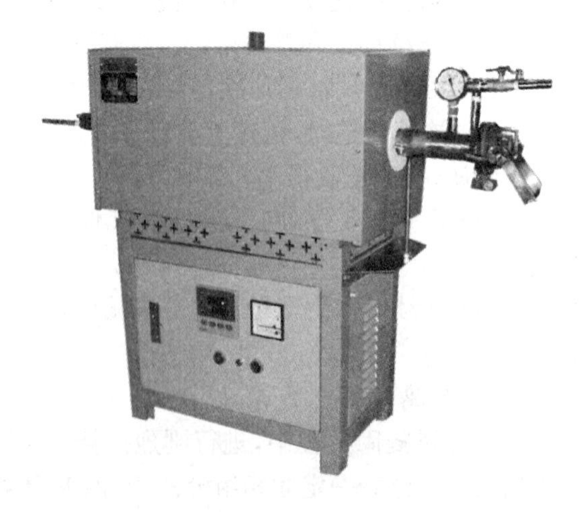

图9.2　管式电阻炉

2. 反应釜

水热合成法和溶剂热合成法使用的反应釜又称聚合反应釜，是一种能分解难溶物质的密闭容器，它可手动螺旋坚固，如图 9.3 所示。反应釜内有聚四氟乙烯衬套，双层护理，可耐酸、碱，其最高适用温度为 180℃左右，最高温度可达 230℃。反应釜具有抗腐蚀性好、无有害物质溢出、减少污染、使用安全、升温升压后能快速无损失溶解在常规条件下难以溶解的试样及含有挥发性元素的试样等特点。在使用反应釜的时候，有如下问题需要注意：

图 9.3　反应釜

(1) 需保证加料系数小于 0.8；

(2) 当反应物系有腐蚀性时要将其置于四氟衬套内，从而保证釜体不受腐蚀；

(3) 将水热合成反应釜置于加热器内，需按照规定的升温速率升温至所需反应温度，且反应温度一定要小于规定的安全使用温度；

(4) 结束将其降温时，也要严格按照规定的降温速率操作，以利安全和反应釜的使用寿命；

(5) 当确认腹内温度低于反应物系种溶剂沸点后方能打开釜盖进行后续操作；

(6) 每次水热合成反应釜使用后要及时将其清洗干净，以免锈蚀，釜体、釜盖线密封处要格外注意清洗干净，并严防将其碰伤损坏。

3. 离心机

离心机利用不同密度或粒度的固体颗粒在液体中沉降速度不同的特点，将悬浮液中的固体颗粒与液体分开，或将乳浊液中两种密度不同、又互不相溶的液体分开。有的沉降离心机还可对固体颗粒按密度或粒度进行分级。使用离心机进行分离的时候，需要主要以下 5 点：

(1) 使用各种离心机时，必须事先在天平上精密地平衡离心管和其内容物，平衡时重量之差不得超过各个离心机说明书上所规定的范围，每个离心机不同的转头有各自的允许差值，转头中绝对不能装载单数的管子，当转头只是部分装载时，管子必须互相对称地放在转头中，以便使负载均匀地分布在转头的周围。

(2) 离心过程中，操作人员不得随意离开，应随时观察离心机上的仪表是否正常工作，如有异常的声音应立即停机检查，及时排除故障。

(3) 每个转头各有其最高允许转速和使用累积限时，使用转头时要查阅说明书，不得过速使用。每一转头都要有一份使用档案，记录累积的使用时间，若超过了该转头的最高使用限时，则须按规定降速使用。

(4) 装载溶液时，要根据各种离心机的具体操作说明进行，根据待离心液体的性质及体积选用适合的离心管，有的离心管无盖，液体不得装得过多，以防离心时甩出，造成转头不平衡、生锈或被腐蚀，而制备性超速离心机的离心管，则常常要求必须将液体装满，以免离心时塑料离心管的上部凹陷变形。

(5) 每次使用后，必须仔细检查转头，及时清洗、擦干。转头是离心机中须重点保护的部件，搬动时要小心，不能碰撞，避免造成伤痕，转头长时间不用时，要涂上一层上光蜡保护，严禁使用显著变形、损伤或老化的离心管。

4. 干燥箱

干燥箱是水热反应、溶剂热反应以及样品干燥常用的仪器设备，根据干燥物质的不同，分为电热鼓风干燥箱和真空干燥箱两大类。干燥箱箱体由角钢、薄钢板制成，为便于观察，在干燥箱的箱门都设有玻璃窗。由于真空干燥箱里面的真空环境，为防止大气压压坏箱体，其外壳厚度较大。干燥箱加热系统装置在工作室的顶部，外壳与工作室间填充玻璃纤维保温，少数采用聚氨酯。装有鼓风的烘干箱能有效地避免工作室内存在的梯度温差及温度过冲现象，且能提高工作室内的温度均匀性。根据实际工作要求，可以通过控制面板对干燥箱的工作温度和恒温时间进行设定。使用干燥箱需要注意以下 6 点：

(1) 运行前必需留意所用电源电压是否符合设备使用要求，必须将电源插座接地线按规则接地。

(2) 在通电运行时，切忌用手触及箱左侧空间的电器局部或用湿布揩抹及用水冲洗，检验时应将电源切断。

(3) 电源线不可缠绕在金属物上，不可设置在低温或湿润的中央，避免橡胶老化致使漏电。

(4) 放置箱内物品时切勿过挤，必须留出对流的空间，使湿润气氛能在风顶上减速逸出。

(5) 在无防爆安装的干燥箱内，请勿放入易燃物品。

(6) 每次用完后，将电源局部切断，常常坚持箱内外干净，干净终了悬挂相应的标识。

5. 超声波清洗机

超声波清洗是利用超声波在液体中的空化作用、加速度作用及直进流作用对液体和污物直接、间接的作用，使污物层被分散、乳化、剥离而达到清洗目的。超生清洗机的设备安装必须按标准接地。在使用时，勿用湿手去操作按钮，以免清洗液浸入电位器内部，造成该机无法正常工作或损坏设备。每次加水，必须加到液位要求(液体深大于 40cm)，勿将沸水直接加入清洗槽内，防止产生连锁损坏。超声波清洗在工作中切勿进行空气搅拌。没有液体不得启动超声波及加热。操作过程中出现异常必须暂停，排除好故障后才能继续运行设备。控制柜要放置在通风干燥位置，如意外内部进水，应断电处理，确保干燥无异常方可开机。设备电气损坏如果更换，应严格按照电气原理图接线，不可随意更换接线方式，元件的更换最好更换同型号配件。无电工操作上岗证不准检修或动控制柜中任何元件。

9.3 材料测试分析方法与仪器

9.3.1 测试分析方法

(1) X 射线衍射分析(XRD)

X 射线衍射分析用于定性分析和定量分析物相结构。定性分析是把对材料测得的点阵平面间距及衍射强度与标准物相的衍射数据相比较，确定材料中存在的物相；定量分析则根据衍射花样的强度，确定材料中各相的含量。X 射线衍射技术在研究性能和各相含量的关系和检查材料的成分配比，及随后的处理规程是否合理等方面都得到广泛应用。

(2) 透射电子显微镜分析(TEM)

透射电子显微镜技术是一种利用穿透薄膜试样的电子束进行成像或微区分析的一种电子显微术，能够获得高度局域化的信息，是分析晶体结构、晶体不完整性、微区成分的综合技术。其原理是高能电子束穿透试样时发生散射、吸收、干涉和衍射，使得在相平面形成衬度，显示出图像谱图，可包括质厚衬度像、明场衍衬像、暗场衍衬像、晶格条纹像，以及分子像提供的信息：晶体形貌、分子量分布、微孔尺寸分布、多相结构和晶格与缺陷等。

(3) 扫描电子显微镜分析(SEM)

扫描电子显微镜技术主要是利用二次电子信号成像来观察样品的表面形态，即用极狭窄的电子束去扫描样品，通过电子束与样品的相互作用产生各种效应，其中主要是样品的二次电子发射。扫描电子显微镜的成像谱图的表示方法有背散射像、二次电子像、吸收电流像、元素的线分布和面分布等。扫描电子显微镜可以提供断口形貌、表面显微结构、薄膜内部的显微结构、微区元素分析与定量元素分析等信息。

(4) 紫外吸收光谱法(UV)

紫外吸收光谱的原理是基于吸收紫外光能量后将引起分子中电子能级的跃迁，并通过相对吸收光能量随吸收光波长的变化来表示。该方法可以提供样品吸收峰的位置、强度和谱形，以及分子中不同电子结构等信息。

(5) 荧光光谱法(FS)

荧光光谱法的原理是基于样品中的电子被一定波长的光波激发后由基态跃迁到激发态后，以辐射跃迁的形式回到基态，发射荧光。荧光光谱的表示方法是记录发射的荧光能量随光波长的变化，其可提供荧光效率和寿命，以及分子中不同电子结构等信息。

(6) 红外吸收光谱法(IR)

红外吸收光谱法的原理是当一定频率(能量)的红外光照射分子时，如果分子中某个基团的振动频率和外界红外辐射频率一致时，光的能量通过分子偶极矩的变化而传递给分子，这个基团就吸收一定频率的红外光，产生振动跃迁。其谱图的表示方法是记录相对透射光能量随透射光频率变化。红外吸收光谱法可以提供基因特征峰的位置、强度和形状，以及功能团或化学键的特征振动频率等信息。

(7) 拉曼光谱法(Raman)

拉曼光谱分析法是基于拉曼散射效应，对与入射光频率不同的散射光谱进行分析以得到分子振动、转动方面信息，其分析原理是样品吸收光能后，引起具有极化率变化的分子振动，产生拉曼散射。拉曼光的表示方法是记录散射光能量随拉曼位移的变化。拉曼光谱可以提供基因特征峰的位置、强度和形状，以及功能团或化学键的特征振动频率。

(8) 核磁共振波谱法(NMR)

核磁共振波谱法的分析原理是在外磁场中，具有核磁矩的原子核，吸收射频能量，产生核自旋能级的跃迁，其谱图的表示方法是记录吸收光能量随化学位移的变化。核磁共振波谱法可以提供原子核的化学位移、强度、裂分数和偶合常数，以及核的数目、所处化学环境和几何构型的信息。

(9) 电子顺磁共振波谱法(ESR)

电子顺磁共振是由不配对电子的磁矩发源的一种磁共振技术,在外磁场中,分子中未成对电子吸收射频能量,产生电子自旋能级跃迁,其图谱的表示是记录吸收光能量或微分能量随磁场强度变化。电子顺磁共振波谱法可以提供谱线位置、强度、裂分数目和超精细分裂常数,以及未成对电子密度、分子键特性及几何构型等信息。

(10) 质谱分析法(MS)

质谱分析法是通过对被测样品离子的质荷比的测定来进行分析的一种分析方法。被分析的样品首先要离子化,然后利用不同离子在电场或磁场的运动行为的不同,把离子按质荷比(m/z)分开而得到质谱,通过样品的质谱和相关信息,可以得到样品的定性定量结果。其谱图的表示方法是以棒图形式表示离子的相对峰度随 m/z 的变化。质谱分析法可以提供分子离子及碎片离子的质量数及其相对峰度,提供分子量、元素组成及结构等信息。

(11) 热重法(TG)

热重法是在温度程序控制下,测量物质质量与温度之间关系的技术,其分析原理是在控温环境中样品重量随温度或时间变化,其谱图表示的是通过记录样品的重量分数随温度或时间的变化曲线。热重法可提供的信息:曲线陡降处为样品失重区,平台区为样品的热稳定。

(12) 差热分析(DTA)

差热分析是在程序控温下,测量物质和参比物的温度差与温度或者时间的关系的一种测试技术。广泛应用于测定物质在热反应时的特征温度及吸收或放出的热量,包括物质相变、分解、化合、凝固、脱水、蒸发等物理或化学反应,其谱图的表示方法是记录温差随环境温度或时间的变化曲线。热差分析可提供聚合物热转变温度及各种热效应的信息。

(13) 差示扫描量热分析(DSC)

差示扫描量热分析是一种热分析法,其分析原理是在程序控制温度下,测量输入到试样和参比物的功率差(如以热的形式)与温度的关系,其谱图的表示方法是记录热量或其变化率随环境温度或时间的变化曲线。示差扫描量热分析可以提供聚合物热转变温度及各种热效应等信息。

9.3.2 测试仪器

1. X 射线衍射仪

X 射线衍射仪主要由 X 射线发生器(X 射线管)、测角仪、X 射线探测器、计算机控制处理系统等组成。X 射线管主要分密闭式和可拆卸式两种。广泛使用的是密闭式,由阴极灯丝、阳极、聚焦罩等组成,功率大部分在 1～2kW。可拆卸式 X 射线管又称旋转阳极靶,其功率比密闭式大许多倍,一般为 12～60kW。常用的 X 射线靶材有 W, Ag, Mo, Ni, Co, Fe, Cr, Cu 等。测角仪是粉末 X 射线衍射仪的核心部件,主要由索拉光阑、发散狭缝、接收狭缝、防散射狭缝、样品座及闪烁探测器等组成。X 射线探测记录装置衍射仪中常用的探测器是闪烁计数器(SC),它是利用 X 射线能在某些固体物质中产生的波长在可见光范围内的荧光,这种荧光再转换为能够测量的电流。由于输出的电流和计数器吸收的 X 光子能量成正比，因此可以用来测量衍射线的强度。衍射仪主要操作都由计算机控制自动完成，扫描操作完成后，衍射原始数据自动存入计算机硬盘中供数据分析处理。数据分析处理包括平滑点的选择、背底扣除、自动寻峰、d 值（晶面间距）计算、衍射峰强度计算等。

射线衍射分析的样品主要有粉末样品、块状样品、薄膜样品等。对于不同形态的样品的要求如下：

① 粉末样品。X 射线衍射仪的粉末试样晶粒必须要细小，通常将试样研细后使用。常用的粉末样品架为玻璃试样架，充填时需使粉末试样在试样架里均匀分布并用玻璃板压平实，要求试样面与玻璃表面齐平。

② 块状样品。先将大小适合的块状样品表面研磨抛光，然后用橡皮泥将样品黏在铝样品支架上，要求样品表面与铝样品支架表面平齐。

③ 微量样品。取微量样品放入玛瑙研钵中将其研细，然后将研细的样品放在单晶硅样品支架上，滴数滴无水乙醇使微量样品在单晶硅片上分散均匀，待乙醇完全挥发后即可测试。

④ 薄膜样品制备。将薄膜样品剪成合适大小，用胶带纸粘到玻璃样品支架上。

2. 透射电子显微镜

透射电子显微镜（Transmission electron microscope, TEM），简称透射电镜，是把经加速和聚集的电子束投射到非常薄的样品上，电子与样品中的原子碰撞而改变方向，从而产生立体角散射，散射角的大小与样品的密度、厚度相关，因此可以形成明暗不同的影像。通常，透射电子显微镜的分辨率为 0.1～0.2nm，放大倍数为几万至百万倍，用于观察超微结构，即小于 0.2μm、光学显微镜下无法看清的结构，又称“亚显微结构”。

透射电子显微镜的组件主要包括以下部分：

① 电子枪：发射电子，由阴极、栅极、阳极组成。阴极管发射的电子通过栅极上的小孔形成射线束，经阳极电压加速后射向聚光镜，起到对电子束加速、加压的作用。

② 聚光镜：将电子束聚集，可用于控制照明强度和孔径角。

③ 样品室：放置待观察的样品，并装有倾转台，用以改变试样的角度，还有装配加热、冷却等设备。

④ 物镜：为放大率很高的短距透镜，作用是放大电子像。物镜是决定透射电子显微镜分辨能力和成像质量的关键。

⑤ 中间镜：为可变倍的弱透镜，作用是对电子像进行二次放大。通过调节中间镜的电流，可选择物体的像或电子衍射图来进行放大。

⑥ 透射镜：为高倍的强透镜，用来放大中间像后在荧光屏上成像。

此外还有二级真空泵来对样品室抽真空、照相装置用以记录影像。

在利用透射电镜观察时样品需要处理得很薄，这是由于电子易散射或被物体吸收，故穿透力低，样品的密度、厚度等都会影响到最后的成像质量，所以通常样品制备成 50～100nm，甚至更薄的切片。常用的方法有：超薄切片法、冷冻超薄切片法、冷冻蚀刻法、冷冻断裂法等。对于液体样品，通常是挂在预处理过的铜网上进行观察。

3. 扫描电子显微镜

扫描电子显微镜（scanning electron microscope, SEM）可直接利用样品表面材料的物质性能进行微观成像。扫描电子显微镜的组件主要包括以下 3 个部分：

① 真空系统和电源系统：真空系统主要包括真空泵和真空柱两部分。真空柱是一个密封的柱形容器，真空泵用来在真空柱内产生真空。成像系统和电子束系统均内置在真空柱中。真空柱底端即密封室，用于放置样品。

② 电子光学系统：电子光学系统由电子枪、电磁透镜、扫描线圈和样品室等部件组成。其作用是用来获得扫描电子束，作为产生物理信号的激发源。为了获得较高的信号强度和图像分辨率，扫描电子束应具有较高的亮度和尽可能小的束斑直径。

电子枪的作用是利用阴极与阳极灯丝间的高压产生高能量的电子束。电磁透镜的作用主要是把电子枪的束斑逐渐缩小，其工作原理与透射电镜中的电磁透镜相同。扫描线圈的作用是提供入射电子束在样品表面上以及阴极射线管内电子束在荧光屏上的同步扫描信号，扫描线圈是扫描电镜的一个重要组件，它一般放在最后两透镜之间，也有的放在末级透镜的空间内。样品室中主要部件是样品台和各种型号检测器，样品台还可以带有多种附件，例如样品在样品台上加热、冷却或拉伸，可进行动态观察。

③ 信号检测放大系统：其作用是检测样品在入射电子作用下产生的物理信号，然后经视频放大作为显像系统的调制信号。不同的物理信号需要不同类型的检测系统，大致可分为三类：电子检测器、应急荧光检测器和 X 射线检测器。在扫描电子显微镜中最普遍使用的是电子检测器，它由闪烁体、光导管和光电倍增器所组成。

4. 分光光度计

分光光度法是在特定波长处或一定波长范围内光的吸光度或发光强度，对该物质进行定性或定量分析的方法。常用的波长范围为 200～380nm 的紫外光区，380～780nm 的可见光区，2.5～25μm 的红外光区。所用仪器为紫外分光光度计、可见光分光光度计、红外分光光度计或原子吸收分光光度计。仪器主要由光源、单色仪、样品室、检测器、信号处采集存储系统组成，如图 9.4 所示。

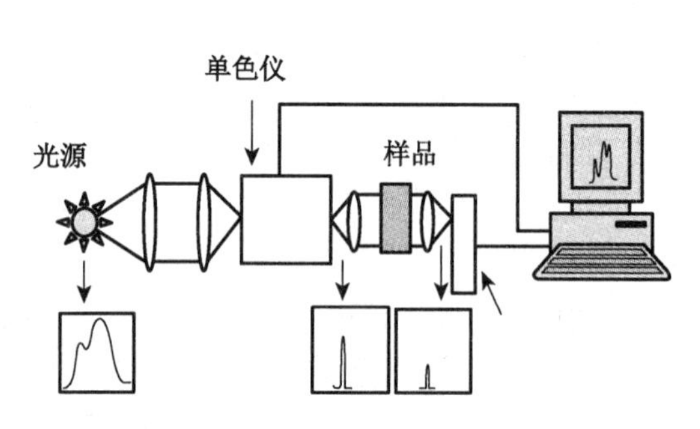

图 9.4　分光光度计基本结构图

5. 荧光分光光度计

荧光分光光度计是提供包括激发光谱、发射光谱、荧光强度、量子产率、荧光寿命、荧光偏振等光谱数据的测试，可以从各个角度反映样品的荧光性能。荧光分光光度计主要由光源、激发单色仪、样品室、发色单色仪检测器、信号处采集存储系统组成，如图 9.5 所示。荧光分光光度计的激发波长扫描范围一般是 200～600nm，可探测的发射波长根据发射单色仪和探测器的选择，可以在可见、近红外及中红外范围。

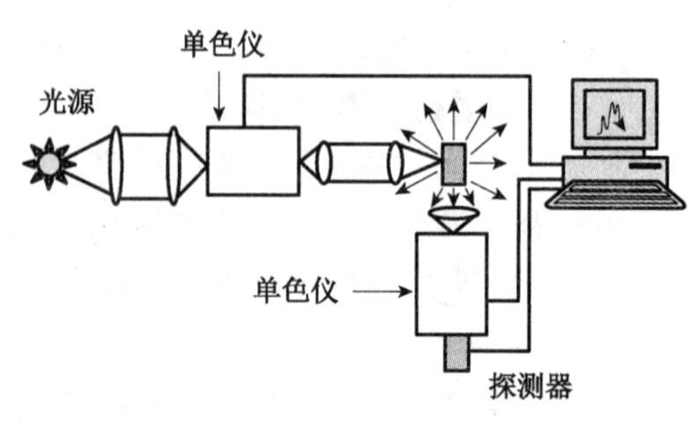

图 9.5　荧光分光光度计基本结构图

6. 振动样品磁强计

振动样品磁强计可直接测量磁性材料的磁化强度随温度变化曲线、磁化曲线和磁滞回线，能给出磁性的相关参数，如矫顽力 H_c，饱和磁化强度 M_s 和剩磁 M_r 等。还可以得到磁性多层膜有关层间耦合的信息。振动样品磁强计的主要组成包括:电磁铁、振动系统、探测线圈、锁相放大器、特斯拉计、X-Y 记录仪,如图 9.6 所示。

① 电磁铁:提供均匀磁场,并决定样品的磁化程度,即磁矩的大小。需要测量的也是样品在不同外加均匀磁场的磁矩大小。

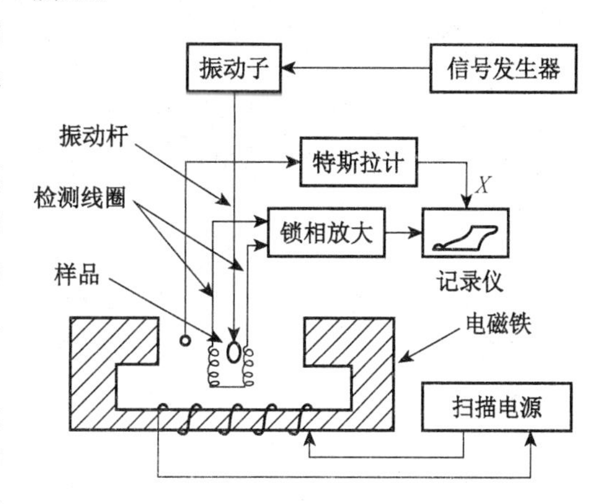

图 9.6　振动样品磁强计的主要组成结构图

② 振动系统:小样品置放于样品杆上,在驱动源的作用下可以做 Z 方向(垂直方向)的固定频率的小幅度振动,以此在空间形成振动磁偶极子,产生的交变磁场在检测线圈中产生感生电动势。

③ 探测线圈:探测线圈实际上是一对完全相同、位置相对于小样品对称放置的线圈,并相互反串,这样可以避免由于外磁场的不稳定对探测线圈输出的影响。而对于小样品磁偶极子磁场产生的感应电压,二者是相加的。

④ 锁相放大器:锁相放大器是成品仪器,它能在很大噪音讯号下检测出微弱信号来,噪音讯号虽然比被测讯号大,但它和被测讯号是无关的,经过长期积分平均为零,检测到的讯号为被测讯号。

⑤ 特斯拉计:特斯拉计是利用采用霍尔探头来测量磁场。

⑥ X-Y 记录仪:锁相放大器以及特斯拉计的输出信号都是电压值,采用 X-Y 记录仪将探测线圈产生的感生电动势随磁场的变化记录下来。通常特斯拉计的输出接 X 轴,锁相放大器的输出接 Y 轴。振动样品磁强计所测出来的磁场强度-外加磁场强度(M-H)图是相对值的测定,需要知道磁性参数的绝对值还需要进行标定处理。标定时只要把测得的 M-H 图形与已知磁性参数的标准样品 M-H 图形进行以比较,从测得的图形与标准样品图的比例关系就可得出待测样品磁性参数。

9.4　新材料制备技术示例

9.4.1　金属非晶材料的制备与应用

自 1960 年美国 Duwez 教授发明了用快淬工艺制备非晶态合金以来,由于其独特的组织结构、高效的制备工艺、优异的材料性能和广阔的应用前景,一直受到材料科学工作者和产业界的特别关注。图 9.7 为铁基非晶合金带材金属玻璃。

1. 金属非晶材料的制备方法

制备非晶态金属的方法包括:液体急冷法、溅射法、离子辐射法、溶胶-凝胶法和离子注入法等。

(1) 液体急冷法

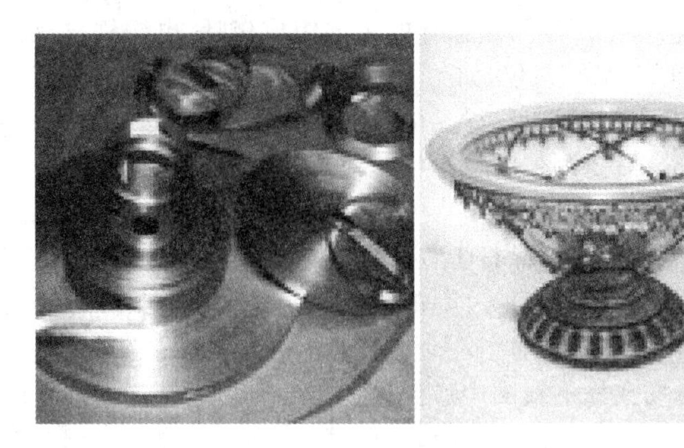

图 9.7　铁基非晶合金带材金属玻璃

将液体以大于 10^5℃/s 的速度急冷，使液体中紊乱的原子排列保留下来，成为固体，即得非晶。要求条件：

① 液体必须与基板接触良好；

② 液体层必须相当薄；

③ 液体与基板从接触开始至凝固终止的时间尽量短；

④ 基板导热性好。

液相急冷是目前制备各种非晶态金属和合金的主要方法之一，并已经进入工业化生产阶段。它的基本特点是先将金属或合金加热熔融成液态，然后通过不同途径使它们以 10^5～10^8℃/s高速冷却，这时液态的无序结构得以保存下来而形成非晶态，样品根据制备方法不同，可以呈几微米到几十微米的薄片、薄带或细丝状。

快速冷却可以采用多种方法：

① 将熔融的金属液滴用喷枪以极高的速度喷射到导热性好的大块金属冷砧上；

② 金属液滴被快速移动活塞带到金属砧座上，形成厚薄均匀的非晶态金属箔片；

③ 用加压惰性气体将液态金属从直径为几微米的石英喷嘴中喷出，形成均匀的熔融金属细流，连续喷到高速旋转(2 000～10 000r/min)的一对轧辊之间(双辊急冷法)或者喷射到高速旋转的冷却圆筒表面(单滚筒离心急冷法)从而形成非晶态。

(2) 溅射法

将样品先制成多晶或研成粉末，压缩成型，进行预浇作为溅射靶。在真空或充氩气的密闭空间，用各种不同的工艺将靶材中的原子或离子以气态形式离解出来，然后使它们无规则地沉积在冷却底板上，从而形成非晶态。

(3) 辉光放电分解法

以制备非晶态半导体锗和硅为例，将锗烷或硅烷放在真空室中，用直流或交流电场加以分解。分解出来的锗和硅原子沉积在预热的衬板上，再快速冷凝形成非晶态薄膜。

(4) 溶胶-凝胶法

制备的非晶尺寸均匀、颗粒细小。前面的反应原理同前文薄膜制备技术相同。即先由金属与醇类反应，醇氧化物分子中的有机基团与金属离子通过氧原子键合得到金属的醇氧化物。醇氧化物一方面可溶于相似的醇溶剂中，另一方面当加入水时，醇氧化物与水作用形成 X—OH 基团和醇，最终形成 $X(OR)_n$ 中间物，通过中间物的水解，则可以制得均匀的 $X(OH)_n$ 溶胶悬浮体，调节溶胶的酸度或碱度可引起两个 X—OH 键间的脱水反应，进而形成凝胶，小心加热到 200℃～500℃，除去其中液体，凝胶变为很细的金属氧化物粉末，粒子半径为 3～100nm，大小十分均匀。对粉末进行急冷从而形成非晶态。

(5) 辐照法

用能量密度比较高的激光或电子束(能量 $100kW/cm^2$)辐照晶体材料表面(如金属)，使表面局部熔化，然后以大于 10^4℃/s 的速度冷却，即在晶体表面产生一层与基底同质的非晶薄层。

(6) 离子注入法

将高能的非晶粒子直接注入固体材料的表面。固体可以是非晶体或晶体，注入的非晶可以与固体材料本身相同也可不同。注入时，由于高能非晶粒子与固体材料中原子核、电子、中子等的碰撞会损失能量，故注入厚度有限。

(7) 悬浮熔炼法

将导体悬浮于一个感热场中，借助电热涡流使得导体熔化，迅速吹入冷的惰性气体，使熔体冷却，得到非晶。

悬浮熔炼法又可以分为磁悬浮熔炼法、静电悬浮熔炼法等，前者是靠磁力与重力相抵消实现悬浮，后者是靠静电吸引力与磁力相抵消实现悬浮。此法无接触加热、无接触测量(远红外测温仪)，可避免污染，但投资大。

2. 金属非晶材料的应用

在过去的 40 多年中，伴随着非晶态材料基础研究、制备工艺和应用产品开发的不断进步，各类非晶态材料已经逐步走向实用化。特别是作为软磁材料的非晶合金带材已经实现了产业化，并获得了广泛应用。在传统电力工业中，非晶软磁合金带材正在取代硅钢，使配电变压器的空载损耗降低 70%以上，从节能和环境保护角度被誉为绿色材料。在现代电子工业中，最近发展起来的纳米晶合金进一步兼备了非晶合金和各类传统软磁材料的优点，成为促进电子产品向高效节能、小型轻量化方向发展的关键材料。

非晶软磁合金的发展历程大体上可以分为下述两个主要阶段。

第一阶段是 1967—1988 年，主要以美国研究成果为主。1967 年，美国 Duwez 教授率先开发出 Fe-P-C 系非晶软磁合金，带动了第一个非晶合金研究开发热潮。图 9.8 为铁基非晶器件。

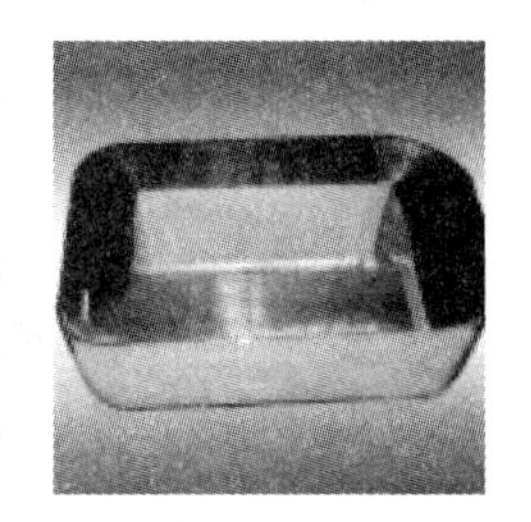

图 9.8　铁基非晶器件

1979 年美国 Allied Signal 公司开发出非晶合金宽带的平面流铸带技术，并于 1982 年建成非晶带材连续生产厂，先后推出命名为 Metglas 的 Fe 基、Co 基和 FeNi 基系列非晶合金带材，标志着非晶合金产业化和商品化的开始。

1989 年，美国 Allied Signal 公司已经具有年产 6 万 t 非晶带材的生产能力，全世界约有 100 万台非晶配电变压器投入运行，所用铁基非晶带材几乎全部来源于该公司。除美国之外，日本和德国在非晶合金应用开发方面拥有自己的特色，重点是电子和电力电子元件，例如高级音响磁头、高频电源(含开关电源)用变压器、扼流圈、磁放大器等。图 9.9 为非晶变压器。

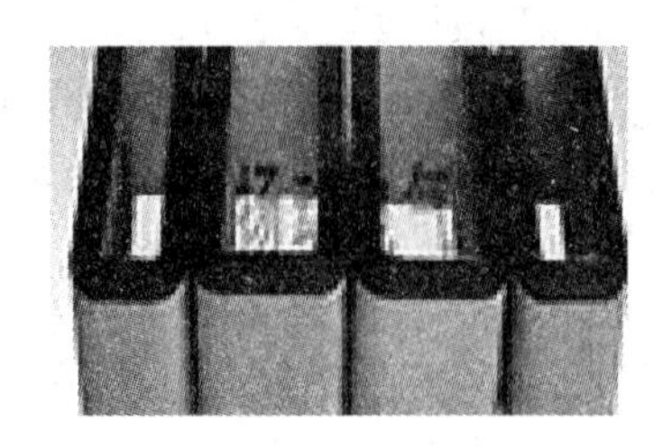

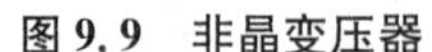

图 9.9 非晶变压器

图 9.10 软磁合金

第二阶段是1988年至今，这一阶段的研究成果主要以日本的日立金属公司所开发的非晶态纳米软磁合金为标志。1988年，日本日立金属公司的 Yashizawa 等人在非晶合金基础上通过晶化处理开发出纳米晶软磁合金(图 9.10)。

合金的突出优点在于兼备了铁基非晶合金的高磁感和钴基非晶合金的高磁导率、低损耗，并且是成本低廉的铁基材料。因此铁基纳米晶合金的发明是软磁材料的一个突破性进展，从而把非晶态合金研究开发又推向一个新高潮。纳米晶合金可以替代钴基非晶合金、晶态坡莫合金和铁氧体，在高频电力电子和电子信息领域中获得广泛应用，达到减小体积、降低成本等目的。

1988年，日立金属公司纳米晶合金既实现了产业化，并有产品推向市场。

1992年，德国 VAC 公司开始推出纳米晶合金替代钴基非晶合金，尤其在网络接口设备上，大量采用纳米晶磁心制作接口变压器。

在非晶合金的产业化发展过程中，非晶纳米晶合金带材及其铁心制品一直是主流，非晶丝材的研究开发和产业化是重要分支。

1980年，日本 Hagiwara 首先提出采用内圆水纺法制备非晶合金丝材，随后日本的 Unitika 公司开始利用此法商业生产 Fe 基和 Co 基非晶丝，作为产业化的软磁材料，应用重点集中在图书馆和超市用防盗标签。

此外，利用非晶丝材各种独特的物理效应开发各类高性能传感器一直受到特别关注。尤其最近在钴基非晶丝材中发现巨磁阻抗效应以来，高精度磁敏传感器的开发成为热点。

图 9.11 非晶磁粉芯

1999年，日本科学技术振兴事业团委托名古屋大学和爱知钢铁公司联合开发 MI 微型磁传感器和专用集成电路芯片，目标是将非晶丝 MI 传感器用于高速公路汽车自动导航和安全监测系统。

9.4.2 纳米材料的制备与应用

稀土离子掺杂的上转换纳米荧光材料由于具备荧光效率高、稳定性好、分辨率高等优良性能，受到科研人员的广泛关注。其在防伪识别、太阳能电池、生物荧光标记、上转换激光器等领域有着广泛的应用前景。文献报道的比较高效的上转换发光材料的氟化物基质材料主要有 NaF-LnF，$NaGaF_4$，$NaEuF_4$，$NaYF_4$，$LiYF_4$ 和 YF_3 等。目前，可以合成高质量的稀土离子掺杂无机发光材料的方法主要有熔融法、共沉淀法、水热法、溶剂热法、微乳液法、湿化学法等。下文以水热法和溶剂热合成 $NaYF_4:Yb^{3+}$，Er^{3+} 纳米晶体为例，介绍纳米材料的制备及其性能研究。

1. 制备方法

(1) 水热合成方法

配制 $Y(NO_3)_3$，$Yb(NO_3)_3$，$Er(NO_3)_3$ 水溶液，根据反应物的浓度将三种溶液以不同比例混合均匀；加入一定量的柠檬酸钠水溶液，搅拌数分钟；按照一定的比例加入 NaF 固体，搅拌 1h，在此期间，反应物溶液的 pH 值控制在 7 左右；将上述溶液转移到 100mL 水热釜中，控制水热反应温度和时间；所得的产品以 8 000rpm 的转速离心分离 15min，用去离子水和乙醇清洗数次，在真空干燥箱中 60℃干燥 24h 得到目标产物。

(2) 溶剂热合成方法

使用高沸点有机溶剂油酸作为表面活性剂。先将 1.5g 的 NaOH 完全溶解于 7.5mL 去离子水，之后加入 25mL 油酸和 25mL 乙醇混合搅拌均匀；再将 10mL 0.2mol/L 的 $Ln(NO_3)_3$(Ln＝Y，Gd，Yb，Tm，Er)和 5mL 2mol/L 的 NH_4F 的水溶液按照一定的比例加进混合液中，最后移入水热釜中在 230℃下水热反应 2h。将反应后的溶液离心分离，用乙醇和环己烷洗涤数次，干燥收集产品。

2. 制备工艺参数对产物的影响

(1) 反应温度及时间对产物的影响

首先，考察水热法中反应温度和反应时间对产物形象的影响。对合成的 $NaYF_4:Yb^{3+}$，Er^{3+} 纳米晶的晶体结构进行了 XRD 表征。从图 9.12 中，我们可以看到样品的所有衍射峰均与立方向 $NaYF_4$ 和(或)六方相 $NaYF_4$ 标准 XRD 谱图相一致，并且谱图中没有出现其他杂质的衍射峰，说明得到晶体结构为立方相和(或)六方相的 $NaYF_4:Yb^{3+}$，Er^{3+} 纳米晶，稀土离子 Yb^{3+} 和 Er^{3+} 的掺杂没有改变产物晶型结构。当水热反应温度较低(180℃)，反应时间较短(1h)时，产物为纯立方相；在相同反应时间 1h 的情况下，随着反应温度的升高，200℃和 220℃时，产物为立方六方混合相；在相同温度下分别增加反应时间，六方相产物对应的衍射峰增强，立方相对应的衍射峰降低，产物由立方相或立方六方混合相转变为六方相晶体，且产物峰型更加尖锐，强度明显增强，意味着水热反应时间进一步延长后，样品的结晶度得以提高。这一结论说明六方相 $NaYF_4$ 的生长过程是由立方相 $NaYF_4$ 到六方相 $NaYF_4$ 的相转变，延长反应时间有利于六方相 $NaYF_4$ 的形成和结晶度的提高。

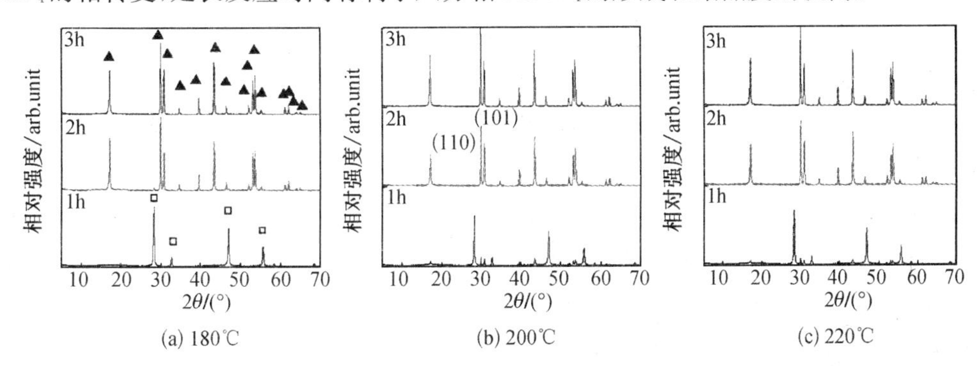

(注：三角形标示六方相的衍射峰，矩形标示立方相的衍射峰。)

图 9.12　不同温度和反应时间下水热产物的 XRD 图谱

为了进一步观察不同水热反应温度时间下 $NaYF_4$ 晶体的形貌，选取其中有代表性的样品进行 TEM 和 SEM 测试。从图 9.13(a)中可清晰的观察到，水热温度 180℃水热时间 1h 条件下制得的纯立方向产物为方形小颗粒，直径约为 20nm，粉末状样品易结块，如图 9.13(d)SEM 所示。在 200℃ 2h 条件下制得的六方向 $NaYF_4$ 晶体为直径约 2μm，高度约 4μm 的管状结构，形貌均一规整，并且晶体具有较好的分散性，如图 9.13(b)和(e)所示。而继续增加温度时，管状结构不稳定而破裂，如图 9.13(c)和(f)所示。值得注意的是，结合 XRD 分析，(110)晶面和(101)晶面的相对强度出现了差异，晶体出现各向异性生长。

综合考虑产物的晶形、均一性、规整性等，下文中的研究均采用水热温度 200℃水热时间 2h 的反应条件。

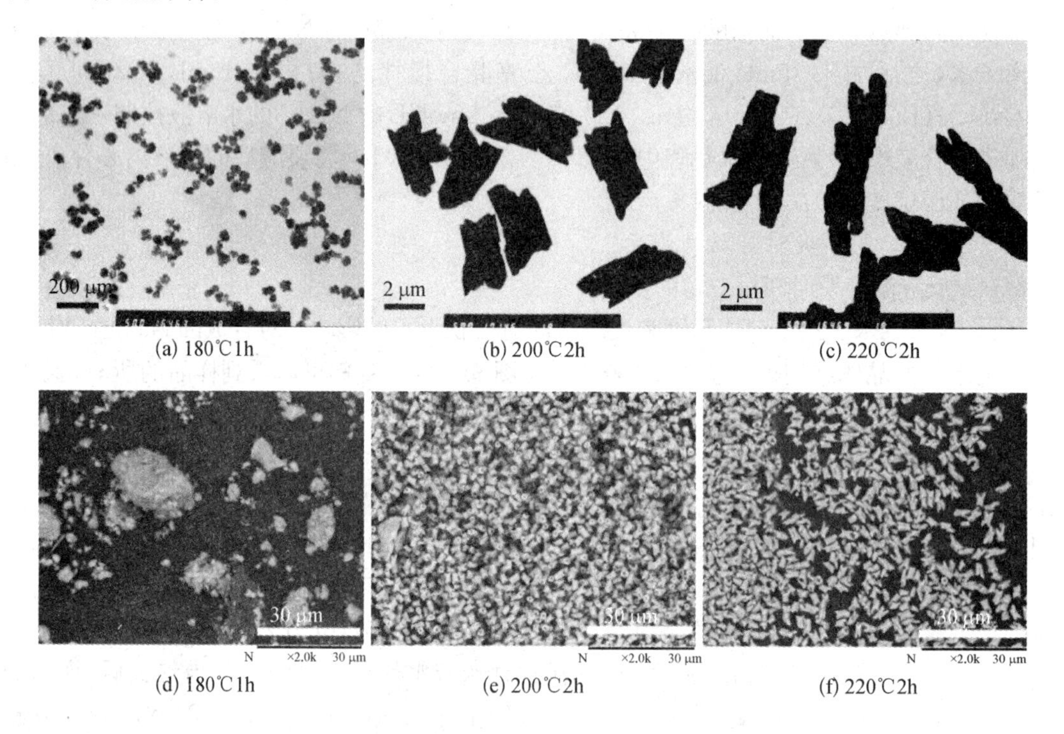

图 9.13　不同反应温度和时间下得到 $NaYF_4$:Yb^{3+}，Er^{3+} 的 TEM(a)—(c)和 SEM(d)—(f)图像

(2) 表面活性剂对产物的影响

在水热反应法中，表面活性剂的使用量对产物晶体的形貌和大小有着关键性的影响，可用于控制样品的形貌，柠檬酸钠在反应中会有与阳离子形成络合离子，减缓反应速度，同时其会吸附在晶核表面，影响晶体的生长。根据上述实验结论，采用水热反应温度为 200℃，反应时间 2h，NaF/Ln^{3+} 的摩尔比为 12，柠檬酸钠/Ln^{3+} 摩尔比分别为 0.5，1，1.5，研究柠檬酸钠使用量对六方相 $NaYF_4$ 的影响。分别对其进行 XRD 测试，得到的结果如图 9.14 所示。随着柠檬酸钠比例的提高，六方相 $NaYF_4$ 各个衍射峰的半高宽逐渐增加，根据 Schemer 公式可知产物粒径逐渐变小。

柠檬酸钠的使用量能有效地控制 $NaYF_4$：Yb^{3+}，Er^{3+} 纳米晶的形貌。图 9.15 为

200℃时，不同柠檬酸钠/Ln^{3+} 摩尔比得到的 $NaYF_4$ 的 TEM 图像：当摩尔比为 0.5∶1 时六方相 $NaYF_4$ 为微米管结构，直径约为 2μm，长度约为 4μm，这种微米管结构的形成与晶体沿着(001)晶向的各向异性生长有很大关系；当摩尔比为 1∶1 时六方相 $NaYF_4$ 为实心六角柱状，直径和柱长均约为 1.5μm，并且结构更为完整；柠檬酸钠/Ln^{3+} 摩尔比进一步提高至 1.5∶1，六方相产物也逐步缩小至直径约为 1μm，长径比约为 1∶1，产物更均一，表面也比较光滑平整，结合 XRD 图谱验证，说明柠檬酸钠作为表面活性剂可用于调节六方相 $NaYF_4$ 晶体的形貌和大小。这是由于晶体生长过程中，表面羟基和柠檬酸钠中羧基的结合作用限制了晶体的生长，柠檬酸三钠浓度高则对稀土离子的络合作用强，倾向于生成形貌更规整的产物。

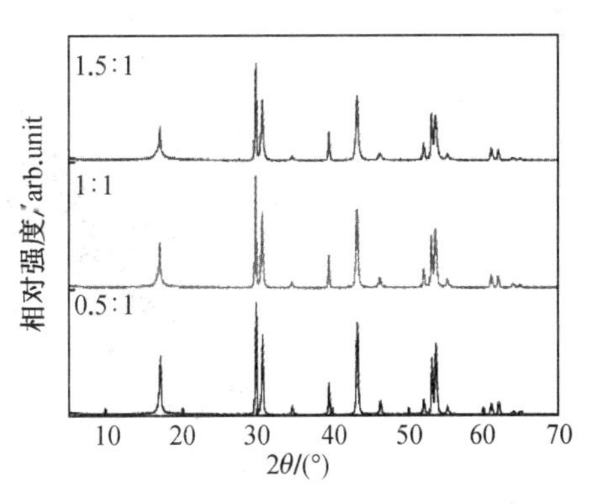

图 9.14　不同柠檬酸钠和 Ln^{3+} 摩尔比下 $NaYF_4:Yb^{3+},Er^{3+}$ 的 XRD 图谱，柠檬酸钠/Ln^{3+} 浓度比分别为 0.5∶1，1∶1 和 1.5∶1

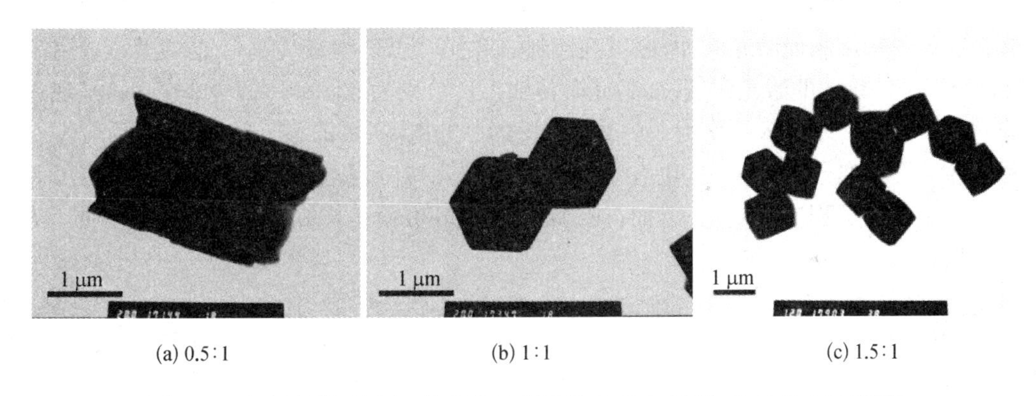

(a) 0.5∶1　　(b) 1∶1　　(c) 1.5∶1

图 9.15　不同柠檬酸钠/Ln^{3+} 摩尔比得到的 $NaYF_4:Yb^{3+},Er^{3+}$ 的 TEM 图像

(3) 不同合成方法对产物的影响

水热法中，通过调整反应时间、温度、表面活性剂使用量、反应物浓度等对产物的形貌和性能进行优化，得到的产物可从微米管逐步调节至亚微米的盘状，但无法继续降低尺寸，且团聚现象非常严重，较大尺寸的产物不利于上转换材料在生物标记等领域的应用，因此可尝试改用溶剂热的方式获得更小的产物。溶剂热法会在纳米晶表面会覆盖大量疏水性有机配体，限制晶体生长，增强了分散性。两种方法制得的产物形貌区别如图 9.16 所示。溶剂热法制得的产物尺寸明显小于水热法制备得到的产物。

9.4.3　薄膜材料的制备与应用

以物理气相沉积(PVD)技术为例，介绍其新进展和应用实例。

1. PVD 技术镀铬

PVD 技术多数与先进的等离子体技术有关，工艺方法简单，对环境无污染。目前工业领域虽然还不能全部用 PVD 方法镀铬 Cr 层，以替代电镀法镀铬 Cr 层。但 PVD 法可作为

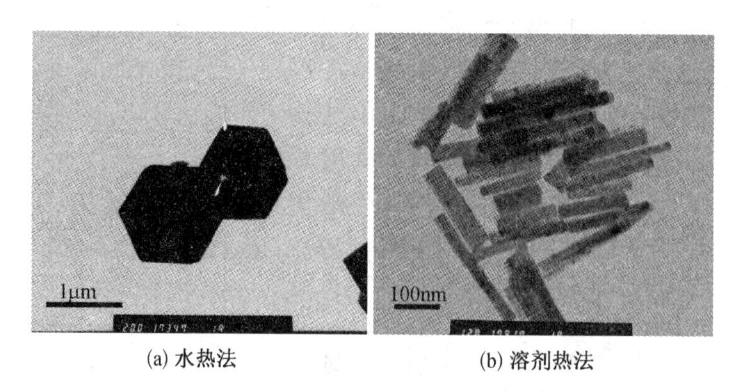

(a) 水热法　　(b) 溶剂热法

图 9.16　不同合成方法制备的 $NaYF_4:Yb^{3+}$，Er^{3+} 的 TEM 图像

补充。如荷兰 Hanzer 公司在用 PVD 法替代传统电镀硬铬 Cr 方面做了不少工作。国内 PVD 方法已有在电镀汽车轮毂的后一道工序镀 Cr 及水暖器件、门锁等方面获得应用。

2. 脉冲技术应用

由于电子脉冲技术的发展，脉冲技术应用于真空真镀中的激光蒸镀，这种技术称为脉冲激光沉积。采用高能激光脉冲，照射到镀料，使之蒸发气化，成为高动能粒子。采用波长为 248nm 和 193nm 的激光作蒸发源，此时传输温度分别为 63 000K 和 111 000K，呈现一种爆炸模式。溅射技术引入频率为 20～200kHz 的脉冲电源，可抑制"打火"，提高反应性溅射的稳定性。多弧离子镀技术中，也有采用脉冲电源，脉冲沉积。其优点是一方面可用调节脉冲频率来控制沉积速率；另一方面，调节脉冲参数，可使基体在很低的温度下镀膜，防止基体被损坏。

3. 多弧技术与磁控溅射技术兼容

磁控溅射技术发展至今，已有先进的非平衡磁控溅射(UBM)出现，镀覆的膜层致密，结合力牢固，而且基体低温化，但其沉积速率比较慢，而多弧技术中，电弧蒸发离化的离子密度高，轰击基体较强，但有少量液滴产生，而选择适当的工艺，使两种技术发挥各自优点。

4. 应用实例

(1) 工艺应用范围扩展。PVD 法的工具镀技术，早期应用于刀具较多，以镀 TiN 薄膜为主，提高切削寿命，近年来，已大量应用于模具上沉积 TiALN，TiCN，CrN，WC/C 等。德国 keybold 公司近年来开发出采用磁控溅射沉积 ZrN 的新技术，可沉积于金属或非金属作装饰镀层。

(2) 低温基体上沉积。1998 年 Teel Coating Ltd 推出在低温条件下采用磁控溅射沉积。高品质的 TiN，TiCN 膜层的技术，基体温度可低于 70℃。英国 Loughborough 大学在室温下磁控溅射时，基体温度降到 150℃左右，成功地在人工牙齿模具表面镀覆 TiN，CrN 膜层，使模具使用寿命提高 5～10 倍。美国 Vapor Tec 公司近年来推低温电弧镀技术，颇有好评。

(3) 汽车轮毂上电镀后，后一道工序的 PVD 镀 Cr。为了消减六价铬的污染，国际上有些国家和地区明文规定停止使用金属铅、镉、汞、六价铬。国内汽车的铝轮毂、卫生洁具、锁具、在镀完光亮镍之后，用 PVD 技术套铬，取得良好经济效果和环保效果。

(4) 薄带钢卷绕真空蒸发镀 Cr。近来，有公司采用高功率热蒸发技术和热阴极电弧技术相结合的方法，获得高密度无液滴的金属等离子体，并应用于钢带卷绕镀膜设备，该技术可真空蒸镀铬于成卷薄钢带表面，具有极大工业应用价值。

（5）多层纳米膜。荷兰 Hauzer 公司推出 TiN/NbN 多层纳米量级的镀层，明显提高膜层硬度。美国 Northwestern 大学的研究表明，TiN/NbN 多层纳米膜维氏硬度可达 HV5200。

9.5　实习案例

9.5.1　科研院所实习案例

上海地区具有代表性的实习科研院所包括中国科学院上海光学精密机械研究所和中国科学院上海硅酸盐研究所，主要从事高温抗氧化涂层航天器热控涂层以及功能玻璃和陶瓷、薄膜与纳米材的设计、制备与研发等。

中国科学院上海光学精密机械研究所（简称中科院上海光机所）是我国建立最早、规模最大的激光专业研究所，成立于 1964 年，现已发展成为以探索现代光学重大基础及应用基础前沿研究，发展大型激光工程技术并开拓激光与光电子高技术应用为重点的综合性研究所。上海光机所重点学科领域为强激光技术、强场物理与强光光学、信息光学、量子光学、激光与光电子器件、光学材料等。上海光机所早期集中全所力量以“两大”（大能量激光、大功率激光）研究为中心，开拓与发展强激光科学技术，推动了我国激光科学技术在一些重要领域达到国际先进甚至领先的水平，为我国激光科学技术（特别是强激光科学技术）的长远发展奠定了理论、实验、总体与单元技术基础。上海光机所现设 8 个研究室：强场激光物理国家重点实验室、中科院量子光学重点实验室、高功率激光物理联合实验室（含中科院高功率激光物理重点实验室）、空间激光信息技术研究中心（含中科院空间激光通信及检验技术重点实验室、上海市全固态激光器与应用技术重点实验室）、中科院强激光材料重点实验室、信息光学与光电技术实验室、高密度光存储技术实验室、高功率激光单元技术研究与发展中心。目前拥有国家重点实验室 1 个、两院联合实验室 1 个、中科院重点实验室 4 个、上海市重点实验室 1 个。上海光机所建成了国内仅有、国际上也为数不多的“神光”系列高功率大型激光装置，超短超强激光系统，激光原子冷却装置，空间全固态激光器研制平台。在各种新型、高性能激光器件，激光与光电子功能材料的研制方面，也进入了国际先进水平，是我国现代光学和激光与光电子领域取得研究成果最多的单位之一。

中国科学院上海硅酸盐研究所源于 1928 年成立的国立中央研究院工程研究所，1953 年更名为中国科学院冶金陶瓷研究所。1959 年独立建所，定名为中国科学院硅酸盐化学与工学研究所，1984 年改名为中国科学院上海硅酸盐研究所。经历 50 多年的发展，上海硅酸盐研究所已成为一个以基础性研究为先导，以高技术创新和应用发展研究为主体的无机非金属材料综合性研究机构，形成了“基础研究—应用研究—工程化研究、产业化工作”有机结合的较为完备的科研体系。其科研机构设置包括：高性能陶瓷和超微结构国家重点实验室、中国科学院特种无机涂层重点实验室、中国科学院能量转换材料重点实验室（上海无机能源材料与电源工程技术研究中心)、结构陶瓷工程研究中心(复合材料研究中心)、中国科学院透明光功能无机材料重点实验室(人工晶体研究中心)、中国科学院无机功能材料与器件重点实验室、古陶瓷与工业陶瓷工程研究中心(古陶瓷科学研究国家文物局重点科研基地)、生物材料与组织工程研究中心、无机材料分析测试中心和信息情报中心。学科方向是先进无机材料科学与工程,主要研究领域涵盖了人工晶体、高性能结构与功能陶瓷、特种玻璃、无机涂层、生物环境材料、能源材料、复合材料及先进无机材料性能检测与表征等,是该领域科学研究单位中门类最为齐全的研究所。中国科学院上海硅酸盐研究所具有先进的科研条件;知识创新经费的支持,促进了科研设备的现代化;国家级无机材料测试中心的建立使材料的性能与表征具有可靠性和权威性;图书、刊物等良好的支撑系统,充分显示了追求信息动态的高效率。

9.5.2 校内实习实践

校内实习实践包括一般性的综合性实验与实践训练、创新性实践训练两种形式。

综合性实验与实践训练是指实践内容涉及课程的综合知识,要求学生在具有一定知识和技能的基础上,综合运用多门课程的知识、技能和方法进行综合实验的一种复合型实践。部分本科生的实践实习可以在校内的实验室和测试中心进行,主要根据指导老师的课题研究内容,由指导教师给出相关研究题目,学生运用已掌握的基本知识、基本原理和实验技能,提出实验的具体方案、拟定实验步骤、选定仪器设备,独立完成操作、编程、记录实验数据、绘制图表、分析实验结果等任务。综合性实验与实践训练能充分调动学生学习的主动性、积极性和创造性,并把所学得的基础知识应用于实验的选题与自主综合设计,将自己的理论知识与实践融合,进一步巩固、深化已经学过的理论知识,提高综合运用能力,并且培养学生发现问题、解决问题的能力。

创新性实践训练是针对在校本科生的校内实践活动,一般在校全日制学生均可申请大学生创新实践训练计划项目。项目组成员原则上以1～3年级学生为主,项目执行时限一般为1～2年。申请项目团队人数一般为2～5人,申请者要有较强的独立思考能力和创新意识,对科学研究、科技活动或社会实践有浓厚的兴趣,具备从事科学研究的基本素质和能力。由指导教师对选题进行把关,并对研究过程进行指导。创新性实践训练的研究课题可以由老师提供,也可由学生自己拟定,或者由学生在老师的指导下共同拟定。课题主要来源包括:

(1) 在教师科研项目中,在教师指导下由学生独立开展研究的子课题。

(2) 由学生自主寻找的感兴趣的具有研究价值和研究意义的课题。

(3) 综合性、设计性实验教学中延伸出的、值得进一步深入研究的课题。

(4) 学校改革发展中的有关课题。

在创新性实践训练过程中,需要遵守所在实验室的规章制度,安全操作,与实验室的研究生建立良好的合作与互助关系,遇到问题的时候及时请教指导老师或实验室研究生,定期与指导老师汇报沟通。

校内实习实践要求学生掌握材料的制备方法及其结构和性能的分析方法,熟练相关制备设备和仪器测操作,掌握材料的实验设计方法和材料的生产工艺,具备设计和实施实验的能力，对实验结果进行分析并得到合理有效的结论。同时，在材料制备过程中遇到问题的时候，能采取合适的方法和手段进行分析研究并提出初步解决方案，以材料专业知识为基础，进行分析和评价工程活动的合理性。

思考题

(1) 制备纳米材料都有哪些方法？如何对其结构和形貌进行表征？

(2) 材料的结构是如何影响其性能的？请举例说明。

第10章 认识实习

10.1 认识实习性质和目的

材料科学与工程专业的认识实习作为一门专业实践课，旨在令学生通过对材料生产、加工、应用企业的参观和观摩，结合必要的理论知识，熟悉和理解本专业在生产实践上的工程实现模式和技术特点，以便对所学专业知识有一个实物化和直观化的认识，实现理论与实践相结合。

认识实习的前导实践课程有“金工实习”，后续实践课程有“生产实习”“毕业论文”等。

10.2 认识实习基本要求

(1) 实习学生应具有热爱劳动、爱护公物、遵纪守法、虚心好学，礼貌待人、自律谦让、团结合作和诚实肯干的良好品行。

(2) 具有强烈的责任心、求知欲望和科学、严谨、勤奋、踏实的学风及创新精神，学生在实习期间，严禁参加与学生身份不相称的活动，严守实习单位的机密，特别要注意生命财产安全，杜绝各类不安全事故的发生。

(3) 掌握本专业所必需的较系统的基础科学理论，了解材料科学基础、材料工程基础、材料加工工艺以及材料研究方法等相关专业基础课的知识。

(4) 每个学生必须参加实习前教育活动，认真学习实习指导书和有关规定，了解实习计划和具体安排，明确实习的目的和要求。

(5) 每个学生应将实习内容逐日如实记录在实习日记本上，认真积累实习报告资料。实习结束后认真撰写实习报告。

10.3 认识实习实施要求

10.3.1 实习内容

材料科学与工程专业的认识实习，主要是通过参观材料生产、加工和研究企业，认识和学习各种不同类型材料的生产过程、生产原理、生产设备、加工工艺、性能特点以及使用用途等，具体而言，应通过本实习，认识和学习以下内容：

（1）高分子材料与制品的性能与用途，包括塑料、橡胶、合成纤维、涂料和胶黏剂等；聚合物基复合材料的应用领域，例如玻璃纤维增强环氧树脂，玻纤增强PP汽车保险杠等；高分子的合成工艺与设备，高分子化工的生产过程；高分子制品主要的加工成型方法与工艺以及生产过程。

（2）铁矿石和焦炭在高炉中的煅烧反应，铁矿石原料的品质要求，矿渣的产生原理和处理方法，生铁的成分和主要用途，炼铁和炼钢的联系和区别；钢铁热轧的原理和工艺流程，轧机的组成，热轧钢的力学性能特点，热轧钢板的用途；金属的冲压成型原理和冲压处理工艺，冲压件的组织结构与力学性能特点及主要用途，金属冲压的仪器设备和特点；金属的铸造原理，铸型的材料选择和成型；铸造金属的熔化和浇铸工艺，铸件的除芯和脱模，铸件的热处理工艺；高温合金的分类及特点，高温合金的热处理工艺，汽轮机叶片用钢的材料成分、生产工艺、加工方式，以及其用钢的技术要求。

（3）新型干法水泥生产工艺及技术，水泥的生产原料、生产工艺、生产流程、生产规模、主要的生产设备情况及企业运行管理情况；商品混凝土的生产原料、生产工艺、生产流程、生产设备、性能特点以及搅拌运输的条件和要求。

（4）玻璃生产所用的原料种类、原料来源、各种原料的成分特点、原料技术要求和价格、原料储存和运输方式等，以及玻璃成分设计体系中的选择；玻璃生产的历史、现状和前景，玻璃产品特点和应用领域；陶瓷生产流程、工艺及技术，原料的种类及产地，原料的质检结果、储存方式堆场或堆棚面积、运输情况；陶瓷生产的成型、干燥、施釉和烧结车间和设备。

10.3.2 实习形式

认识实习的形式以参观企业、观摩生产线和听取专业讲座为主。实习学生通过参观材料的生产过程、加工过程、使用过程和检测过程，认识并了解材料的原料、成型方法、成型原理、生产工艺、加工工艺、性能特点以及使用用途等。认识实习形式为在实习单位中集体集中进行，主要由实习单位专业技术人员讲解、报告，现场带领参观为主。

10.3.3 实习方法

（1）在教师指导下，学生独立观察、分析和阅读有关生产工艺资料，深入了解产品的生产过程、技术要求和工艺参数的控制，并向生产一线的工人师傅和技术人员请教学习。

（2）教师在实习过程中，根据实习要求，结合各厂情况，指导学生学习有关内容，给学生讲解、启发、答疑和系统总结。

（3）实习期间学生必须按计划完成实习内容和要求，记好实习日记，内容应包括实习中所得到的实际数据、草图等，然后分析整理，写出实习报告，教师应鼓励学生提出独立见解，例如：改进生产工艺和装备，改进生产管理等方面的建议。

（4）必要时邀请企业的技术人员做专题报告或讲座。

10.3.4 实习时间安排

认识实习在材料科学与工程专业本科二年级第二学期结束后集中两周时间内进行，选择在具有行业代表性且适合学生参观学习的材料生产、加工和研发、检测的企业及研究院所等相关单位内开展。

10.4 认识实习报告的撰写

实习结束，学生参考实习指导书，将实习内容进行整理、分析和总结，撰写实习报告并提交完整记录的实习日记本及原始记录相关资料。实习报告写作要求：

(1) 介绍实习单位概况、产品经营及应用情况。

(2) 介绍主要生产设备，典型产品的工艺过程、主要技术参数与关键控制点，重要仪器设备的技术指标与草图，必要的数据，技术报告内容等。

(3) 总结企业的产品生产管理、人员调度、设备配置及布局等方面的特点，分析其优点及存在的不足，提出改进意见。

(4) 总结材料成型及加工行业的现状，发表个人的体会和感想等。

10.5 认识实习考核方式及成绩评定

在实习结束后，每一位参加实习的学生需按时提交实习日记本与实习报告。实习报告是实习成绩考核评分的重要依据之一，凡未按规定完成实习报告或实习报告撰写不规范者，应补做完成或重做，否则不允许参加实习成绩的考核。

实习考核以实习指导老师为主，部分分项成绩可参考企业带教人员的意见和评语。实习指导老师根据实习学生的考勤、实习态度、实习表现、实习日记和实习报告综合评定实习成绩。最终的成绩评定由实习指导教师给出。最终成绩按优秀、良好、中等、及格、不及格五级记分。

10.6 实习纪律与安全

(1) 出入企业、车间均需穿长裤，运动鞋，不得露脚趾脚踝。不得穿拖鞋，戴好安全帽，女同学应扎好头发。秩序井然，不得喧哗。严格遵守企业安全规定和操作规程，未经同意不得随便启动任何设备。

(2) 遵守作息制度，不得无故缺席、迟到、早退，实习期间不得随意离开车间和岗位；分组实习不得擅自调换实习小组；课后必须及时整理实习日记、撰写实习报告。

(3) 严格遵守企业保密制度，未经许可不得随意把企业的图纸技术资料和产品等带出厂外，遵守企业的规章制度，服从企业管理人员和指导教师的管理。

（4）请假制度：学生实习期间严格执行考勤制度，不得随意请假，因病确需请假的必须提供相关证明，并按学校有关规定办理请假手续。

（5）学风端正，勤学好问，不怕艰苦，能够勤奋学习，刻苦钻研，积极主动地运用所学知识去观察和分析生产现场的现象，虚心向现场的技术人员和工人师傅学习。讲究文明礼貌，出入企业、与企业的技术人员和工人师傅接触时举止大方、谈吐文明，能够遵守公共秩序和社会公德。做到团结互助，爱护财物。

思考题

认识实习的作用和目的是什么？

参考文献

[1] 王叶青.生产实习指导书[M].武汉:华中科技大学出版社,2012.
[2] 赵彦钊,殷海荣.玻璃工艺学[M].北京:化学工业出版社,2006.
[3] 张锐,许红亮,王海龙.玻璃工艺学[M].北京:化学工业出版社,2008.
[4] 齐齐哈尔轻工业学院.玻璃机械设备[M].北京:中国轻工业出版社,1981.
[5] 郭宏伟,刘新年,韩方明.玻璃工业机械与设备[M].北京:化学工业出版社,2014.
[6] 王承遇,陈敏,陈建华.玻璃制造工艺[M].北京:化学工业出版社,2006.
[7] 张锐,陈德良,杨道媛.玻璃制造技术基础[M].北京:化学工业出版社,2009.
[8] 吴柏诚,巫羲琴.玻璃制造技术[M].长沙:湖南人民出版社,1993.
[9] 徐志明,余海湖,徐铁梁.平板玻璃原料及生产技术[M].北京:冶金工业出版社,2012.
[10] 朱雷波.平板玻璃深加工学[M].武汉:武汉理工大学出版社,2002.
[11] 方九华.玻璃深加工[M].武汉:武汉理工大学出版社,2011.
[12] 李月珠.快速凝固技术和材料[M].北京:国防工业出版社.1993.
[13] 周尧和,胡壮麟,介万奇.凝固技术[M].北京:机械工业出版社.1998.
[14] 曲选辉.粉末冶金原理与工艺[M].北京:冶金工业出版社,2013.
[15] 李喜孟.无损检测[M].北京:机械工业出版社,2011.
[16] 刘会霞.金属工艺学[M].北京:机械工业出版社,2008.
[17] 王文清,李魁盛.铸造工艺学[M].北京:机械工业出版社,1998.
[18] 黄志光.铸件内在缺陷分析与防止[M].北京:机械工业出版社,2011.
[19] 历长云,王英,张锦志.特种铸造[M].哈尔滨:哈尔滨工业大学出版社,2013.
[20] 牛永红.金工实习教程[M].成都:西南交通大学出版社,2010.
[21] 何锡生.金工实习[M].南京:东南大学出版社,1996.
[22] 寿兵.金工实习[M].哈尔滨:哈尔滨工业大学出版社,2009.
[23] 刘世雄.金工实习[M].重庆:重庆大学出版社,1996.
[24] 卞铭甲.金工实习[M].上海:上海交通大学出版社,1989.
[25] 曹凤国.电火花加工[M].北京:化学工业出版社,2014.
[26] 邱言龙,李德富.磨工入门[M].北京:机械工业出版社,2002.
[27] 赵晶文.金属切削机床[M].2版.北京:北京理工大学出版社,2014.
[28] 李琦主.金属切削机床机构认知与拆装[M].北京:北京理工大学出版社,2014.
[29] 庞学慧.金属切削机床[M].北京:国防工业出版社,2015.
[30] 王瑞芳.金工实习[M].北京:机械工业出版社,2001.
[31] 郗安民.金工实习[M].北京:清华大学出版社,2009.
[32] 李标荣.电子陶瓷工艺原理[M].武汉:华中理工大学出版社,1986.
[33] 赞特.芯片制造:半导体工艺制程实用教程[M].3版.韩郑生,赵树武,译.北京:电子工业出版社,2015.
[34] 张景进,陈涛,戚翠芬.金属材料工程认识实习指导书[M].北京:冶金工业出版社,2012.
[35] 轻工业部第一轻工局.日用陶瓷工业手册[M].北京:轻工业出版社,1980.
[36] 素木洋一.硅酸盐手册[M].刘达权,陈世兴,译.北京:轻工业出版社,1980.
[37] 西北轻工业学院.陶瓷工艺学[M].北京:轻工业出版社,1980.